云南风景地理学

叶　文　主　编

张卓亚　杨宇明　副主编

科 学 出 版 社

北　京

内 容 简 介

本书在全面阐述风景及其风景地理的基本概念、自然风景的成景机理（成景背景和成景作用）的基础上，以山地景观、气象气候景观、水景景观、土壤（土层）景观、生物景观、生态农业景观等分类方式，对云南自然风景进行了详细的描述和解释。最后，从自然景观空间结构和开发潜力、风景资源的管理及审美进行了探索式的研究和总结。

本书可以作为地理学、旅游、风景园林等有关人员的研究与参考用书，也可作为对云南风景地理感兴趣的读者的科普读物。

图书在版编目(CIP)数据

云南风景地理学/叶文主编.—北京:科学出版社,2017.6
ISBN 978-7-03-053321-0

Ⅰ.①云… Ⅱ.①叶… Ⅲ.①风景区-经营管理-云南 Ⅳ.①F592.774

中国版本图书馆 CIP 数据核字 (2017) 第 126308 号

责任编辑：张 展 孟 锐 / 责任校对：王 翔
封面设计：墨创文化 / 责任印制：罗 科

科学出版社出版
北京东黄城根北街16号
邮政编码：100717
http://www.sciencep.com

成都锦瑞印刷有限责任公司印刷
科学出版社发行 各地新华书店经销
*
2017年6月第 一 版 开本：787×1092 1/16
2017年6月第一次印刷 印张：19
字数：450千字

定价：116.00元
(如有印装质量问题,我社负责调换)

主 编 简 介

叶文，祖籍南京，云南养育。1975 年德宏民族中学高中毕业，在畹町农场当过三年小知青和乡村教师，有一定的割胶、种田经验，目前痴迷露台种菜，可能源于此。本科在成都地质学院(现成都理工大学)接受地质教育，2014 年获悉尼科技大学博士学位，现供职于西南林业大学生态旅游学院，二级教授、博士生导师。先后出版了《云南山水景观论》(主编，云南科技出版社，1997)、《云南省志·地理志》(副主编，云南人民出版社，1998)、《生态旅游本土化》(主编，中国环境科学出版社，2006)、《旅游规划的价值维度》(独著，中国环境科学出版社，2006)、《城市休闲旅游：理论·案例》(主编，南开大学出版社，2006)、《香格里拉的眼睛——普达措国家公园规划和建设》(主编，中国环境科学出版社，2008)、《中国云南澜沧江自然保护区科学考察研究》(副主编，科学出版社，2010)、《生态文明：民族社区生态文化与生态旅游》(主编，中国社会科学出版社，2013)、《旅游融合发展：旅游产业与乡村建设》(主编，中国环境出版社，2016)等著作。

目前主要从事地理学和旅游学的教学和科研工作。

序

云南是中国乃至世界上地理环境最为复杂的区域之一，一直是地理研究者关注的热点地区。鉴于工作的原因，我曾数十次前往。叶文是我熟知的当地众多的地理学者之一。云南复杂的地理环境呈现了五彩缤纷、色彩斑斓的景观世界。作为土生土长的云南人，叶文对这片土地充满着挚爱，三十多年来一直致力于云南地理和旅游资源的野外实证调查和研究，为摸清云南省风景资源的本底，走遍了云南的山山水水，并对其进行合理的保护和利用做出了杰出的贡献。从参与《云南辞典》地理辞条的编撰、主编《云南山水景观论》、副主编《云南省志·地理志》、主编《香格里拉的眼睛——普达措国家公园规划和建设》、主编《云南大百科全书·旅游卷》的旅游资源和支撑旅游发展的保护地篇，形成了一条调查、分析研究云南自然地理和景观特征，以及保护与开发利用的生命轨迹。他所主编的《云南风景地理学》是其三十余年对云南自然地理研究的集成。该书从“风景”与“景观”的辨析入手，在分析云南风景地理形成的自然背景和成景机制的基础上，系统介绍了云南不同类型景观的特点、空间分异和开发潜力，并在更加宏观的层面上讨论了我国风景资源的管理和审美。叶文涉猎甚广，具有良好的人文情怀，特别注重学科间的交叉融合和集成研究，是一个典型的跨界型研究学者。因此，这是一本难得的区域专业地理著作。尤其难得的是，在全球一体化、信息化时代的背景下，作为一个学者能几十年如一日地关注、研究自己家乡的地理问题，难能可贵。

北京大学　崔之久教授

2016 年 4 月于燕园

前　言

20 世纪 90 年代中期，叶文教授根据教学需要，主编了一部云南自然景观类乡土教材《云南山水景观论》。山水景观学作为交叉学科和综合性学科，涉及面甚广，该书从区域旅游开发角度对云南山水景观做了交叉综合研究，其出版推动了山水景观学的深入研究。该书自出版以来，一直是旅游专业、地理专业、风景园林专业学生的教材或参考书。

随着时代的变迁，人们对于景观、风景的内涵和外延的认知不断深化，景观的研究已在其内在的科学价值、外在的审美价值和综合的社会经济价值三个层面全面展开。为此叶文教授带领一个团队，总结凝炼近 20 年的教学和科研成果，耗时三年将《云南风景地理学》编撰成书。全书由概论、自然景观形成的背景、成景作用分析、各类景观特征描述与解释、自然景观分区与开发潜力分析、风景资源的管理、自然风景的审美七大部分构成，分为 14 章。

本书由叶文教授担纲编撰。各章编撰具体分工如下：张卓亚第 1、2、9、12 章，叶文、郎政伟第 3～5 章，叶文、郝晓阳第 6～8 章，杨宇明、周婷第 10、11 章，叶文、陈露第 13 章，叶文、周婷第 14 章。图表由杨君杰、周汝良、王紫、田园等负责绘制，张卓亚编辑。由叶文统撰成书。

目　　录

第1章　概　　论

1.1　风景地理学研究的对象及意义

“风景”一词最初出现在中国《晋书·王导传》:“过江人士，每至暇日，相邀出新亭饮宴，周顗中坐而叹曰：‘风景不殊，举目有江河之异。’皆相视流涕”。《说文解字》中提到:“风，八风也。东方曰明庶风，东南曰清明风，南方曰景风，西南曰凉风，西方曰阊阖风，西北曰不周风，北方曰广莫风，东北日融风。风动虫生，故虫八日而匕。从虫凡声。”“风”的本义为空气流动。《说文解字》中又提到:“景，光也。”“景”的本义是日光，后逐渐引申有景色、景致的含义(王朝忠，2006)。“风”与“景”本义都是一种自然现象。《辞海》中解释“风景”为风光、景色。

风景是中国历史上最早用来描述自然风光、景色的词组，并且在东晋到清朝这段时间中的词频也是最高的(王其亨等，2012)。在中国古书上，尤其纯文艺作品的诗文方面，“风景”一词沿用已久，但绘景多于言情。南朝·宋·鲍照在《绍古辞》之七中提到:“怨咽对风景，闷瞀守闺闼。”清·李渔在《比目鱼·肥遁》中提到:“一路行来，山青水绿，鸟语花香，真个好风景也。”老舍在《贫血集·不成问题的问题》中提到:“专凭风景来说，这里真值得被称为乱世的桃源。”这些都说明了风景是一种能产生美好向往与想象的对象。本书主要涉及客观存在的自然风景。

在欧洲，“景观”一词最早出现在希伯来文本的《圣经》旧约全书中，它被用来描写所罗门时代皇城(耶路撒冷)的瑰丽景色，这时“景观”的含义同汉语中的“风景”“景致”“景色”相一致，都是视觉美学意义上的概念(俞孔坚，2008)。无论在中国和西方，最初的大规模旅行和探险(包括徐霞客的旅行、1492年的美洲发现和1498年的东印度航线发现等)都推动了地理学的大发展，也加深了人们对景观的认识。景观是地理学的专门术语，最先将“景观”引入地理学的是19世纪德国伟大的生物和自然地理学家洪堡(A. von Humbolbt)，他将景观(landschaft)定义为一个地域的总体特征(total character)。但随着西方近代地理学、地质学和地球科学的兴起，景观一词的词义变得愈来愈狭窄，在英语文献中landscape成了landform的同义词(艾南山等，1993)，而苏联的地理学家力图恢复景观的原始定义。汉语的景观受到这两方面的影响，有广义、狭义之分。但“景观”作为“风景”的同义词，一直被文学艺术家、园林风景学者等沿用至今。风景(landscape)包括自然景观和人文景观。

景观生态思想的产生使景观的概念发生了革命性的变化，众多学者认为景观是一个多层次的空间，是一个由陆圈和生物圈组成的、相互作用的系统。杨宇明等认为："景观是一个大尺度的宏观系统，在自然等级系统中比生态系统更高一级，其范围大小可以不等，小的仅有方圆几千米的范围"（杨宇明等，2008）。自然科学中的景观，泛指一定区域及地段内的天象、地质、气候、地貌、水文、土壤和动植物等自然地理要素的总和，反映一定自然地理环境内的综合外在特征。"广义的景观具有宏观性、综合性和地域性，一种景观能够充分反映这一地区各种自然地理要素的组合特征与人为影响"，"狭义的景观则是指自然区划工作中的最低级单位"（陈述彭，1990）。不同学科观察、研究景观具有不同的视角，如用生物学的视角研究景观，更多关注的是景观多样性；地貌学关注的则是景观的造型和其形成机制等。

因此，世界各国对风景(景观)的概念理解大同小异，但其在地域空间上的理解存在差异。美国习惯用"landscape"，指花园、公园和大面积风景区的自然景色以及对人力加工的面貌，甚至全部为人工模拟的自然景观也称为"landscape"。荷兰语中"风景"的语义为"土地的形态"。中国汉语"风景"的语义为"景象形色分配而饶有意致"。风景是通过心灵和感觉建构起来的意象，是地理景观的一部分，是由自然的山、水、花、木、变幻的天气和天象，以及人文建筑、文物古迹、民族风俗等在空间上组成的艺术综合体；风景是人的潜在美感观念以自然景物为客体的一种外化；风景是指那些能使人产生美感和舒适感的自然环境和各种物象的地域组合；风景是一种宏观的山水艺术精品，是指由亿万年形成的以自然景物为主构成的，能引起人们美感的空间环境，等等。风景的概念有其自身独特的解释和定义，是一种具有多角度多侧面的综合概念。风景作为一种自然、人类、社会共同作用的现象，与地理环境、人为条件、生产方式、社会意识及文化背景等因素有关。张述林认为，风景是构景要素(自然和人文)在特定区域，一定时间内美感反映和表现的外在形式和组合体，即风景是特定时间内人类情感外在表现的空间综合体(张述林，1992)。风景是一种能使人产生美感、情趣、意境的欣赏对象。纽拜认为，风景不但是自然景观，而且是文明继承和社会价值的体现，它满足着人的基本欲望和社会需要，但需补充说明，人的基本社会需要中还包括精神文化需要，这部分体现于历史上遗留下来或现代人所创造的种种有价值的人文景观(金学智，2010)；杨锐认为，"风景"是人对自然环境感知、认知和实践过程的显现。人对自然的感知(情感体验)所形成的"风景"，以诗歌、绘画等艺术形式显现；人对自然的认知所形成的"风景"，以环境伦理学、环境美学、人文地理学、景观生态学、景观历史学、景观考古学等知识形态显现；人对自然的实践(包括保护管理和保护管理前提下的规划设计)所形成的"风景"，以遗产地、园林、公共开放空间、修复了的棕地等形态显现(杨锐，2010)。因此，本书中"风景"和"景观"的概念是近似的，其使用将以汉语表达的习惯来选择。总的来说，任何自然资源都有其内在的科学价值、外在的风景价值和其在当前经济技术条件下可以开发利用的社会经济价值。本书是以风景价值研究为骨架的著作。

张述林认为，风景地理学是旅游地理学的重要组成部分，侧重于研究自然风景的地域特色和分布规律、各构景要素(自然和人文景观)的空间组合与结构变化、风景开发建设的区域差异和风景工程体系、风景区划和风景规划等方面的内容(张述林，1992)。其实，风景地理学是一门横断学科，但是由于其涉及地质学、地理学、心理学、美学等多门学科，它更是一门综合性学科。它是以山水为主体构景要素，在特定区域内美感表现的时空组合体，包括已开发利用的风景，也包含在目前经济条件下尚不能开发的客观存在的风景综合体。它实质上是包含了内在科学价值、外在景观价值及社会经济价值的一种自然、社会资源。它是在一定的条件下，以山水景物，以及某些自然和人文现象所构成的足以引起人们审美与欣赏的景象。

风景地理学有其独特的研究对象，它区别于与之密切相关的地质学、地理学和旅游学，但同时又以新的特性与上述学科保持着密切的联系。例如，风景地理中的峰、谷、洞、石、河、湖、瀑、泉等都是地质地貌作用的产物，受各种地质因素和环境因素的制约，构成了风景地理的基本骨架，如构造运动所产生的构造形迹及其性质、特征、规模、产状等，均对风景地理的形成和发展具有直接的控制作用。从宏观上看，它控制了地貌单元的格局，山脉的形态、走向、高程，水系的布局，河流、湖泊及地下水的形成等；从微观上看，它又控制了峰、谷、洞、泉的发育。此外，地层也是影响风景地理重要的地质因素之一。因为不同的地层具有不同的岩性、产状、厚度及时空分布规律，不同的岩石又有不同的矿物成分、化学成分和结构、颜色、硬度、比重等物理化学性质，这些因素无不给风景地理打下了深刻的地质烙印，加之特定的地理环境，形成了千姿百态的风景。因此，地文景观构成了自然风景地理的基本骨架，同时也是旅游开发的主要物质基础。

风景地理学研究的主要任务是：①运用多学科的基本理论、方法和技术手段，研究各种风景资源的特征、分布规律、结构、形成机理及演化历史；②对风景的科学价值、景观价值和社会经济价值进行评价；③进行风景的旅游吸引力分析、比较优势分析和规划设计，其目的是为风景资源的保护和利用提供科学支撑；④对景观安全格局理论与方法进行实证研究，使之作为景观改变和决策的空间战略。

1.1.1 风景的形成背景研究

供人类观赏的风景寓于自然界的一定空间位置、特定的形成条件和历史演变阶段。其形成条件的研究任务如下：

第一，风景形成和出现在地球圈层中的空间位置，以及各圈层的相互作用与风景形成的关系。

第二，在地球演化的历史进程中，景观形成的地质时代、大地构造位置和古地理环境，以及景观构成的地层和岩石、地质构造、地质作用等条件。

第三，风景与天象、地质、地貌、气候、水文、土壤、生物、生态环境等综合自然要素的关系，以及与人类活动的关系。

1.1.2 风景资源的调查与评价

风景资源的调查与评价内容如下：

第一，对风景的类型、分布、规模及成因等进行系统的调查和研究。

第二，风景资源包括资源内在的科学价值、外在的景观价值和综合的社会经济价值。因此，对风景资源的评价要从科学价值、景观价值和社会经济价值三个层面入手。

1.1.3 风景资源分区与规划

不同的景观区域是由若干景元组成的地域单元。同一景元的风景资源不仅在空间上是连续的，而且在景点类型组合上都有其共性。根据一定的分区原则，将一个地区的风景类型划分成若干相对独立而又彼此联系的景观区域就是风景分区，它是合理利用、科学管理风景资源的基础。

作为自然存在的客观实物，风景资源的规划由于其管理主体和利用目标不同而由不同的规划来完成，如风景名胜区规划、自然保护区规划、旅游规划等。

1.1.4 风景资源的保护与利用

绝大多数自然风景资源的形成都有一个漫长的过程，往往景观美学价值愈高，愈发脆弱。随着旅游业的发展，越来越多的自然风景区被人们所发现并用来作为观赏、度假、探险、猎奇、考察研究的基地，因此保护与利用的矛盾日益突出。风景资源的保护应该秉承主动的、动态的、开放的思想，保护的目的是更好地为人类所利用。风景资源的开发与规划，不仅要注意自然景观的开发利用和保护，还要研究旅游行为对环境的影响，以及旅游行为的监控方式和方法等。

1.1.5 风景的审美和欣赏

自然风景的审美和欣赏是一个人类认识大自然的过程，可以远溯至远古人类的迁徙和生存斗争，随着历史的演进，人类对自然风景的审美和欣赏逐步深化。

自然风景美具有自己的特征、结构和价值，而且蕴含着丰富的人文景观美。对于这些的学习和研究是人们开发利用自然风景和进行旅游的基础。在进入自然旅游过程中，如果不懂得自然风景的欣赏艺术，犹如空入宝山而返。但是“一千个人眼中有一千个哈姆雷特”，每个人对同一风景的体会和感受又是不一样的。对自然风景欣赏艺术的探讨，可以提升人们在自然风景中体验美、感受美的能力。

1.2 风景地理学研究的历史沿革

“地理”一词最早见于中国《易经》：“仰以观于天文，俯以察于地理，是故知幽明之故。”地理学是一门古老的研究课题，被称为科学之母。

旅游地理学是介于自然地理学、经济地理学和人文地理学之间的综合性分支地理学科，近年来，旅游地理学已经成为中国地理学中发展最快的分支学科之一(保继刚等，2011)，而风景地理学是旅游地理学发展到一定阶段，旅游地理学与其他学科结合的产物，是一门新兴的学科。同时，风景地理学的建设和发展也是对地理学，特别是对人文地理学学科体系的完善以及对旅游地理学总体构架的补充和充实(张述林，1992)。

近代旅游业最早产生于 19 世纪 40 年代后期，大量的地理学家运用地学观点和方法研究现代旅游业只有六七十年的历史，被公认为从地理学角度研究现代旅游业的首作是 20 世纪 20 年代，美国的麦克默里在《地理评论》杂志上发表的《娱乐活动与土地利用关系》一文。20 世纪 80 年代以来，学术界从对“旅游”和“娱乐”概念混淆的阶段飞速发展到现在百家争鸣、百花齐放的阶段。现代旅游的研究方向在原有的基础上发生了显著变化，在旅游资源开发与区域规划、区域旅游竞争与合作、旅游动机与行为、旅游地空间结构演化、旅游生态与环境、旅游影响等传统研究领域出现了一批新的研究成果。与此同时，伴随着国内社会经济的发展，在一些新兴和热点领域的研究中，如社区旅游、节事旅游、遗产旅游等方面也取得了丰富的研究成果(保继刚等，2011)。除此之外，很多知名专家、学者提出了不同的旅游视角和旅游观点，如生态旅游本土化(叶文等，2006)、城市休闲旅游(叶文等，2006)、低碳旅游(蔡萌等，2010)、泛旅游时代(吴必虎，2012)等。这些均从不同的侧面探讨了地学和旅游学之间的相互关系，涉及众多风景地理的内容，风景地理学得到不断积累和发展，但至今仍是一门正在成长的分支学科。

中国风景地理学思想的萌芽可以追溯到中国古代，一些旅行家、文学家、诗人曾经运用朴素的地学知识撰写了不少游记、散文和诗词，如《山海经》《徐霞客游记》、李白“飞流直下三千尺，疑是银河落九天”的诗句、苏东坡的《石钟山记》等，这其中就有自然景观的内容，可视为中国自然景观学思想的萌芽时期，为现代自然景观学准备、积累了丰富的内容及知识。鸦片战争使中国的门户被强行打开，西方现代科学传入中国，其中地球科学知识也在中国得到传播，并形成了地质、地理、气象等众多的分支学科。20 世纪 80 年代初，一批地质、地理工作者开始研究旅游业中涉及的一些地学问题，并发表了许多的论文，出版了一些专著。其中，从自然景观角度研究风景资源的学者中有代表性的是陈传康、谢凝高和彭华。代表性的文章和专著有《天然风景的组成及其构景》(陈传康，1980)、《地貌的旅游评价研究》(陈传康，1985a)、《旅游地质研究的内容和意义》(陈传康，1985b)、《丹霞风景名胜区的旅游开发研究》(陈传康等，1990)、《旅游地貌学：应用地貌学的新发展》(陈传康，1994)、《名山美景话成因》(谢凝高，1984)、《中国的名山》(谢凝高，1987)、《山水审美——人与自然的交响曲》(谢凝高，1991)。陈传康注重景观类型及其利用研究，尤其注重地貌景观构景研究；谢凝高注重山水审美研究；彭华则注重山水景观的开发方式和制图研究。另外一些学者也出版了一些专著，如《旅游地学概论》(陈安泽等，1991)、《旅游资源景观论》(王兴中，1990)、《风景地理学原理》(张述林，1992)、《风景科学导论》(丁文魁，1993)等。这些研究为中国旅游业的发展奠定了学术基础。

云南对风景地理的研究，在 20 世纪 90 年代初主要集中在云南师范大学地理系(陈永森、叶文、明庆忠等)和云南省地质环境监测总站(耿红等)，系统研究云南的风景地理发轫于《云南省志·地理志》的“奇特景观”的编撰(叶文主笔)，叶文主编的《云南山水景观论》是集大成者。目前风景的研究已从风景本身的审美价值研究向科学价值和旅游价值研究方面转移。

1.3 风景与生态旅游的关系

公众对环境问题的日益关注、对大众旅游负面影响的不满和亲近自然需求的日益增加，是生态旅游产生的背景，它是作为旅游业可持续发展而出现的一种模式(叶文等，2006)。

自 1987 年 Hector Ceballos-Lascurain 首次给出生态旅游的完整定义以来，国内外对生态旅游的概念一直争论较多，很多研究人员、国际组织从不同角度对生态旅游进行了界定。但国内对生态旅游有一个核心思想，即生态旅游是强调维护人—地和谐统一的一种旅游方式(叶文等，2006)。

对生态旅游的最初界定，尤其是许多西方国家对生态旅游的界定，都明确提出生态旅游的对象是“自然景物”。美国、加拿大、澳大利亚等几个生态旅游发展较早的国家更是把生态旅游的对象限制在“国家公园”“野生动物园”“野生植物园”“自然保护区”等纯自然的区域。

但是，对许多历史悠久的东方国家(如中国、日本等)来说，这一定义存在着明显的不足。东方以儒家为主流的文化传统从一开始就十分强调“天人合一”的哲学思想，许多著名的旅游区、自然保护区在悠远的文明长河中早已熏染了浓浓的文化韵味，“文以景秀，景以文名”，它们早已成为不可分割的整体。中国的“三山五岳”虽然在物质层面是一座座的山，但其扬名天下却是因为厚重的文化积淀。同时，这些地区大多数也早已成为自然与文化保护地，如泰山和黄山等。中国许多学者认为，这些地区处处闪烁着人与自然和谐的“生态美”光芒，应属于生态旅游的对象。因此，中国的生态旅游资源不仅仅是具有“自然美”的自然景观，还应该包括与自然和谐共生的充满生态美的文化景观。目前在国内普遍建立的民族生态村、生态博物馆、历史文化名城(镇)等，都是对这一理念的响应(叶文等，2006)。

事实上，发展到今天，地球上已经很难找到不受或很少受人类活动干扰的生态系统(叶文等，2006)。加上生态旅游有唤醒人类珍惜自然、爱护环境的教育功能，所以生态旅游资源应包括保护完好、环境优美的“国家公园”“自然保护区”等；一些由于人类的破坏而退化的生态系统，作为反面的典型，也应该纳入生态旅游研究的范畴。生态旅游起码应包括自然生态旅游、农业生态旅游和文化生态旅游三个范畴。

1.4 云南风景地理的基本特征

特殊的地理位置、漫长的演化历史，造就了云南自然环境复杂、生物多样性丰富、文化多元性典型、生态环境脆弱的地理环境，致使云南风景地理具有鲜明的特色。即便是有关“云南”一词的由来，也都与风景有密切的关系，充满了浪漫的色彩。相传在远古时候，女娲在中国的西南方向撒下一把热土，形成绵绵群山，倾倒一碗琼浆形成了星罗棋布的湖泊和纵横交错的河流，呵了口仙气形成了七彩云朵。这就是“七彩云南”的由来。另外一个流传更广的传说与西汉雄才大略的汉武帝有关，《云南通志》载：“汉武元狩间，彩云见于南中，遣使迹之，云南之名始此”；《祥云县志》亦载：“汉元狩元年，彩云现于白崖，遂置云南县。”①

1.4.1　奇特性突出

发育典型、稀奇独特的风景造型和丰富的科学内涵是自然景观的珍贵价值，是吸引众多旅游者的魅力和关键所在。云南由于历史上开发强度不大，特殊的自然环境孕育的绝大部分奇特景观都完整地保存了下来。从比较优势的角度分析，云南的奇特景观主要包括三江并流景观、喀斯特石林景观、星罗棋布的高原盆地和高原湖泊景观、高山丹霞景观、高山气象气候景观、垂直带谱景观、腾冲火山热海景观、北热带原始森林景观、滇金丝猴和亚洲象等大型野生动物景观等，这些奇特景观是支撑云南30多年观光旅游业快速发展的最重要的物质基础。

1.4.2　多样性显著

云南在多种内外营力的作用下，自然景观构成复杂多样，有移步换景的特点。云南的自然景观几乎囊括了陆地景观的所有类型。从冰川雪域景观、荒漠景观到低海拔热带景观应有尽有；既有各类典型的地质地貌景观、气候天象景观、水体景观、生物景观，又有特殊土壤形成的红层景观。若从景观类型的丰富度来说，在全国首屈一指。

1.4.3　古老性典型

云南地壳演化历史悠远，从前寒武纪至第四纪地层、构造形迹、化石遗迹直至人类史前遗迹均有出露或出土，而且云南是世界上古人类的主要发源地之一，由于其特殊的地理位置保留下来大量古近纪孑遗植物，形成特殊的景观。即便是发育处于幼年期到青年期的石林高石芽，也具有在古近纪准平原化的基础上多期发育的特点。这些无不给云南地理景观打上了古老的烙印。

1.4.4　组合性良好

云南不同的自然景观区域，其构成的地质基底不同，地貌、气候、水文、土壤、动

① 白华和耿嘉(2003)认为“云南”释名有四种观点：一是云山之南，二是彩云南现，三是云南之村，四是云岭以南。

植物等地理要素组合不同，其间的文化景观各异，组合形成了风格迥异各具特色的景观组合。各类景观相辅相成，互为依托，体现出极高的组合性，使风景资源更具有旅游价值。这种组合既有不同类型自然景观的组合，也有自然景观与人文景观的有机组合。三江并流景观区是最典型的山地景观组合体，它是由板块活动遗迹、高山峡谷、激流险滩、冰川冰蚀、生物垂直带谱、山地民族等景观组合而成的具有世界意义的自然遗产景观区；喀斯特石林区，由于发育历史悠久，具有多期发育、发育强度时急时缓的特点，其地表和地下景观系统几乎涵盖了喀斯特的所有景观类型，是研究喀斯特发育史的自然“教科书”。苍洱景观以“风、花、雪、月”为魁，是典型的山水景观与人文景观的集大成地，目前已成为中国“小资”的天堂、“诗意栖居”的代表。

1.4.5　广布性与空间分异性共存

每一地风景都是自然景观在人们脑海中经过艺术化处理的局部空间环境，都与周围地理环境保持有机的联系。因此，某一特定地域的风景是各构景要素的外在显现。云南全省各地、州、市、县几乎都有风景区(点)，充分体现了其风景的广布性特点。不少风景类型也具有广布性的特点，如喀斯特景观，虽然石林地区的最为集中和典型，但全省几乎所有的地方都有分布；不同自然环境下形成的不同森林生态系统，构成了云南森林景观的广布性；星罗棋布的坝子和高原湖泊，突出体现了云南自然景观的广布性。虽然云南景观广布性的特点十分突出，但其风景的差异性，特别是地域差异性十分明显，这与形成风景的自然地理因素的差异有密切联系。滇西北主要以雪域高原和高山峡谷景观为主；滇西以火山热海和南亚热带大型坝子景观为魁；东部主要为红层和喀斯特景观；南部主要为北热带、南亚热带森林和宽谷景观；滇东北主要为山原景观等。

总体来看，云南风景的空间分异十分突出，分布极不平衡，西部集中，东部分散，自然景观的富集度与少数民族的分布具有正相关的关系，与历史上的开发强度呈反比关系。

1.4.6　自然风景对文化景观形成的影响

云南移步换景的自然风景特征，深刻地影响着生活在其中的人们的生产生活方式，导致云南民族文化多元化发展的空间格局，形成文化景观上的巨大差异。

云南东部高原绵延，西部山川纵横，东西形态差异巨大。由山脉、河流等复杂的地理环境所导致的地理隔离、外来信息的缺乏、物资输送的困难，使云南文化、民族分化都非常复杂，成为中国境内民族种类最多的省份。除汉族以外，人口在5000人以上的世居少数民族有25个，其中独有的世居少数民族15个，各民族在婚姻、丧葬、生育、饮食、居住、服饰、节庆、禁忌等方面，都有自己独特的风俗习惯。

经研究表明，文化多样性与生物多样性紧密联系，世界上物种密集度最高、自然地理条件最复杂的热带地区，往往也是人类文化、民族和语言多样性最丰富的地区(杨宇明等，2008)。

云南境内星罗棋布的“坝子”也对云南文化景观形成了深远影响。由于山地和高原比重大，缺少大型平原，面积虽小但数量众多的各类坝子的存在，在一定程度上弥补了云南缺少大平原的不足，尤其是面积较大的坝子，均已成为省内各地的政治、经济、文化中心和农业生产的基地，也成为人口集中、居民点密集和交通干线纵横的地区(童绍玉等，2007)。在日积月累的生活中，坝子也形成了它独特的文化景观，是云南稻作文化的发祥地(苏国有，2006)。例如，云南南部西双版纳等热带或南亚热带坝区，水热条件优越，植物生长旺盛，野生动植物资源丰富。热带森林为原住居民提供的最便捷生存方式就是采集、狩猎和“刀耕火种”的耕作方式。生活在这里的傣族、哈尼族、基诺族等少数民族形成了以适应热带森林环境利用森林生态资源为主的森林采集、狩猎、农耕等“热带森林民族文化”(杨宇明等，2008)。以昆明为代表的坝区，长期以来，少自然灾害、远离战争、物产丰富逐渐形成了以农耕文化为支撑的天人合一、自给自足的内向型经济的社会文化特征，是支撑此类地区休闲产业发展的社会文化基础(叶文等，2006)。

参考文献

艾南山，李后强. 1993. 从曼德布罗特景观到分形地貌学. 地理学与国土研究，9(1)：13-17.

白华，耿嘉. 2003. 云南文史博览. 昆明：云南人民出版社：346.

保继刚，尹寿兵，梁增贤，等. 2011. 中国旅游地理学研究进展与展望. 地理科学进展，30(12)：1506-1512.

蔡萌，汪宇明. 2010. 低碳旅游：一种新的旅游发展方式. 旅游管理，(4)：3-4.

陈安泽，卢云亭. 1991. 旅游地学概论. 北京：北京大学出版社：1-228.

陈传康. 1980. 天然风景的组成及其构景. 地理知识，(10)：7-10.

陈传康. 1985a. 地貌的旅游评价研究. 河南大学学报(自然科学版)，(1)：65-75.

陈传康. 1985b. 旅游地质研究的内容和意义. 旅游论坛：48.

陈传康. 1994. 旅游地貌学：应用地貌学的新发展. 人文地理杂志，(9)：1-3.

陈传康，俞孔坚. 1990. 丹霞风景名胜区的旅游开发研究. 地理学报，(45)：284-294.

陈述彭. 1990. 遥感大辞典. 北京：科学出版社：110.

丁文魁. 1993. 风景科学导论. 上海：上海科技教育出版社：1-253.

金学智. 2010. 风景园林品题美学——品题系列的研究、鉴赏与设计. 北京：中国建筑工业出版社：4-6.

钱今昔. 1993. 中国旅游景观欣赏. 合肥：黄山书社：1-368.

苏国有. 2006. 打开山门说亮话 云南坝子经济揭秘. 昆明：云南人民出版社：164-165.

童绍玉，陈永森. 2007. 云南坝子研究. 昆明：云南大学出版社：20.

王朝忠. 2006. 汉字形义演释字典. 成都：四川成都辞书出版社：1108.

王其亨，吴静子，赵大鹏. 2012. “景”的释义. 中国园林，(3)：31-33.

王兴中. 1990. 旅游资源景观论. 西安：陕西科学技术出版社：1-261.

吴必虎. 2012. 泛旅游需要更完善的旅游公共服务体系支持. 旅游学刊，27(3)：3-4.

谢凝高. 1984. 名山美景话成因. 地理知识，(3)：24-26.

谢凝高. 1987. 中国的名山. 上海：上海教育出版社：1-159.

谢凝高. 1991. 山水审美——人与自然的交响曲. 北京：北京大学出版社：1-132.

许慎. 2006. 说文解字(注音版). 长沙：岳麓书院：284.

杨锐. 2010. “风景”释义. 中国园林，(9)：1-3.

杨宇明，王娟，王建皓，等. 2008. 云南多样性及其保护研究. 北京：科学出版社：27，162-164.

叶文，蒙睿. 2006. 生态旅游本土化. 北京：中国环境科学出版社：3-18.

叶文，等. 2006. 城市休闲旅游：理论·案例. 天津：南开大学出版社：225.
俞孔坚. 2008. 景观：文化、生态与感知. 北京：科学出版社：3-5.
张胜华，李丙红. 2011. 景区规划与开发. 北京：北京理工大学出版社：140-141.
张述林. 1992. 风景地理学原理. 成都：成都科技大学出版社：10-16.

第 2 章　自然景观形成的背景

云南这块广袤美丽的土地，是由当今世界上海拔最高、最新形成的青藏高原和云贵高原组成。境内构造运动活跃、岩石类型丰富、褶皱断裂广布、山川纵横、地形悬殊、气候类型多样、生物种类繁多，这都是形成云南绚丽多彩自然风景的基础背景，这一背景是亿万年地球演变的结果。

2.1　区域地质背景

同世界万物一样，地壳处在不断的运动和变化中。地壳运动是由于地球内动力作用引起的地壳变位或变形的机械运动。一个地区的地质构造特征是该地区地壳运动及其地质环境演变的结果，它决定着该地区的地层、岩石、构造形迹、岩浆活动、变质作用及地貌形态等，控制了自然景观的形成及区域景观类型特征。云南大地构造位置处于特提斯-喜马拉雅构造域与滨太平洋构造域的复合部位，包括欧亚板块内的扬子古板块的西南端(包括滇中及滇东北)和滇青藏大洋板块的一部分(滇西和滇西南)。境内古老的、新生的构造形迹均十分发育，而且相互交织。深大断裂众多，分为滨太平洋断裂体系(小江断裂以东)和特提斯-喜马拉雅断裂体系，它们不仅在区域构造历史中起着重要作用，而且还深刻影响着地貌的发育和演化，控制着云南的地貌格局。在漫长的地质演变历史长河中，云南地壳的不同部分经历了活动方式、程度、期次各异的曲折复杂演变，形成了各自固有的地层系统、构造格局及岩浆活动、变质活动特点。根据这些特点的不同和地质历史演变过程的差异，云南省地壳在空间上可划分为五个一级大的构造单元(表 2.1，图 2.1)。

表 2.1　云南省大地构造单元分区表

大地构造单元	分布地区
扬子准地台	滇中、滇东、滇东北
华南褶皱系	滇东南
松潘-甘孜褶皱系	香格里拉、丽江
兰坪-思茅褶皱系	滇西澜沧江以东地区
贡山-腾冲褶皱系	澜沧江以西地区

图 2.1　云南省构造单元分区示意图

扬子准地台扬子旋回后就表现出稳定地块特征，在喜马拉雅旋回中表现为典型的断块活动，形成盆地、高原地貌景观。其他几个单元表现出强烈的活动性。滇西地区曾经是特提斯海的重要组成部分，因与欧亚大陆板块发生强烈碰撞而封闭、抬升形成高原，由于断裂发育，河流强烈下切，逐渐形成目前的山川纵横的区域景观。受其影响东部地区也发生了较大规模的构造变动，其抬升幅度小于西部。自此，奠定了云南构造格局及山川大势。

云南在古老的构造运动形成的构造基底上，经喜马拉雅运动强烈作用，地壳整体不断隆起，形成了著名的三江褶皱系(图 2.2)和深大断裂(图 2.3)。这使白垩纪—古近纪前形成的夷平面不断抬升形成断块高原。

云南的断块活动具有以下特点。

2.1.1　掀升性典型

在地壳总体抬升过程中，各部分抬升幅度有较大差异，主要是受地块边缘深大断裂和距离板块碰撞带的远近制约，形成由北向南、自西向东倾斜的阶梯状的地势，并在西藏—滇西北、云南高原—贵州高原之间形成显著过渡带，在过渡带上形成特殊的自然风景体系。

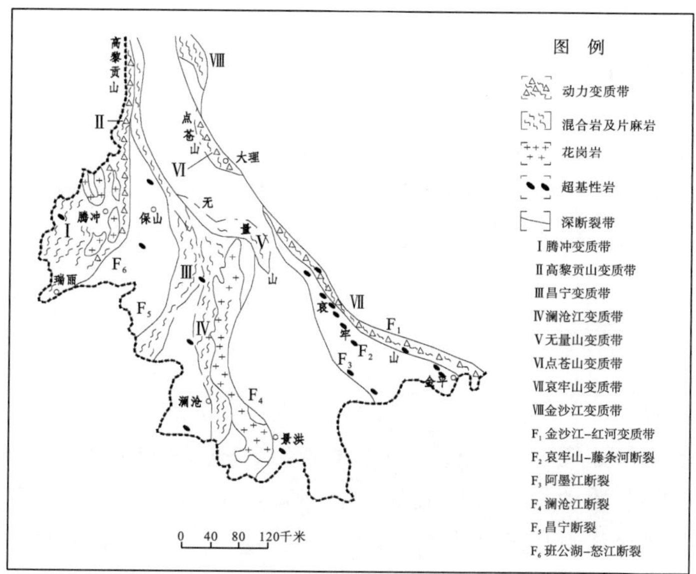

图 2.2　三江褶皱系略图

资料来源：陈永森，1998

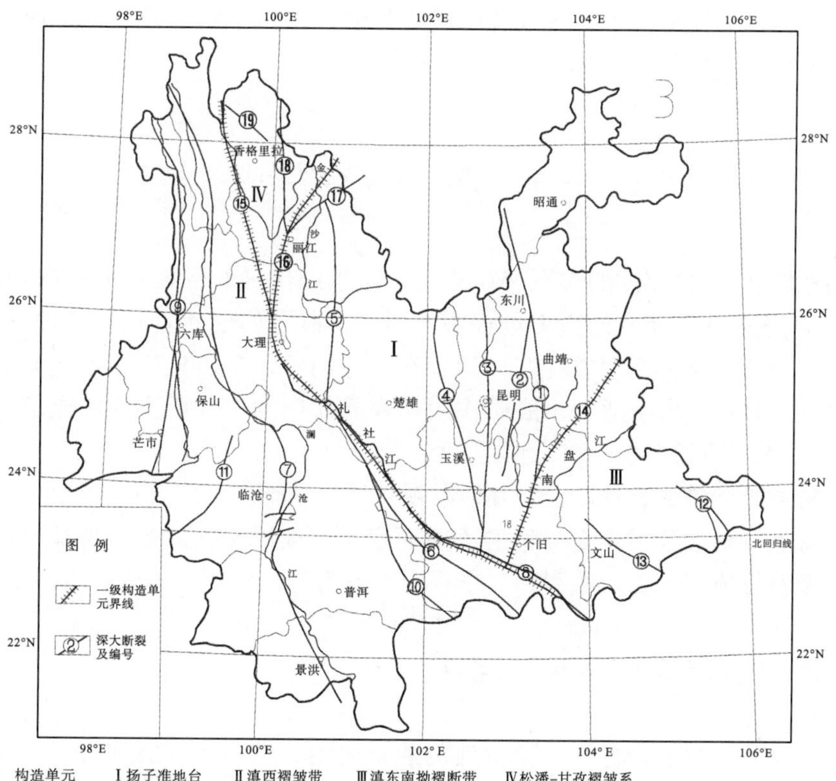

图 2.3　云南省深大断裂及构造单元分布示意图

资料来源：陈永森，1998

2.1.2　间歇性突出

地壳的间歇性抬升特点造就了云南层状地貌的发育：一个地区常见有多级阶梯剥蚀面；在喀斯特地区表现为多层水平溶洞的发育；河谷和盆地中则表现为多级分布的河流阶地和台地。云南的河流阶地和喀斯特溶洞一般均具有 3～5 个层次。

2.1.3　差异性显著

伴随地壳大面积大幅度抬升运动，沿深大断裂两侧地块抬升速率和幅度不一，引起高原和夷平面的解体和分裂，形成断块山地景观(这些断块山地多形成高峰)，同时沿大断裂旁侧常有局部陷落活动，局部形成陆内裂谷带，引起火山活动，形成大规模的区域火山地貌景观。云南的高山和极高山的主峰大部分是由于差异运动形成的高耸断块山地景观，云南 6％的平坝区绝大部分都是由于差异运动形成的断陷盆地，经过河湖发育阶段而形成。

由于云南地处特殊的大地构造部位，在复杂的地质背景下显现出来的区域地质特征，为云南丰富多彩、世界罕见的自然景观区域个性特征奠定了物质基础，形成了自然风景地域分异特征的本底(图 2.2，图 2.3)。

2.2　成 景 岩 组

云南的地层从 25 亿年前的古老变质岩系，至第四纪最新的松散沉积物均有发育(陈永森，1998)。地壳在其演变的历史进程中，形成了巨厚的层状岩石及各种形态的岩体，沉积岩、岩浆岩、变质岩三大类均有广泛分布。它们记录了古地理、古气候、古生物演化、构造运动、岩浆及火山活动、成矿作用和变质作用的全部历史，构成了一部地质历史“巨著”，这部“巨著”“页页”都是风景。

这三大岩类既能单独成景，也是其他景观立地的基础。因此，在不同的地理区域内，自然风景的特点及个性常因岩石类型的不同而变化，地层岩性的组合特征对区域自然风景的美学造型及价值都有一定的制约。纵观云南省各时代岩组，其成景岩组主要有四类。

2.2.1　碳酸盐岩类成景岩组丰富

碳酸盐岩类是最具有特色和美学价值的成景岩组，该岩组在时间和空间上分布均十分广泛，但集中分布于滇东及滇东南地区，分布面积为 9.7 万平方千米，占全省土地总面积的 26％。从前寒武纪到近代，沉积岩均有分布。在不同的地质历史时期，碳酸盐岩在沉积范围、岩层厚度、岩性岩相上都有很大的变化，导致各时代碳酸盐岩的成景价值差异巨大。全省以震旦纪灯影组、二叠纪栖霞组和茅口组、三叠纪沉积的碳酸盐岩分布最广，厚度巨大，喀斯特景观造型最具观赏价值。著名的石林和云南绝大部分具有旅游价值的溶洞均产于这些地层中。

2.2.2 碎屑岩类成景岩组广布

碎屑岩类是由碎屑岩(砂岩、页岩、泥岩、砾岩等)或以碎屑岩类为主的地层组成(包括松散岩类)。在空间分布上十分广泛，集中分布于滇中及滇西普洱、兰坪地区，其他地区常呈夹层状分布。松散岩类则主要分布于河谷、盆地内。以中生代、新近纪碎屑岩成景最具特色，形成了著名的土林、沙林、膏林、丹霞景观等。

2.2.3 岩浆岩类成景岩组分布局限

岩浆岩类由各种类型的侵入岩和喷出岩组成，主要分布在滇西和滇南，景观类型以新生代火山喷发岩最具景观价值，如著名的腾冲火山群。滇西各时代花岗岩和新生代侵入岩体往往形成高耸的山峰，矗立于群山之上，丰富的节理在受外力作用后，形成峭壁奇峰或巨型石蛋景观。此外，二叠纪玄武岩的柱状节理也有一定的观赏价值。

2.2.4 变质岩类成景岩组带状分布

云南变质岩分布广泛，且集中分布于滇西几个变质带和滇中康滇古陆、牛首山古陆上。其景观意义主要体现在科学研究上。岩组内富于变化的构造形迹、类嵩山变质岩地貌、色彩斑斓的大理石及岩组内所赋存的宝石类矿物等都具有较高的景观价值。以滇西几个变质带景观最好。另外，变质岩岩块，往往具有良好的造型，是制作山水盆景的上选材料。

2.3 地 貌 背 景

在影响云南自然地理环境的诸多因素中，地貌景观特征对于区域小气候的形成、土壤类型的发育、河流的走向和结构、生物多样性的分布、生态系统的地域组合与分异等空间配置状况，影响都十分突出。云南地处中国三大阶梯地貌的第一级与第二级阶梯地带，其主体部分在第二级阶梯内，属云贵高原区，西北部是第二级阶梯与第一级阶梯——青藏高原的过渡部分。总的地貌轮廓和地形变化与中国全貌相一致，具有西高东低，北高南低，呈阶梯状逐级下降的特点。山地占全省土地总面积的 84%(其中低山 8.4%，中山 64.7%，高山和极高山 10.9%)，高原占 10%，坝子占 6%。因此，云南是一个典型的高原山地景观区。“出门就是坡，眼泪往下梭”是对云南地貌特征的真实表达。

其复杂的地质背景和丰富多彩的外力作用方式，致使云南这块古老美丽的土地，无论是在水平方向上还是在垂直方向上地貌景观变化均十分显著，其独特的风格和丰富的内涵是其他省份难以比拟的。它在很大程度上影响和制约了其他自然地理要素(气候、植被、动物、土壤、水文等)的变化和人文景观的形成。因此，独特的地貌景观是云南特殊的自然景观类型组合和丰富的人文景观类型形成的重要前提，它构成了云南风景总体特征的基本骨架。

2.3.1　地势北高南低，作梯层状下降

云南地势高耸，全省平均海拔在 2000 米左右，且地形起伏很大，各地的海拔悬殊(图 2.4)。云南西北部德钦县的梅里雪山，其最高峰卡瓦格博峰海拔达 6740 米，为全省海拔最高点；而东南部的河口县境内的红河与其支流南溪河交汇处，河面海拔仅为 76.4 米，为全省海拔最低点，两地直线距离为 900 余千米，海拔垂直高差达 6663.6 米，平均每千米下降 6~7 米。全省跨越超过 8 个纬度带(北纬 21°49′~29°15′)，大致可以分为三个梯层。这样急剧的变化，是一般省份少见的(图 2.4)。

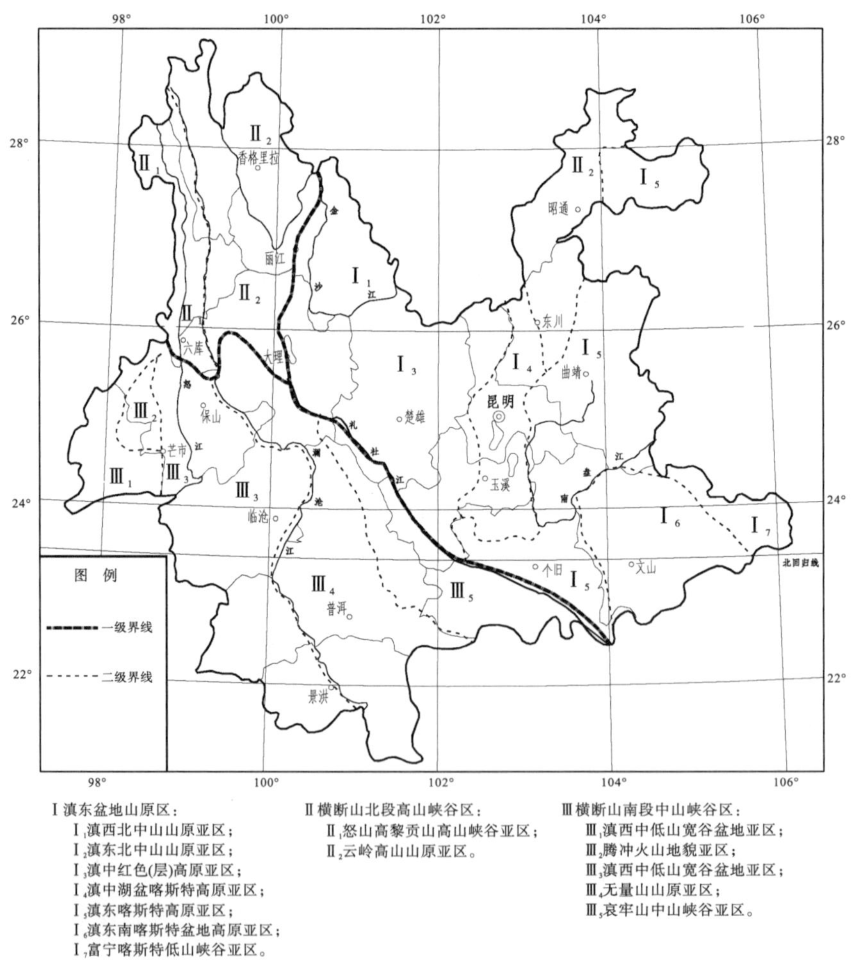

图 2.4　云南省地貌分区示意图

云南总的地势呈梯层式下降，垂直方向的层次发达。在古夷平面解体形成的丘陵状高原面和分割高原面两种基本形态内，垂直向的层次地貌十分发育，而且对于自然景观特征和生物多样性的构成与分布，都产生了十分深刻的影响，并起着非常重要的作用。云南的层次地貌更加细分，可以分为四个层面(杨宇明等，2008)。

第一，高原面上的高耸山地：主要分布在地势最高的滇西北第一梯层和第二梯层。

云南高原从古夷平面为基准算起，其高耸山峰的海拔高差平均在 1000～2000 米。在第一梯层可高达 3000～4000 米，这些高耸的山地多为断块山地景观。这些高耸山地是云南冰川地貌景观，以及高山峡谷、亚热带至高山寒带生物气候垂直景观的主要层次。即云南高原的西北方耸立着青藏高原，海拔一般在 4000 米以上，云南西北端的香格里拉、德钦一带，在地势和自然景观上都属于青藏高原的东南缘部分，整个滇西北均为云南地势最高的第一梯层。

第二，高原面：由丘陵状高原面和分割高原面所构成，分布广泛。

高原面占据云南中部、西部至东部的广大区域，是构成云南第二梯层高原面景观、喀斯特景观、曲流景观、亚热带山地森林景观的主要层面。滇中、滇西和滇东为云南高原的主体，高原面的平均海拔约为 2000 米，属于云南地势居中的第二梯层，包括了云南的大部分地区。

第三，剥蚀面和高阶地：分布在高原面以下的地貌层次。

剥蚀面和高阶地组成了较低的分割山顶面和河谷两侧的谷肩，在盆地周围的山坡构成剥蚀台地，是云南南部热带、南亚热带、湿热森林景观和中部地区中亚热带暖性森林景观的主要层状地貌。

云南南部和东南部边缘热带或南亚热带地区，其东部与桂西山原连接；南部与老挝高原、泰国的清迈高原等相连；西南部至西部与缅甸掸邦高原接壤。它们不但在高度上相近，在地貌发育史上也有密切的联系，并且在生物地理区系上的联系也十分紧密。整个云南南部、东南部至西南部与云南高原东面的黔中高原一起，组成了云南地势最低的第三梯层，平均海拔在 1000 米以下，从谷地到山峰的高差仍然很大。

第四，谷地和盆地：包括高原性河谷和高盆地，以及深切河谷和低盆地两类。

其中包含丰富的湖泊景观，在谷坡上分布有 3～4 级阶地(可与喀斯特洞穴的层次进行对比)，是云南农业生物多样性景观的主要层状地貌。

总的来看，云南由北向南倾斜的巨大地形阶梯时陡时缓，层层下降，由北向南有 4～5 个台阶，5～6 个层次(图 2.5，表 2.2)。每一个地貌层次并不处在同一个高度上，所以气温水平也是不一致的。但是层状地貌结构明显控制着土地资源的分布，进而控制着植被和生态系统的发育形成与分布。梯层内一般地势起伏和缓，水流较舒缓，形成大量曲流景观，许多地方仅表现为残余山顶面。梯层边缘及陡坎地带，地势起伏巨大，水流湍急，多急流瀑布景观。另外，古近纪末以来，云南一直处于差异抬升中，在相对静止阶段，也形成 2～3 级剥蚀面，这些剥蚀面分布较广泛，穿插于各个层次中。因此，云南地貌的北南倾斜和层状地貌的多层性高原决定了全省土地资源的层次分布特征，并与气温条件垂直分布结合起来，共同构成了云南全省“立体生物多样性景观”和“立体生态农业景观”的复杂内涵的基础。

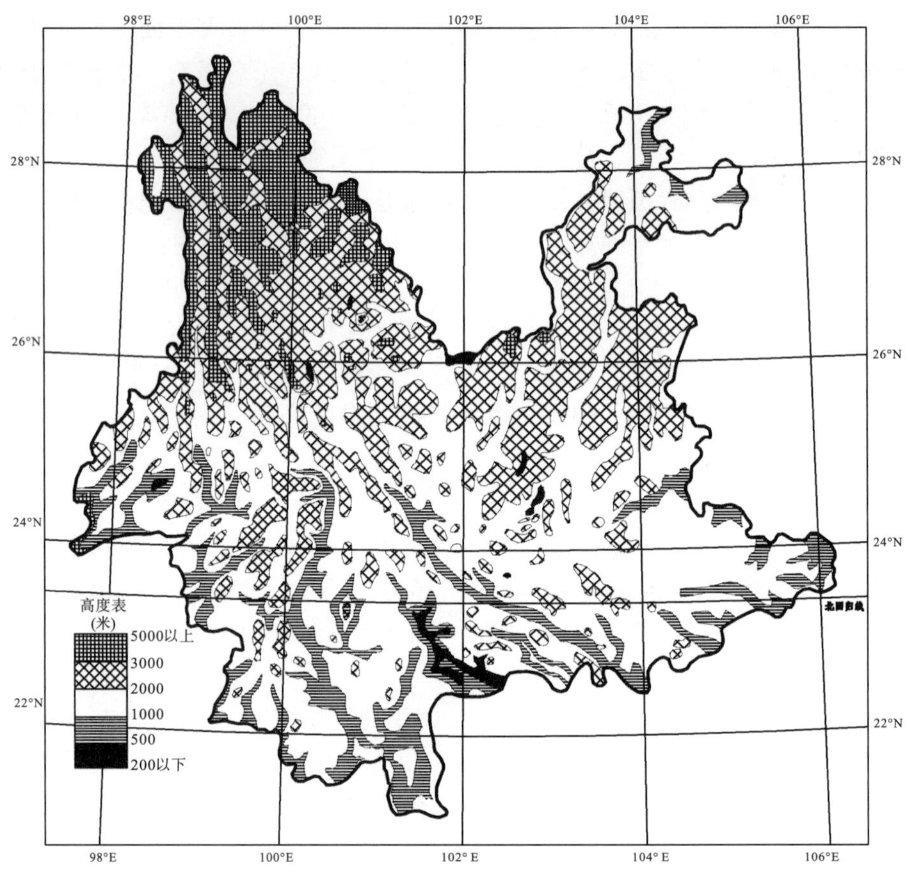

图 2.5　云南省地势示意图

表 2.2　云南地形阶梯表

高原面（平坦面海拔，米）	陡坎海拔（米）	分布区	主要景观类型
>5000		滇西北三江地区	高山峻岭、雪峰冰川
	3700～5000	滇西北三江地区、滇东北	雪峰、峡谷急流、瀑布、森林、冰川湖
3500～3700		滇西北、滇东北	草甸、草场、宽谷盆地、森林、高原湖泊
	3000～3500	滇西北、滇东北	峡谷、瀑布、急流险滩、森林
3000 左右		全省大部分地区	草甸、宽谷、盆地
	2500～3000	全省大部分地区	峡谷、瀑布、急流、森林
2000～2500		全省大部分地区	大型盆地、湖泊、喀斯特
	1400～2000	全省大部分地区	峡谷、急流、瀑布、喀斯特
1200～1400		滇西南、滇东南	宽谷、盆地、喀斯特
	500～1200	滇西南	峡谷、瀑布、急流、南亚热带雨林
500 左右		滇西南	河谷、盆地、热带雨林
	<500	滇西南	河谷、热带雨林

2.3.2　东部高原绵延，西部山川纵横

在云南大尺度地貌上，南部以红河(元江)谷地为界，向北大致以礼社江、巍山、大理、剑川、程海、宁蒗一线为界，全省分为两大地貌区①：东部为主体部分起伏和缓的滇东高原景观区，西部为山川纵横的滇西横断山纵谷景观区(图 2.6)。

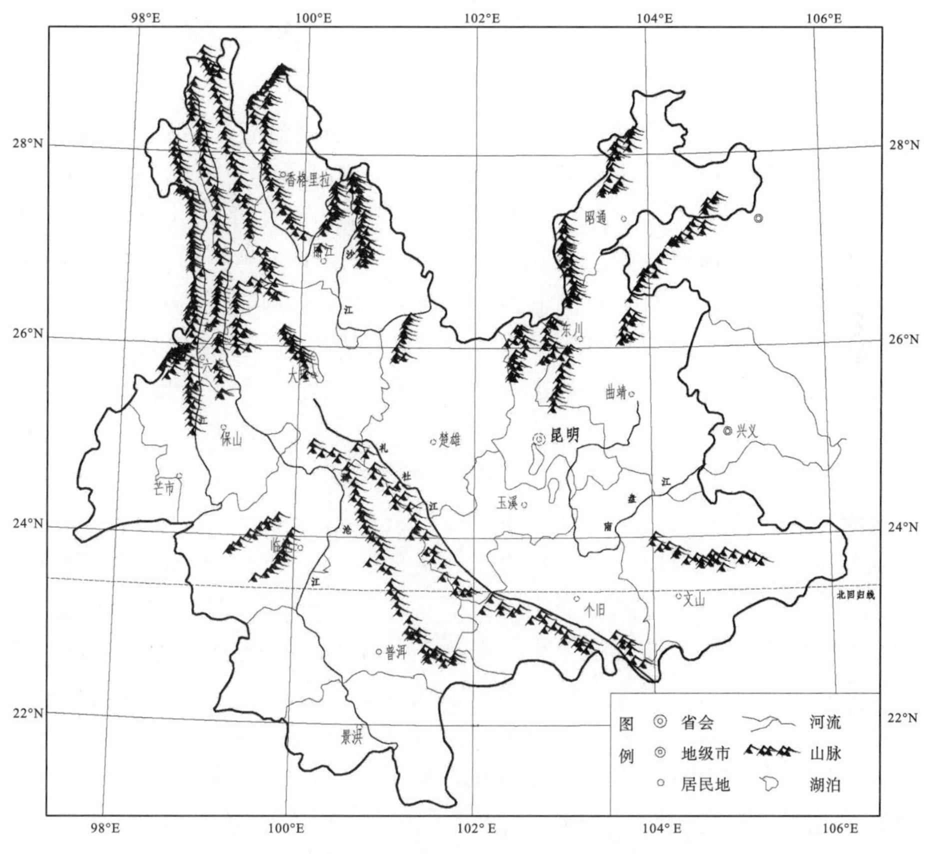

图 2.6　云南省山河分布示意图

滇东高原构造线比较零乱，大多为短轴的背斜和向斜，其走向变化较多，山岭通常

① 历史上地理界一直简单地把红河一线作为扬子地台的西南缘，以此把红河东部以扬子地台为基础的地点称为滇东高原。但扬子地台西南缘边界一直都是地质学家争论的热点，学者发现的甘孜-理塘蛇绿岩、金沙江-哀牢山蛇绿岩、澜沧江-昌宁-孟连蛇绿岩等四条蛇绿杂岩带证据表明，扬子-华南地块与兰坪-思茅-印支地块的松潘-金沙江-哀牢山-马江洋就是扬子-华南地台的西南缘边界，闭合时间是晚二叠世—早三叠世(Wu，1995；Metcalfe，1997；潘桂棠等，1997；Zhang，1998；闫全人等，2005；Hou et al.，2007)。然后最新的蛇绿岩锆石的年代学证据显示，青藏高原东南缘的古特提斯构造带南部的具有陆内岛弧特征的江达-维西-云县岛弧带火山岩年龄为二叠世—三叠世，而北部没有进入到三江构造带玉树-义敦岛弧带的火山岩年龄为晚三叠世，表明南北两个岛弧带相对独立演化，而金沙江洋和哀牢山洋在晚古生代以前并未形成一个贯通的洋盆将扬子地台与东羌塘地块及兰坪-思茅地块分开，即扬子地台与东羌塘地块及兰坪-思茅地块在晚古生代时期就是南北裂开中间相连的一个整体地块。早二叠世—中三叠世古特提斯洋向北或北东向俯冲，金沙江洋和哀牢山洋闭合，扬子-思茅地台从此进入陆内湖演化阶段(Yang et al.，2014)。因此，扬子-思茅地台西部边界应为西边的龙木错-双湖-昌宁-孟连俯冲带。

较为短小，脉络也不甚清晰。滇东高原的核心部分处于金沙江、元江、珠江水系南北盘江的分水岭部位，主要河流为这些大河的上源或支流，高原面解体程度不深，大范围为丘状高原，并分布有一系列呈雁行式排列的盆地，地势起伏和缓。在大河周围也有高山深谷分布，相对高差可达 1000 多米，甚至可达 2000 米以上，但其范围较小。滇东高原在北纬 25°一线两侧，丘状高原景观的形态保存较完好，是滇东高原的主体和核心，其范围颇广，而其内部又主要因构造和岩性及其对地貌发育的影响明显不同，可分为三个部分：西部滇中红层高原景观区，其范围大致在昆明、石屏一线以西，这里中生代红色岩系分布广泛，地势起伏和缓，以丘状高原面和山间盆地为主，中部地势较为平整，向南北两侧地势有所下降，起伏逐渐加大，这里是恐龙的故乡，也是元谋人的发祥地；在昆明、峨山一线以东，宜良、蒙自一线以西，为滇中断陷湖盆高原景观区，这里分布有众多的断陷湖泊，山间盆地发达，盆地近侧常有断块上升形成的山地，地表以古生代碳酸盐岩及砂页岩占优势，也有中生代红色岩系分布，湖光山色是其典型的景观特征；宜良、蒙自一线以东则为滇东喀斯特高原景观区，古生代和中生代的碳酸盐岩分布很广，大面积的高石芽、石芽、溶丘、断陷溶蚀盆地、溶蚀洼地等组成了起伏和缓，但地表崎岖的喀斯特景观区，仅断块山地和一些非碳酸盐岩类的坚硬岩层(如玄武岩)可构成高大山体景观。因此，滇东高原主体的地貌景观以旖旎的高原湖光山色、举世无双的喀斯特景观而闻名于世。

滇东高原的东南部，主要在文山壮族苗族自治州的范围内，为滇东南喀斯特山原景观区。那里碳酸盐岩分布广泛，而其间砂页岩层也较普遍，峰林、溶丘、石芽、漏斗、暗河，石山与土山相间的山原及溶蚀盆地等景观交错分布，地表崎岖，地形破碎。

滇东北的昭通地区一带属滇东北山原景观区，地势起伏较大，各种地貌类型交错分布。金沙江峡谷从西面和北面环绕，小江深断裂带东侧有南北向延伸的药山、拱王山等高大山脉耸立，以东为乌蒙山等山地。高原面受到金沙江及其南侧支流牛栏江、洛泽河等河谷的强烈切割，相对高差可达千米以上，生物景观垂直带谱比较发育。只有昭通、鲁甸一带，高原形态较明显，向北地势下降，切割加剧，在分割山原北侧与四川盆地南缘的山地丘陵之间具有过渡性，东侧与黔西北的喀斯特高原相连。

滇西横断山纵谷景观区，近南北向的褶皱和断裂排列紧密，控制了地貌景观及水系的发育，形成了山川纵横的高山峡谷景观区。本区由三部分组成，第一部分是著名的北部横断山脉景观区(三江并流地区)，由西到东，在宽约 150 千米的范围内，相间排列着高黎贡山、怒江、怒山(碧罗雪山)、澜沧江、云岭、金沙江和沙鲁里山等几组巨大的山脉和河流，山川相互挟持紧逼，高耸并列的雪峰隔江对峙，汹涌的江水在深谷中奔腾，其中，怒江与澜沧江的最短直线距离不到 19 千米，澜沧江与金沙江最短直线距离仅为 66.3 千米。这一带地势最高，是云南高大山脉的集中地，山峰海拔一般都在 4000 米左右，有许多 5000 米以上的雪峰，谷底海拔在 1000～2300 米，相对高差巨大，生物景观垂直带谱十分发育，横断了东西交通，故称横断山脉，是云南登山、探险景观资源集中分布地。第二部分位于北纬 25°30′(保山—下关一线附近)以南，为横断山脉的南延部分，因构造线向南辐射展开，山脉和河流也逐渐展开，形成帚状山系和帚状水系，但仍大体保持了高山深谷平行纵列的总体轮廓。高黎贡山、怒江、大雪山(永德、临沧)、澜沧江、无量山、把边江、哀牢山等山川脉络仍然清晰，山峰海拔多在 3000 米以上，怒江、澜沧江、把边江、红河等河谷谷底海拔在 200～1000 米，深嵌于群山中。该区高原面大部分已解体，多为比较破碎的山原，仅局部有谷间高原残存。第三部分为高黎贡山以西的大盈江、龙川江流域，北面有尖高山，东面是高黎贡山，在总的地势从东向西、从北向南倾斜的基础上，发育成东北—西南向的纵谷区，宽谷盆地与中山相间，谷底海拔在 700～900 米，山地从东部和北部 3000 米下降至西南部的 1300 米左右，地层以结晶岩为主。高黎贡山西坡腾冲一带，分布有著名的第四纪火山群景观。

2.3.3　小型盆地广布，地貌类型复杂

云南无大型平原，但中小型山间盆地景观很多。这种山间盆地，西南三省称“坝子”。有的坝子由于受构造走向的控制成群成带分布，有的孤立散布在山地和高原中。面积在 1 平方千米(包括 1 平方千米)以上的坝子数量为 1868 个(若不包括大坝子中的小坝子，则坝子数量为 1840 个)，总面积为 25678.65 平方千米，占云南省土地总面积的 6.52％。受地貌格局的影响，云南省坝子的空间分布很不均匀，其中 2/3 分布在滇东、滇中高原地区，面积占盆地总面积的 80％；1/3 分布在滇西地区，面积占盆地总面积的 20％(图 2.7)。其中滇东、滇中高原地区 1 平方千米以上的坝子有 1045 个，约占全省坝子总数的 55.94％，总面积为 14485.73 平方千米，占云南省坝子总面积的 56.39％；滇西横断山纵谷区坝子数量较少，1 平方千米以上的坝子有 823 个，约占全省坝子总数的 44.06％，面积约为 11201.93 平方千米，占云南省坝子总面积的 43.61％(童绍玉和陈永森，2007)。

从坝子在云南省各州市的分布情况看，大坝子和坝子数量分布较多的地区为昆明市、曲靖市、红河哈尼族彝族自治州、楚雄彝族自治州、大理白族自治州和保山市；坝子数量多，但以小型坝子为主的地区有昭通市、文山壮族苗族自治州和丽江市；总量少、坝子面积也小的地区是怒江傈僳族自治州、迪庆藏族自治州、临沧市；坝子数量少，但大型河谷坝子较多的地区为西双版纳傣族自治州、德宏傣族景颇族自治州和玉溪市(童绍玉和陈永森，2007)。

云南的坝子内部，虽大部分有缓丘和台地分布，但总体上地势平坦，土壤层较肥厚，常有河流蜿蜒其中，一些大坝子在地质历史时期曾有过成湖阶段，是城镇所在地和工农业生产基地。四周是相对高耸的山地，形成群山怀抱的景观特征。

云南各地内外力作用机制、强度和方式差异很大，导致地貌类型空间分异特征突出。南部、中部和西部以流水侵蚀的砂页岩和变质岩山地景观为主；东部、东南部和西南部的部分地区，以喀斯特地形占优势，地表崎岖缺水。西北部、东北部和一些高山区，以寒冬风化、冰川作用形成的地形景观为主。在众多的高原湖泊(包括历史上曾有过成湖期，现已干涸的古湖盆)内，发育了一厚层红色古风化壳，在不同的外力作用下，形成了不同的地貌景观类型。在一些高山和河谷坡麓地带，滑坡、崩塌和泥石流发育。在不同的地区，地貌以一种或两种类型为主，其他地貌类型与其相互渗透，互相穿插，形成一种规律性不强的复合体，造成云南地貌景观复杂多样的格局(陈永森，1998)。因此，从

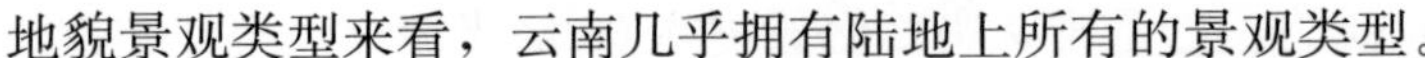

地貌景观类型来看，云南几乎拥有陆地上所有的景观类型。

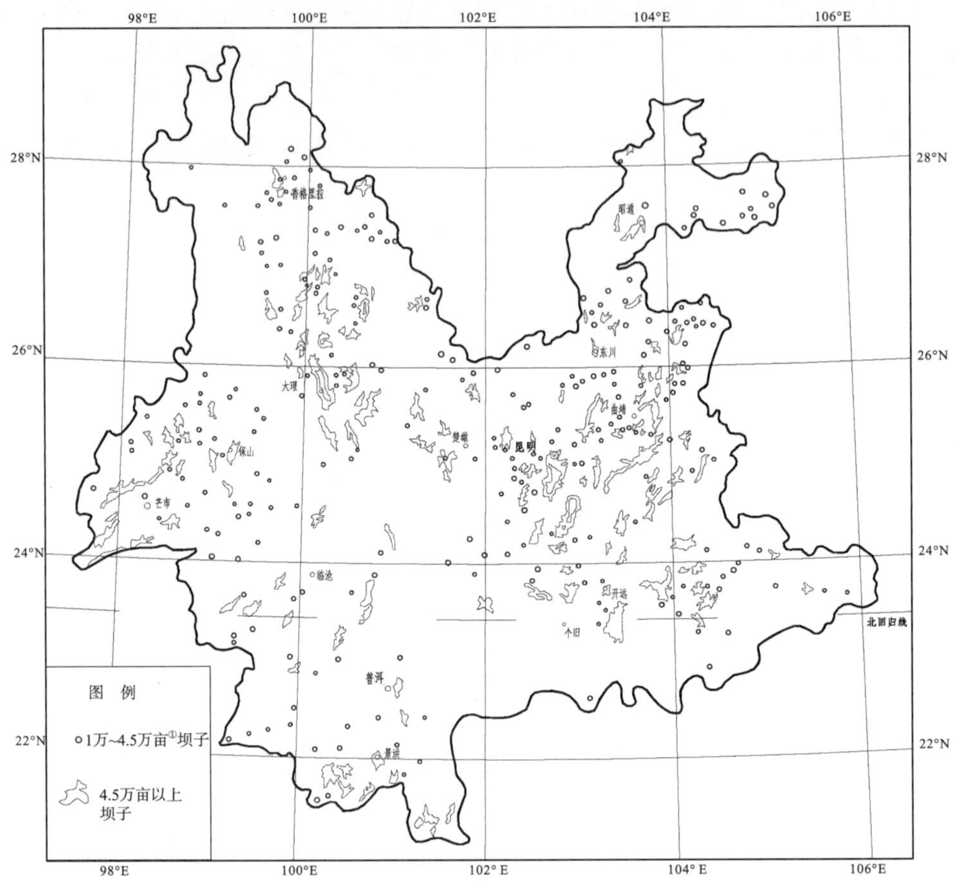

图 2.7　云南省大坝子分布示意图

资料来源：童绍玉和陈永林，2007

2.4　气 候 背 景

云南特殊的地理位置、西北高东南低的地势、巨大的地形起伏特征，在受到两大季风和南支西风的控制和影响下，形成了显著的区域性气候特征和复杂的气温与水分的配合，在同一水平气候带下出现了“水平分块，垂直分带”的立体气候特征，“一山分四季，十里不同天”是云南气候多样化的真实写照。立体气候是云南区域气候的一个重要特征，也是形成云南众多小气候与丰富的生态系统类型的主要气候因素之一。它是云南丰富的生物多样性和自然景观类型形成、观赏生物的生长与演变等的控制性因素之一。

① 1 亩≈666.7 平方米。

2.4.1　地理位置特殊，气候成因复杂

云南正好处在亚洲的南部和东南部的东亚季风、青藏高原西风环流、南亚和东南亚热带季风区域三大差异十分显著的自然气候地理区域的结合部位。云南的高原地势，特别是青藏高原对大气环流有其特殊的重要意义。西风环流、西南季风及东南季风的季节性进退更替，对于形成云南气候的区域性特征，有着决定性的影响。因此，特殊的地理位置、大气环流特点及高耸的高原地势，致使云南形成了显著的区域性气候特征和复杂的气温与水分的配合，从而导致气候成因复杂，形成多样的区域特殊小气候环境。

2.4.2　干湿季分明，区域差异明显

北纬 25°一线横贯云南中部，处于全球性的基本气流(风带)的季节性位移最明显的纬度范围，西风环流的季节性南北摆动也十分明显。在青藏高原的影响下，西风环流的下、中层流，发生明显的分支现象。每年 10 月西风带南移，分支现象形成时位于青藏高原东南侧的云南高原，受来自印度北部及西亚广阔热带、副热带干燥地区的南支西风急流所控制，一直到次年 5 月该急流消失为止。这支温暖干燥的热带大陆气团，向东运行控制了整个云南高原，造成了云南温暖干燥的冬季。云南除滇西北高山地区以外，大部分地区的温暖冬季创造了起源于中南半岛和南亚次大陆热带成分的动植物的越冬条件。进入 5 月以后，随着西风带迅速北移，南支西风随即消失，干季也随之结束。此时，来自印度洋孟加拉湾强大的西南季风，以及来自太平洋中国海的东南季风迅速向云南高原推进，云南各地相继进入雨(湿)季。西南季风为季节性的印度洋低压东南侧的西南气流，东南季风为北太平洋副热带高压西南侧的东南气流。这两支气流都是来自低纬度的广阔洋面，属于赤道和热带海洋气团。它们湿层深厚，夹带大量水汽，成为云南温暖季期内充沛的降水来源，形成了云南湿热的夏季。因此，云南 11 月至翌年 4 月为干季，盛行干燥的热带大陆季风；5～10 月为雨季，盛行湿润的海洋季风。从而导致云南具有气温年较差小，日较差大，兼有海洋性气候和大陆性气候的高原型季风气候的特点。但由于受局部地形条件水热分布不均的影响，无论是东西，还是南北，区域间的差异都十分显著(图 2.8，图 2.9)。

2.4.3　气候类型多样，水平分布复杂

从热量条件来看，云南从南至北相距 900 余千米，在超过 8 个纬度的范围内，大体可分为北热带、南亚热带、中亚热带、北亚热带、暖温带、温带、寒温带、高山苔原及雪山冰原等气候类型，相当于中国南部海南岛至东北吉林省长春市的温差。从水分条件来看，全省以湿润、半湿润气候类型为主，仅金沙江河谷、红河哈尼族彝族自治州中部及迪庆藏族自治州大部属半干旱气候，又似南部沿海到内蒙古的降水量差异。就水平分布而言，气候带并非完整地呈带状分布，而是相互交错，彼此穿插。尤其是西部气候

带自

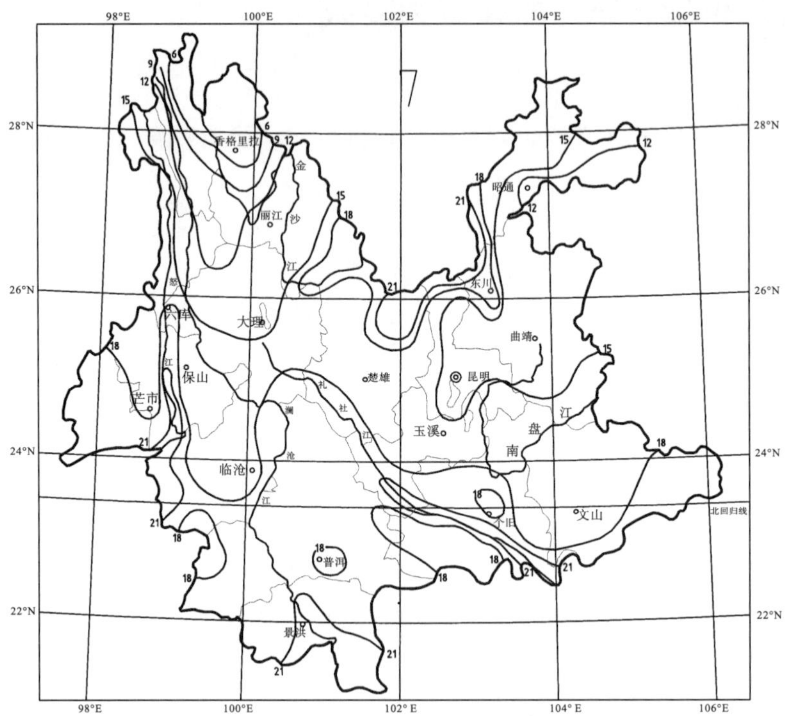

图 2.8　云南省年平均气温图(℃)

资料来源：陈永森，1998

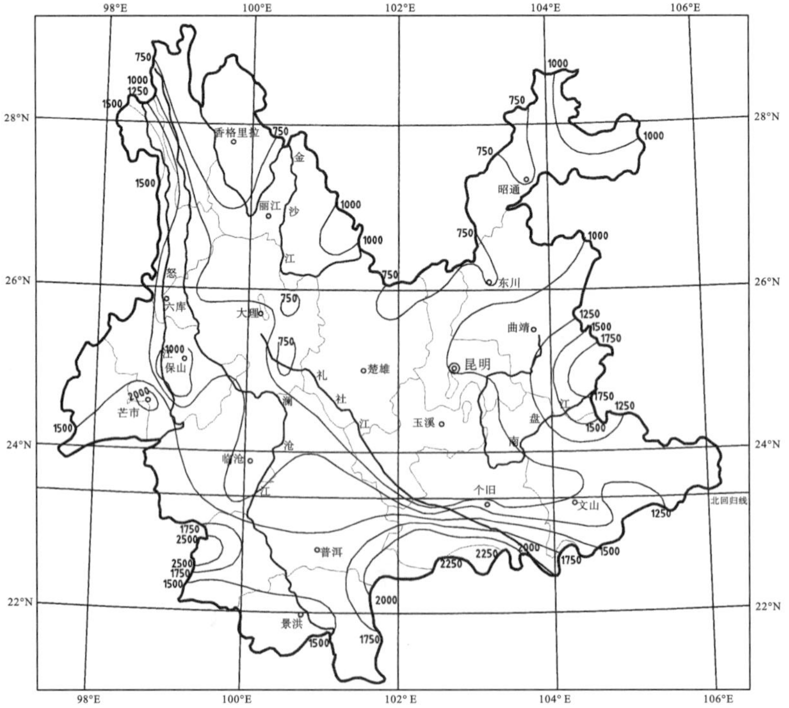

图 2.9　云南省年降水量图(毫米)

资料来源：陈永森，1998

北向南逐层交替，大致南部的气候带逆河谷北伸，北部的气候带沿山脊往南伸展。从湿热到干寒，从干热到湿冷等各种极端气候类型都有出现。云南气候类型之多，地区差异之大实为罕见，是中国气候的缩影（图 2.10）。

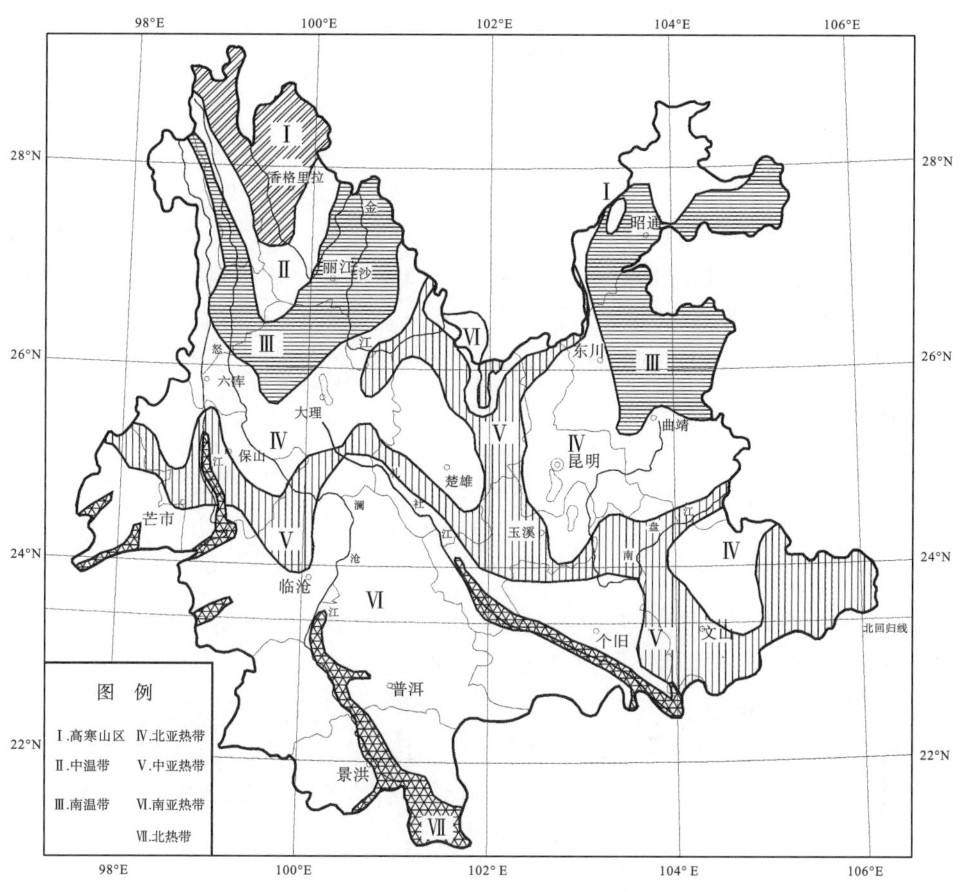

图 2.10　云南省气候类型分布图

2.4.4　多层多带，垂直变化显著

从全省来看，海拔由最低点河口 76.4 米至滇藏交界处的卡瓦格博峰 6740 米，相差 6660 余米，且大部分地区的相对高差均在 1000～3000 米。气温的垂直分布规律是随海拔升高而降低。因此，从山麓到山顶垂直变化很明显。相对高差 2000 米的山地，按海拔每升高 1000 米气温平均递减 6℃计算，山麓、山顶温差达 12℃；相对高差 3000 米的山地，温差达 18℃，其差值与中国东部广州到哈尔滨相当。人们形象地将这样的气候变化比喻为“山腰百花山顶雪，河谷炎热穿单衣”。

云南大多数山体高差悬殊，同一山体从山麓到山巅水热分布的组合状况相去甚远，同时在广大倾斜的高原面上，由于河川的深切，山峰的耸立，不但有从高原面到山峰的垂直气候分布，而且还有从高原面到深嵌河谷之间的垂直气候分布。由于山地生物气候带垂直变化 100 米的海拔约接近水平地带性变化 1 个纬度的生物气候效应，这种高山和深谷的气候分布状况构成了云南十分复杂的立体气候特征，从深嵌的谷地到高耸的山峰形成了跨 4 个以上气候带的山体，进而导致了植被和动物分布的立体性及山地生态系统类型的丰富性。这种垂直分布系列是以众多的山地为载体，遍布全省范围，在从南到北的三个地势梯层和从东到西的无数列山脉，分别形成了谷地－高原面－山峰的多气候带的各种生物气候类型。由于山地垂直带的基本特征不同于水平分带，在面积一定的条件下，山地“多层多带”的立体生物气候效应无论是在气候类型、空间数量上的丰富性与多样性，还是在时间－距离变化的快速性与显著性上都远远大于水平地带性的生物气候效应。例如，山地动物在季节更替或气候骤变时可以在短时间内，通过短距离的垂直迁徙或水平移动(不同坡向之间)来适应环境气候条件的变化；不同生态型的植物或动物均能在同一山体的不同高度、坡向、坡位等选择其适生条件，而共存于水平地带概念上的“同一地点”。因此，山地“多层、多带、多向”的立体生物气候效应是云南生态系统类型极为多样化、系统中物种丰富、生态型与区系成分复杂的主要因素之一(杨宇明等，2008)。

2.5 水文背景

云南境内河流湖泊众多且水系十分复杂，都为入海河流的上游，其中有 47 条省际河流和 37 条国际河流。云南是中国湖泊数量最多的省份之一。面积在 1 平方千米以上的湖泊共 37 个，湖泊总面积为 1066 平方千米，集水面积为 9000 平方千米，总蓄水量约 3×10^{11} 立方米。滇东主要的湖泊有滇池、抚仙湖、阳宗海、杞麓湖及星云湖等；滇西主要有洱海、程海、泸沽湖、剑湖、茈碧湖、纳帕海、碧塔海等；滇南主要有异龙湖、长桥海、大屯海等。所有这些河流湖泊分属于伊洛瓦底江、怒江、澜沧江、金沙江、元江和南盘江(珠江)六大水系，集水面积覆盖全省。

2.5.1 河流纵横

云南境内河流分属六大水系。六大水系境内河流总长约 5000 千米，集水面积在 100 平方千米以上的河流 908 条，集水面积在 1000 平方千米以上的河流 108 条，其中流域面积在 100000 平方千米以上的河流 10 条，分别是金沙江、普渡河、横江、牛栏江、南盘江、红河(元江)、李仙江、澜沧江、黑惠江与怒江。各流域的支流数量与其流域面积成正比。据估算，全省多年平均河川径流年总量达 2210 亿立方米，出境水量为 3834.5 亿立方米，占全国河川径流总量的 8.3%。金沙江流域面积最大，支流最多，省内面积为 109524.6 平方千米，多年平均径流量为 424.1 亿立方米，省内积水面积在 100 平方千米以上的各级支流共 297 条；伊洛瓦底江流域面积最小，支流最少，省内面积为 18993.2 平方千米，多年平均径流量为 268.9 亿立方米，省内积水面积在 100 平方千米以上的各级支流共 39 条(云南河湖编撰委员会，2010)。

1. 水系结构复杂

云南大地承接了发源于第一台阶青藏高原上的一些大河，为这些大河的部分上游河段所经过。源于青藏高原的长江(金沙江)、湄公河(澜沧江)、萨尔温江(怒江)、伊洛瓦底江(独龙江、大盈江、瑞丽江)等的上游都流经云南境内。同时，云南又是一些江河的发源地，珠江和红河均发源于云南。所有这些大河在云南大体循着地势的总体倾斜向南、东、西南三个方向渐次散开，穿过云南大地，在云南境内分别接纳了众多的大小支流的丰富径流，使这些河流的水量倍增。流出云南境后，在中、下游又汇集了更多的水流，最终发育成为亚洲以至世界著名的水量丰富、源远流长的大江，分别注入太平洋和印度洋。

云南的六大水系分别注入三海，即东海、南海、安达曼海；流入三个海湾，即北部湾、莫塔马湾、孟加拉湾；归入到两大洋——其中伊洛瓦底江和怒江流入印度洋，其他河流流入太平洋。这种情形异于其他省份，其他省份的河流虽然多少不一，但都有一条主要河流属一个水系注入一个海域。云南是中国国际河流最多最集中的省份，其中元江、澜沧江、怒江和伊洛瓦底江均为国际河流。云南如此复杂的水系组合形式是其他地区绝无的，从其景观结构上看也是世界一绝。

2. “帚状”水系独特

云南河流在滇西北受地势北高南低和断裂的影响，干流主要沿深大断裂发育，上游段呈南北向排列，下游段虽作南北向流动，但到了北纬 25°附近，开始散开，分别向东、向西南、向南流去。例如，金沙江、澜沧江、怒江三条大河在横断山区，互相逼近，平行南下，相互间的间距最窄处仅 76 千米，形成了世界自然遗产“三江并流”的基础，但金沙江流至丽江石鼓附近，突然折向东北，形成了举世闻名的万里长江第一湾及世界上最深的峡谷之一——虎跳峡景观；澜沧江在保山东北部也转向东南流去，仅怒江偏南流去，再配以向东南流去的元江(红河)和向西南流去的龙江、大盈江，这种格局酷似一把平放着的扫帚，帚柄集中于滇西北，形成了著名的“帚形”水系大地景观。上述这三条大江到达各自的入海口，相互间的直线距离已达 3000 多千米，实是地球表面奇特的自然景观之一。在北纬 27°30′附近，不仅三江之间的直线距离最近，而且还有一个有趣的较奇特的自然景观，即金沙江、澜沧江、怒江自东向西，呈陡峻的阶梯状排列，金沙江的江面海拔 2100 米，澜沧江江面海拔 1900 米，怒江江面海拔则为 1600 米，这与这一带的板块结构和发育历史有直接的关系。各大水系的支流数量不仅多，流向就更为复杂，从而联合组成羽毛状、格子状、网状、树枝状等，这样就使得云南的水系结构变得复杂化。

3. 景观丰富多样

云南省有两条重要的分水线，一是西北—东南向的云岭—苍山—无量山，是金沙江、红河与滇西三江的分界；二为东西向的下关—楚雄—昆明—沾益一线，是金沙江与珠江、红河的分水岭。云南河流的天然落差大，六大干流的落差在 1000～2000 米，多数中小河流的平均坡降达 7‰以上，但由于云南层状地貌发育，一些支流的上游河段在裂点以上，流经地势较平整的丘状高原和山间盆地及谷间高原时，河谷常较宽浅，比降也比较小，具有平原区河流景观的特点(图 2.11)。而在裂点以下则转而切割山地，形成峡谷河段，并在较短的距离内形成集中的落差。一些较长的支流因穿切过较多的地貌层次，常形成宽浅河谷与峡谷相交替，河床纵剖面有明显阶状变化的状况。这也正是云南风景河段类型丰富，分布广泛的本质所在。水资源分布不均，总体趋势南多北少，西多东少。

图 2.11　红河源头西河(瓜江)曲流景观

4. 补给来源丰富

云南省河流主要由降雨及地下水补给，金沙江、澜沧江、怒江、独龙江的上游河段，于每年春季有一定数量的冰雪融水补给。云南河流径流量的季节变化与季风区降水的季节变化相吻合，可明显地分为汛期(5～10 月)和枯水期(11 月至次年 4 月)，枯水期半年只有 15%左右的降水量和年径流量，具有季风型河流的水文特点。

在滇东和滇东南的喀斯特高原区，地表河流不甚发育，河网密度较小，地表河流常突然中断，河水转入地下暗河成为伏流，而在盆地和大河谷的边缘以地下河出口及泉流形式流出地表，成为喀斯特高原特有的形态，也是喀斯特景观中重要的组成部分。

2.5.2　湖泊湿地广布

云南是中国五大湖群之一的分布地区，即便加上贵州高原，也仅占全国湖泊湿地面积的 1.4%，但由于地处高原和喀斯特地区，均为封闭半封闭淡水湖泊湿地，生态环境非常脆弱，所以在中国的湖泊湿地系统中占有重要的位置。水面面积大于 1 平方千米的有 37 个，是西南地区淡水湖泊湿地最多的省份。云南省湖泊湿地水面总面积为 1164 平方千米，约占全省土地面积的 0.28%；集水面积约 10000 平方千米，约占全省面积的 2.6%，湖泊总储水量约 300×10^{8}立方米(杨岚和李恒，2009)。滇池、洱海、抚仙湖、程海、泸沽湖、杞麓湖、星云湖、异龙湖和阳宗海是云南著名的九大高原湖泊，也是云南人的母亲湖。其中，以滇池水面积最大(309 平方千米)，抚仙湖最深(最大水深 158.9

米）、容积最大（206.2×10^{8}立方米）（表 2.3）。

表 2.3　主要湖泊特征值

主要湖泊	滇池	洱海	抚仙湖	阳宗海	星云湖	杞麓湖	异龙湖	大屯海	长桥海	清水海	程海	泸沽湖
所属水系	金沙江	澜沧江	南盘江	南盘江	南盘江	南盘江	南盘江	南盘江	南盘江	金沙江	金沙江	金沙江
成因	断陷	断陷	断陷	断陷	断陷	断陷	断陷	断陷	断陷	断陷	断陷	断陷
集水面积/平方千米	2855	2565	1057	192	325	363	326	285	167	235	318	247.6
年来水量/亿立方米	7.0	8.3	3.5	0.36	0.68	0.64	0.44	0.27	0.28	0.8	1.12	0.67
湖长/千米	32	42.0	30	12.7	10.5	15.5	13.8	7.8	9.5	4.9	20.0	9.5
湖岸长/千米	150	117	90.6	32.3	36.3	63.9	86.0	19.1	20.0	13.3	45.1	44.0
最大水深/米	8	21.5	157.3	30	12	15	7	2.7	2.5	30	36.9	93.5
平均水深/米	5	10.5	87.0	20	9	4	3.5	1.3	1.3	20	15	40
平均水位/米	1885.0	1974.0	1720.0	1770.0	1723.0	1731.5	1411.0	1280.7	1281.0	2188.0	1503.0	2685.0
湖面降水/（毫米/年）	893	1022	904	950	860	860	880	785	785	1200	740	900
湖面蒸发/（毫米/年）	1293	1390	1223	1100	1223	1230	1295	1640	1640	1000	1600	1200
湖面面积/平方千米	309	250	212	31	39	42.3	42	12	10	7	78.8	51.8
蓄水量/立方米	15.7	28.8	185	6.02	2.3	1.94	1.2	0.34	0.13	1.4	27.0	20.72

云南湖泊湿地中鸟类 188 种，占全国鸟类总数的 67.03%；爬行动物 94 种，占全国爬行动物总数的 25%；两栖类动物 124 种，占全国两栖类动物总数的 43.05%；鱼类 545 种（淡水），占全国鱼类总数的 42.6%；淡水藻类 800 种，占全国淡水藻类总数的 8.9%；水生植物 175 种，占全国水生植物总数的 10.7%。生物多样性十分丰富。

云南拥有除海洋以外的所有湿地景观类型，而且在较小景观尺度上，可同时看到湖泊、沼泽、草甸、河流、瀑布等湿地景观类型，并且这些湖泊湿地同高山、冰川、森林等一同构成了完整的景观生态系统。

1. 区域分布不均

滇东高原区的湖泊与滇西横断山系纵谷区相比，具有多而大的特点，滇东高原区的湖泊约占全省湖泊总数的 2/3，大于 10 平方千米的湖泊全省有 11 个，滇东高原即占 8 个。规模比较大的湖泊主要属于金沙江水系、珠江水系和澜沧江水系。大型断陷湖泊都位于坝子中，而冰川作用形成的湖泊绝大部分分布在滇西横断山纵谷区的蚀余高原面上。云南的湖泊按其地理空间结构可分为滇中湖群、滇东湖群和滇西湖群。

1）滇中湖群

滇中湖群位于南盘江、金沙江和元江的分水岭地带，云南高原较大的湖泊都分布在这里，海拔在 1400～1900 米。湖泊长轴多受南北向断裂控制，均为断陷湖泊。湖泊均位于较大的坝子中，形成了湖泊—农田—湖积阶地—侵蚀台地—山地景观结构。

2)滇东湖群

滇东湖群是云南高原上湖泊最多的地区，大小湖泊无数，绝大部分属喀斯特湖。其有在构造湖的基础上经喀斯特作用改造而成，但更多的是在溶蚀洼地和漏斗的基础上发育而成。湖泊面积较小，分布分散，大多以湖泊群出现，而且不少为季节性湖泊。地表有喀斯特湖群分布区，地下往往有地下河蜿蜒。

3)滇西湖群

由于地质地貌条件的差异，滇西湖群的湖泊主要集中在 3 个地区，成因也较复杂。其一为横断山东侧高原湖区，多为断陷湖泊，主要有洱海、程海和泸沽湖等；其二为怒山、高黎贡山顶蚀余高原面和云岭蚀余高原面上的冰蚀湖群；其三为腾冲湖区，主要有青海、北海等火山湖及一些热水塘。

2. 生态环境脆弱

云南省的高原湖泊，成因类型复杂，既有断陷、溶蚀型的，也有冰蚀、火山堰塞型的，且多为混合成因的。湖泊多呈南北向分布，以断陷型构造湖居多，尤其是一些大型的湖泊，无一例外地属于断陷沉积型；冰蚀湖、喀斯特溶蚀湖次之。湖泊主要分布在海拔 1200～3500 米的分水岭地带，最高可达 4200 米，分布高度仅次于青藏高原湖区。湖泊均属外流吞吐湖，靠地表水和地下水补给，汇水面积不大，补给系数小。除清水海外，湖面年蒸发量均大于年降水量，湖面不能产生径流，反而要消耗周围陆地流入的径流来维持自身的存在，也就是湖泊减少了当地年径流，这是云南省湖泊的共同特性。湖水含盐度极低，为淡水湖。干季空气湿度小，蒸发强烈，大部分湖泊均有沼泽化景观的特征，尤其是一些中老年断陷湖泊和冰川作用形成的湖泊。这些特征导致云南湖泊的生态环境都十分脆弱。

农业面源污染、养殖污染和城镇污水的排入，导致滇池、杞麓湖、星云湖、异龙湖等富营养化和沼泽化现象十分明显。历史上的围湖造田运动，使许多湖泊原生景观发生了很大的改变。人类不恰当的干预和破坏导致这些湖泊提前进入了中老年期的演化阶段。一些湖泊经人为干预已成为水库，如茈碧湖、品殿湖、浑水湖、拉市海等，自然湖泊景观系统已遭破坏。不少湖泊已排干开垦为耕地和城镇建设用地，如昆明的嘉丽泽、陆良的中原泽、祥云的周官湖、邓川的东湖等，湖泊湿地景观变成农田景观，甚至城镇景观。许多儿时垂钓的“芦苇荡”景观荡然无存。若不能有效地控制污染源和人类的不恰当干扰，人为地建设一些湿地景观乃杯水车薪之举。

2.5.3　地下水丰富

云南省地下水资源丰富（图 2.12）。全省境内地下水的储量为 754 亿立方米，占全省河川径流总量的 34.4%(陈永森，1998)。地下水以基岩裂隙水和喀斯特水为主，其次为碎屑岩和松散岩类孔隙水。地下水资源的地区分布与地表水的分布一致，南多北少、西多东少。

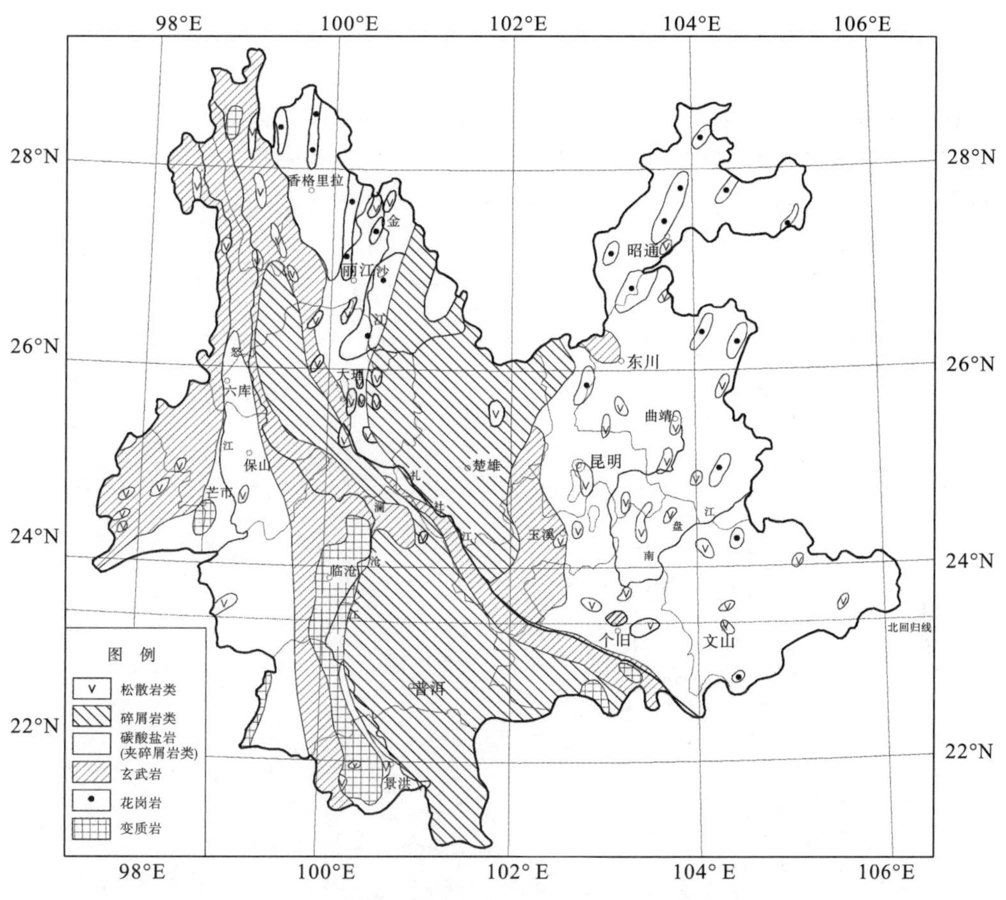

图 2.12　云南省主要含水岩组分布示意图

资料来源：陈永森，1998

多水区位于怒江、德宏、保山、临沧、西双版纳等地(州、市)和红河哈尼族彝族自治州与文山壮族苗族自治州的南部、昭通市北部，即分布于高黎贡山、碧罗雪山变质岩分布带和澜沧江下游花岗岩分布带，以及滇东南碳酸岩分布地区的河流下游地带，每平方千米产水量为 25 万立方米以上。中水区位于大理、丽江、普洱、红河、曲靖、文山等地(州、市)，即分布于滇西北和滇东的碳酸岩分布地带和滇南的碎屑岩分布地带，每平方千米产水量为 10 万～25 万立方米。少水区位于迪庆藏族自治州北部，丽江市和大理白族自治州的东部，楚雄、昆明、红河、昭通等地(州、市)，即分布于滇中碎屑岩和滇东碳酸岩分布的河流上游地带，每平方千米产水量为 1 万～10 万立方米(沈镇昭和梁书升，2001)。

地下水常以泉的形式出露地表，分布极为广泛，泉水类型复杂多样，有喀斯特泉、裂隙泉、孔隙泉、温泉、冷泉等，水量大小不一。有的水量巨大，水质良好，成为国家、省(市)名泉，如黑龙潭、蝴蝶泉、珍珠泉、大滚锅等；有的泉水含有对人体有益的矿物质，成为可开发利用的矿泉；而有的泉水成为一些市、县、镇的主要供水源。云南的泉水具有以下特征。

1. 分布广泛

云南人多称泉水为“潭”“箐”“塘”等。全省有冷泉600余处，主要分布于山前地带、坝子边缘、湖泊沿岸和沟谷地带，喀斯特地区分布尤其密集。云南省温泉多，分布广，地热资源丰富。据20世纪80年代资料显示，全省有温泉700余处，约占全国总温泉数的1/4，遍布129个县(市、区)，几乎是县县有温泉，全省还有热水钻孔100多个(图2.13)(李志华，1985)。因此云南有“泉水王国”“温泉之乡”之称。

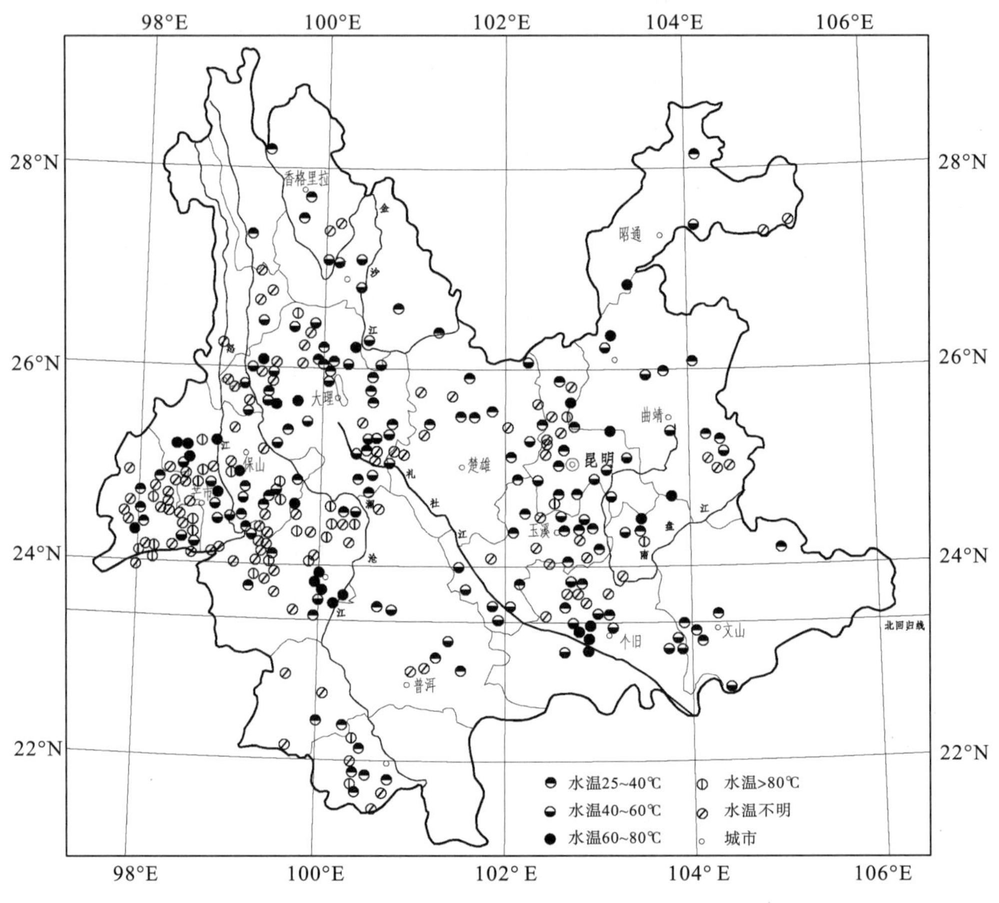

图2.13　云南省温泉分布示意图

资料来源：李志华，1985

2. 种类齐全

云南泉水景观类型十分复杂。在形成机理上有上升泉和下降泉；既有喀斯特泉、溢出泉和接触泉，还有侵蚀泉、断层泉景观等。就其泉水的性质而言，有普通泉(淡水泉)、矿泉，其中还有碱泉、毒泉和哑泉景观等。就温度而言，有低温泉(25～40℃，占51%)、中温泉(40～60℃，占33%)、高温泉(60～100℃，占15%)、过热泉(>100℃，占1%)。就水质而言，以重碳酸泉为主，其次为碳酸泉及硫酸泉，极少数温泉含有有害气体。

3. 价值较高

在云南许多地方，泉水往往是一个村庄主要的人畜饮用水源。许多旅游点都是依托泉水(龙潭)而建设的，如昆明黑龙潭、白邑寺黑龙潭、丽江黑龙潭、大理蝴蝶泉等。温泉含有的多种化学成分，对人的一些病痛有一定的疗效。目前，云南依托温泉热水开发了洱源、腾冲、安宁、西部大峡谷、弥勒湖泉等著名休闲旅游度假区，除腾冲、洱源外大部分温泉水来自于地下。

2.6 土壤背景

云南自然成土条件复杂，土壤类型繁多，土壤垂直分布特点明显。根据全省第二次土壤普查资料，扣除水域、道路、村镇和部分石山裸岩之外，土壤总面积为 52843 万亩，分为 7 个土纲、14 个亚纲、19 个土类、34 个亚类。铁铝土纲(砖红壤、赤红壤、红壤、黄壤)占土壤总面积的 55.32%，半淋溶土纲(燥红土、褐土)占 1.43%；初育土纲[紫色土、石灰(岩)土、火山灰土、新积土]占 18.17%；水成土纲(沼泽土)占 0.02%；高山土纲(亚高山草甸土、高山草甸土、高山寒漠土)占 1.92%；人为土纲(水稻土)占 3.87%。云南铁铝土纲面积占全省土地面积的一半以上，是省内分布最广、最重要的土壤资源，故云南有“红土高原”“红土地”之称。

土壤是各种生物景观立地的基础，也是生物养分的来源，虽然目前土壤单独成景的情况并不多见，但随着科普旅游的发展，土壤景观终究会成为游客关注的对象。

2.6.1 土壤类型多样

云南土壤类型多样，但“黄化”是其主要特征。按照形成条件、基本特征、性状及利用特点，全省土壤分为红壤系列土壤、暗棕壤及亚高山草甸土、紫色土和石灰岩土三种类型(图 2.14)。

1. 红壤系列土壤

红壤系列包括云南的热带和亚热带广泛分布的各种红色和黄色的酸性土壤，主要有砖红壤、赤红壤(砖红壤性红壤)、红壤、黄壤及燥红土等。这些土类在热带、亚热带生物气候的影响下，自然植被下的生物循环较为强烈。据统计，西双版纳热带季节雨林中，枯枝落叶凋落物(干物质)每年可达 770 千克/亩，这些大量的生物残体，通过分解而被生物吸收，使大量的营养元素重新回到土壤中。由于这种生物富集和土壤与植物间的物质交换，丰富了土壤养分的物质来源。加之富铝化和生物富积这两个过程的相互作用是这一类土壤形成的主要特点，故随着热量、水分条件和植被的不同，土壤有明显的地带性分布特点(高昆谊和朱慧贤，2008)。

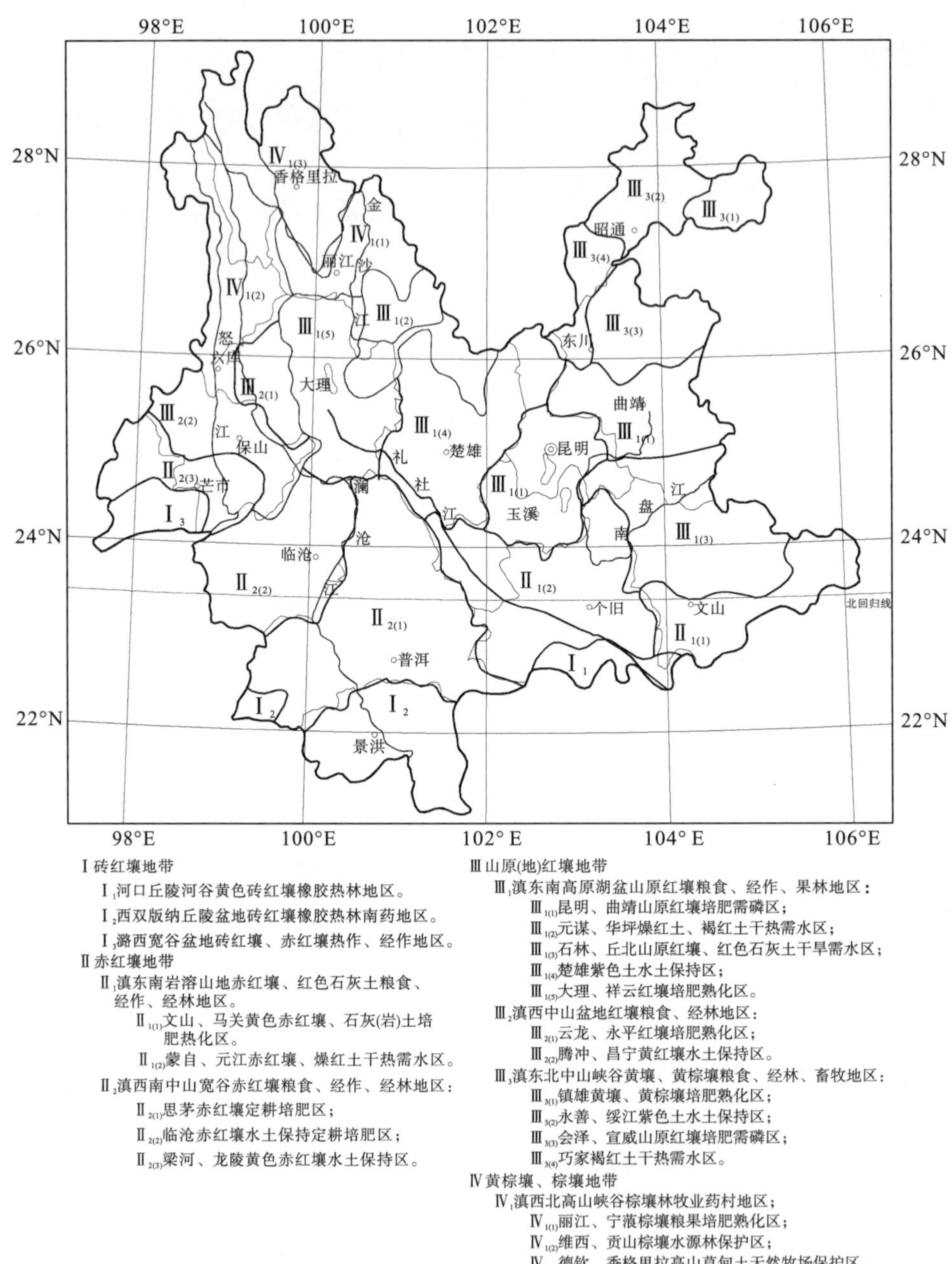

图 2.14　云南省土壤改良利用区划示意图

资料来源：陈永森，1998

1)砖红壤

砖红壤是云南热带雨林或季雨林下发育的地带性土壤，主要分布在南部的西双版纳、普洱、红河海拔 800 米以下，西部的临沧 800 米、德宏 600 米以下，东南部 400 米以下盆地边缘和低山河谷地区，以西双版纳最为集中。

砖红壤分布区受季风气候影响，高温多雨，干湿季明显。成土母质主要是泥质岩、花岗岩、片麻岩、石灰岩和紫色岩的风化物及古近纪—第四纪冲积物。砖红壤分砖红壤、黄色砖红壤和褐色砖红壤 3 个亚类。砖红壤亚类分布于南部海拔 800 米以下的丘陵和宽谷盆地边缘；黄色砖红壤亚类分布于东南部边缘海拔 600 米以下的峡谷中；褐色砖红壤亚类仅在红河中下游等少雨河谷、镇康县勐捧镇怒江出境处和双江拉祜族佤族布朗族傣族自治县境澜沧江、小黑江交汇处有零星分布。

砖红壤的自然肥力高，水热条件好，是发展热带农业的重要土壤资源(陈永森，1998)。

2)赤红壤

赤红壤是南亚热带的地带性土壤，主要分布在北纬 24°以南的普洱、西双版纳、临沧、红河、文山 5 地(州、市)，面积占全省赤红壤面积的 85.94%。西部可分布到北纬 25°以北。以哀牢山为界，东部分布在海拔 400～1200 米；西部上升到海拔 800～1500 米的盆地边缘低山丘陵地带。主要植被为季雨林、南亚热带常绿阔叶林和思茅松林，东部地区以樟科、木兰科为主的偏湿型植被，西部地区以壳斗科为主的偏干型植被。赤红壤分赤红壤、黄色赤红壤和赤红壤性土 3 个亚类。赤红壤亚类主要分布在澜沧江流域中下游的普洱、西双版纳和临沧 3 地(州、市)，占赤红壤亚类面积的 82%以上；黄色赤红壤亚类主要分布在河口、金平、德宏和李仙江、南卡江流域等多雨地区；赤红壤性土亚类零星分布在思茅、西双版纳、德宏、文山、保山、曲靖等地(州、市)坡度较大、植被破坏和水土流失重的地区(陈永森，1998)。

赤红壤分布地区水热条件好，土壤自然肥力较高，是发展双季稻、陆稻、玉米、甘蔗、茶叶、紫胶、芒果等粮经作物和经济林木的基地，是云南省生产潜力最大的土壤资源。

3)红壤

红壤是中亚热带的地带性土壤，广泛分布于全省 16 个地(州、市)海拔 2500 米以下的蚀余高原面、湖盆边缘和中低山地，是云南分布最广、面积最大的土壤类型。原生植被为亚热带常绿阔叶林，现以次生植被云南松林或松栎混交林和草地为主。

红壤的成土母质主要是新近纪到第四纪初的深厚古红色风化壳和古土壤。古风化壳可以由不同母岩形成。但以泥质岩类和碳酸盐岩类母质发育的红壤居多，分别占红壤面积的 34.5%和 27.3%。红壤分 4 个亚类：山原红壤、红壤、黄红壤和红壤性土。山原红壤亚类主要分布在滇中、滇东高原面上和盆地边缘；红壤亚类主要分布在哀牢山以西的滇西纵谷山地上；黄红壤亚类是红壤与黄壤之间的过渡类型，主要分布在迎风坡面的山地上；红壤性土亚类主要分布在坡度较陡、植被破坏和水土流失严重地带，与上述 3 个亚类成复区分布，是土壤剖面发育不完整的幼年土。红壤分布区水热条件好，耕地面积大(占全省普查总耕地面积的 26.74%)，酸、瘦、缺磷，增产潜力大，是全省粮、油、烟的主产区(陈永森，1998)。

4)黄壤

黄壤主要分布在滇东北海拔 2400 米以下的地区，文山壮族苗族自治州东南部、红河哈尼族彝族自治州南部、曲靖市东南部、西双版纳傣族自治州、德宏傣族景颇族自治州、临沧市、保山市也有分布。分布区为中亚热带气候，热量条件较红壤地区低，而湿度较红壤地区高，干湿季不太明显，云雾多，日照少，年降水量在 1200～1700 毫米，相对湿度大于 85%。植被以湿性常绿阔叶林为主，其次为针阔叶混交林和杉木林。成土母质以泥质岩、酸性结晶岩、碳酸盐岩和石英质岩类的风化物为主，分别占黄壤面积的26.24%、23.17%、21.10%和18.58%。

黄壤分暗黄壤和黄壤性土两个亚类。暗黄壤亚类主要分布在黄壤区的中山下部或丘陵地区；黄壤性土与暗黄壤成复区分布，主要分布在坡度较陡、植被较多、水土流失严重地带。黄壤区亚类适合发展杉木林。滇东北黄壤区是云南省苹果主产区，以果大、色泽好、食味甜脆而著称。南部西双版纳黄壤区可发展茶叶等经济林木(陈永森，1998)。

5)燥红土

燥红土是云南的一个特殊土壤类型。主要分布在元江、怒江、金沙江等干热河谷及海拔1400米以下的地区。燥红土分布区多为封闭河谷，焚风效应明显，气候干燥，年干燥度在1.9～2.8，蒸发量大于降水量2～3倍甚至以上。植被为稀树灌草丛，如旱柳、余甘子、虾子花、扭黄芽，仙人掌、霸王鞭等肉质植物可丛生成林。成土母质主要是石灰岩、花岗岩、老冲积物和玄武岩的风化物，分布占燥红土面积的28.13%、23.20%、21.14%和10.52%。燥红土矿物风化度低，土壤淋溶作用弱，盐基有表层聚积趋势，多呈微酸至微碱性反应，盐基饱和度较高，土壤黏粒硅铝率为2.2～2.8。

燥红土分燥红土、褐红土两个亚类。燥红土亚类分布在元江河谷和怒江河谷海拔1000米以下的谷地，褐红土亚类主要分布在金沙江河谷海拔1400米以下地带。分布区光热资源丰富，农作物可一年三熟，冬季气温高，是一个“天然温室”，可发展冬早蔬菜和咖啡、胡椒、芒果等热带经济作物(陈永森，1998)。近些年，辣木种植发展迅速。

6)褐土

褐土是云南省第二次土壤普查新确立的一个土类。主要分布在北纬28°以北的德钦县境内海拔1950～2900米的金沙江、澜沧江及其支流的谷坡。褐土区降水量少，蒸发量是降水量的6～7倍。植被稀疏，多为被毛、多刺耐干旱的小叶灌丛。成土母质多为泥质岩、灰岩等坡残积物。褐土只分褐土性土1个亚类。土壤风化度低，土层很薄，层次分异不明显，通体夹碎石，石多土少，为粗骨性土(陈永森，1998)。

2. 暗棕壤及亚高山草甸土

1)暗棕壤

暗棕壤是温带山区针阔叶混交林下发育形成的森林土壤。主要分布在云南省西北部德钦、香格里拉一带青藏高原东南边缘地区，以及横断山区和滇东北乌蒙山等高山地区，年平均气温大多在6℃以下，年降水量在600毫米以上，干燥度小于1.0，生物气候条件以湿润冷凉为特点，植被主要为寒温性针叶林。在此条件下，滇西北暗棕壤分布的海拔范围在3100～4000米。这种土壤的原生植被为云、冷杉林。成土母质主要有酸性结晶岩、泥质岩和灰岩等。暗棕壤只分暗棕壤1个亚类。腐殖质层聚积明显，有轻度淋溶和黏化现象。分布区为森林，湿度大，林下苔藓密布，是重要的林业生产基地(高昆谊和朱慧贤，2008；陈永森，1998)。

2)亚高山草甸土

亚高山草甸土发育在滇西北香格里拉、德钦等地的高山地区，植被主要为高山草甸和高山杜鹃或硬叶栎类灌丛。其分布的海拔范围在3200～4300米，上限达到暗棕壤分布范围以上，下部与暗棕壤形成复域分布。具有土层较薄，矿物化学分解程度低，粗骨性强，黏粒物质少，淋溶强度弱等“幼年”土壤的特点。表现为成土过程长期处于原始风化阶段，成土母质主要为坡积－残积或冰渍物。亚高山草甸土发育的生物气候条件为最热月平均气温在 6～10℃，最冷月平均气温在 0～5℃，年降水量在 600～1000 毫米，土壤有季节性融冻现象。在暖湿季节，草甸植物生长旺盛，而常年气温低，植物残体分解缓慢，因而有机质积累明显。亚高山草甸土只有亚高山草甸土 1 个亚类。此地区为天然牧场(高昆谊和朱慧贤，2008；陈永森，1998)。

3. 紫色土和石灰岩土

1)紫色土

紫色土是由在中生代的三叠系、侏罗系紫红色为主的砂、页岩风化物母质上发育的一种岩成土壤，云南习称为羊肝土。土壤性质因受母质的影响较大，其分布常因不同的岩层组合和不同的地貌部位而不同，直接影响岩层的风化和抗侵蚀程度，并影响水分渗透和碳酸钙的淋失，使土壤性状和肥力有较大的局部差异。风化物中常富含磷、钾、钙等营养元素。母岩物质风化强烈，崩解形成的碎屑物质，在雨季冲刷较强烈。大多表土层较薄，并发育不良。化学风化较微弱，黏粒的硅铝率一般在 3.0 以上。碳酸钙不断淋溶，成土物质不断更新，使土壤发育长期处于幼年阶段。土体化学性质主要继承母质特性，发育层次不明显，通常 pH 都呈中性反应。

紫色土以楚雄为中心，北起维西，南至普洱的滇中红层区紫色土分布最为集中，楚雄、大理两州紫色土就占全省紫色土面积的 53%以上，是云南生产潜力较大的土壤资源。常见问题是土体薄，土壤侵蚀严重(高昆谊和朱慧贤，2008；陈永森，1998)。

2)石灰岩土

云南省境内石灰岩山地丘陵分布很广。在热带、亚热带的湿润生物气候条件下，石灰岩与其他母质一样，可经富铝化而形成红壤或黄壤，但因石灰岩中富含碳酸盐，而且在岩溶地貌发育地区，因不断有石灰岩新生风化物和成土母质形成，地表水也富含碳酸盐，延缓了土壤中盐基成分的淋失和脱硅富铝化作用的进行，使土壤处于幼年阶段。只有在充分发育的情况下，才有红壤或黄壤分布。石灰岩土层中常有一定数量的碳酸钙残留，常以假菌丝体、灰色粉末、结皮、结核等形式出现。富含碳酸钙有利于腐殖质的累积。石灰岩土分红色石灰土、黄色石灰土和黑色石灰土 3 个亚类，云南常见的有黑色石灰土和红色石灰土。文山在红泡土上种三七，不仅产量高，品质也好，是云南三七生产基地(高昆谊和朱慧贤，2008；陈永森，1998)。

2.6.2　水平上阶梯状分布

云南土壤类型多样，在分布上既有水平地带性，又有垂直地带性和地域性的特点。

云南地势北高南低，从西北向东南呈阶梯状倾斜，土壤水平地带分布与生物气候带基本吻合。自南而北大体可分为 4 个土壤带。

砖红壤带：集中分布于北纬 23°以南，哀牢山以东海拔 400 米以下、以西 800 米以下的地区。植被类型为热带雨林或季雨林。该地带气候湿热，属北热带气候，年平均气温＞20℃，≥10℃积温在7300～8300℃，年降水量在1200～1800毫米。砖红壤是宝贵的热区土壤资源，是发展橡胶的生产基地。

赤红壤带：集中分布在北纬23°～24°，哀牢山以西海拔800～1500米、以东400～1300米的地带。植被为南亚热带季风常绿阔叶林和思茅松林。属南亚热带气候，年平均气温在18℃以上，≥10℃积温在6000～7500℃，年降水量在1000～1700毫米。该地带水热条件好，是双季稻、杂交稻、陆稻、甘蔗、茶叶、紫胶、芒果等的主要产地。

红壤带：主要分布在北纬24°～27°，海拔2500米以下的广大地区。主要植被为亚热带常绿阔叶林、云南松林和灌丛草地。属中亚热带、北亚热带气候，年平均气温在14～17℃，≥10℃积温在4200～6000℃，年降水量在1000毫米左右。红壤带开发较早，是云南粮、烟、油、果的主产区。

棕壤带：分布在北纬27°以北，海拔2500米以上的地区。本地带分布着以黄棕壤、棕壤、暗棕壤等棕壤系列为主的土壤带，其次还分布有亚高山草甸土、高山草甸土和高山寒漠土等高山土壤。植被主要为云南松林、硬叶常绿阔叶林、针阔叶混交林及高山针叶林和高山灌丛草甸。年平均气温在5～13℃，≥10℃积温在650～3800℃，年降水量在620～1100毫米。本地带以森林为主，高山草场广阔，是云南林、牧、药材生产基地(陈永森，1998)。

2.6.3　垂直分布典型

云南土壤的垂直分布十分明显，在全省范围内，从低到高，土壤的垂直分布是有一定规律的（表2.4）。

表2.4　云南省土壤分类系统和垂直分布情况表

土纲	亚纲	土类	亚类	典型分布区
铁铝土	湿热铁铝土	砖红壤	砖红壤	滇南海拔800米以下、滇西(德宏)海拔600米以下、滇东南(文山)海拔400米以下地区
			黄色砖红壤	
			褐色砖红壤	
		赤红壤	赤红壤	集中分布在北纬24°以南（普洱、西双版纳、临沧、红河、文山），海拔800～1500米的地区
			黄色赤红壤	
			赤红壤性土	
		红壤	山原红壤	广泛分布于云南省17个地(州、市)海拔2500米以下的残存高原面、湖盆边缘和中低山
			红壤	
			黄红壤	
			红壤性土	
		黄壤	暗黄壤	滇东北海拔2400米以下的地区
			黄壤性土	

续表

<table>
<tr><th>土纲</th><th>亚纲</th><th>土类</th><th>亚类</th><th>典型分布区</th></tr>
<tr><td rowspan="4">淋溶土</td><td>湿暖淋溶土</td><td>黄棕壤</td><td>暗黄棕壤</td><td>滇西海拔 2500～2700 米、滇中海拔 2300～2600 米、滇南海拔 1900～2200 米的山地</td></tr>
<tr><td>湿暖温淋溶土</td><td>棕壤</td><td>棕壤</td><td>滇西海拔 2600～3200 米、滇中海拔 2400～3300 米、滇南海拔 2200～3000 米的山体上</td></tr>
<tr><td>湿温淋溶土</td><td>暗棕壤</td><td>暗棕壤</td><td>滇西海拔 3200～3500 米、滇中拱王山海拔 3300～3700 米、滇南文山薄竹山海拔 2500～2991 米的山体上</td></tr>
<tr><td>湿寒温淋溶土</td><td>棕色针叶林土</td><td>棕色针叶林土</td><td>滇西海拔 3500～3800 米、滇中拱王山海拔 3700～4000 米的山体上</td></tr>
<tr><td rowspan="3">半淋溶土</td><td rowspan="2">半温热半淋溶土</td><td rowspan="2">燥红土</td><td>燥红土</td><td rowspan="2">主要分布在元江、怒江、金沙江等封闭河谷，海拔 1000 米(或 1300 米)以下的地区</td></tr>
<tr><td>褐红土</td></tr>
<tr><td>半湿暖半淋溶土</td><td>褐土</td><td>褐土性土</td><td>北纬 28°以北的德钦县境内海拔 1950～2900 米的金沙江、澜沧江及其支流的谷坡</td></tr>
<tr><td rowspan="8">初育土</td><td>土质初育土</td><td>新积土</td><td>冲积土</td><td>澜沧江、金沙江、南盘江、元江、怒江、伊洛瓦底江六大水系及其主要支流沿岸和湖盆坝区及山谷出口处的冲积、洪积扇(裙)上</td></tr>
<tr><td rowspan="7">石质初育土</td><td rowspan="3">紫色土</td><td>酸性紫色土</td><td rowspan="3">以楚雄为中心，北起维西，南至思茅的滇中红层区</td></tr>
<tr><td>中性紫色土</td></tr>
<tr><td>石灰性紫色土</td></tr>
<tr><td rowspan="3">石灰（岩）土</td><td>红色石灰土</td><td rowspan="3">广泛分布于云南省 17 个地(州、市)的石灰岩地区</td></tr>
<tr><td>黑色石灰土</td></tr>
<tr><td>黄色石灰土</td></tr>
<tr><td>火山灰土</td><td>火山灰土</td><td>腾冲、屏边等地死火山口附近</td></tr>
<tr><td>水成土</td><td>水成土</td><td>沼泽土</td><td>泥炭沼泽土</td><td>滇西北山区的低洼地带、高原坝子低平地段和湖泊周围</td></tr>
<tr><td rowspan="4">高山土</td><td rowspan="2">湿寒高山土</td><td>亚高山草甸土</td><td>亚高山草甸土</td><td>滇西海拔 3800～4200 米、滇南无量山海拔 2900～3370 米的山体上</td></tr>
<tr><td>高山草甸土</td><td>高山草甸土</td><td>滇西海拔 3500～4400 米的高山地带</td></tr>
<tr><td rowspan="2">寒冻高山土</td><td>高山寒漠土</td><td>高山寒漠土</td><td>滇西北玉龙雪山、哈巴雪山、白马雪山、梅里雪山等海拔 4200～4500 米的高山</td></tr>
<tr><td></td><td></td><td>石滩地区</td></tr>
<tr><td rowspan="3">人为土</td><td rowspan="3">水稻土</td><td rowspan="3">水稻土</td><td>淹育型水稻土</td><td rowspan="3">广泛分布于云南省坝区、河谷区和低山丘陵一带</td></tr>
<tr><td>潴育型水稻土</td></tr>
<tr><td>潜育型水稻土</td></tr>
</table>

资料来源：陈永森，1998

云南土壤垂直分布既受经度地带性的影响，又受纬度(水平)地带性的制约。全省从西北至东南，大致经度东移 1°，纬度南移 1°，其相应的地带性土壤分布海拔上限分布下降 100～200 米。

山体高度不同，土壤垂直带谱也有差异。山体越高，高差越大，土壤类型越多，垂直带谱也越齐全。例如，地处滇西纵谷的老君山(图 2.15)，山脚海拔 2400 米，主峰海拔 4247 米，基带土壤为红壤，向上依次分布着黄棕壤—棕壤—暗棕壤—棕色针叶林土—石质土。

同一山体，不同坡向，水热条件各异，其土壤类型和分布海拔上限也有差异。同一土壤类型的分布海拔，西坡比东坡要高 100～200 米(图 2.16)。

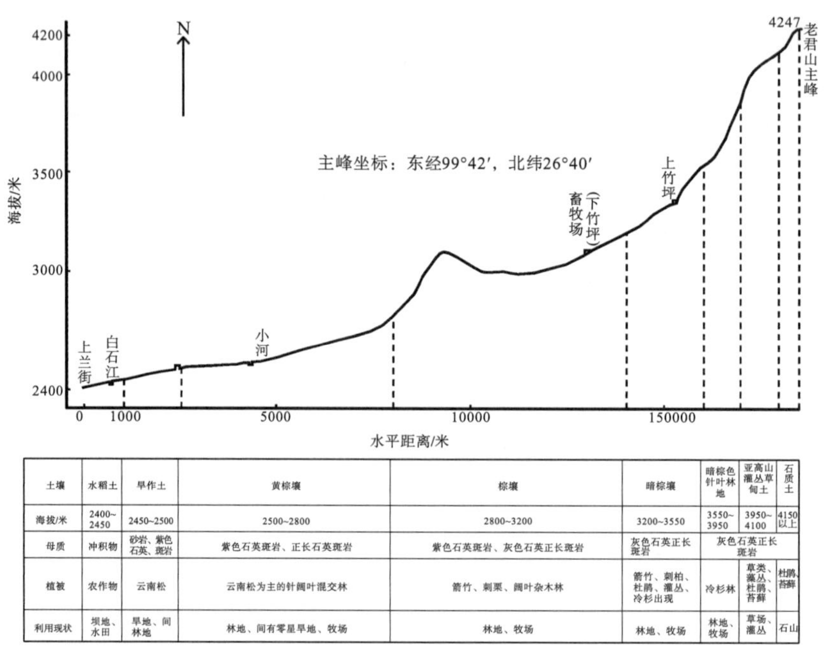

土壤	水稻土	旱作土	黄棕壤	棕壤	暗棕壤	暗棕色针叶林地	亚高山灌丛草甸土	石质土
海拔/米	2400~2450	2450~2500	2500~2800	2800~3200	3200~3550	3550~3950	3950~4100	4150以上
母质	冲积物	砂岩、紫色石英、斑岩	紫色石英斑岩、正长石英斑岩	紫色石英斑岩、灰色石英正长斑岩	灰色石英正长斑岩	灰色石英正长斑岩		
植被	农作物	云南松	云南松为主的针阔叶混交林	箭竹、刺栗、阔叶杂木林	箭竹、刺柏、杜鹃、灌丛、冷杉出现	冷杉林	草类、藻丛、杜鹃、苔藓	杜鹃、苔藓
利用现状	坝地、水田	旱地、间林地	林地、间有零星旱地、牧场	林地、牧场	林地、牧场	林地、牧场	草场、灌丛	石山

图 2.15　剑川老君山土壤断面图

资料来源；陈永森，1998

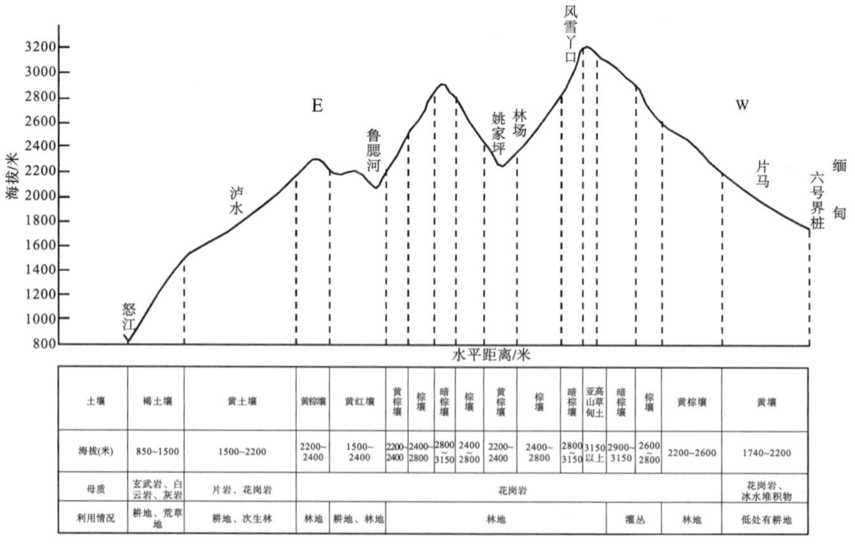

土壤	褐土壤	黄土壤	黄棕壤	黄红壤	黄棕壤	棕壤	暗棕壤	棕壤	黄棕壤	棕壤	暗棕壤	亚高山草甸土	暗棕壤	棕壤	黄棕壤	黄壤
海拔(米)	850~1500	1500~2200	2200~2400	1500~2400	2200~2400	2400~2800	2800~3150	2400~2800	2200~2400	2400~2800	2800~3150	3150以上	2900~3150	2600~2800	2200~2600	1740~2200
母质	玄武岩、白云岩、灰岩	片岩、花岗岩	花岗岩													花岗岩、冰水堆积物
利用情况	耕地、荒草地	耕地、次生林	林地	耕地、林地	林地								灌丛		林地	低处有耕地

图 2.16　怒江跃进桥至片马土壤断面图

资料来源：陈永森，1998

2.6.4　地域差异明显

云南土壤除有规律性的水平分布和垂直分布外，受地形、水文、成土母质等因素的影响，空间分异特征也十分明显。例如，南部边缘低山河谷的砖红壤区；滇南帚状山地的赤红壤区；滇东高原古红土发育的山原红壤区；滇西山地红壤区；滇中以楚雄彝族自治州为中心的紫色土区；滇东南岩溶地貌发育，为石灰(岩)土区；滇东北为黄壤、黄棕壤土区；滇西北为高山土区；元江、怒江、金沙江等燥热河谷有燥红土、褐红土呈条带状分布；红河沿岸阶地和冲洪积扇(裙)有新积土(冲积土)分布。

2.7　生 物 背 景

云南处于亚洲三个迥然不同的自然区域(东亚季风区、青藏高原区和东南亚热带季风区)的结合部位，不同生物地理区系成分的动植物类群能够交汇过渡分布，特别是西北部横断山脉与水系的南北走向，使青藏高原的高地耐寒动植物类群可沿高山环境南下，并在这一地区形成了北半球纬度最低，代表北方区系的古北界或冷北极的高原耐寒生物地理群，因而动植物南北两大分界线也南移到了北半球纬度最低处；与此同时属于中南半岛和热带印度的一些热带动植物区系成分亦可沿南北向的河谷伸入到滇西的一些高纬度低海拔地带，以致形成同一地区南北生物区系的“指状交叉分布”现象。地理位置的特殊性和横断山脉的南北走向所造成的气候区域性和地带性差异等因素，导致云南物种多样性丰富和区系地理成分十分复杂。因此，云南古老的地质演化史、得天独厚的地理环境和气候条件，是导致云南生物背景复杂和多样的生物景观的基础(杨宇明等，2008)。

2.7.1　生物资源丰富

1. 突出的动物景观多样性与特有性

云南拥有脊椎动物 1848 种，占全国脊椎动物总数的 50.4%，在我国公布的 335 种重点保护野生动物中，云南有 243 种，占全国保护动物总数的 72.5%，有 66 种兽类、125 种鸟类、38 种爬行类、40 种两栖类和 290 种鱼类为云南所特有或在国内仅见于云南(郭辉军和龙春林，1998)。全国 15 种受保护的灵长类动物中，云南分布有 10 种，均为国家Ⅰ级保护动物，其中与大熊猫齐名的云南特有珍稀濒危动物滇金丝猴，仅分布于云南西北部白马雪山海拔 3500 米以上的寒温性云杉、冷杉针叶林地带。中国有西黑冠长臂猿、东黑冠长臂猿、白眉长臂猿、白颊长臂猿和白掌长臂猿 5 种长臂猿类型，除东黑冠长臂猿分布于海南岛外，其余 4 种在国内仅分布于云南东南部、南部至西南部的热带森林地带。在我国所记录的 1244 种鸟类中，绿孔雀、孔雀雉和湿地鸟类赤颈鹤等 125 种鸟类仅分布于云南。湿地动物的两栖爬行类有版纳鱼螈、红瘰疣螈、云南闭壳龟、凹甲陆龟等云南特有的珍稀种类 20 余种，而鱼类在云南共记录了 432 种，占全国淡水鱼类的 43.2%，云南特有种高达 300 余种，几乎在云南的所有河流及湖泊湿地中均有云南特有鱼类，如洱海特有种大理裂腹鱼、滇池特有种滇池金线鲃、杞麓湖特有种杞麓大头鲤、星云湖特有种星云白鱼、抚仙湖特有种鱇浪白鱼和世界上最大的国内仅分布于云南南部的降河型洄游鳗鱼——云纹鳗鲡等(杨宇明等，2008)。

2. 丰富多彩的植物景观多样性与特有性

云南有高等植物 18340 种，占全国总数的 53.9%，列为国家公布的 352 种受保护的珍稀濒危植物中，云南有 151 种，占全国保护植物总数的 42.9%。其中蕨类植物 59 科，占全国总数的 94%；裸子植物 10 科，占全国总数的 100%；被子植物约 230 科，约占全国总数的 79.04%。云南种子植物丰富度在北半球仅次于马来西亚和越南，平均丰富度分别为印度的 7.7 倍、我国平均水平的 10.4 倍(表 2. 5)(杨宇明，2008)。

表 2.5　云南种子植物丰富度与中国和东南亚、南亚国家比较

国家或地区	面积(平方千米)	种子植物种数	丰富度
印度	2974700	14500	0.48
缅甸	676581	7000	1.03
泰国	513115	11500	2.24
越南	329556	11500	3.49
菲律宾	229700	8000	2.67
马来西亚	329733	15000	4.55
印度尼西亚	1904443	20000	1.05
中国	9600000	30250	0.32
中国云南	394000	13260	3.37

资料来源：杨宇明，2008

我国湿地高等植物约有 225 科 2276 种，云南占全国湿地面积的 0.01%，但却有湿地植物 41 科 175 种，占全国湿地植物科的 18%，种的 7.7%，多样性极为丰富，且有许多珍稀濒危种和特有种。云南生物多样性的另一特点是具有显著特有现象。中国有 243 个种子植物特有属(陈灵芝，1993)，云南分布有 180 个，占中国特有属数的 74.1%，其中 24 个为云南及横断山脉地区特有，占云南分布特有属数的 13.3%(王荷生和张镱锂，1994)。特有种就更加丰富，仅西双版纳就有 153 种云南特有热带珍稀种，滇西北则拥有大量的横断山区寒温性针叶特有种，以及其他横断山区特有成分和众多的高山杜鹃与高山竹类，其特有种比例占该区种子植物分布总数的 30%以上(郭辉军和龙春林，1998)，滇东南保存着相当多的古近纪残遗的古老植物科属，以及许多孑遗植物种类。此外，还拥有数量较多的单型科、少型科、少型属和单种属植物。

3. 古老的遗传资源多样性

云南拥有中国最丰富的物种多样性，同时也就蕴藏了大量珍贵的遗传基因多样性，特别是许多经济价值高、利用广的栽培植物与家养动物，都能在云南找到其野生类型或近缘种，如我国的三种野生稻(普通野生稻、疣粒野生稻、药用野生稻)均分布于云南南部至西南部的边缘热带地区；野荔枝、野生猕猴桃、大叶茶、滇波罗蜜及林生芒果等许多重要的栽培植物的野生型或近缘种在国内也主要分布于云南。印度野牛、爪哇野牛、独龙牛、原鸡和赤麻鸭等家养动物野生类型或近缘种在国内也仅分布于云南南部。另外，还有已经驯养的动物如文山黄牛、昭通黄牛、德宏水牛、盐津水牛、大理马、丽江马、保山猪和昭通山羊、云岭山羊、龙陵山羊等均为云南特有土著品种，是我国具有重要经济价值和开发潜力的遗传基因资源(杨宇明等，2005)。

2.7.2　生态系统多样性极其丰富

云南几乎囊括了我国所有的陆地生态景观系统类型和除海洋外的所有湿地景观类型(杨宇明等，2005)。陆地生态系统中，从南部的低热河谷到滇西北高山峡谷出现有：①湿润雨林；②季节性雨林；③山地雨林；④半常绿季雨林；⑤落叶季雨林；⑥石灰山季雨林；⑦季风常绿阔叶林；⑧半湿润常绿阔叶林；⑨中山湿性常绿阔叶林；⑩山地苔藓常绿阔叶林；⑪山顶苔藓矮林；⑫硬叶常绿阔叶林；⑬落叶阔叶林；⑭暖热性针叶林；⑮暖温性针叶林；⑯温凉性针叶林；⑰寒温性针叶林；⑱竹林；⑲石灰岩灌丛；⑳干热河谷灌丛；㉑热性河漫滩灌丛；㉒高寒荒漠；㉓高山草甸；㉔河流及高原沼泽与湖泊湿地；㉕人工农林牧生态系统等 30 余个类型。其中，森林生态系统较为丰富，全国共有 212 个森林类型，云南有 145 个，占全国森林类型总数的 68.4%。湿地生态系统中，云南具有我国沼泽湿地、湖泊湿地、河流湿地、滨海湿地、人工湿地五大类湿地中的四类，除了滨海湿地类型没有外，云南拥有《国际湿地公约》所列类型中的绝大多数湿地类型。

1. 从热带到高山寒带完整的生态景观系统多样性

云南生态景观多样性极为丰富而复杂，虽然云南的土地面积仅占全国土地总面积的 4.1%，但却拥有我国陆地景观生态系统 2/3 以上的类型。除了沙漠、极地冻原、沿海沼泽和典型草原等生态景观系统没有外，其余我国主要的陆地景观生态系统类型，从热带亚热带的森林、灌丛到干热河谷稀树草原，至高山寒带的草甸、沼泽及荒漠等均能在云南找到。

2. 生态系统多样性地域分布的地理构成因素复杂

云南生态系统多样性形成的大环境是在水平地带性地理气候带的影响，地势倾斜和地形的变化，以及山地垂直生物气候的立体效应等因素作用下，通过水热因子的复杂配合后，形成了多种多样的生境类型，并在与生物类群相互作用的过程中发育了极为丰富的生态系统多样性。

全省自南向北的 8 个纬度内共包含了 5 个水平地带性地理气候地带，每个地理气候地带作为水平地带性基带的大背景，决定和影响着处于地带内的生态系统类型演化的方向和发育的程度。地势的北高南低，南北海拔的差异恰同纬度的高低相一致，进而从空间结构上直接加剧了南北地表热量和水分的差异，这种叠加后的双重效应对云南生态系统多样性的形成和演变产生了十分深刻的影响。不同生态型、生活型和分布型的生物类群，均能在不同的地带内，不同的海拔，不同的坡位、坡向与生境条件中选择其适生环境，并在这些多种多样的生物类群与复杂变化的环境条件的相互作用下形成了云南极其丰富的生态系统多样性。因此，云南山地多层多带垂直变化的生物气候立体效应是云南生境类型和生态系统多样性极为丰富的主要的环境结构因素。

3. 生态系统多样性的地带性分布与垂直系列特征显著

云南生态系统多样性形成的类型特征和分布规律与云南的水平自然地带和山地垂直带性分异的规律及特点紧密相关，所有的生态系统类型都是在自然地带大背景控制影响下，依据地带内地形和水热配合状况等环境结构因素，发育形成了以山地垂直系列为主要表现形式的陆地生态系统及淡水湿地生态系统等类型。

1)热带北缘地带生态系统

本区位于云南省的南部、西南部和东南部的边缘地带，其范围约 5×10^4 平方千米，所处的纬度和地势为全省最低，除西南部因受西南季风影响突出，纬度范围可升高至北纬 25°10′附近，其余地带均位于北回归线至全省最南边缘的北纬 21°09′，与我国东南部的热带北界纬度相近。本地带北与亚热带南部地带相连，南与中南半岛和南亚次大陆的亚洲热带季风区域相连。大气环流因子和季节特点都与南亚次大陆北部和缅甸境内的伊洛瓦底江上游及亲敦江流域的季风热带相类似。高温多湿，干湿季明显，基带(盆地和谷地内)的年平均气温在 20℃以上，最热月平均气温在 24℃以上，最冷月平均气温多在 15℃左右，≥10℃积温在 7000℃以上，各地年温差都较小，平均小于 10℃，是云南气温最高的自然地带。各盆谷地内年降水量多在 1200～1800 毫米，因地形及位置的影响不同各地有一定的差别。地形雨普遍发达，山地降水远较盆谷地内多。干湿季分明，11 月至次年 4 月的干季降水量占年降水量的 10％～20％，雨量集中在 5～10 月的湿季，占全年降水量的 80％～90％。本地带是云南热量最充足，雨量最丰富的自然地带。

以热带雨林和季雨林的分布为主要标志的热带森林植被景观，是本自然地带基带生态系统的主要代表类型，它们是亚洲南部广大热带雨林、季雨林广泛连续分布的热带区域的一部分。本地带的西南部、东南部和南部因所处地理位置的关系，在西南季风、东南季风影响程度不同及地形条件限制等因素的作用下，自然生态区域分异明显，生物区系地理的形成和植被生态系统的发育与类型在组成上有所不同，山地生态系统的垂直系统也有明显的差异。因此，本自然生态地带按西南、东南和南部分为滇西南热带山地生态系统垂直分布系列、滇东南热带山地生态系统垂直分布系列和滇南热带山地生态系统垂直分布系列三个自然生态系统系列分布地区。

2)亚热带南部地带生态系统

本自然地带位于云南高原的中南部，其南面连接热带北缘地带，北面为亚热带北部地带。其北界在西端约达北纬 25°30′腾冲尖高山附近，向东渐南偏至东南部北回归线附近。南北向水平跨度以中部最宽，约达 250 千米，东西两端都较窄，不到 100 千米；西接缅甸，东连广西，东西延伸达 900 千米左右，省内面积约 11.5×10^4平方千米。地处地势第Ⅱ梯层，呈北高南低倾斜的趋势。北部山地海拔在 2000～2500 米，到南部下降到 1500～2000 米，一些高耸山体海拔在 3000 米左右，少数山峰可达 3500 米；盆地海拔多在 1100～1400 米；河谷多呈北西—南东走向，其底部海拔在 700～1100 米，红河河谷最低，仅在 300～500 米。在高原盆地内，年平均气温在 16～19℃，≥10℃积温在 5500～6500℃，最冷月平均气温多在 10～12℃，最热月平均气温多在 22～24℃，年温差在 10～12℃。除少数河谷内年降水量不到 1000 毫米外，大多数地点年均降水量在 1000～1500 毫米，各地年干燥度大多<1.0，较为湿润。各地干、湿季分明；湿季多雨潮湿，但不炎热；干季雨量稀少，日照充足，日温差较大，但霜日很少。

作为云南重要的东西地理分界线的哀牢山脉与红河河谷呈北西—南东向，自中部纵贯将本地带分割为东西两大部分，以至本地带内纬度与海拔相似的地点，从西向东气温有明显下降的趋势。与这种趋势相联系，本地带内地带性植物和土壤的分布范围所构成的“基带”，具有相似的生物气候特征，但基带及其以上的生态系统垂直系列所占据的海拔范围，呈现显著的东西差异。本地带包括滇东喀斯特高原山原生态系统垂直系列、滇西南南亚热带山地生态系统垂直系列两个自然生态系统系列分布地区。

3)亚热带北部地带生态系统

本地带横贯云南中部，东西长达 600～700 千米，南北宽 200～500 千米，总面积为 20.5×10^4 平方千米，是云南省内面积最为宽广的一个自然地带。南起贴近北回归线附近，连接亚热带南部地带，北面的西北方向与属于青藏高原的寒温高原地带相连接；东北方向连接我国东部的中亚热带，西北和东北两端的纬度都分别达到北纬 28°以北，整个地带从南到北共跨越约 4.5°的纬度距离范围。本地带主要占据了云南省中、北部的广大高原和山地，包括滇西的横断山纵谷区的主体和滇东高原的大部分。地带内地貌颇为复杂，但除了高耸山地和深切河谷以外，大部分高原海拔都在 1500～2500 米，占据云南地势第Ⅱ梯层的绝大部分范围。因深受我国西部型季风的影响，纬度也较低，所以气候特征干、湿分明，大体“四季如春”。地带内各高原盆地内年平均气温在 12～16℃，≥10℃积温在 3000～5500℃；各地的最热月(7 月)平均气温在 18～22℃，夏凉比较突出，最冷月(1 月)平均气温多在 6～9℃。各地年降水量大多在 800～1200 毫米，一般都较亚热带南部少，湿润程度比亚热带南部低，本地带内年干燥度大多在 0.75～1.00，而在地带中部达 1.00～1.50。本地带的湿润程度显然不及我国东部的亚热带各地，是我国亚热带内湿润程度偏低的一个自然地带。根据本地带内的自然地域差异，可分为东部滇东高原地区和西部滇东横断山脉地区，大致以云岭、点苍山、哀牢山一线为界，包括滇东高原亚热带北部山地生态系统垂直系列、滇西横断山生态系统垂直分布系列两个自然生态系统系列分布地区。

4)亚热带东北部地带生态系统

本自然地带偏处于云南省东北角，面积仅约 1.2×10^4 平方千米。虽范围不大，但其自然地理环境已具备我国东部中亚热带的地带特征，与云南省内的亚热带北部地带和亚热带南部地带都颇不相同，在省内别具特色。本地带包括昭通市的大部分，其西南连接滇东高原，东南连接黔西北高原，西北为川西南山地，东北接四川盆地的西南部，在大的地貌结构上正处于上述几者之间的连接过渡部位。由于偏处云南省的最东北部，加以南高北低的地势配合，并处于“昆明准静止锋”锋后部位，而夏半年则主要受到东南季风的泽惠，气温和水分条件的季节特点，都已具备我国东部季风区域的亚热带的特征，植被、生物地理区系、土壤等都表现出我国东部亚热带的特色，而不同于云南高原上的亚热带。气候与四川盆地西南部相似，因地形复杂而局部差异大，垂直变化也很明显。谷地内部年平均气温在 15～18℃；年温差达 19～20℃，为云南省内年温差最大的地点；最热月平均气温达 25～27℃。最冷月平均气温在 7～8℃，冬暖夏热；各地降水量在 1000 毫米左右，金沙江谷地一带降水较少，仅 700 毫米左右，降水主要集中于 5～9 月，雨热同季；冬春降水虽较少，但此时日照少，阴天多，蒸发力较弱，仅为滇中地区的一半左右；入春后雨量逐渐增加，4 月的雨量可达 50 毫米左右，所以冬春干旱不明显；年干燥度大多不到 1.0，终年湿润，水热季节配合较好。本地带主要为滇东北亚热带东北部山地生态系统垂直系列自然生态系统分布地区。

5)寒温高原地带生态系统

寒温高原地带即为青藏高原东南边缘寒温针叶林暗棕壤地带。云南省的最西北部是青藏高原区域的一部分，并包括在青藏高原东南边缘的自然地带之内。就云南的范围而言，本地带位置最偏西北，是省内纬度最偏北，地势最高耸的自然地带。全区平均海拔 4000 米左右，处于我国大地势结构中最高一级阶梯的范围之内，其南面连接着属于我国大地势结构中的第二级阶梯的云南高原，居于青藏高原区域与我国东部季风区域相连接的重要位置。

本地带在横断山脉的中北段，高山峡谷相间，并列作南北向延伸，自西向东有高黎贡山—怒江—梅里雪山—澜沧江—云岭—金沙江—沙鲁里山山脉等。诸江的谷地都为深嵌于高原之内的巨大峡谷，峡谷之间的分水岭高耸而狭窄，其中多有雄伟的雪峰，现代山岳冰川发达。金沙江、澜沧江下切很深，谷底海拔在 1800～2000 米，与分水岭之间有 2000～3000 米的高差。本地区地势高耸，气温水平较低，周围又多有高山屏障，水汽来源不甚充足，降水也不多。在位于高原大型拗陷盆地内部的香格里拉和金沙江支流谷肩部位的德钦，年平均气温都不到 6℃，与我国新疆北部和黑龙江南部相近，不过年较差则远比上述两地小，仅为 15℃左右；冬季较为暖和，夏季气温不高，年降水量在 600～700 毫米，为省内的少雨区之一；干湿季仍颇为分明；年干燥度稍大于 1.0，仍为青藏高原范围内较为湿润的部分。干季降水虽然不多，但冬季积雪在入春后消融，土壤得到雪水的滋润，在夏秋温暖季节降水较多，都为本地区大范围内森林植被在高原地带下生长提供了有利条件，主要为寒温高原地带生态系统垂直系列。

4. 河流、湖泊淡水生态系统

淡水生态系统是一种非地带性生态系统，在不同自然带之间，淡水生态系统内生物大类群的构成大体相似。另外，在不同河流水系之间存在着山脉的分隔，不同的湖泊之间可能缺少水道或湖泊类型及水体性能的不同而造成隔离，故淡水生态系统相互之间的隔离或限制程度远比陆地生态系统大，以至在一些相距很近，处于同一个自然地带，甚至同一个地区，不同的淡水生态系统因所属的水系不同或处于不同的相对隔离的湖泊，常常演化形成了许多仅该生态系统类型所特有的水生生物类群景观，这成为淡水生态系统多样性丰富，特有类群比例较陆地生态系统高的一个主要原因。

云南江河水系发达，各类型的湖泊水库众多，在江河湖泊中各类水生生物繁盛，物种组成丰富，其中野生淡水鱼类丰富度列全国首位，淡水生态系统多样性明显，在我国淡水生态系统中具有突出的地位。

1)河流生态系统与鱼类多样性特征

在淡水生态系统中，鱼类是构成水生生物类群的主体，是淡水生态系统中最核心的部分，在不同的淡水生态系统中，鱼类种类数量的多少和特有率的高低，是衡量系统多样性程度最重要的指标之一，并直接反映该系统的价值和多样性意义。云南野生淡水鱼类种类异常丰富，这与云南淡水生态系统多样性的丰富程度和特殊性密不可分。其中，河流生态系统水域面积(1070 平方千米)与湖泊水域(1080 平方千米)几乎相等，河流分布有土著鱼类达 280 多种，湖泊分布有土著鱼类 150 多种，分别占全省土著种类的 65.0%和 35.0%。

2)湖泊湿地生态系统与鱼类多样性特征

云南大多数的湖泊周围都有高山和森林环绕，湖周湿地植物发育，湖中水生生物繁盛，鱼类种类丰富，同时栖息着各种水鸟，而且是许多北方冬候鸟理想的越冬地，是云南生态系统多样性构成中最具有特色的部分之一。其中，云南高原湖泊丰富的鱼类多样性和高比例的特有类群是云南湖泊生态系统多样性中最突出的特征和最具有多样性意义的部分。

3)云南河流湖泊鱼类分化特征

云南的河流和湖泊在不同的地理背景和地史时期控制和引导着鱼类区系起源的性质和演进的方向，而鱼类在不同的演化发展阶段，不断适应变化发展的环境条件中形成了多样化的分化方式。在云南最主要的有异域广义地理隔离分化、同域生态隔离分化和同域狭义地理隔离分化方式三种。这说明了地理环境的复杂性能引导物种分化形成的多样性，不同的分化形式能促使同属物种分化产生异域特有种、同域生存隔离特有种或地理隔离特有种等，从而实现了特有种的丰富性和多样性。

2.7.3　生态系统多样性的空间分布复杂

云南生态系统多样性极为丰富而复杂，从水平地带性、不同自然地带的分异到山地垂直系列的变化，包含了各种各样的生态系统类型及其变化发展的生态过程。从热带雨林到高寒草甸至高山荒漠或冻原，从干热河谷稀树灌木草丛到湿润森林至湖泊湿地生态系统都有分布，占我国陆地生态系统 2/3 以上的代表类型在云南都能找到。复杂多样的自然地理环境为形成多样的生态系统类型提供了相应的生态条件，而物种组成丰富、结构复杂、生态功能特殊的各类生态系统，以其丰富而多样的类型和复杂而特殊的分布规律，反映了云南自然地理环境的复杂性和分异的规律性。

根据云南生态系统多样性分布的规律性及其特征，以云南省具有典型代表性的 32 个主要陆地生态系统类型为例，按其空间分布格局及其与水热条件的关系，编绘出了云南主要陆地生态系统类型与气温、水分、海拔和经度的关系示意图(图 2.17)；同时也绘制出云南生态地理动物群基本类型的垂直分布图(图 2.18)。两图均能较形象和直观地反映云南自然地理环境的复杂性和分异的规律性所导致的生态系统类型，以及生态地理动物群的多样性和空间分布的复杂性与规律性。

云南得天独厚的地理环境及优越的气候条件，致使众多的热带、亚热带和温带动植物区系成分均可在此找到。由于喜马拉雅造山运动而形成的南北走向的横断山脉，以及与其平行的江河加速了南北动植物区系的交流。因此，云南境内的动植物具有明显的过渡性与复杂性的特点，这种特点不仅导致云南植物、动物种类多，而且具有寒、温、热各带的多种植被类型和生态地理动物群，垂直地带性特征十分明显。

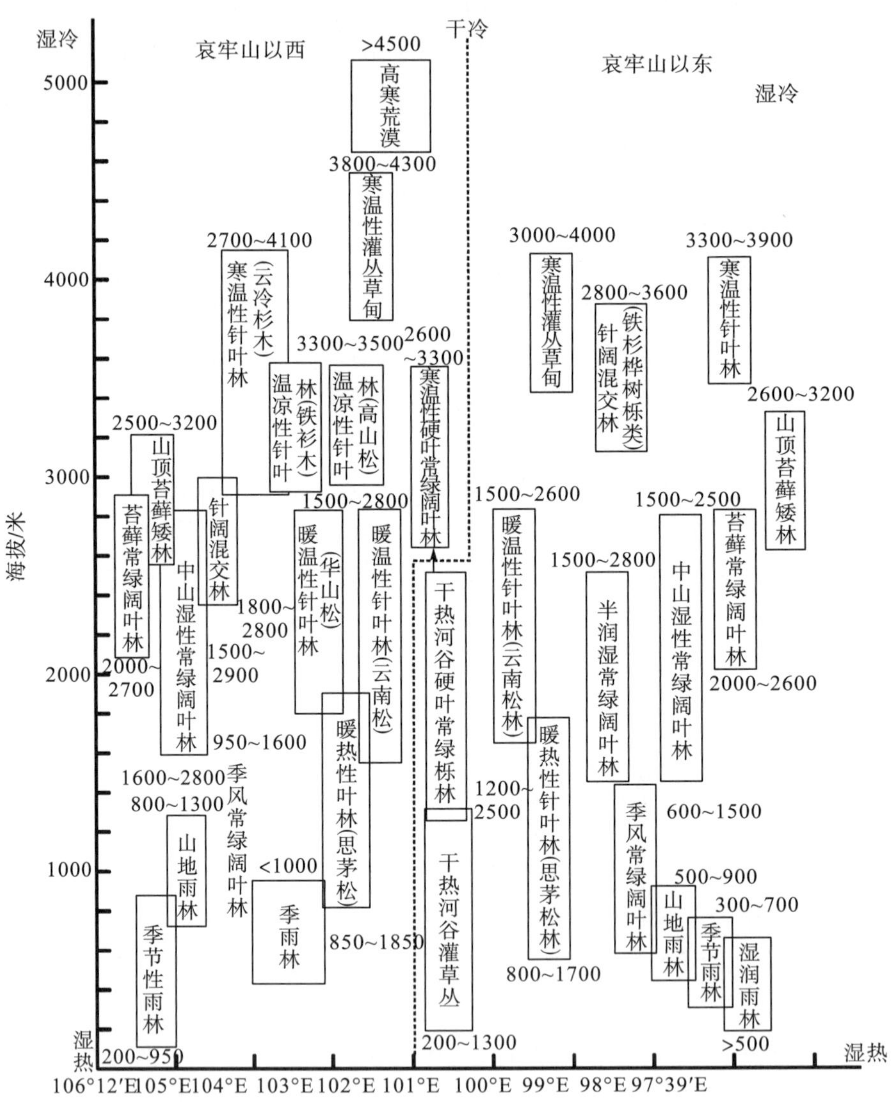

图 2.17 云南主要陆地生态系统类型与气温、水分、海拔和经度的关系

资料来源：杨宇明，2008

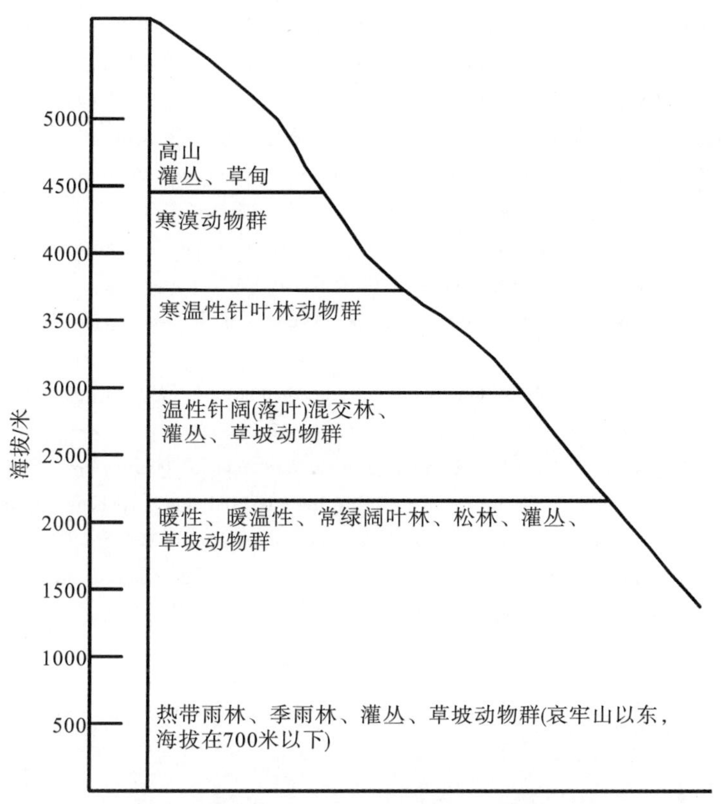

图 2.18　云南省生态地理动物群的垂直分布

资料来源：杨宇明，2008

参考文献

陈灵芝. 1993. 中国的生物多样性现状及保护对策. 北京：科学出版社：1-18.

陈永森. 1998. 云南省志·地理志. 昆明：云南人民出版社：219-220，478.

高昆谊，朱慧贤. 2008. 云南生物地理. 昆明：云南科技出版社：12-13.

郭辉军，龙春林. 1998. 云南的生物多样性. 昆明：云南科技出版社：114-115.

李禄安，等. 1996. 云南省志·旅游志. 昆明：云南人民出版社：2-8.

李志华. 1985. 中国的温泉. 西安：陕西人民出版社：26.

马洪武. 1990. 农村新知识辞典. 北京：档案出版社：56-57.

潘桂棠，陈智梁，李兴振. 1997. 东特提斯地质构造形成演化. 北京：地质出版社：41-52.

沈镇昭，梁书升. 2001. 中国农业全书 云南卷. 北京：中国农业出版社：161-162.

童绍玉，陈永森. 2007. 云南坝子研究. 昆明：云南大学出版社：23-59.

王荷生，张镱锂. 1994. 中国种子植物特有属的生物多样性和特征. 云南植物研究，16(3)：209-220.

徐同明. 2013. 生态文明建设知识简明读本. 武汉：湖北科学技术出版社：127.

闫全人，王宗起，刘树文，等. 2005. 西南三江特提斯洋扩张与晚古生代东冈瓦纳裂解：来自甘孜蛇绿岩辉长岩的SHRIMP年代学证据. 科学通报，50(2)：158-166.

杨岚，李恒. 2009. 云南湿地. 北京：中国林业出版社：20.

杨宇明，田昆，王娟，等. 2005. 中国生物多样性保护与研究进展. 中国生物多样性保护与研究进展：第九届全国生物多样性保护与持续利用研讨会论文集：42-47.

杨宇明．2008．云南生物多样性及其保护研究．北京：科学出版社：27-30.

杨宇明，王娟，王建皓，等．2008．云南生物多样性及其保护研究．北京：科学出版社：23-28.

云南河湖编撰委员会．2010．云南河湖．昆明：云南科技出版社：1.

赵光洲，贺彬．2011．云南高原湖泊流域可持续发展条件与对策研究．北京：科学出版社：1-2.

Hou Z Q，Zaw K，Pan G T，et a1. 2007. Sanjiang Tethyan metallogenesis in S. W. China：tectonic setting，metallogenic epochs and deposit types. Ore Geology Reviews，31(1- 4)：48-87.

Metcalfe I. 1997. The palaeo-Tethys and Palaeozoic-Mesozoic tectonic evolution of Southeast Asia//Dheeradilok P，Hinthong C，Chaodumrong P，et al. Proceedings of the international conference on the stratigraphy and tectonic evolution of Southeast Asia and the South Pacific. Bangkok：Ministry of Industry，Department of Mineral Resources：260-272.

Wu H R ，Boulter C A，Ke B，et al. 1995. The Changning-Menglian suture zone：a segment of the major Cathaysian-Gondwana divide in Southeast Asia. Tectonophysics，242(3)：267-280.

Yang T N，Ding Y，Zhang H R，et al. 2014. Two-phase subduction and subsequent collision defi nes the Paleotethyan tectonics of the Southeastern Tibetan Plateau：evidence from zircon U-Pb dating，geochemistry，and structural geology of the Sanjiang orogenic belt，Southwest China. Geological Society of America Bulletin，doi：10. 1130/B30921. 1.

Zhang K J. 1998. The Changning-Menglian suture zone：a segment of the major Cathaysian-Gondwana divide in Southeast Asia comment. Tectonophysics，290(3-4)：319-321.

第3章　自然景观的成景作用

自然界中绚丽多彩的自然景观，一般是在漫长的地球演化历史长河中，经内外力的共同作用形成的。随着人类活动对自然环境改造能力的增强，人为因素也成为自然景观的重要塑造力量。

3.1　概　　述

一般而言，引起地表形态变化的因素主要有两种：一种是地球内力作用；另一种是地球外力作用。内力是由地球内部产生的可能改变地表形态、岩石特征的力量(杨湘桃，2005)。内力作用主要在地下深处进行，有些可能波及地表。波及地表的内力作用主要表现为地壳运动(包括水平运动和垂直运动)、地震、岩浆活动、变质作用等。内力作用使地球表面发生变形和移位，总趋势是使地表变得高低起伏。外力是指在太阳能和重力能的影响下所产生的流水、风、冰川、海浪等的动力作用。外力作用包括风化作用、侵蚀作用、搬运作用、沉积作用和成岩作用(文祯中，2007)。外力作用的总趋势是通过剥蚀、搬运、堆积使地表逐渐夷平。

3.2　构造成景作用

地球表面上的景观，是在一定的地质背景基础上形成的。首先，地质构造的总骨架决定了该地区的自然景观整体面貌，或是雄伟壮观和险峻陡峭的山地，或是幽静的峡谷，或是平坦开阔的平原，如世界著名的“三江并流区”的风景骨架就是由区域大地构造特征所决定的；其次，地质构造明显控制了中小尺度的自然景观，如丽江玉龙雪山、大理苍山的雄伟险峻是在其区域褶皱断裂活动背景下形成的褶皱断块山地经流水雕刻而成；再次，造型自然景观也与地质构造息息相关，如石林、丽江老君山等地的高石芽、高山丹霞拟人拟物景观均是由构造变动时所产生的各种裂隙经侵蚀和溶蚀等作用而成的。因此，构造运动使地表产生大规模的起伏，形成自然景观的基本骨架，奠定了自然美的空间环境。区域或局部的构造形迹往往形成次级景观系统，或为外力进一步雕琢形成新的自然景观奠定基础。这种由构造运动形成自然景观的作用称为构造成景作用(图3.1～图3.4)。

构造成景作用包括褶皱成景作用、断裂成景作用、岩浆成景作用、变质成景作用及劈理。

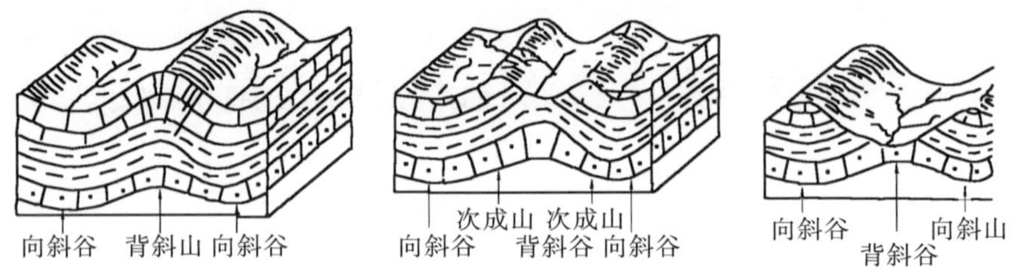

图 3.1　褶皱景观示意图

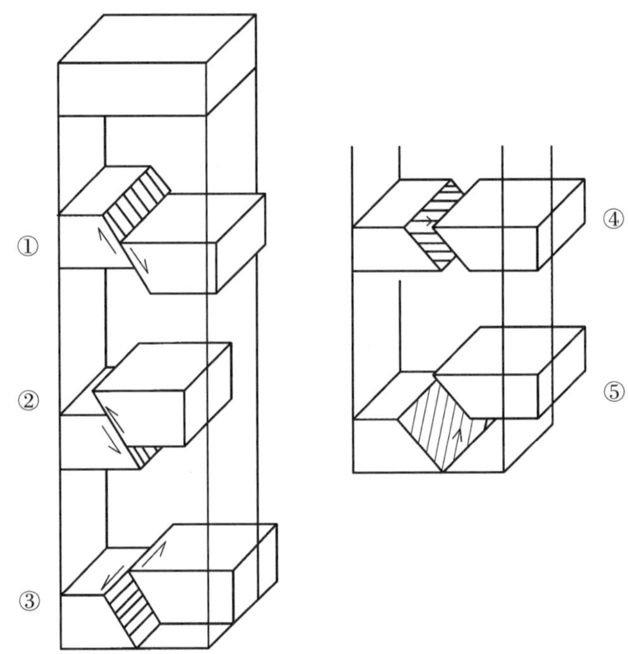

① 正断层；② 逆断层；③ 左旋平推断层；
④ 左旋平推断层；⑤ 左旋逆平推断层

图 3.2　断层几何要素图

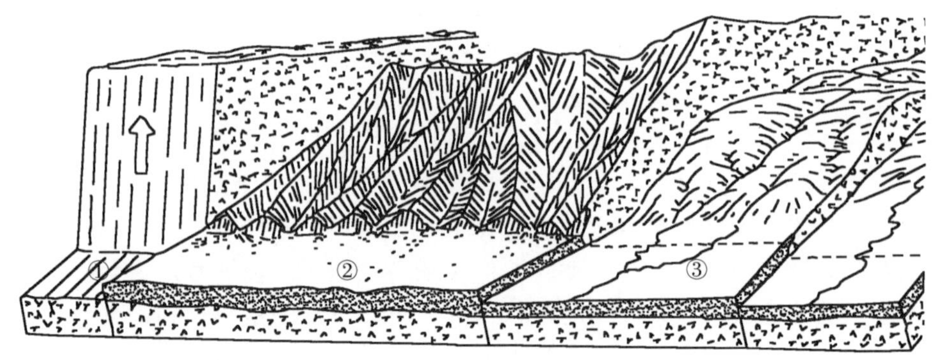

① 断层崖上的侵蚀沟谷；② 沟谷扩大形成三角面；③ 连续侵蚀，三角面消失

图 3.3　断层景观示意图

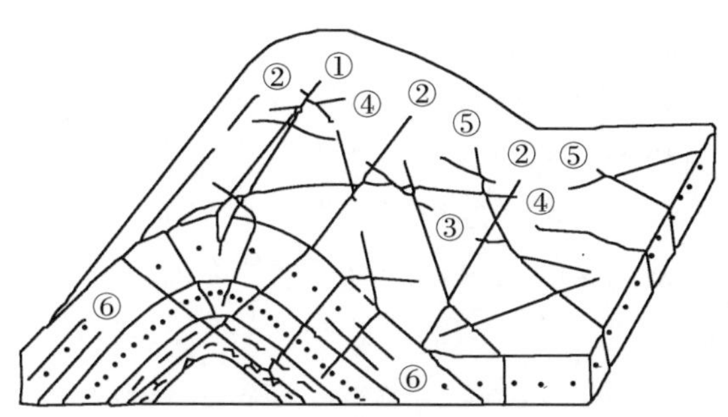

①②走向节理或纵节理；③倾向节理或横节理；
④⑤斜节理；⑥顺层节理

图 3.4　节理景观示意图

劈理，是岩层、岩体或矿体在地应力作用或变质作用下，沿一定方向分裂成平行或大致平行的密集薄层和薄板状的断裂构造，是岩石在外力作用下的一种塑性变形或构造变形的结果(邓绶林，1992；冯明等，2007；王根厚等，2008；侯学渊等，2008)。它发育在强烈变形、轻度变质的岩石中，发育状况往往与岩石中所含片状矿物的数量及其定向的程度有着密切的关系，具有明显的各向异性特征(冯明等，2007；王根厚等，2008)。在强烈褶曲的岩层、断层两侧的岩体和变质岩内较为发育，可与层理以任何角度相交。与层面平行的，称顺层劈理；与层面斜交的，称层间劈理。按其成因，分为破劈理和流劈理两类(邓绶林，1992；徐世芳和李博，2000；侯学渊等，2008)。破劈理是岩石沿最大剪切应力作用方向发育的一组大致平行、细小而密集的裂隙；岩石内板状、片状和针状矿物颗粒沿着垂直于压应力作用方向平行排列，由此而产生易于劈开的软弱面，即流劈理(邓绶林，1992)。劈理破坏了岩体的整体性，增加了岩石的各向异性，为风化作用和水的活动提供了方便条件，是产生崩塌、滑坡等的重要原因(侯学渊等，2008)。这些劈理既能够单独成景，也为外力成景作用创造了条件。

3.2.1　岩浆、热水成景作用

在地球 46 亿年的演化发展过程中，岩浆侵入和火山活动从未间断。大量岩浆侵入和喷发，常常会因喷发的强度和方式，以及岩性等特征的差异形成不同的岩石景观，称为岩浆成景作用。花岗岩是岩浆侵入地壳逐渐冷凝而成的，是一种酸性的深成火成岩，往往形成高大山体的核心。花岗岩岩性较均一，节理比较发育，风化后易产生球状剥落现象，在地表形成浑圆的石墩、石蛋、石柱、石壁等，形态古朴，景观别具一格，如厦门的万石山和鼓浪屿、海南的“天涯海角”、浙江的普陀山等，而节理发育的花岗岩在干旱高山地区，受强烈上升的新构造运动影响，或流水侵蚀，或风化剥蚀，常形成危崖峭壁、石峰深谷等景观。特别是当花岗岩多次侵入，由于后侵入的伟晶花岗岩的支撑，更常形成峭拔嶙峋的石峰、拔地林立的石笋石柱，其景观类型主要有堡状花岗岩峰景观、花岗岩塔状峰景观、花岗岩屏状峰景观、花岗岩岩臼景观、花岗岩石蛋景观、石柱群花岗岩景观等。中国的黄山、华山、九华山、衡山、天台山、崂山等名山的许多奇山异峰都是由花岗岩形成的。云南的花岗岩主要分布在滇西地区，而部分高山顶部也分布着一些堡状、塔状和柱状景观。流纹岩常具流纹构造，有的因节理和裂隙特别发育，经外力破坏后形成众多的奇峰异洞和幽涧嶂谷，如雁荡山、天目山等。基性玄武岩浆可形成桌状山体、熔岩台地和火山锥、熔岩洞穴隧道等，如腾冲和屏边火山地貌景观。因此，岩浆活动的结果，既能形成造型优美的景观，也为各种外力的雕琢造景奠定了基础。

岩浆活动与部分温泉和间歇泉的形成有关。岩浆活动过程中，蒸汽沿裂隙上升冷凝流出地面，或灼热地下水涌出地表形成温泉。云南著名的腾冲热海景观，就是地层中的热流向地表上升，顺着地壳断裂处勃然喷发的结果。例如，热水和蒸汽以一定的时间间隔向高空排放，则称为间隙泉。间隙泉的形成大致如此，漏斗形口下面的通水管或空洞中的水受岩浆烘烤或受地热影响变热，使下部水温不断增高，水便开始沸腾，所形成的蒸汽压力超过上部水柱压力就会冲开水柱，骤然向上喷发，喷水后又开始重新积蓄冷水，如此循环往复，乃形成周期性喷水喷气现象。例如，美国黄石公园有 200 多处间歇泉，特别著名的是“老忠实泉”；云南省龙陵邦腊掌等地有多处间歇泉分布。

火山活动是一种壮观的自然现象，而发生在人类生活的地方则是一种自然灾害，自古以来就多见于史载。火山活动能造成众多的奇异景观，具有极高的观赏游览价值，吸引大量游人探奇，也是窥探研究地壳内部结构和物质秘密的窗口(图 3.5)。

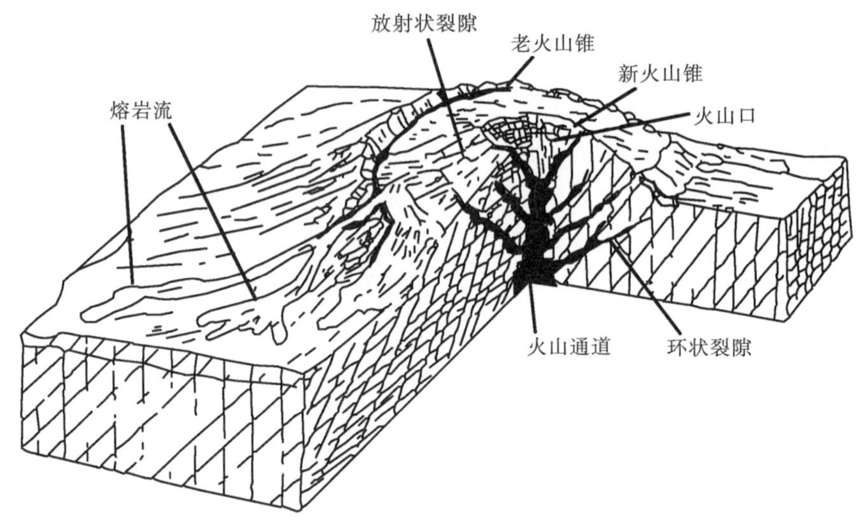

图 3.5 火山锥景观构造图

3.2.2 变质成景作用

由于温度、压力和具有化学活动性的流体等作用，使原来的岩浆岩和沉积岩的矿物成分和结构构造发生改变而形成变质岩(谢文伟等，2007)。这种地质作用过程直接或间接地影响到自然景观的形成和演化，故称为变质成景作用。例如，云南省的苍山、哀牢山均由变质岩组成，因变质岩抗风化能力强，经若干亿年的剥蚀后仍巍然耸立，雄伟多姿；著名的玉洱银苍大理岩(石)即产于苍山十九峰之中。

3.2.3　地震成景作用

地震是地球岩石圈物质的快速震动。它是构造运动的一种激烈的表现形式；是岩石圈某一有限区域内能量的突然释放所引起的震动；是地球内部介质对累积应力的突然屈服。所释放的能量可以是弹性应变能、重力位能、动能或者化学能(柳成志等，2006；孙立广，2009)。地震是一种经常发生的、有一定规律的地壳运动方式之一。资料显示，全世界每年发生的地震约500万次，其中大部分是人们不易察觉到的小地震。从全世界地震历史记录来看，七级以上的破坏性地震，平均每年约有20次。强烈的地震可改变地表状况，形成堰塞湖、断层崖、裂隙、喷砂、冒水等景观，地震造成的建筑物破坏和人类记载地震的碑石雕刻等，构成了震迹景观。这种由地震作用而形成旅游景观的作用称为地震成景作用。震迹景观是集社会历史、观赏和科考科普等价值于一体的景观，以生动的形象、珍贵的历史文物、罕见的奇特度及心理感应力吸引人们观赏和研究。云南省是个多震省份，仅2013年1月到2014年8月共发生5.0级(含5.0级)以上地震7次，震迹景观多已遭破坏。

3.3　坡地重力成景作用

坡，是构成陆地表面起伏形态的基本单位。坡地上岩(土)体相对稳定的力学平衡遭受破坏，在重力的作用下沿斜坡发生块体运动，从而形成一些灾害性的景观，这种成景作用称为坡地重力成景作用。主要有蠕动(包括坡地本身及其所造成的地面树木、管道、建筑物等实体的变形)、滑坡和崩塌三种形式(图3.6，图3.7)。云南是一个高原山地省份，新构造活动频繁，山高谷深，沟深坡陡，坡地重力灾害性景观广泛发育，如在斜坡上常见的“马刀树”景观。这些景观比较典型，不仅规模大，且以其独特性、突发性、景观的多样性吸引人们游览观光和进行科学考察。

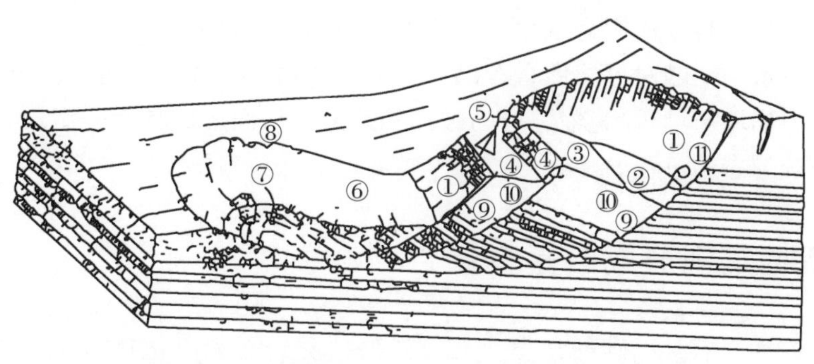

①滑坡壁；②滑坡湖；③第一滑坡台阶；④滑坡台阶；⑤醉林；⑥滑坡舌凹地；⑦滑坡鼓丘和鼓胀裂缝；⑧羽状裂缝；⑨滑动面；⑩滑坡体；⑪滑坡泉

图3.6　滑坡景观示意图

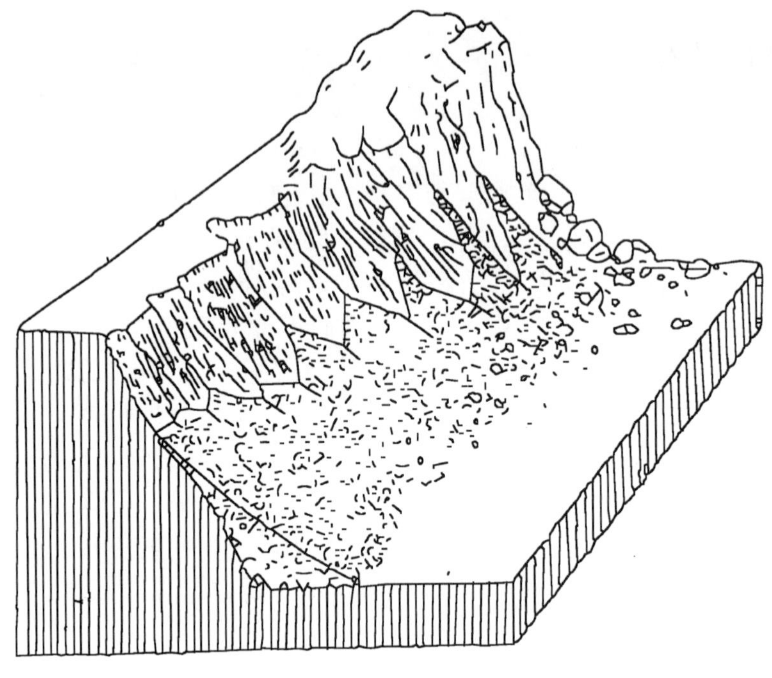

图 3.7　崩塌景观示意图

3.4　喀斯特成景作用

喀斯特(karst)，在中国也叫岩溶，此名称来源于原南斯拉夫西北部亚得里亚海伊斯特里亚半岛的石灰岩高原的地名，那里的石灰岩分布区发育着各种奇特的地貌，因此借用此地名来称呼石灰岩地区特有的地貌现象(蒋斯善和刘漱勤，1982；王飞燕等，1991)。这个词的原意是光秃的石头地，汉语音译为“喀斯特”，是国际上通用的地貌名词。喀斯特在世界上分布十分广泛，从海平面以下几千米的地壳深部到海拔 5000 米以上的高山带均有发育，北纬 28°～50°分布较为普遍(任美锷和刘振中，1983)。喀斯特是由水对可溶性岩石所进行的以化学溶蚀作用为主而形成的地貌和水文现象的总称。喀斯特成景作用，是以地表水和地下水为主的对可溶性岩石以化学过程(溶解与沉淀)为主，机械过程(流水侵蚀与沉积及重力崩塌与堆积)为辅进行的破坏和改造，从而形成具有一定观赏价值的各种地上和地下景观形态的过程。

3.4.1　喀斯特景观形成的基本条件

世界上的可溶性岩石包括碳酸盐类岩石、硫酸盐类岩石和卤化物盐类岩石。易溶解的程度依次为卤化物盐类岩石、硫酸盐类岩石、碳酸盐类岩石。前两者的地表出露面积很小并且溶蚀速度较快，不易存留，而碳酸盐类岩石出露范围十分广泛且溶蚀速度较慢，因而可溶岩景观主要分布在碳酸盐类地区。其岩石类型主要为石灰岩(俗称青石)、白云岩、白云质石灰岩、泥质石灰岩、硅质石灰岩等。碳酸盐岩层分布地区发育的各种喀斯特地貌景观，除了溶蚀作用外，还与各种侵蚀、剥蚀、冰蚀等作用有关。具有喀斯特特色的地貌景观都是以溶蚀作用为主导成因的(卢耀如，2010)。

可溶性岩石的溶解通常是在含有 CO_2 的水中进行，以石灰岩(主要成分为 $CaC0_3$)为例，其喀斯特成景作用的化学过程为

$$CaCO_3 + CO_2 + H_2O \rightleftharpoons 2HCO_3^- + Ca^{2+}$$

上述化学反应是可逆的，如水中 CO_2 含量增多，上述化学反应向右进行，固体的 $CaCO_3$ 被溶解。地表喀斯特景观及地下溶洞、地下河主要就是经过富含 CO_2 的水沿可溶性岩石裂隙或断裂等结构面溶蚀、侵蚀而形成的。如果压力降低或温度升高，水中 CO_2 含量减少，上述化学反应式向左进行，$CaCO_3$ 沉淀析出。在水中溶解了大量的 $CaCO_3$，洞穴中化学沉积物的形成主要是由于地下水沿洞壁或洞顶的裂隙运动时，地下水进入溶洞后，又由于压力降低或温度升高，导致水中 CO_2 逸出，从而产生 $CaCO_3$ 沉淀既而形成洞穴中千姿百态的造型景观。如果水中的 CO_2 与离子状态的 Ca^{2+} 和 HCO_3^- 达到平衡，溶解和沉淀作用均停止。因此，水中 CO_2 含量的多少，是决定喀斯特成景作用进行方式的关键，无论发生溶解或沉淀均对地表喀斯特景观和洞穴景观的形成具有重要意义。

喀斯特景观形成的条件包括岩石的可溶性、岩石的透水性、水的溶蚀力、水的流动性、岩层产状五个内在因素和气候、生物两个外在因素。

1)岩石的可溶性

岩石的溶解程度随温度而异，如石灰岩在水温 8.7℃时，每升水中的溶解度为 10 毫克；在 16℃时，溶解度为 13.1 毫克。洞中温度一般比外界高，每下降 100 米，温度升高 3℃。各地温度不同，碳酸盐类的溶蚀率也有很大程度的差异。此外，碳酸盐类岩石分布面积越大，岩层越厚，纯度越高，喀斯特成景过程和现象也就越强烈。

2)岩石的透水性

岩石具有透水性，地表水才能渗入地下成为地下水，地下水才能起主导作用，形成地上、地下均发育的独特的喀斯特景观。据分析，新生碳酸盐类岩原生孔隙度为 40%～70%，经压实石化后仅 5%～10%，因此，构造裂隙和风化裂隙也很重要，尤其构造运动所形成的裂隙不仅深大，而且附近岩石较破碎，为雨水和地表水渗入提供了渠道。

3)水的溶蚀力

纯水对可溶性岩石的溶蚀能力很弱，只有水中含有 CO_2 时才能对可溶性岩石起较强作用，喀斯特景观才能形成，水中溶解 CO_2 的多寡与温度成反比，与压力成正比。

4)水的流动性

黏滞的水很快就能达到饱和，使景观停止发育，只有当水在运动时，水中的 CO_2 才会变化，才能使景观继续发育。水在运动时还有一种机械冲击和磨蚀的能力，对喀斯特景观的形成也有明显的作用。例如，有些洞穴分布有流水冲刷而成的犬牙交错的石钟乳和石笋(而非沉积形成)。

5)岩层产状

岩层产状可控制喀斯特作用的方向和程度。岩层产状越平缓，越接近水平(尤其是有隔水层的阻挡，致使水常沿岩层层面流动)，可溶性岩石的溶蚀程度越高，喀斯特景观越

容易存留。

6)气候因素

气候因素对喀斯特作用的影响主要表现在温度、降水和气压等方面。喀斯特地貌的地带性分布规律受纬度的温度、降水等条件的变化所控制。一般来说，温度高的水电离度大，水中 H^+ 和 OH^- 增多，溶蚀力增强。但温度对喀斯特作用的影响比较复杂，温度高，水中 CO_2 含量少，溶蚀作用减弱。降水量多的地区，地表径流量大，地表水和地下水交替条件好，水的溶蚀力强。一般来说，降水对喀斯特作用的影响比温度更为显著。气压和水中 CO_2 含量成正比。在空气中，pCO_2（CO_2 分压）条件相同时，温度越高，$CaCO_3$在水中的溶解度就越小；当温度相同时，pCO_2 越高，$CaCO_3$在水中的溶解度越大(杨景春和李有利，2005)。

7)生物因素

动植物的生长和活动对喀斯特作用也有很大的影响。动植物可供给土壤大量有机质，土壤中的有机质通过氧化和分解可产生许多 CO_2，在土壤中，CO_2的含量常可达 1%～2%，最高可达 6%。在高温地区，通过有机质氧化作用，CO_2将大量增加，对促进$CaCO_3$的分解起着重要的作用。藻类的生长，能分泌很多溶蚀性酸，对可溶性岩石也有一定的溶蚀作用。在溶洞中，常积累大量有机质，如蝙蝠和鸟类的粪，能强烈地腐蚀石灰岩(杨景春和李有利，2005)。

还有许多喀斯特景观(如峡谷、峰林)有明显的排列方向，是构造线的控制所致。在降水多、气温高的地区，喀斯特景观集中而典型，热带、亚热带较温带、寒带就发育得广泛而完善些。中国云南、广西、广东、贵州、湖南等喀斯特山水发育如此之优美，也正缘于此。总之，绚丽多彩的喀斯特景观是在以上各种条件综合影响下形成的(图 3.8)。

①峰林；②溶蚀洼地；③喀斯特盆地；④喀斯特平原；
⑤孤峰；⑥喀斯特漏斗；⑦喀斯特坍塌；⑧溶洞；⑨地下河
a.石钟乳；b.石笋；c.石柱

图 3.8　喀斯特景观类型示意图

3.4.2　喀斯特景观形成的阶段性和地带性

喀斯特地貌景观的发育具有明显的阶段性和地带性特征。在不同的气候区喀斯特地貌发育不同，地貌景观组合也不同，这是喀斯特地貌发育的地带性特征。中国西南地区受西南季风的影响显著，雨热同季的气候特征使得喀斯特景观发育完善，这与地中海地区雨热不同季的地中海气候形成鲜明的对比，形成两地地带性特征不同的喀斯特景观。而在同一气候区，喀斯特地貌景观的发育阶段不同，喀斯特地貌组合也有差异，这是喀斯特地貌发育的阶段性特征。此外，由于气候条件和构造条件的变化，在长期的发育过程中喀斯特地貌景观的发育也会产生变异(张祖陆，2012)。

根据喀斯特地貌景观演化模式中的 R. 锐茨(Raisz)喀斯特地貌综合演化模式，即假设非可溶性岩基底上具有巨厚可溶岩地层组成的岩溶地块且局部可以上覆非可溶岩地层，在一个相当长期稳定的侵蚀基准面的作用下，喀斯特地貌景观发育分别经历幼年期阶段、青年期阶段、壮年期阶段和老年期阶段四个阶段，各个阶段有一定的地貌组合(高抒和张捷，2006；张祖陆，2012)(图 3.9)。

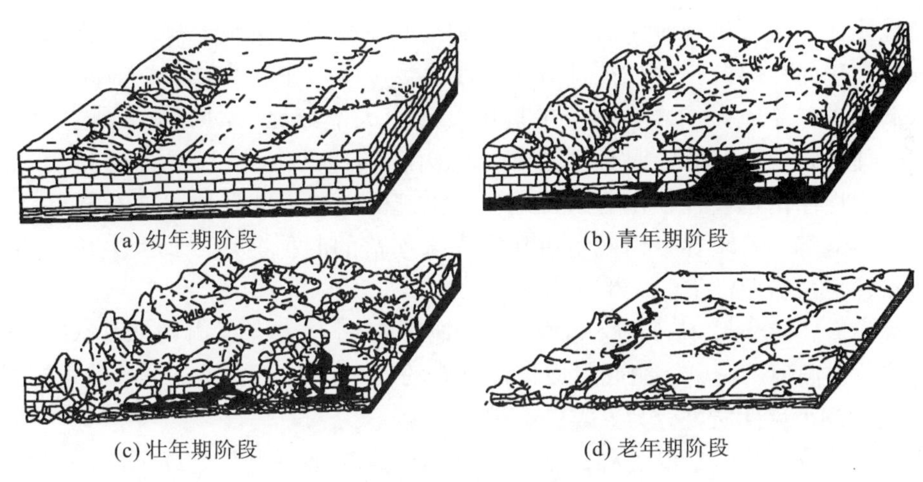

图 3.9　喀斯特地貌景观发育阶段示意图

1. 幼年期阶段

非可溶性岩石被剥蚀后，可溶性岩石裸露，地表流水开始对可溶性岩石进行溶蚀作用，地面常出现溶沟和石芽，以及少数漏斗和地下裂隙。

石林是一种高大挺拔的石芽，又称为石林式石芽。石林主要是在一定的构造基础上，由水流沿岩石表面和裂隙进行溶蚀冲刷形成的，是幼年期喀斯特景观的典型代表。石芽之间为地表水沿岩石表面和裂隙流动时溶蚀出来的石质小沟(称为溶沟)。在喀斯特发育较强烈的地区，石芽常密布如林，而高大的石芽群则形成石林奇观，如云南省“天下第一奇观”大小石林、四川兴文石林、福建永安石林等，形成群峰壁立、千嶂叠翠、奇峰危石、千姿百态、“万千石笋拔地起，森严刀剑指向天”的奇特罕见景观。

2. 青年期阶段

河流进一步下切，河流纵剖面逐渐趋于均衡剖面，地表水绝大部分转为地下水。这时，漏斗、落水洞、干谷、盲谷、溶蚀洼地广泛发育，地下溶洞也很发育，并且发育了许多地下河及一些底座巨大的峰丛景观。

峰丛是由一系列基座相连的石峰组成的正地貌景观，是喀斯特正地貌景观由青年期向壮年期演化的代表。云南南部和贵州有大量的分布。正是由于大面积分布峰丛景观，才造成了贵州“地无三尺平”的景观特点。

漏斗：为地表圆形、碟形的洼地，主要是由地表水沿裂隙密集地段溶蚀或地下溶洞崩塌而成。多个漏斗合并，形成面积较大的圆形或椭圆形洼地称为溶蚀洼地，若其底部排水系统被堵塞后积水则成为喀斯特湖，如石林的月湖。开口于地面而通往地下深处的裂隙、地下河或溶洞的洞穴称之为落水洞，其形成是经溶蚀、地表水冲刷或地下河、溶洞崩塌所致。两侧峰林峰丛夹峙的宽阔而平坦的槽形谷地称为溶蚀谷地(国外叫坡立谷)，主要是沿背斜和向斜轴部、断裂带及可溶性岩石与非可溶性岩石接触带溶蚀而成。

溶洞：喀斯特地区最富特色的景观类型，是地下水沿可溶性岩层层面、节理或裂隙进行溶蚀扩大而成的地下空间，大小不等，形态多样，往往给人以奇、险、幽、深等美感，其独特性往往为地表景观所无法代替。溶洞按发育程度分为低、中、高三类；按其产状分为横向、垂向和斜向三种；按其容积大小有巨、大、中、小之分；按是否含水分为干洞、水洞两种；受地壳间歇性抬升的影响，云南大部分地区的溶洞形成 3～5 层结构，最底一层往往是地下河道。据不完全统计，云南省有大小溶洞 1000 多个。

溶洞顶板崩塌而出现峡谷。在喀斯特地区，深邃的峡谷因此形成，如石林巴江上的峡谷和会泽大地缝等。若峡谷中仍残留有狭窄而未崩落的洞顶，则形成天生桥，如石林附近的天生桥、文山盘龙江上的天生桥群等。

由于地壳抬升，地下水位下降，溶洞脱离地下水面，在溶洞内因水中 CO_2 逸出，$CaCO_3$等沉淀，在洞顶、洞壁、洞底形成千奇百态的堆积造型，是洞穴旅游的主要对象。按其形态、规模及水流性质可分为五类。

渗滴水流沉积物：从洞顶沿裂隙、孔隙等渗出的水汇于一点，连续下滴，常形成悬挂于洞顶的各种钟乳状、管状物和耸立于洞底的笋状、柱状沉积物。顶板上呈钟乳状者称石钟乳；呈上下粗细均等者称石竿；呈幕帘状者称石帷幕。洞底主要有石笋、石墩、石笋山等，钟乳石与石笋相连则形成石柱。因间歇性滴水或滴水位置有所改变而往往在表面形成雕龙盘柱的壮丽景观，洞壁上也可形成石钟乳、钟乳塔和月奶石等。

片状流水沉积物：常在洞顶形成舞台帷幕状的石幔(或石帘)或旗帜状的石旗，在洞底形成石流、堤坝、石田等，洞壁上除形成石幕、石幔外，还形成石瀑布。

滴溅水沉积物：是水滴滴到洞底后再飞溅至洞壁或其他沉积物上，形成光滑半透明的石球、鹅蛋石、石莲、石珍珠等。

间歇水流沉积物：水流流经洞底时，因洞底凸凹不平，在凸处沉积较快，形成网状结脊，称为边石堤；形态似缩小的梯田，称为石田，如九乡溶洞中的“神田”；洞底坡度较陡，因水流快而形成石灰华层，称流石。

凝结水流沉积物：因洞内气温、湿度变化而产生凝结水，石灰岩和石华溶解蒸发重新塑造形成多种形态的沉积物，往往因结晶快而形成小巧玲珑、精细可爱的景物，如石花、石珊瑚、石葡萄、雪珠等，石林祭白龙洞中就有此类景观，可惜已遭破坏。

溶洞中除上述惟妙惟肖、似人似物似兽的堆积造型外，还有因在潜水面发育时的紊流作用所造成的满天星斗状的向顶部凹进的弧形面(称石锅或锅穴、锅珠)；洞壁因地下水长期停顿在附近而形成的向洞壁凹进的槽穴(称边槽)；还有可供泛舟的地下河、地下湖，如开远南洞、建水燕子洞等；地下河遇陡坎而形成洞内瀑布，如九乡溶洞的雌雄双瀑；洞内的热水泉、喊洞、潮洞、鱼洞、燕子洞、蝙蝠洞、奇风洞等都有其特殊的成因机理。有些溶洞中还有古建筑、壁画石刻、文化堆积层、地下森林等。

3. 壮年期阶段

地表河流受下部不透水岩层的阻挡，或者地表河下切侵蚀停止、溶洞进一步扩大，洞顶发生塌陷，许多地下河又转为地面河，同时发育许多溶蚀洼地、溶蚀盆地和峰林峰丛。峰林是典型的壮年期景观，它是由溶蚀洼地等负地貌分割的基部分离或微微相连的成群分布的喀斯特山峰。最典型的是广西桂林盆地的峰林，“桂林山水甲天下”得益于大面积分布的峰林。

4. 老年期阶段

可溶性岩基本侵蚀殆尽，不透水岩层广泛出露地面，地表水重新出露，地表残留着一些孤峰和残丘，大尺度地貌景观为准平原。孤峰和残丘是喀斯特演化到老年期正地貌的典型代表，指的是散立在溶蚀谷地或溶蚀平原上的孤立的低矮山峰，顶部多为锥状，四壁如刀削斧砍，雄险峻拔，如剑插入。桂林的独秀峰、伏波岩、书童山、骆驼山等即为孤峰。孤峰和残丘在广西的黎塘、宾阳一带也广泛发育。

峰丛、峰林、孤峰和残丘的形成大致有两种途径：一是由可溶性岩石本身的喀斯特成景作用形成，当可溶性岩石出露地面后，受地表水和地下水的溶蚀产生众多漏斗、洼地、谷地、干谷和盲谷及地下河、地下溶洞的崩塌陷落，强烈破坏地面而形成山峰；二是在可溶性岩石与非可溶性岩石接触地带，非可溶性岩石区的地表水几乎都汇集在接触带上，使其喀斯特成景作用特别强烈，产生漏斗、落水洞、洼地等。非可溶性岩石区由于地表流水长期作用而降低成为低矮丘陵，而可溶性岩石区因漏水性强相对突起为山峰(图 3.10)。

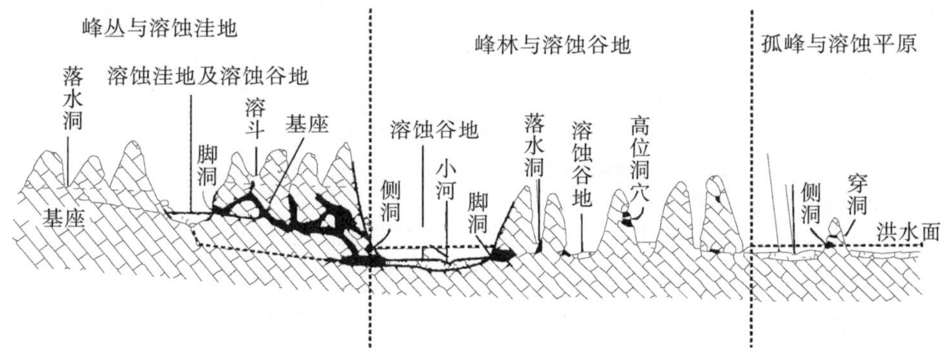

图 3.10　峰丛、峰林、孤峰剖面示意图

上述喀斯特发育阶段图是一个理想模式。实际上，喀斯特地貌景观的发育受岩性条件、构造条件和气候条件的影响，并不都按上述模式进行。例如，当喀斯特发育到青年

期阶段时，地壳又一次上升，而下部地层又是透水的，那么地下水将进一步向下渗透，再次重复第二阶段发育，这时地下将会出现多层溶洞。此外，在同一气候条件下，溶蚀作用相等，但在不同地貌或构造部位，可以形成不同的地貌组合，同时发育峰丛洼地和峰林平原，即峰林地貌同时演化特征。

总之，喀斯特景观是由喀斯特成景作用所形成的观赏价值极大的一种地表地下一体的景观，是可溶性岩石在一定的地质、气候、水文等条件下，主要通过地表水和地下水的溶蚀和冲蚀作用所形成的特殊景观类型。无水不成喀斯特，喀斯特必有水伴。云南喀斯特山水，无论类型之丰富，还是景色之优美均为世界所罕见。

3.5　流水成景作用

地表流水包括坡面流水、暂时性沟谷流水和河流等。流水不仅是重要的自然资源，孕育了人类文明，而且是塑造地球表面景观最普遍、最重要的外营力。河流是人类文化的发祥地，其沿岸丰富的人文景观，构成了一条魅力无穷的文化遗产景观走廊。由流水作用而形成自然景观的作用，称之为流水成景作用。

流水在沿地表流动时具有一定的动能和势能，产生了侵蚀、搬运和堆积作用。侵蚀作用包括流水向谷底进行下切的下蚀作用，向两侧拓宽河谷的侧蚀作用，还有向河流上游延伸的溯源侵蚀作用等。侵蚀产生的物质被流水以推移、跃移、悬移、溶移等几种形式进行搬运，当水流流速减慢或其他原因而使流水的搬运能力降低时，石块泥沙就会堆积下来。在侵蚀、搬运和堆积过程中就会形成各种各样的流水景观。从剖面上看，主要包含河床、边滩、心滩、河漫滩、阶地等景观单元(图 3.11)。

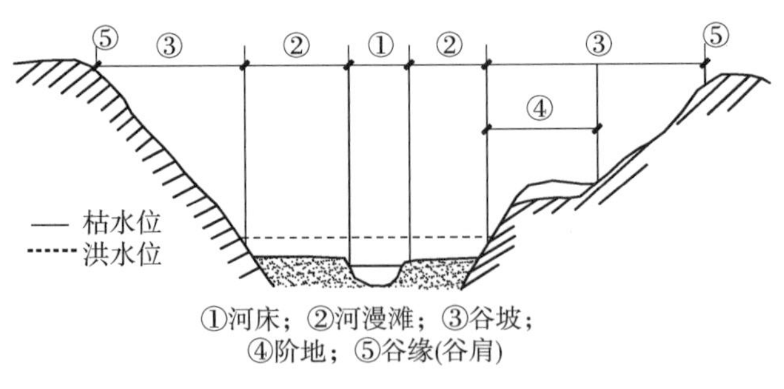

图 3.11　河谷断面图

湍流漳溪景观，多位于河流上游的高山地区或地形转折带，具有河道比降大，水流湍急，两岸重峦叠嶂，沉积物磨圆度低且多为粗大的砾石等特征。云南大部分河流都穿行在深山峡谷中，其中“三江并流”是中国湍流漳溪景观最丰富最集中的区域。湍流漳溪最具代表性的景观有峡谷、瀑布、激流和险滩等。

河流在流动过程中，因受构造、岩层的影响，受河流溯源侵蚀和火山熔岩、山崩等的阻塞，导致河道上形成陡坡悬崖，形成飞流直下的瀑布景观。由于地壳持续性的间歇性抬升，云南的瀑布具有瀑幅不宽但落差大的特点。云南石林的大叠水瀑布、罗平九龙河瀑布群、腾冲叠水河瀑布等成因各异的瀑布，都具有这个特点。

因地壳抬升与河流深切而形成的峡谷景观，具有江面紧束狭窄、水流湍急飞溅、谷坡陡峻多险滩、河床中多为磨圆度不高的砾石岩块等特征。根据峡口的宽窄，一般分为嶂谷、隘谷和峡谷三类。由于云南地处中国第一和第二阶梯上，是中国峡谷类型最丰富、峡谷分布最广泛的省份之一。

河流流经坝区，具有平原区河流的景观特征，以侧蚀作用和细粒物质搬运作用为主，形成九曲回肠的风景河段，广泛发育边滩和心滩等景观，两岸风景如画。一些曲流由于地壳的持续抬升，形成了著名的深切曲流，如金沙江上游奔子栏大转弯就是著名的深切曲流(图 3.12，图 3.13)。

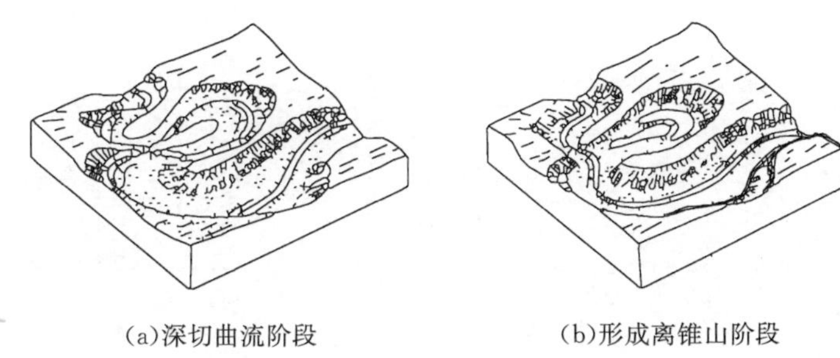

(a)深切曲流阶段　(b)形成离锥山阶段

图 3.12　曲流要素图

(a)自由曲流　(b)深切曲流　(C)内生曲流

①高位废弃曲流；②离锥山

图 3.13　深切曲流及离锥山形成示意图

由流水成景作用形成的还有一种最为奇特的景观——地下河。云南是中国乃至世界碳酸盐岩类的主要分布地区之一，地下河的数量 500 余条，长度在 10 千米以上者有 30 余条。

流水成景作用还有一种特殊的形式——热水成景，其是由火山活动等产生大量热泉出露地表后，温度压力发生变化而形成。在中低温区由于水中逸出大量 CO_2，致使 $CaCO_3$沉淀 $\{Ca(HCO_3)_2 \rightleftharpoons CaCO_3 + H_2O + CO_2\uparrow\}$ 形成钙华。在中低温泉口附近有藻类或其他水生生物，这些生物会吸收水中一部分 CO_2，致使钙质沉淀，在地形转折处亦利于 CO_2释放，加速 $CaCO_3$沉淀，因此钙华多沉积在地形转折端和水生生物生长的地方。在高温热田中多形成硅华，硅华的沉淀直接受温度控制，温度越高，水中 SiO_2含量越多，高温热水出露后温度降低，大量 SiO_2析出，在碱性溶液中 SiO_2的析出较酸性溶液中更快，如腾冲温泉多偏碱性，有利于 SiO_2聚合沉淀。

泉眼的诞生往往伴随着热水成景作用的发生。在泉口附近开始逐渐形成低缓的小丘，泉眼随小丘抬升慢慢长高，形成有管道的，顶部有喷口的泉华锥。云南省泉华景观以腾冲和香格里拉白水台最为典型。

泥石流为瞬时水流造成的一种突发性自然灾害景观。泥石流暴发时，大量土砂石块等与水俱下，山谷雷鸣，地面颤动，形成壮观的泥石流沟和洪积扇景观(图 3.14)。云南是泥石流多发省份，尤其是 5～10 月的雨季。其中，小江泥石流更举世闻名，被称为“泥石流的博物馆”，经多年治理已完成大白河、大桥河等工程。昆明市东川区在泥石流洪积扇上修建了公园，每年吸引了大批游人和学者前来观赏和科学考察。

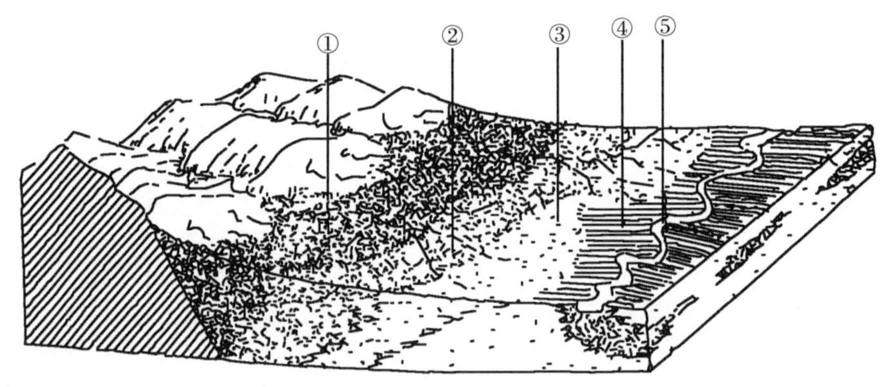

①洪积扇中心粗砾石沉积；②洪积扇过渡区的沙砾沉积；③洪积扇边缘细砂黏土沉积；④河漫滩细砂沉积或冲击平原砂黏土沉积；⑤河流及河床沉积

图 3.14　洪积扇景观示意图

人工河流景观也是一种流水景观，包括运河、排水河、引水河、坎儿井等。世界上重要的人工河流景观有中国京杭大运河、新疆坎儿井、云南高架引水桥等。云南很多地方利用山高水流急的特点，建立了众多小水电站，其高位引水沟渠亦是一道奇特的景观。云南许多坝子中都有河流流过，可惜的是大部分都变成了水渠，自然景观风貌已不复存在。

在流水成景作用下，还形成了一类独特的自然景观——丹霞地貌景观。丹霞地貌形成的物质基础是红色砂砾岩，红色砂砾岩岩石经流水切割、风化溶蚀和崩塌后退等外力作用，形成了具有极高观赏价值的丹崖赤壁景观。

3.6　湖泊成景作用

湖泊是陆地上天然凹地积水而成的较宽广的相对静止的水域。云南湖泊众多，似一颗颗光彩夺目的蓝宝石镶嵌在云南大地上，给神奇美丽的云南增添了无限风采，被称为高原明珠。主要由湖泊及湖泊水动力造成景观的作用称为湖泊成景作用。湖泊的湖浪、湖流、环流、生物及人力是形成湖岸景观的重要力量。云南的湖泊从成景作用来分，可以分为构造活动成景湖泊、喀斯特作用成景湖泊、火山活动成景湖泊和冰川作用成景湖泊。

湖泊常被划作三大部分：湖岸部分、水下斜坡和深水部分。湖岸包括沿岸和岸边浅滩。湖岸常有沙质湖岸、岩石湖岸和泥质湖岸之分，均包括水上部分及水下部分。云南以断陷湖泊为主，多为岩石湖岸，沙质湖岸和泥质湖岸多分布在河流三角洲地带。岩石湖岸往往受构造控制，岸线曲折，常形成半岛、离岛、断层崖等风景优美的湖岸景观，沙质湖岸和泥质湖岸往往具有沼泽化湿地的特征，生物多样性丰富，是水鸟的主要栖息地。岩石湖岸在波浪的侵蚀作用下，常形成湖蚀穴或洞、湖蚀柱、湖蚀陡崖、湖蚀平台等景观，如滇池西山崖壁上的湖蚀穴、洱海挖色附近的湖蚀陡崖、抚仙湖中的抚仙石等(图 3.15)。

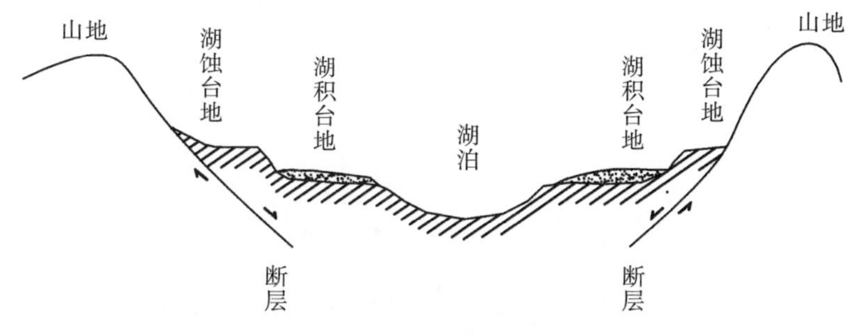

图 3.15　湖泊剖面示意图

3.7　冰川成景作用

冰川又名冰河，是地面上缓慢运动的巨大冰体，多分布在高山高纬地区。冰川在移动过程中有侵蚀、搬运和堆积作用，正是这些作用雕刻着冰川分布和流动地区的地表，形成别具一格的景观形态，这种由冰川及冰川运动塑造景观的作用叫作冰川成景作用。

由冰川成景作用所形成的景观，是冰川本身所形成的奇瑰现象。在云南高山的冰川谷中，冰川就像缠绕着山峰的白色巨龙。冰体上的冰塔林、冰洞、悬冰川、冰瀑布、涓涓溪流、冰湖、冰笋等，在阳光照射下，构成了一幅色彩斑斓的水景园林。冰面上光泽闪耀、彩影变幻的水晶园林是由冰面上差别溶化(又叫冰川喀斯特作用)而形成的冰川奇观。

冰川消融以后，在冰川作用过的地区留下了众多的因剥蚀和磨蚀作用所形成的景观及因石块泥沙堆积而成的景观。在雪线(多年积雪区的下部界限)以上，形成高耸尖锐的金字塔形山峰(角峰)和刀刃状或锯齿状的山脊(刃脊)，这二者均雄奇险峻，有极佳的形象美。在雪线附近的冰川源头形成围椅状的洼地(冰斗)，有些冰斗因积水形成秀丽的高山湖泊(冰斗湖)。冰川改造原来的山谷或河谷，形成“U”形谷，“U”形谷谷底通常呈阶梯状下降，形成冰坎和冰蚀盆地相间分布的格局，冰蚀盆地在后期积水的基础上，可能形成从上到下的串珠状湖泊，谷中也可能会分布一些形状如羊群的基岩小丘(羊背石)，谷壁或谷底基岩上也可能保留有被冰流磨光的石面和擦痕(图 3.16)。

冰川携带的物质在冰川融化后形成一些堆积地貌景观，如冰碛丘陵、顺“U”形谷

(冰川谷)两侧排列的侧碛堤、冰川下伸的最低处的弧形堤(终碛堤)、鼓丘及冰水搬运物质堆积下来的冰水扇、外冲平原、蛇形丘、冰砾阜阶地等景观。在玉龙雪山、苍山、拱王山、老君山等高山和极高山上都有上述各类景观的分布。

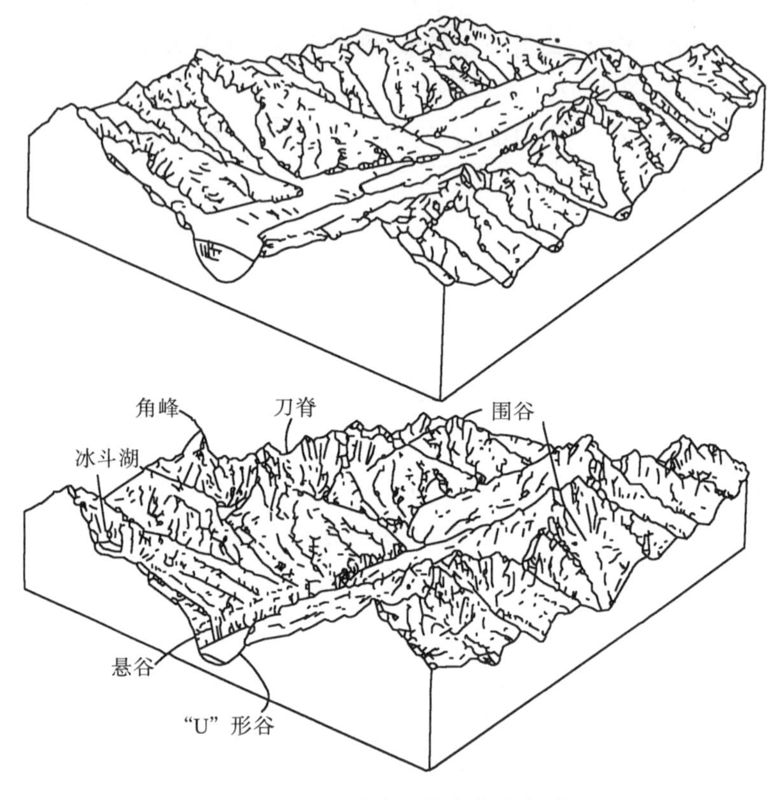

图 3.16　山岳冰川的演化示意图

3.8　土壤成景作用

土壤，即发育于地球陆地表面能生长绿色植物的疏松多孔结构表层(耿增超和戴伟，2011)，它是生物、气候、母质、地形、时间等自然因素和人类活动综合作用的产物(伍光和等，2008；贾建丽等，2012)。根据成土过程中物质和能量的交换、迁移、转化、积累的特点，土壤形成主要有原始成土、灰化、黏化、富铝化、钙化、盐渍化、碱化、潜育化、潴育化、白浆化、腐殖质化、泥炭化和土壤的人为熟化等成土过程(伍光和等，2008；贾建丽等，2012)。土壤的厚度，可以有从几厘米到几米的差异，这取决于风化强度和成土时间的长短，沉积、侵蚀过程的强度，也与自然景观的演化过程有密切的关系(曹志平，2007)。土壤剖面是土壤重要的外部形态，它是在一定地形和时间条件下，由于气候和生物对母质的作用，从而使土壤在成土过程中物质发生淋溶、淀积、迁移和转化形成不同性质和形态各异的土层(伍光和等，2008)。土壤剖面由于其不同土层特殊的构造，本身也形成色彩各异的土壤剖面景观。由于气候、生物、海拔等环境因素的变化，造成土壤分布的纬度地带性、干湿度地带性和垂直地带性(伍光和等，2008)，这种土壤的地带性差异使土壤显现出来的色彩差异形成了不同的土壤景观。由于成土母质和外界环境的不同，形成不同的土壤类型，它们的色彩和性质也各不相同，形成许多色彩绚丽的大地艺术景观。这种由土壤自身性质和在外界环境下形成景观的作用，就叫作土壤成景作用。

云南土壤的成土母质多种多样，形成了从热带到寒带的不同土壤类型。云南比较有景观价值的是红层景观。滇中高原广泛分布的中新生代陆相碎屑岩地层，岩性主要为色彩丰富的砾岩、砂岩、泥岩和页岩，风化后形成的土壤色彩丰富，但以紫红色为主色调，故云南又有“红土高原”之称。中尺度土壤景观中，最著名的是东川红土地大地艺术景观。小尺度的土壤景观主要以土壤剖面来展示。

3.9　生物成景作用

生物是地球表面生命物体的总称，包括植物、动物和微生物三大类。其中，具有观赏、科普功能，并为旅游所利用的生物为风景生物，包括风景植物和风景动物。由生物作用所形成景观的作用叫作生物成景作用。

无机物形成的自然景观是无生命的，只有动植物的存在才增添了生命的活力，成为动与静相结合的景观综合体。生物成景比其他地理要素成景具有更多的旅游功能。地表、土壤内、水下、空中到处都有动植物繁衍，每种生物又有各自的生态、习性、色彩、造型等特征，可满足人们观赏、娱乐、狩猎、垂钓、疗养、考察、食用等需要。

风景植物的成景作用主要有以下几种：第一，植物群落成景作用。云南生物的地带性特征和非地带性特征都十分显著，形成了不同的植物群落和森林生态系统景观。第二，特殊植物成景作用。例如，西双版纳的望天树、嵩明的连体树、榕树的独树成林、竹林等景观。第三，植物姿态成景作用。各种植物千姿百态，风格殊异，观赏价值大。例如，花形、叶形和树形都可以形成不同配置的景观。第四，植物的色彩成景作用。这是由植物叶片色彩的季相变化和花海形成的，如著名的白马雪山支巴洛河秋景、云南的高山杜鹃花海和五花草甸等。第五，营造幽景作用。森林中空气清新，负氧离子含量高，潺潺流水，地形变化各异，常常形成别致的各种幽景。第六，人工园林景观成景作用。人们为了某种目的而种植的不同植物而形成的景观。例如，中国科学院西双版纳热带植物园、昆明金殿茶花园、昆明植物园等。

动物造境，主要通过其个体或群体的形态特性(如大理蝴蝶泉的蝴蝶、西双版纳的孔雀等)、特殊习性(候鸟迁徙中的红嘴鸥、黑颈鹤等)、珍稀性(如亚洲象、滇金丝猴、黑冠长臂猿、孔雀等)而体现出来。西双版纳野象谷由于不断有大象出没，而成为西双版纳招牌式的景区；昭通大山包的亚高山草甸，正是由于黑颈鹤的造景，才使其成为著名的景区。

3.10　人工成景作用

随着地球上未受人类干扰的地域越来越少，不少学者认为人工作用(或人类作用)是能与内、外力相提并论的第三营力，也是很重要的成景作用力。

通过人类的加工、雕琢，自然景观及其风貌得到开发或发生变化，从而形成一种独特的景观，称为人工成景作用。人工成景景观在旅游上具一定的观赏价值。不少自然景观只有经过人类开发后才能成为现实旅游景观。这种人工成景，特别对平原风景区或历史文化为主的风景区具有更重要的意义。中国的“三山五岳”由于丰富的文化积淀而使其魅力无穷。

参考文献

曹志平. 2007. 土壤生态学. 北京：北京化学工业出版社：12-13.
邓绶林. 1992. 地学辞典. 石家庄：河北教育出版社：605-606.
冯明，张先，吴继伟. 2007. 构造地质学. 北京：地质出版社：114-115.
高抒，张捷. 2006. 现代地貌学. 北京：高等教育出版社：282-283.
耿增超，戴伟. 2011. 土壤学. 北京：科学出版社：6-7.
侯学渊，范文田，杨林德. 2008. 中国土木建筑百科辞典·隧道与地下工程. 北京：中国建筑工业出版社：1-354.
贾建丽，于妍，王晨. 2012. 环境土壤学. . 北京：化学工业出版社：43-44.
蒋斯善，刘漱勤. 1982. 地貌学(测绘专业用). 北京：地质出版社：137-140.
柳成志，赵荣，赵利华. 2006. 地球科学概论. 北京：石油工业出版社：62-65.
卢耀如. 2010. 中国喀斯特——奇峰异洞的世界. 北京：高等教育出版社：201-206.
任美锷，刘振中. 1983. 岩溶学概论. 北京：商务印书馆：19.
宋宏林，张长厚，王根厚. 2013. 构造地质学. 北京：地质出版社：135-139.
孙立广. 2009. 地球环境科学导论. 合肥：中国科技大学出版社：154-155.
汪新文. 2013. 地球科学概论. 北京：地质出版社：166-167.
王飞燕，王富葆，王雪瑜. 1991. 地貌学与第四纪地质学. 北京：高等教育出版社：98-105.
王根厚，王训练，余心起. 2008. 综合地质学. 北京：地质出版社：152-153.
文祯中. 2007. 自然科学概论. 南京：南京大学出版社：73-76.
伍光和，王乃昂，胡双熙，等. 2008. 自然地理学. 北京：高等教育出版社：329-339.
谢文伟，黄体兰，周仁元，等. 2007. 普通地质学. 北京：地质出版社：83-84.
徐世芳，李博. 2000. 地震学辞典. 北京：地震出版社：263-264.
杨景春，李有利. 2005. 地貌学原理. 北京：北京大学出版社：61-62.
杨湘桃. 2005. 风景地貌学. 湖南：中南大学出版社：43-44.
张祖陆. 2012. 地质与地貌学. 北京：科学出版社：238-239.
郑群明. 2008. 全新旅游资源学. 北京：中国科学技术出版社：87-88.

第 4 章　地质地貌景观

4.1　概　　况

地质景观，是地质环境具体而综合的表现，是具有审美特征和价值的一种地质遗迹，是在漫长的地质历史时期内，由于内外力的地质作用，形成、发展并遗留下来的珍贵的、不可再生的地质自然遗产(段汉明，2010)。石峰(2010)则认为能体现某一地域风景总体特征的基本格局，由地质体(包括构造、岩性、地层、矿床等)形成的景观统称为地质景观。地质景观最突出的美学特征是科学美，是“真中见美”，而不是“美中见真”。

根据形成地质景观的因素，可将地质景观划分为：矿物景观、岩石景观、地层景观、古生物化石景观、地质构造景观和地质灾害遗迹景观等(吕惠进，2009)。

云南省地质景观的空间分异特征如下：①由深大断裂控制形成的滇西横断山纵谷景观区。高耸的断块山地景观；高黎贡山西坡、屏边等地由于新生代火山爆发而形成了著名的腾冲火山群和屏边火山群地质景观；由变质岩和岩浆岩形成的大量变质岩地质剖面景观(包括白马雪山板块缝合线上的糜棱岩剖面等)和浑圆状的岩浆岩石峰景观以及彩色大理岩景观；在河流的冲刷侵蚀下，河床上散落着大量的观赏景观石；在滇西北的红色砂岩分布区，形成了丽江老君山、剑川石宝山等丹霞地貌景观。②以沉积岩为主的扬子准地台构成的滇东高原景观区。著名的滇东、滇东南喀斯特景观；滇中红层高原景观；陆相沉积作用形成的半固结的岩石经风化和流水侵蚀作用形成的元谋土林、元江彩色膏林等岩石景观；以“澄江化石地”“罗平古生物化石”为代表的古生物化石景观；以晋宁梅树村剖面为代表的地层剖面景观。③溶洞和地下河等喀斯特景观、断层崖、崩塌滑坡和泥石流等山地灾害景观在全省广泛分布。

4.2　构 造 景 观

地质构造遗迹景观主要指地球内动力地质作用形成的遗迹。主要包括以下几种景观类型。

4.2.1 地壳升降运动遗迹景观

地壳运动的速度是极其缓慢的，除地震、火山喷发外，一般的地壳运动人们在短时间内是不易觉察到的。海陆交界处是观察地壳升降最为敏感的地带，这也是把地壳升降运动遗迹景观称作海陆变迁遗迹景观的原因(鄢志武，2003)。云南省这一类景观分布广泛，所有的断陷盆地景观都是地壳差异升降运动的结果。西山与滇池就是地壳在差异抬升的过程中造成的。西山和滇池都在缓慢上升，但是西山的上升速度大于滇池的抬升速度，故滇池相对于西山在下沉，所以造就了西山断层崖与滇池组合的景观体系。

4.2.2 断裂景观

断裂景观以雄险、陡峭为特色。中国许多名山胜地，都可以见到断层所形成的雄险景观，而许多断层本身就是著名的风景点。云南许多著名的山体都为断块山，如怒山山脉是古生界沉积岩和变质岩组成的断块侵蚀山地；苍山是以变质岩为主的地层构成的断块侵蚀山地；哀牢山是由哀牢山变质岩系组成的断块侵蚀山地。目前，还没人能征服的太子雪山主峰卡瓦格博峰和玉龙雪山主峰扇子陡峰，都是四壁陡峭的断块山地。云南是中国主要的喀斯特分布地区之一，由于碳酸盐类岩石具有较强的刚性，因此在喀斯特地区广泛分布有突兀断层崖景观。云南断层崖景观分布广泛，尤其是在喀斯特地区往往成为区域性的景观代表，如昆明西山断层崖景观。因此，断裂景观往往成为区域高耸的视觉终点景观。

1. 卡瓦格博峰景观

卡瓦格博峰位于德钦县西部，梅里雪山十三峰主峰，海拔 6740 米，是云南的第一高峰(图 4.1)。卡瓦格博山是典型的由冲断层形成的断块侵蚀山地，四壁陡峭，山顶终年积雪，雪线海拔约 4700 米。断块山地在冰川的侵蚀作用下，上部广泛发育了角锋、刃脊、冰斗等冰蚀地貌景观；中部是由冰川作用形成的冰川谷带，明永冰川蜿蜒于冰川谷内，冰川谷的下部分布有大量的冰碛堆积景观，冰川舌延伸到 2700 米的森林地带，冰川舌以下冰川融化，形成各种冰川融水景观。

图 4.1 卡瓦格博峰景观示意图

卡瓦格博全称“绒赞卡瓦格博”，藏话意为“河谷地带险峻雄伟的白色雪山”，卡瓦：雪；格博：白色，为康巴地区八大神山之首，藏传佛教的朝觐圣地。在藏族史诗《格萨尔传》中，卡瓦格博是格萨尔王麾下的神勇战将，统领诸神，并掌管雪域人间的祸福和死后的归宿，成为康巴藏民顶礼膜拜的“神山”。每年秋末冬初，西藏、四川、青海、甘肃等地的香客，千里迢迢徒步来绕匝礼拜，当地称为转经。卡瓦格博峰还未受人类活动的染指，迄今仍是无人登顶的处女峰(李禄安，1996)。

卡瓦格博 1991 年发生了世界登山史上最惨痛的事件，17 位中日登山队员长眠于此。从此，越来越多的人把目光关注到这座一直不太为外人关注的雪山上。当地的藏民说：“在藏人眼里，卡瓦格博是神圣不可侵犯的圣灵之山，只可顶礼膜拜，岂可踩于脚下”。云南著名的人类学家郭净对于卡瓦格博写过一段意味深长的话：“它的力量，不仅来自风暴和雪崩，更来自给它命名的那个文化，来自自始至终坚持着那个文化传统的人们，他们凭借代代相传的信仰，使一座自然的山成长为一座神圣的山。而他们自己，也从凡俗的人脱胎为能与天地呼吸相通的人”(徐冶，2015)。

2. 昆明西山断层崖景观

昆明西山断层崖属典型的断层地貌景观，是昆明“睡美人”山景观之一。断层崖位于西山东南面，是因碳酸盐岩层的连续性遭到破坏并沿断裂面发生明显的相对移动形成的，西山是断层的上盘，目前仍在相对缓慢上升，其形成的地质时间不长，风化剥蚀较轻，整体陡峭险峻、气势磅礴。岩壁上发育有大量的湖蚀穴景观，崖底山前一带发育有倒石堆景观。断层崖高出滇池湖面 200 余米，峭壁陡崖上人工雕琢的石道、石洞、石室、台案、石窟、“龙门”浑然一体。

4.2.3　褶皱景观

褶皱是地壳中常见的构造形态，是岩石受力发生的弯曲变形。褶皱的单个弯曲叫褶曲，有背斜和向斜两种基本类型，两者在自然界普遍存在。云南的山地中褶皱发育广泛，在崩塌和滑坡切面上，断层剖面上，以及修筑道路和其他工程的开挖面上，往往能清晰地展现褶皱景观。但如果没有具备一定的相关科学知识，则很难欣赏褶皱景观。

4.2.4　节理景观

几乎在所有岩石上均可找到节理，云南最有代表性的节理景观主要出现在老君山丹霞景观、石林景观和火山熔岩景观(腾冲、屏边)中。节理景观常成组出现，它的发育特征常常控制了地貌景观的发育特征和形态特征。腾冲柱状节理是节理景观的杰出代表。

4.3　山间盆地景观

云南的坝子成因复杂多样，具有多期形成的特点，新近纪、上新世及第四纪时均有形成。据成因分类主要有断陷坝、河谷坝、溶蚀坝、冰蚀坝、火山熔岩坝五种景观类型，但绝大多数是在断陷的基础上经外力作用的改造而形成的，具有多成因的特点(陈永森，1998)。

坝子多为群山环抱。各个坝子由于成因类型和演化历史不同，内部结构比较复杂，但均具层状地貌景观结构的显著特征，坝子边缘一般形成3～5层阶地或台地，它记录了云南大地间歇性抬升的地质演化和曾经有过成湖或河流流过的地貌变迁历史。隆升的山地和相对低陷的坝子，相对高差一般都大于200米，大的可达2000余米。坝内比较平坦，一般坝子中部较低，边缘坡麓地带堆积了大量的洪积物和残坡积物，地面由边缘向中部倾斜，有过成湖阶段的坝子底部尤其平坦。有大河通过的河谷坝，地表倾斜坡度较大；溶蚀坝子地表比较崎岖且缺水。滇东高原的坝子大部分为断陷坝和断陷湖盆坝，坝子的外形受断裂带走向的控制，多为狭长条状，坝内地势平坦，土层厚，多有河流通过，水利条件良好。滇西横断山纵谷区断陷湖盆坝较少，坝子类型以河流堆积而成的河谷冲积坝为主。河谷冲积坝多分布在西南部的大河中下游地区，坝子沿河谷呈长条状分布，坝内沉积物较粗，地表倾斜度较大，坝底的沉积物受河流不断摆动的影响，经常左右摆动。在海拔较高的西北部地区，分布着大量由冰川作用形成的冰蚀坝和冰碛坝景观。

总的来看，云南的坝子一般由平坝景观(内部常穿插有河流)、山前地带景观(多洪积扇、冲积扇、阶地、台地、丘地等)、山体景观(多为中低山)构成。平坝区是城镇、乡村集中分布地，城市空间和农业空间交织分布，形成特殊的景观系统，山前地带多由农地、经济林、村庄景观构成，山体主要为森林景观系统，零星分布有村落，坝子边缘的山体往往是视觉的终点景物。

4.4　花岗岩石景观

云南的花岗岩石景观主要分布在滇西横断山纵谷区的高黎贡山、怒山的局部地方，它们不仅构成了高大山体的主体，在局部的地方还会形成一些突兀的山峰景观。这类地貌景观，反映了区域地壳曾经历拉张、花岗岩侵入，然后地壳又强烈抬升，遭受剥蚀，是内外地质作用强烈的见证，具有科学意义。

4.5　化 石 景 观

古生物化石是指人类史前地质历史时期形成并赋存于地层中的生物遗体(如动物骨

骼、硬壳等)和活动遗迹(如动物足印、虫穴、蛋、粪便、人类石器等)，包括植物、无脊椎动物、脊椎动物等化石及其遗迹化石(鄢志武，2003；吕惠进，2009)。古生物化石不同于文物，它是重要的地质遗迹，是人类宝贵的、不可再生的自然遗产。化石一般可分为古植物类、古动物类和古生物遗迹类三个大类。它们构成各具特色的、宏观的或微观的自然景观和造型。此外，纹路清晰、保存完整的古生物化石还具有很高的美学观赏价值和收藏价值。构成景观的化石一般要求具备一定的大小，生物遗体要保存完整，形迹清楚、别致。按照实物的种类，化石景观主要有植物化石景观和动物化石景观。对无脊椎动物化石，要观其“纹饰”是否优美自然，形体是否富有变化。对于脊椎动物，尤其是陆生的脊椎动物，因其个体较大、易变质腐烂而遭破坏，所以凡是完整的个体都有较高的价值。植物化石讲究造型美，如叶部化石以叶缘全、叶脉富于变化而清晰者为佳。化石宝石，如琥珀、树化玉、百合玉等，强调其色彩艳丽，此类化石更具有艺术魅力。目前，已发现的景观有恐龙化石、恐龙蛋化石、鱼化石、三叶虫化石、鸟类化石、昆虫类化石、腕足动物化石、软体动物中的头足类(如角石、菊石)、珊瑚(主要是群体珊瑚)化石、海百合化石、硅化木等(吕惠进，2009)。

云南历史上经历过多次大的地质构造运动，动植物化石资源丰富。目前，最为著名的化石类景观为云南澄江县帽天山动物化石群、禄丰恐龙化石和罗平生物群古生物化石地质遗迹。

4.5.1　云南澄江县帽天山动物化石群

澄江化石地位于澄江县东部的帽天山(北纬 24°40′08″，东经 102°58′38″)。澄江动物化石群的发现轰动了世界，被认为是“20 世纪的惊人发现”，它与澳大利亚的“伊迪卡拉动物化石群”、加拿大的“伯吉斯动物化石群”并列为“地球早期生命演化实例的三大奇迹”，为研究物种进化提供了重要依据，是揭示寒武纪生命大爆发秘密的实证(云南省旅游局，2006；吕惠进，2009)。帽天山被国际地质界誉为“古生物学圣地”，是中国首批 11 个国家地质公园之一。按照世界遗产地的“突出普遍价值”原则，澄江化石地因符合世界自然遗产的提名标准ⅷ，于 2012 年 7 月被列入《世界遗产名录》。标准ⅷ为“地球历史和地质特征”。即代表地球历史主要阶段的突出范例，包括生命演化记录、地形形成过程中发生的重要地质变化，或具有特殊意义的地貌或自然地理特征。澄江化石地是地球生命演化历史重要阶段的一个最为著名的范例。地球上存在着三个重大生命演化历史事件：一是生命的起源；二是寒武纪生命大爆发；三是二叠纪末期生物绝灭事件。特异埋葬的澄江化石代表了在寒武纪早期(寒武纪生命大爆发时期)后生动物迅速多样化的一个独一无二的重要化石记录，也是早期复杂海洋生物系统的化石例证。澄江动物化石群是动物界各个门类多样性起源的直接证据，记录了目前已知最完整的寒武纪早期海洋生物群落。截至 2016 年，总共报道了 200 多个动物物种，分属于至少 16 个不同的动物门，另外还有许多化石类群的系统位置至今仍无法确定，属于疑难类群。澄江动物化石群化石类群繁多，其化石标本揭示了大量生物种类(包括无脊椎动物和脊椎动物)的硬体和软组织精美的解剖学细节特征。澄江动物化石群对回答生命演化中的基本问题产生了重要影响，如后生动物身体基本构造的起源演化、形态演化革新的遗传学背景，记录了寒武纪早期形成的复杂海洋生态系统，包括食物网最顶端的高级捕食动物。澄江化石的特异埋藏方式赋予其一种罕见的美感，即澄江化石保存在黄色的泥岩内，化石本身主要以红色的氧化铁或黑色的碳质形式保存，在黄色的背景映衬下极具质感和美感，因此澄江化石不仅具有重大的科学价值，也具有重要的美学价值。

4.5.2 禄丰恐龙化石景观

1938 年地质学家卞美年在禄丰恐龙山西北部首次发现完整的恐龙化石，这是中国恐龙发掘史上最辉煌的一页，这一发现奠定了中国恐龙研究的基础。次年，卞美年偕同著名的古生物学家杨钟健前往考察，采获了丰富的脊椎动物标本，装架了中国第一具恐龙化石(云南省水利水电厅，1998)。禄丰恐龙化石埋藏在早侏罗纪(距今 1.8 亿～1.5 亿年)禄丰群下部(下禄丰组)的地层中，是一种早期的大型食草恐龙，并以发现地命名为“禄丰龙”。自 1938 年第一条禄丰龙发现算起，不断有中外古生物学家到云南禄丰一带进行考察、发掘，这里成了恐龙化石采集者的天堂。禄丰化石独步世界，是一个大宝库，化石丰富，俯拾皆是化石，化石门类齐全，几乎涵盖了三叠纪—早侏罗纪过渡时期，脊椎动物的所有门类：恐龙、鳄形类、蜥蜴类、两栖类、似哺乳爬行动物和早期哺乳类，共记述 26 属 38 种(董枝明，2003)。在禄丰已发掘和发现的恐龙化石中最长化石个体有 30 多米，已探明的埋藏数 1000 余具，是目前世界上埋藏恐龙化石最丰富、品种最多的地区之一，禄丰被誉为“恐龙之乡”。云南的恐龙化石和恐龙遗迹化石分布广泛，滇中红层区是主要分布地，在宣威羊场、昆明晋宁等地也有零星分布。禄丰恐龙化石地 2004 年被列为国家地质公园。禄丰建有 AAAA 级景区——恐龙谷。

4.5.3 罗平生物群古生物化石地质遗迹景观

2007 年 10 月，中国地质调查局成都地质调查中心云南 1∶50000 区域地质调查项目组在滇东罗平地区进行野外地质调查中，首次在中三叠世(安尼期)关岭组中发现丰富的脊椎、甲壳动物化石。经中国科学院古脊椎动物与古人类研究所初步鉴定，鱼类化石主要有裂齿鱼类、真颚鱼类、弓鳍鱼类、半椎鱼类、全骨鱼类、龙鱼类、肋鳞鱼类等，大部分鱼类化石为新属种，并命名为罗平生物群(张启跃等，2008a)。罗平生物群是海生动物、陆生植物及少量陆生动物的混合群落，以数量丰富、种类多样的鱼类为特征，还伴生有爬行类、两栖类、棘皮动物、节肢动物(甲壳类、昆虫等)、双壳类、腹足类及植物化石。其中，鱼类化石经初步鉴定，主要为裂齿鱼类、真颚鱼类、弓鳍鱼类、半椎鱼类、全骨鱼类、龙鱼类、肋鳞鱼类等，大部分鱼类化石为新属种。罗平生物群的属种和个体均十分丰富，迄今为止，已采获各门类化石近千件。化石多顺层面分布，为原地埋藏，标本保存精美，一些微细构造和关键部位都完整无缺，如鱼类化石的鳍、鳞、牙齿、体表细微纹饰等清晰可见(张启跃等，2008b)。罗平生物群古生物化石地质遗迹作为中国珍稀的三叠纪海洋生物化石库，记载了地球的一段生命复苏史，也见证了远古海洋的沧桑变迁。罗平生物群中的鱼类化石、腕足类化石、两栖爬行类化石都具有极高的观赏和收藏价值。罗平生物群古生物化石地 2011 年被列为国家地质公园，并成为云南 2012 年国土资源部首批拟命名建设的“野外科学观测基地”。

4.6　晋宁梅树村界线层型剖面景观

该地位于北纬 24°44′，东经 102°34′，滇池西南侧梅树村西北约 1.5 千米处，属香条冲背斜的南翼。晋宁梅树村界线层型剖面是中国震旦系—寒武系界线层型剖面、下寒武统梅树村阶的建阶层型剖面，也是全球前寒武系—寒武系线层型剖面和界线点。剖面由 3 组 7 段组成，总厚度达 632 米。梅树村剖面地层具有以下特点：沉积物以碳酸盐、磷酸盐为主，滨线构造发育，波浪、斜层理、青鱼刺状斜层理等较为常见，浅水结构明显，发育同生砾状、砂状、鲕状、生物碎屑等结构及磷质叠层石，生物化石丰富，以小壳化石及遗迹化石为特征。中国学者测定寒武系底界年龄为 5.63 亿年，地层划分见表 4.1(黄秉维，2004)。

表 4.1　昆明地区震旦系—下寒武统地层划分简表

<table>
<tr><th colspan="3">年代地层单位</th><th colspan="2">岩石地层单位</th></tr>
<tr><th>系</th><th>统</th><th>阶</th><th>组</th><th>段</th></tr>
<tr><td rowspan="6">寒武系</td><td rowspan="6">下寒武统</td><td>龙王庙阶</td><td>龙王庙组</td><td></td></tr>
<tr><td rowspan="2">沧浪铺阶</td><td rowspan="2">沧浪铺组</td><td>乌龙箐段</td></tr>
<tr><td>关山段</td></tr>
<tr><td>筇竹寺阶</td><td rowspan="2">筇竹寺组</td><td>玉案山段</td></tr>
<tr><td rowspan="2">梅树村阶</td><td>八道湾段</td></tr>
<tr><td rowspan="4">渔户村组</td><td>大海段</td></tr>
<tr><td rowspan="9">震旦系</td><td rowspan="4">上震旦统</td><td rowspan="4">灯影峡阶</td><td>中谊村段</td></tr>
<tr><td>小歪头山段</td></tr>
<tr><td>白岩哨段
旧城段</td></tr>
<tr><td>东龙谭祖</td><td>藻白云岩段</td></tr>
<tr><td rowspan="4">下震旦统</td><td rowspan="4"></td><td>鲁拿寺组</td><td></td></tr>
<tr><td rowspan="4">南沱组
澄江运动(7.2 亿年)
澄江组
晋宁运动(8 亿年)
昆阳群</td><td>紫色页岩段</td></tr>
<tr><td>冰碛岩段</td></tr>
<tr><td rowspan="2"></td></tr>
<tr><td colspan="2">前震旦系</td></tr>
</table>

资料来源：黄秉维，2004

4.7 喀斯特景观

云南由于地处季风气候区，雨热同季，不同于世界上另一大喀斯特分布区——地中海气候区，形成了地上、地下都发育的喀斯特景观。云南省碳酸盐岩地层分布较广，是中国喀斯特景观比较发育的省份之一，也是中国三大喀斯特景观类型(石林、锥状喀斯特、塔状喀斯特)集中分布区。云南境内大部分地区都有不同时代的碳酸盐岩地层分布，但集中分布于滇东及滇东南地区。全省碳酸盐岩出露面积为 9.7 万平方千米，占全省土地面积的 26%，特别是地处滇东高原向广西盆地倾斜的巨大喀斯特斜坡顶部的滇东高原，碳酸盐岩出露面积约占岩石出露面积的 50%，其厚度占地层总厚度的 63%。大量分布的碳酸盐岩为喀斯特景观的发育提供了物质基础。其中，以中上石炭系、下二叠系和中三叠系岩层中喀斯特景观最发育。另外云南在古近纪—新近纪时，多数地区为热带气候，发育了大量的古喀斯特景观，现代的峰丛、峰林、溶丘、石林、溶洞等喀斯特景观，多数是在古喀斯特景观的基础上改造发育而成。因此，云南喀斯特景观的发育有着深厚的物质基础和良好的成景条件，并具有多期发育的特点。

云南喀斯特景观类型齐全，具有旅游价值的主要有石林(高石芽)、溶洞、湖泊、瀑布、峰丛、峰林、溶丘、漏斗、天坑等景观类型。石林(高石芽)以石林地区为魁；峰丛、峰林主要分布在文山壮族苗族自治州境内；溶丘和峰丛主要分布在文山壮族苗族自治州及罗平县一带；溶洞、漏斗全省均有分布；喀斯特湖泊和瀑布零星分布在滇东高原上；天坑主要分布在沧源佤族自治县和沾益区。

云南大地间歇抬升的特点，致使洞穴发育的层次丰富，一般都有 2～3 层，最多可达 5 层。全省已知洞穴 1000 多个，有旅游价值的近 500 个，几乎遍布全省，但旅游价值较大的主要集中在滇东、滇中和滇西南地区。云南的洞穴多为溶洞，有少量火山岩洞及砂岩岩洞。溶洞是云南目前开发得较多的自然景观类型。溶洞景观包括溶洞形态、洞内沉积景观、地下河湖景观及洞外景观等。部分洞穴内发现有古人类活动遗迹及大量动物化石，这对研究古人类活动和地质演化历史有重大意义，也提高了溶洞的旅游价值。

云南目前已形成规模旅游或已具备规模旅游的典型喀斯特景观旅游区，主要有滇东喀斯特景观区及滇东南喀斯特景观区。另外，在全省其他地方还分布有不少价值极高的喀斯特景观，其中不少分布在国家级、省级风景名胜区内。云南喀斯特景观旅游开发较早，具有独特性，区位条件较好，国内外知名度也高(如石林、建水燕子洞、九乡溶洞群等)。因此，在各类自然景观中，喀斯特景观的旅游价值地位突出。云南喀斯特景观主要分布在高原面和一些河谷谷坡上，这些地区土壤层薄且贫瘠，植被稀少，严重缺水，具有荒漠性，很难进行规模农业生产。大力发展旅游业是促进当地经济发展的必由之路。

4.7.1 滇东喀斯特景观区

滇东喀斯特景观区是云南喀斯特景观类型最丰富、最典型、最集中的地区，包括石林、九乡溶洞群、泸西阿庐古洞、弥勒白龙洞、曲靖花山溶洞、会泽地缝等景观。

1. 石林景观

1)概述

石林的核心区位于昆明以东 78 千米，范围在东经 103°10′～103°30′，北纬 24°25′～24°40′，属滇东高原上保存较好的残余高原面，海拔 1500～1600 米，地形以低丘、洼地为主，起伏和缓，但地表崎岖，恰似民谚所述“低谷坝子路难行，高山顶上大路宽”。广泛分布泥盆系、石炭系、二叠系碳酸盐岩。在特定的自然环境条件控制下，有着特殊的成景演化历史，形成蔚为壮观的景色，特别是石林溶沟型景观最为典型，群峰壁立，成片成林，散布在 400 余平方千米的范围内，是中国特殊的喀斯特景观类型。纵观其喀斯特景观，地表组合类型有石林溶沟、石芽原野、峰丛洼地、峰丛谷地、残丘洼地、侵蚀溶蚀谷地、溶蚀断陷湖泊等，地下有竖井、溶洞、暗河伏流、瀑布湖泊等，洞内钟乳石类型齐全，琳琅满目。从地表到地下，从微观至宏观，构成一幅丰富多彩的喀斯特景观画卷。早在 1996 年，崔之久等就指出“这些高原上灰岩地段夷平面上保留的大量岩溶地貌都具有被深厚红色风化壳覆盖的特征，如灰岩石墙、穿洞、崖龛、天生桥等都是早先覆盖经后期重新剥蚀暴露的正地貌”(崔之久等，1996)。

石林喀斯特景观，是云南喀斯特景观的集中表现。石林喀斯特景观以种类多、形态全、多期发育、石林岩柱雄伟高大(最高近 40 米)、分布地域广、岩柱排列密集、形态迷人而居世界之首，具有极高的科研、美学观赏及旅游价值。

石林地区居住着彝族支系撒尼人，撒尼人能歌善舞，著名长诗《阿诗玛》是许多优美传说的代表作，民族风情浓郁。每年农历六月二十四日的火把节，为石林大自然奇观增色不少。

2)主要景点

(1)大小石林景观

大小石林是云南最主要的喀斯特景点，面积为 30 余平方千米，主体景观是石林(高石芽，国际上称为剑状喀斯特)和喀斯特湖泊。石林发育在二叠系茅口组中上部质纯巨厚层生物碎屑灰岩中。整个石林分布区位于波状起伏的夷平面上，以伏流形式流经大小石林区的巴江支流是区域性侵蚀基准面，它控制了大小石林的发育强度和进程。残丘顶部岩柱低矮，溶蚀洼地中岩柱高大雄伟，一般在 10～35 米。岩柱形态受岩性、节理控制，多为剑峰状、冰塔林状，少量蘑菇状。上部垂直溶痕发育，为裸露型溶蚀景观，下部有水平溶蚀边槽、凹穴等，还有大量冲蚀现象。大小石林有人工湖及喀斯特湖 5 个。

大小石林远观但见一片片一簇簇，千峰比肩，似缺少变化跳跃，近赏则大不相同，大自然精雕细琢，拟人景观神情毕肖。有阿诗玛、母子偕游、老僧漫游、石蘑菇、双鸟渡食、莲花峰、苏武牧羊等拟人景观。无数的石径、石廊、石门、石洞、石桥贯穿其间，奇景迭出，险象丛生，峰回路转，使人流连忘返。

(2)乃古石林景观

乃古石林位于大石林东北 7 千米，占地面积约 2 平方千米，与大小石林风格迥异(图 4.2)。乃古石林岩石表面呈黑色，且像松林，俗称黑松石林，现称乃古石林(乃古为撒尼语，意为黑色）。乃古石林发育于二叠系茅口组底部白云质灰岩、生物碎屑灰岩及栖霞组顶部条带状白云质灰岩中。中心区岩柱有巨大的基座，类似于峰丛，岩柱高大，最高者近 40 米。岩柱形态主要有蘑菇状、剑峰状、不规则状。高大的石林是多期喀斯特作用相互叠加后的产物，发育阶段有四期，岩柱上分布在同一高程的大量溶蚀凹槽和水线，说明这一高程曾经是地下水面的高度，出露地表则成为地壳间歇式抬升的历史证据。此外，乃古石林中水平溶洞发育，具有分层特点，地下河时隐时现。目前已开发的白云洞是最低一层，为地下暗河通道。白云洞长 400 米，高 3～5 米，宽 5～15 米，洞内石柱、石笋、石钟乳、边石堤发育，有洞穴砾石层堆积。

图 4.2　乃古石林景观示意图

(3)芝云洞、天生桥景观

芝云洞、天生桥位于大小石林北部几千米处，有大芝云洞、小芝云洞、祭白龙洞等洞穴。这些溶洞原是巴江上游的一段地下河道，后因地下水位下降，河道干涸而形成。大芝云洞为一水平溶洞，洞长约 500 米，洞内最宽处达 20 余米，洞内发育大量的钟乳石、石笋、石柱、石帘等喀斯特景观。小芝云洞在大芝云洞北侧，洞长 200 米，洞门极窄，入许即阔，凉气袭人，洞内石花、钟乳石等发育。祭白龙洞内原钟乳石晶莹透亮，小巧玲珑，观赏价值极高，可惜已遭破坏。芝云洞下方不远有一段喀斯特峡谷，为地下伏流(巴江)垮塌形成，峡谷尾部残留部分形成天生桥。天生桥形如石桥，桥面宽 30 米左右，高约 40 米，长 150 米，桥拱厚 10～20 米，公路从上通过。

(4)黑豆石林景观

黑豆石林位于石林彝族自治县南部，发育于二叠系栖霞组石灰岩中，由于富含杂质呈灰黑色。岩柱最高者 15 米左右。溶蚀形态多变，多呈不规则状，沿公路两侧分布。这一带高原面保存十分完好，顶面起伏不平，石芽广布。

(5)奇风洞景观

奇风洞位于大石林东北约 5 千米处，是发育在喀斯特洼地中的一组奇特景观，落水洞、虹吸泉和地下暗河三位一体。虹吸泉位于奇风洞最低点，地下河水间歇性地从高度约 1 米的洞口流出，流过数米后，跌入一条落水洞中，随着水位的猛增，伴随有雷鸣般的水涛声，3～4 分钟后恢复原状，每隔 15～30 分钟重复一次。当虹吸泉落水时，可在奇风洞口观察到喷风现象。在雨季，每隔 15～30 分钟喷风一次，风力强弱交替。喷强风时，可持续 3～4 分钟，喷得尘土尽扬。旱季喷发时间可长达 1 小时以上，但风力弱，喷风现象在 8～10 月最典型。地表景观已遭破坏。

石林喀斯特景观亚区还有所各邑石林、大小叠水、长湖、圆湖、月湖等景点。

石林喀斯特区既是世界地质公园，也是国家级风景名胜区。按照世界遗产地的“突出普遍价值”原则，中国南方喀斯特 8 个片区因符合世界自然遗产的四个提名标准(ⅶ、ⅷ、ⅸ和ⅹ)，2005 年被列入《中国世界自然遗产预备名单》。云南石林喀斯特、贵州荔波喀斯特和重庆武隆天坑地缝喀斯特，作为中国南方喀斯特第一批提名地，2007 年被正式列入《世界遗产名录》。四个提名标准分别是：①具有极好的自然奇观或自然美和美学重要性(标准ⅶ)。遗产地丰富而独特的地表喀斯特地貌及特殊的天坑地缝等，展示了非同寻常的自然美。其中，云南石林等更是闻名世界的自然奇观，具有突出的美学价值。②地球历史和地质特征(标准ⅷ)。中国南方喀斯特从古生代以来，经历了复杂的地质演化，是世界范围内独特的能够以喀斯特地貌形式反映大区域地球演化历史的杰出范例。遗产地具有显著的喀斯特地貌多样性，其独特的塔状、剑状、锥状喀斯特和天坑地缝等是地球重要的具有代表性的地貌形态和自然地理特征。遗产地也是大陆热带－亚热带喀斯特发育演化的教科书，代表了重要的和正在进行的地貌演化地质作用。遗产地碳酸盐岩地层中丰富而特殊的化石是地球生命的重要记录。③生态过程(标准ⅸ)。遗产地含有典型的大陆喀斯特植被类型和生态系统，其代表性的喀斯特常绿阔叶林、针阔混交林、常绿针叶林等被认为是“最后的喀斯特森林”，反映了重要的正在进行的大陆热带－亚热带喀斯特生态和生物演化过程。④生物多样性与濒危物种(标准ⅹ)。遗产地具有显著的生物多样性，高等植物种类达 6000 多种，包括众多珍稀、濒危和特有植物。遗产地的动物种类(兽类、鸟类、两栖类、鱼类、洞穴动物等)也异常丰富，拥有许多珍稀、濒危和特有种类。

2. 九乡溶洞群景观

九乡溶洞位于宜良县城西北九乡境内，距县城 40 千米，溶洞群分布在东经 103°15′～103°29′，北纬 24°50′～25°17′，面积为 140 余平方千米。溶洞群地处牛首山古陆西缘，成景岩组为震旦系灯影组碳酸盐岩，岩性以白云岩、硅质白云岩、白云质灰岩为主，节理裂隙发育。溶洞主要分布在南盘江一级支流麦田河及其支流两岸，河谷以优美壮观的侵蚀、溶蚀峡谷(局部为嶂谷)为主。在地壳间歇式抬升过程中，完成了多层溶洞的演化过程，造就其巨大、奇特的洞穴系统景观。区内已发现溶洞近百个，故有“九乡溶洞九十九”“溶洞之乡”之说。这些溶洞表现为水动力条件强烈的洞穴溶蚀、侵蚀和沉积系统特征。洞穴集中，规模宏大，景观密集，类型齐全，包气带厚达百余米，洞内还有大瀑布、峡谷和森林等景观分布，在中国乃至全球已发现的溶洞中实属少见。

整个洞穴系统大致可划分为四个洞群，分别称三脚洞群、上大洞洞群、叠虹桥洞群及大沙坝洞群。垂直方向上表现出明显的多层次性。按溶洞分布高程及区域延续性，自上而下划分为四层。

第一层分布于海拔 1900 米左右，形态主要有溶蚀漏斗、竖井及规模较小的水平溶洞。洞内钟乳石等钙华沉积景观贫乏。由于形成年代早，钙华已遭受再次溶蚀和风化，景观价值较低。有的洞内有古脊椎动物化石层分布。

第二层分布于海拔 1700～1800 米，高出现代河床 50 余米。有溶洞 30 余个，形态复杂多样，有沿层理发育的扁平状倾斜大厅，沿垂直节理发育的窄高峡谷形甬道和沿交叉裂隙发育而成的宽大深邃的复合大厅，以及由它们组成的复杂溶洞系统。部分溶洞内有喀斯特沉积景观发育。

第三层高出河床 10～30 米，有洞穴 30 余个，形态以水平溶洞为主，也有倾斜式或台阶式溶洞，常与下一层溶洞相通，喀斯特沉积景观丰富多彩。

第四层分布与现代河床高程一致或略高于河床。通常是在上层溶洞的基础上继承发展而成，由于与二、三层溶洞相通，从而形成落差高达约 30 米的大瀑布。该层溶洞构成目前暗河系统的主体，倒石芽、边槽、堆积砾石、边石堤(神田)发育，反映了在强水动力条件下溶蚀沉积的景观特点。

洞内除有丰富的喀斯特沉积景观外，峡谷天桥比比皆是。在小沟洞内生长有世界珍稀鱼种——盲金线鲅。洞口生物喀斯特现象显著。区内森林郁郁葱葱，植物群落丰富，尚有九乡摩崖石刻，这些均给景区增色不少。九乡溶洞为国家级风景名胜区。

3. 泸西阿庐古洞景观

阿庐古洞位于泸西县城西北 2 千米盆地边缘的峰丛谷地中，距著名的石林景区 80 千米，面积近 1.5 平方千米。阿庐古洞群发育于三叠系个旧组白云岩、灰质白云岩及白云质灰岩地层中。溶洞周围峰丛林立，山脚清泉涌流，庐源河玉带环绕。区内溶洞、竖井 18 个，暗河 9 条，彼此间纵横交错，上下沟通，构成一个复杂多层次的洞穴系统。阿庐古洞群由“庐源洞”“玉柱洞”“玉笋河”“玉峡洞”组成，具有“洞外有山，山脚有泉，洞中有洞，洞中有天，洞中有河”的景观特点。庐源洞和玉柱洞相连，全长 1500 余米，分三层，彼此相通。上、中层为旱洞，高 10～15 米，下层为水洞，即玉笋河，河长 625 米，洞顶至水面高 9～11 米，宽 8～12 米，最高 20 米，延伸方向由北向南，暗河水流速度缓慢(0.02 米/秒)，流量 12 升/秒，水深 0.8～1.2 米，石柱、石笋林立水中，钟乳石垂悬，姿态万千。

阿庐古洞周围还有庐源寺、疯龙潭、珍珠泉等景观。阿庐古洞为国家级风景名胜区。

4. 弥勒白龙洞景观

白龙洞位于弥勒市虹溪镇东北的喀斯特溶丘洼地中，距弥勒市区 31 千米。溶洞发育于三叠系个旧组白云岩、灰质白云岩、灰岩之中，地处分水岭斜坡地带。区内漏斗、溶洞、落水洞十分发育，在 2 平方千米范围内分布有白龙洞、小白龙洞(凤凰洞)、蝙蝠洞、关羊洞、火把洞、热水洞、新秀洞、大虾洞等溶洞。溶洞群呈 3～4 层分布，底层溶洞为季节性暗河，其他为旱洞。

白龙洞长 1149 米，洞分上下两层，上层洞长 530 米，宽 2.5～20 米，高 8～25 米；下层溶洞长 619 米，宽 2～30 米，高 1～25 米，上下两层溶洞相通，平面上呈“八”字形，计有 30 余个大厅，主要景点 66 个。次生碳酸钙形态以石柱、石帘、石幔、石葡萄为主，部分堆积形态十分特殊，如状若镂空浮雕的叠层钙板、弯曲生长的石柱、洞口生物喀斯特现象、洞底石葡萄石瘤等，反映了次生碳酸钙沉淀时的多种水动力环境。

5. 曲靖花山溶洞景观

花山溶洞位于曲靖市东北34千米，溶洞全长565米，高0.8～17米，宽0.7～19米。发育于下二叠系灰岩中，溶洞发育受北东和北西两组“X”节理控制，洞底多陡坎，纵坡降大，洪水线高出洞底0.4～1.2米，至今仍为季节性暗河的通道。洞内景观以石幔、石帘、石柱、石笋为主，生长着大量的石葡萄、石花、卷曲石等，其中卷曲石长达10厘米，单个纤细弯曲，成簇的酷似冰花，晶莹透明，洁白无瑕，甚为奇美。此外周围溶洞较多，其中1984年开发的天生洞景观较好，此洞发育于下石炭系摆佐组灰岩中，洞分四层，其中三层可游览，总长1000余米，最下层是暗河。溶洞规模较小，但拟人化景观很多。

6. 会泽地缝景观

会泽地缝属喀斯特嶂谷地貌景观，位于会泽县境内。会泽地缝是在地壳抬升过程中，石灰岩经过流水长期的冲刷侵蚀和溶蚀，加之地下河顶部坍塌，沿断层形成了绵延曲折的大地缝。大地缝长10余千米，最宽处20余米，最窄处约1.4米，最高处约486米，入口处海拔约1980米，出口处海拔约1620米。整个地缝曲径通幽，一线通天，两边陡峭的山崖，植被茂密，同时有众多的石芽、石柱、石幔、溶洞等，集奇、险、幽、静、秀为一体。

4.7.2 滇东南喀斯特景观区

滇东南喀斯特景观区包括文山壮族苗族自治州及红河哈尼族彝族自治州的东部。景观类型以峰林、峰丛、溶丘、溶洞、河流湖泊为主，包括建水燕子洞、丘北普者黑、广南峰丛峰林等景观。

1. 建水燕子洞景观

建水燕子洞由阎洞、燕子洞、伏流等组成，分布于泸江之上。

燕子洞位于历史文化名城建水县城以东30千米的群山环抱中，发育于三叠系个旧组中厚层白云岩中，为泸江的一段伏流，洞分三层。上层老巴洞，面积近10平方千米，中层和下层洞相连，分前、中、后三洞，三洞洞口均有翼燕栖息，故称为燕子洞，其中前洞景观最佳，中洞次之，目前主要开发的是前洞的一部分。前洞又分明洞和暗洞。明洞形似一座巨大的天生桥，两面透光，可容纳数千人，依山势自然筑成石殿、石台及凌空楼阁，洞顶钟乳石稀疏，洞壁摩崖石刻较多，开发于清初乾隆年间。由明洞逐级而下，穿过人工建筑的吊桥即可达暗洞。暗洞规模宏大，是燕子洞的主要景区，洞长4000米，高50余米，宽30米，泸江水奔腾入洞，整个水洞有大小厅堂数十个，数百个景点。燕子洞分为三个景区，第一景区称为“龙泉探幽”；第二景区称为“天街撷美”；第三景区称为“梦幻世界”。洞口内外壁上，巢居翼燕百万，时至春夏，群燕若万箭穿空，呢喃之声不绝于耳，有诗赞道：“百万燕呼滙水战，一条浪吼浙江潮”。每年的8月8日为燕窝节。建水燕子洞为国家级风景名胜区。

阎洞位于建水县城东北 10 余千米处，为泸江的一段伏流。溶洞群发育于石炭系大塘阶生物碎屑灰岩、淀晶灰岩地层中。洞分三层，下层为水洞，中层洞和上层洞(南明洞)为旱洞。景观以水洞最佳，由前洞水云洞、中洞云津洞(伏流天窗)、后洞万象洞组成。离南明洞 200 米处尚有八哥洞。泸江由水云洞注入，从万象洞流出，全长 2.7 千米，高约 25 米，宽 15～30 米，洞口为悬崖绝壁，洞内钟乳悬垂，玉柱琢撑。阎洞素有“西南第一洞穴”之美誉，明代旅行家徐霞客曾“慕之数十年”，为此而“趋足万里”才足履其间。在万象洞口的盆地边缘的老楚龙潭流量达 878.7 升/秒(枯季)。

2. 丘北普者黑景观

普者黑为彝语，意为鱼虾多的地方，普者黑喀斯特湿地峰林峰丛景观位于丘北县西北 20 余千米的普者黑溶蚀构造盆地内。盆地位于南盘江支流清水江和补觉河的分水岭地带，面积约 165 平方千米，广泛发育着孤峰谷地、峰丛峰林谷地。溶峰密布，密度为 2～7 个/平方千米，一般高 50～150 米，多为宝塔状、馒头状，其间发育有喀斯特湖群，水面面积约 3.2 平方千米，溶洞十分发育，几乎每峰均有洞，甚至一峰多洞，但以穿洞为主。湖水迂回于峰林孤峰之间，山水相映，群峰倒影，形成广东肇庆型湖光山色。其外围还有瀑布、天生桥、暗河、巨泉等自然景观。丘北普者黑为国家级风景名胜区、国家湿地公园和省级自然保护区(图 4.3)。

图 4.3　普者黑喀斯特景观示意图

3. 广南峰丛峰林景观

广南峰丛峰林分布于八宝河蜿蜒流淌的八宝盆地中，以峰丛、峰林、瀑布景观为主，面积近 40 平方千米。这些景观均发育在石炭系厚层－巨厚层灰岩、生物碎屑灰岩中。峰丛峰林景观较典型，峰林较矮，高 50～100 米，呈宝塔状、馒头状；峰丛高大，高 100～200 米，呈尖锥状；盆地中心还发育少量孤峰，高度大于 50 米。八宝河蜿蜒其中，村寨农舍，翠竹掩映，有“一河流水千幅画，饱览两岸别致景”之感，被誉为小桂林。盆地内溶洞较多，约 65 个，但较小，深 8～100 米，有 7 个面积不大的喀斯特湖泊分布。

盆地东缘还分布有戈峰瀑布和三腊瀑布，壮族民俗民风浓郁。

4.7.3　其他喀斯特景观

云南喀斯特景观除滇东喀斯特景观区和滇东南喀斯特景观区分布比较集中外，其他地区也有大量的景点，但以溶洞景观为主。例如，富民宝石洞、河上洞、华坪仙人洞、蒙自缘狮洞、开远南洞、祥云清华洞、鹤庆天子庙洞、昭通大龙洞等，这些溶洞均具有较高的旅游景观价值(表 4.2)。位于云南沧源的天坑溶洞群，是云南少有的竖井状溶洞群。

表 4.2　云南其他著名喀斯特溶洞景观一览表

溶洞名称	地理位置	溶洞特征	主要景观
富民宝石洞	北纬 21°18′ 东经 102°41′	洞深 100 余米，高 30 米，最宽处 40 米	观景台、道士下山、琼林仙姬、玛瑙“宝石”
河上洞 (和尚洞)	北纬 25°12′ 东经 102°29′	洞深 130 米，高 6 米，洞口宽 17 米，洞内平均宽约 15 米，洞顶最高处约 20 米	石观音、河上洞动物群哺乳动物化石、“河上洞天”雕刻
华坪仙人洞	北纬 26°27′ 东经 101°15′	主洞长 110 米，最高处约 26 米，宽约 15 米	观音菩萨像
蒙自缘狮洞	蒙自市鸣鹫镇	洞内钟乳石、石幔发育的较为典型	石雕佛像、清代建筑群、“滇南第一洞天”匾额
开远南洞	北纬 23°39′ 东经 103°17′	洞内发育泉水	山泉、飞瀑
祥云清华洞	祥云县城西南 3 千米处	洞分三层，第二层最宽阔，高 30 余米，宽 50 余米	“蝶大天”、石壁题咏
鹤庆天子庙洞	鹤庆县云鹤镇北 12 千米	主洞高 4.96 米，最大宽度 20.1 米，长 85.6 米	玉宝阁、广佛殿遗址、天子庙会
龙马溶洞	北纬 24°29′ 东经 102°38′	溶洞长 310.5 米，宽 47 米，高 23.5 米	雪花晶乳石
天台山溶洞	威信县城西部 32 千米	第二层洞主洞长 2138 米，宽 25 米，高约 25 米，支洞长 1062 米，宽 25 米，高 18～25 米	石葡萄、石球、针鹅管、卷曲石
思茅翠云洞	思茅西区南 53 千米	仙人洞(长 400 米)，水帘洞(长 500 米)，珍珠洞(长 100 米)	仙人洞、水帘洞
潞西三仙洞	潞西市勐戛镇境内	全长 700 多米(游路 1000 多米)，高一般 2～5 米，最高处 50 多米，宽 3～10 米	“广寒月窟”题咏
青龙洞	大关县城西南 35 千米	洞长 1000 余米，下层暗河，长 400 多米，宽 25 米，水深大于 5 米	“高峡幽谷”“水晶宫”“巨幅壁画”“断桥”景观

1. 沧源天坑景观

沧源天坑景观位于沧源佤族自治县崖画谷风景区中段半山腰，海拔约 1300 米。“天坑群”共有 7 个天坑，直径最小的有 50 米，最大的有 200 米，其中最大的天坑深 235 米，直径 184 米。这些天坑基本上分布在同一水平线上，与下部的司岗里溶洞上下贯通，溶洞中有地下河分布，地下河流出后汇入勐董河，勐董河峡谷为一典型的盲谷。洞内生长着桫椤、董棕等一些珍稀的植物和动物，景观十分丰富，有湖泊、沙滩、暗河、瀑布，以及数量众多的石笋、石钟乳等，堪称洞穴喀斯特沉积物的典型代表。在山巅俯视天坑群，可让游客体会真正的“无限风光在险峰”的意境。2007 年沧源“天坑溶洞群”被发现，中央电视台和云南电视台分别对其进行了报道。现在沧源佤族自治县已把天坑群列为崖画谷景区的重要景点并一同开发。

2. 香格里拉白水台景观

香格里拉白水台景观是中国面积最大的由碳酸钙形成的泉华台地景观之一。白水台位于哈巴雪山山麓，距香格里拉市 103 千米，海拔 2308 米。它是由于地下水流出地表，温度压力发生变化，导致水中的碳酸氢钙大量析出不断覆盖地表而形成的千姿百态的喀斯特地貌景观。白水台有两奇：其一是泉华地貌景观，白水台顶，地势平坦，上有泉眼和碧水浅潭，泉水流入潭内，潭内钙化堤蛇曲蜿蜒，若莲叶轻浮水中，水漫流到白水台表面，形成一幅“仙人遗田”的秀丽奇观，远望可看到青山掩映中的白水台造型仿似层层梯田；其二是纳西族东巴教的发祥地，每年农历二月初八，纳西族民众汇集到这里，念东巴经，祭“白水神”(图 4.4)。

图 4.4 白水台景观示意图

4.8 火山景观

地下岩浆通过喷口上涌，喷发形成火山。当今世界上的火山有 3000 余座，其中活火山有 500 多座，火山活动主要集中在板块边界构造活动带上。中国火山总的来说分布不广，体型也小。云南的火山主要集中分布在腾冲地区，形成著名的火山景观区，另外屏边等地也有零星分布，这些火山景观主要是新生代火山喷发和岩浆溢流而形成的。在怒江以东地区有大面积的二叠系峨眉山玄武岩分布，不少地点有柱状节理景观及色彩斑斓的玛瑙矿藏分布。

4.8.1 腾冲火山群景观

腾冲位于横断山脉高黎贡山西坡南部，西北与缅甸接壤，地处印度板块与欧亚板块碰撞带东侧迎冲带上的高温低压变质带、缅甸弧形构造带冲断块内，位于著名的地中海－喜马拉雅－东南亚火山带上，是中国新生代岩浆强烈活动地区之一。断块两侧分别发育，南北挤压断裂，构造活动强烈，岩浆喷发、侵入频繁，形成华力西期—印支期的一系列花岗岩、燕山期小岩体。白垩纪以后，岩浆活动再次频繁，形成众多的花岗岩体和伟晶岩体。中新世以来的中－基性火山喷发活动强烈，堆积了巨厚的中－基性熔岩和碎屑岩，形成闻名全国的第四纪腾冲火山群。岩性以玄武岩、安山岩为主，基底是花岗岩。

在以腾冲市为中心 1000 余平方千米的范围内，由 19 个喜马拉雅期火山体组成了著名的腾冲火山群，主要集中分布在和顺、马站一带。火山类型有截顶圆状、穹状、盾状、低平马尔式火山，火山锥多为混合锥，有少量的岩渣锥，保存完整的火山共 23 座，火山锥 97 座，火山口 50 个，火山规模和完整性居全国之首。

火山群内广布熔岩台地，以块状熔岩为主，其中有熔岩流动丘，巨形环状、放射状熔岩流景观，腾冲市就建筑在熔岩台地之上。大量完整的火山口、破火山口、火山口遗迹、火山口湖、熔岩台地、火山弹、沸石、火山熔岩暗道、黑鱼河等柱状节理景观，温泉热田、热海大滚锅沸泉、和顺龙潭等熔岩巨泉，北海熔岩堰塞湖、叠水河堰塞瀑布、龙川江熔岩峡谷等景观构成了腾冲火山景观系统。这些景观不仅有很高的观赏价值，还有极高的科学价值。

1. 打鹰山景观

打鹰山地处腾冲火山群的中心，海拔 2614.5 米，相对高度 600 米，为腾冲市境内最高的锥状火山，也是年轻的火山之一。打鹰山森林茂密，植被类型为针阔叶林混交，因植物种类丰富、地形较为开阔、生境类型多样而成为候鸟迁徙的集结点或停歇地。打鹰山也是由于每到候鸟迁徙季节，各种迁徙候鸟猛禽在集结点大量集结，引来当地群众到山上捕猎而得名。打鹰山为一圆锥体，底部直径 5.25 千米，为腾冲市境内最高的锥状火山，顶部的火山口直径为 200 米，深 60 米，由于长期风化，火山口内有 3 个间隔不一的火山湖，夏季积水，冬季干枯，火山口被尘土和火山灰混合物覆盖，下为暗红色的浮石和火山弹，火山锥外貌十分清晰，结构完整，是研究腾冲火山的重要对象。

打鹰山东西两侧有规律地排列着 70 座大小火山，而周围 50 千米的区域内，密布着近百个温泉、沸泉。

2. 马鞍山与龟坡景观

马鞍山位于腾冲市西南部，海拔 1793.2 米，相对高度 55 米，截顶圆锥状火山，顶呈马鞍形，锥体边坡 30°，侧有 3 个受破坏的副火山口，全山被暗紫色和红色火山渣及其风化物(红色黏土)所覆盖。龟坡位于腾冲盈江公路北侧，与马鞍山南北相对，海拔 1847

米，相对高度245米，截顶圆锥状火山，顶部为馒头状，形似龟甲，故名龟坡，主火山呈椭圆形，口壁完整，长轴300米，深85米，底部平整，有浮石及火山弹分布，还有2个副火山口；在火山口周围还广泛分布着熔岩台地和火山碎屑岩，熔岩台地上发育了众多的熔岩流构造，组成了丰富的微地貌景观，其中熔岩暗道最长达700余米。

3. 腾冲柱状节理景观

火山岩浆喷发时的温度约为1200℃，当岩浆冷却至800～900℃时岩浆结晶形成长条状柱体，地质学称为柱状节理，由于岩浆含有呈六方晶形的斜长石、橄榄石、角闪石、辉石等矿物质，所以冷却后多形成六棱柱体。腾冲柱状节理景观位于腾冲龙川江支流黑鱼河畔，它是火山喷发时未露于地表的岩浆冷凝后形成的柱状结晶景观。一般柱状节理的柱体多垂直于熔岩流动面，腾冲柱状节理的石柱排列方向有垂直向、水平向、斜向甚至呈圆弧状转向，这与形成时的地形的控制、岩浆溢出口和冷却的位置有关。目前看到的千姿百态的柱状节理是龙川江断裂将岩层错断，在流水的冲刷切割下，逐渐暴露出来的。腾冲柱状节理是中国境内迄今为止发现的规模最大、保存最完整、年代最短的柱状节理，总面积约2平方千米，大约形成于4万年前，对研究火山岩浆生成和地质构造有重要的科学价值。

4. 北海湿地景观

腾冲坝子历史上曾经是一个大型的火山堰塞湖，后湖水在叠水河一带切开了一个口子，湖水下泄，逐渐形成目前的腾冲坝，北海湿地是火山堰塞湖残留的一部分。北海湿地地处腾冲市东北部打苴乡境内，距市区12.5千米，总面积0.46平方千米，水面面积0.14平方千米，海排面积0.32平方千米，湖水平均深度2米，最大深度6米。北海湿地是省级湿地型自然保护区。

腾冲火山景观是支撑腾冲成为著名旅游热点区的最主要的景观系统。腾冲火山群2002年被批准为国家地质公园，是中国第一个火山地质公园。腾冲火山群也是腾冲火山热海国家级风景名胜区的核心组成部分(图4.5)。

图4.5　腾冲火山景观示意图

4.8.2 屏边火山景观

屏边团坡火山是滇东南唯一保存完好的截顶圆锥状复式火山景观。火山口位于屏边县玉屏镇附近的阿基伍村南面，北纬 22°58′，东经 103°42′。其形成于距今约 353 万年，溢出的岩浆形成多级火山熔岩台地景观，玉屏镇就建设在火山熔岩台地上。熔岩流的前端冷凝形成的巨大陡崖，经流水侵蚀后形成三级、落差达 110 米的滴水层瀑布。火山口深约 60 米，锥顶海拔 1703 米，相对高差 350 米，分主、副两个火山口，主火山口呈马蹄状，宽 150 米，高 50 米，坡度 35°；副火山口在火山口南，与主火山口开口处相连，呈筒状。团坡、凹嘎、鸡窝等火山口共同组成屏边火山系统，但只有团坡火山受风化程度低保存完好。岩性为白榴橄榄灰石岩和白榴玄武岩。游客在屏边可以零距离接触火山，感受凝固的熔岩、怪异的火山弹、火山豆、火山浮石、熔岩流流纹构造、壮观的熔岩飞瀑等景观。屏边团坡火山是大围山省级风景名胜区的主要景点之一。

4.9 丹霞景观

丹霞景观是由红色砂砾岩在内外营力作用下发育而成的方山、奇峰、赤壁和岩洞等形态组成的特殊景观。这种景观形态最早发现于广东仁化县，1928 年冯景兰将这种红色砂砾岩层命名为“丹霞层”，将这座山命名为“丹霞山”。“丹霞”一词出自曹丕的《芙蓉池作诗》：“丹霞夹明月，华星出云间”，原意是指天上的彩霞(朱桂凤，2011)。现在一般将发育在中、新生代红层中的，以赤壁丹崖为特征的红色陆相碎屑岩地貌称为丹霞地貌(吕惠进，2003)。“丹霞”一词，是中国人创造的唯一一个在国际上通用的地貌专用词汇。中国境内丹霞地貌分布广泛，现已发现丹霞地貌 790 处，分布在 26 个省份(朱桂凤，2011)，在亚热带湿润区、温带湿润区、半湿润区、半干旱区和干旱区及青藏高原高寒区都有分布。美国、澳大利亚等国也有广泛的分布。丹霞地貌形成的物质基础是红层，红层是从中生代，特别是从侏罗纪到古近纪的陆相红色岩系，是一种典型的陆相沉积，是在封闭的、相对干燥的内流盆地环境中形成的(杨湘桃，2005)。云南丹霞景观主要分布于滇西北老君山、剑川石宝山一带。

4.9.1 丽江老君山高山丹霞景观

丽江老君山黎明丹霞景观，主要分布在丽江黎明乡境内，包括黎明、黎光、美乐 3 个行政村片区，沿着河谷两岸分布。位于北纬 26°13′～26°45′，东经 99°34′～99°50′(云南省地名委员会，1997)，面积为 240 平方千米，占全乡面积的 43%，主要沿黎明河两岸分布。丹霞景观由三叠系砂页岩经风化和流水侵蚀作用形成，具有分布广、面积大、山体壮观、景色绚丽、发育典型和顶平、身陡、麓缓的明显特点，是中国丹霞地貌景观中海拔最高、高差最大、层次最分明的丹霞景观(罗晨，2012)。其景观观赏性高，分布集中，空间距离小，可进入性强，便于游览，其中比较著名的景观有“千龟山”“大佛崖”“太阳三起三落”等。

千龟山是老君山代表性的丹霞景观，主要景观有“千龟竞渡”“佛陀峰”“情人柱”“老君炼丹”。“千龟竞渡”景观由一大片被风化成巨鳞状的山岩组成，整整齐齐排列在山坡上，每片巨鳞状山岩都像一只正在爬行的乌龟，而细看这成百上千只石龟组成的山坡，又似一只更巨大的乌龟在爬行，大龟和小龟爬行的方向，都是太阳升起的正东方，因此而得名千龟山。千龟山巨大直立的山峰“佛陀峰”，其顶部的“风化巨鳞”一层一圈螺旋而下，下半部是赤红的裸露山壁，站在对面看它，恰似佛陀巨大的头颅，又似一朵峭壁上的灵芝，所以又称“灵芝峰”。“情人柱”景观由千龟山两根 30 多米高紧紧相拥的石柱组成。千龟山高大褚红色的山崖，如同一个躺着的老人头，人们叫它“老君炼丹”。冬季在千龟山举目南望，可欣赏老君山主峰的皑皑白雪，春季则可以看到火红的山崖间盛开的杜鹃花(图 4.6)。

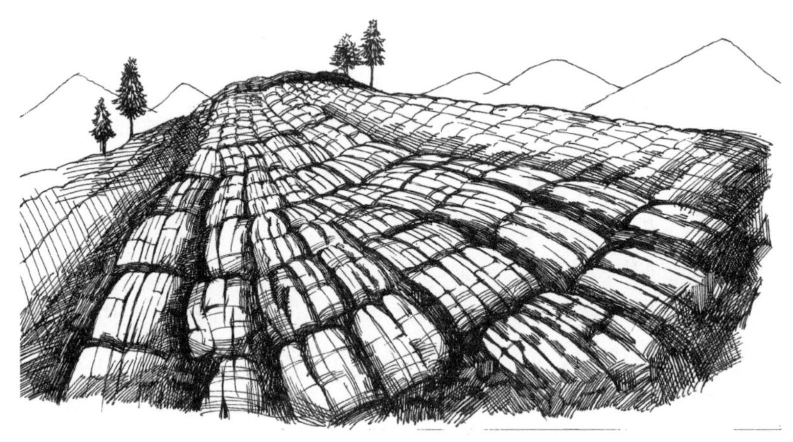

图 4.6　千龟山丹霞景观示意图

4.9.2　剑川石宝山高山丹霞景观

位于剑川县城西南约 25 千米的沙溪古镇境内，面积约 40 平方千米(黄义忠和杨世瑜，2003)。剑川石宝山在 2000 万～3000 万年前是一个大型的内陆湖泊，古气候比较炎热，四周河流汇入其中，形成了一套累计总厚度大约 3000 米的红色砂砾沉积物，以砾岩、砂砾岩、砂岩为主，均为铁钙质混合胶结，岩层产状平缓。其后由于喜马拉雅晚期的造山运动，地壳隆起成陆、成山、湖泊消失，海拔升至 2000～3000 米。岩层表面节理发育，节理经风化或被水溶蚀形成平行排列、整齐的棱角形花纹或大小不一的溶孔。因山上的红砂石沿节理呈龟背状裂纹，如狮似象像钟，被当地人称为“石钟石”，当作“镇山之宝”，故名石宝山。石宝山的红色湖泊相沉积物，因成岩时间不长，碎屑之间的胶结度偏低，所以透水性特别强，一般的天然降水都能被它吸收渗透其下，地表径流量小，所以对岩石的直接冲刷力度相对较小，而是慢慢地被风化淋蚀、剥蚀溶蚀、侵蚀，形成球状风化石(如石钟石)、棒状或针状石、柱状石，或形成小窄谷，各种小山丘、小山峰、丹崖赤壁等景观。

石宝山中有建于元代的悬空宝相寺、明代的金顶寺和清代的海云居，各具特色。始于南诏大理国时期的石宝山歌会(农历七月二十七至二十九日)，历千年而不衰，独具神韵风采，青年男女汇聚石宝山，拨弦览胜，对歌觅友，载歌载舞，通宵达旦，被称为滇西北白族的“情人节”。在众多文物古迹中，尤以石钟寺唐宋石窟群最负盛名。在石钟寺、狮子关、沙登村三个地区的岩壁上，分布着 16 个窟、139 躯造像，石窟造像雕刻精美，是唐代石雕技艺与南诏白族文化融为一体的优美综合景观，具有浓郁的地方色彩和民族风格，是研究南诏大理国时期社会、政治、经济、军事、文化、宗教和民俗等的珍贵实物资料。剑川石钟寺石窟群可以和敦煌莫高窟相媲美，人们称为“北有敦蝗，南有剑川”。

4.10　劣地景观

云南劣地景观主要有土林和膏林。土林和膏林景观分布十分广泛，主要分布于元谋、陆良、永德、南涧、建水等地。它是新生代河湖相黏土、砂、砾石的半胶结或松散堆集物，在干燥气候环境中，经雨水淋蚀冲刷而成的特殊景观。云南最为著名的为元谋土林、永德土林、陆良彩色沙林和元江彩色膏林景观。

4.10.1　元谋土林景观

元谋土林景观位于元谋县境内，北纬 25°40′～25°50′，东经 101°45′～102°00′(王学良和何萍，2007)。根据成因和形状可分为 5 种类型：土芽型、笋尖型、帽盔型、古堡型和连体型(骆景山，1999)。土林总面积为 42.9 平方千米，其中以新华、虎跳滩、班果、尹地土林分布最为集中，面积最大、景点最壮观、发育最典型、色彩最丰富。马吼、湾保、白泥湾、罗岔、小雷宰、甘棠等地土林发育不典型，分布稀疏。

新华土林包括浪巴铺土林和河尾土林。浪巴铺土林位于元谋县城西 40 千米的浪巴铺东侧，面积为 1.4 平方千米，分布高大密集，类型齐全，圆锥状土柱尤为发育，一般高 3～25米，最高达 27 米，此处还有峰丛状、雪峰状、城垣状等土林；浪巴铺土林色彩丰富，顶部以紫红色为主，中上部为灰白色，中下部以黄色为基调，其间夹有褐、灰、白、黄、棕等色，相互映衬。河尾土林位于新华乡东南 1 千米的河尾水库东岸，分布面积约 0.35 平方千米，景观多以柱状、雪峰状为主，高度小于 8 米。

虎跳滩土林位于元谋县城西北的上罗茂勒西侧，现已开发面积为 2.17 平方千米，土林形态多以城堡状、屏风状、帘状、柱状为主，土柱高度 5～15 米，土林最高高度为 42.8 米，风格与新华土林迥异，远观沟壑纵横，荒凉粗犷，沟内土林密密簇簇，千峰比肩，似缺少跳跃变化，但近看则大不相同，有天造地设的状兽、状鸟、拟人、拟物形象。虎跳滩土林沟道总长 5910 米，主沟长 1550 米，宽 10～40 米，支沟长 4360 米，宽 0.5～

25 米，景观多集中在支沟内，如元帅府、欧亚奇观、古堡幽情、无名沟等是虎跳滩土林中景观最好的地段(李禄安，1981)。

班果土林位于元谋县城平田乡东南，面积达 6.1 平方千米，为元谋县规模最大的土林，主要分布于大沙箐及支沟两旁，疏密有序，形状以古堡状、城垣状、屏风状、柱状为主，土柱高度一般 5～15 米，最高 16.8 米；大沙箐长 3750 米，宽 50～100 米，最宽达 230 米，沟底为灰白色细粉砂(陈述云等，1994)。

土林里含有大量的硅化木植物化石及古人类化石，石柱上夹有许多石英及玛瑙等，在阳光照射下，呈现出五光十色的异彩。

4.10.2 永德土林景观

永德土林位于云南省临沧市永德县永康镇忙况村的忙令河西北，景观地层属古生代海相沉积地层的红砂砾土，经风雨剥蚀及周围生态环境变化，结构疏松的砂砾逐渐被剥蚀，结构紧密的部分残留下来而形成。土林形似古塔，计 200 余座集中于 0.15 平方公里内，最高者 30 米，一般为 20 多米。土峰林立如佛，传说是诸葛亮南征到此安营扎寨，哨兵劳累长睡不醒化成土佛。永德民间视土佛为神灵，常到此地烧香、祭献、占卜。

4.10.3 陆良彩色沙林景观

陆良彩色沙林景观，位于陆良县城 15 千米的终南山脚下，为世界上最大的彩色沙雕主题公园景观之一。彩色沙林是由中新生代的陆相沉积杂色砂岩，经内外营力的共同作用，经过 320 万年地质演化过程形成基底，近代人工对它进行大规模的改造而成。其面积为 5 平方千米，呈层峦叠峰状，又因其以红、黄、白为主色调，杂以青、蓝、黑、灰等色，加上季节、气候、日照及观赏角度的不同，产生绚丽多彩的色调(王宇等，2006)。沙林以五峰山、终南山簇拥，西冲湖、永丰湖、终南湖、雨师庙湖、五峰山湖相托，与爨龙颜碑相望，形成林、峰、水、碑映衬成趣的自然画卷。人文景观主要由 34 个洞穴沙雕构成。2001 年以来陆良成功举办了多届国际彩色沙雕节暨沙雕大赛。

4.10.4 元江彩色膏林景观

元江彩色膏林景观是迄今为止发现的世界上唯一一处彩色膏林。位于北纬 23°18′～23°55′，东经 101°39′～102°22′，在元江县城西的官仓附近，与县城直线距离约 3 千米。元江彩色膏林系含膏盐的泥岩、页岩经地表水沿垂直节理侵蚀而成的密集膏林，加之原岩物质组分的差异性，构成灰绿、灰紫、灰红、黄褐色等色调的彩色图案，柱体表面多有一层由石膏组成的薄膜以保护柱体的稳定性(谢洪忠等，2006)。膏林分布在玉溪—磨黑高等级公路东侧山坡下方的数条掌状分支沟谷内，面积约 0.5 平方千米，平均海拔 500 米，膏林柱体多下粗上尖，且稍带浑圆，高 40～50 米，峰丛在平缓斜坡上高百余米，峰林叠嶂，浑然一体，色彩及柱体造型多变，构成一幅幅蕴含浓郁诗情画意的彩墨画。

4.11　宝玉石景观

云南地处西南国境线上，一方面地质历史上地壳活动频繁，造就了一批珍贵的宝玉石(如黄龙玉、南红等)成矿条件；另一方面，作为重要的西南陆上边贸口岸，成为中国最大的宝玉石进口集散地。云南腾冲和瑞丽因为区位优势独特，成为中国最大的宝玉石毛料集散地。

4.11.1　宝石

1. 宝石的定义

通常所说的宝石，泛指用于首饰按一定成型要求雕琢或按照原生面形态仅作抛光打磨处理后进行镶嵌和串制的材料。宝石是必须具备美丽、坚硬和稀有三个基本条件，并且又符合工艺要求的这部分物质(常奇，2007a)。宝石是矿物的特殊类型，色泽鲜亮、质地纯净而精美(鄢志武，2003)。

2. 宝石的分类

1)按商业名称分类

以产出国命名：著名的有缅甸翡翠、南非钻石、巴西玛瑙、哥伦比亚祖母绿。

以颜色命名：海蓝宝石、橄榄石、紫晶、绿松石。

以外观命名：石榴子石、孔雀石、月光石、老虎石。

外来译音命名：欧泊、鲁宾、埃姆莱、托帕石。

2)按商业价值分类

高档宝石：主要为“五大宝石”，分别为钻石、红(蓝)宝石、祖母绿、金绿石(猫儿眼)和变石(亚历山大石)。

中档宝石：碧玺、水晶、石榴子石、海蓝宝石和绿宝石(绿柱石)、玛瑙、孔雀石、托帕石、珊瑚、琥珀等。

彩石类：高档的为黄石、鸡血石、寿山石、青田玉、巴林石。中低档的有汉白玉、粉翠玉、贵州玉、金海石等。

3. 宝石的重量表示方法

克拉(Ct)，在 1907 年的巴黎公制会议上被商定为宝石和黄金的计量单位，并沿用至今。1914 年，国际上将 1 克拉的标准重量定为 200 毫克，即 0.2 克，5 克拉为 1 克重，142 克拉等于 1 盎司。在常规称呼中，一般把 0.20 克拉称为 20 分，0.45 克拉称为 45 分，0.5 克拉称为半克拉，1.50 克拉称为 1 克拉半(常奇，2007a)。

4. 宝石的硬度和韧度

硬度和韧度是宝石商业评估中重要的参数。硬度是指矿物晶体对机械割划的抵抗力，一般用摩氏硬度来表示(表 4.3)。韧度是指宝石的抗裂和抗破碎程度，它的相对属性就是脆性，如珊瑚和祖母绿的脆性很高，所以加工工艺难度相对较高(表 4.4)。所以硬度和韧度都好的宝石相对经久耐用，不容易磨损和破碎，表面的光洁度也能保持长时间不变(常奇，2007a)。

表 4.3　摩氏硬度(宝石和矿物硬度级别标准)

矿物名称	金刚石	刚玉	托帕石	石英	长石	磷灰石	萤石	方解石	石膏	滑石
硬度	10	9	8	7	6	5	4	3	2	1

资料来源：常奇，2007a

表 4.4　常见宝石的硬度和韧度

宝石名称	钻石	红蓝宝石	金绿宝石	海蓝宝石	祖母绿	锆石	碧玺	石榴子石
硬度	10	9	8.5	8	7.5	7～7.5	7～7.5	7～7.5
韧度	7.5	8	3	7.5	5.5	5	—	—
宝石名称	水晶	翡翠	橄榄石	玛瑙	软玉	欧泊	绿松石	青金石
硬度	7	7	6.5～7	6.5～7	6～6.5	5.5～6.5	5～6	5～6
韧度	7.5	8	6	3.5	8	—	—	—

资料来源：常奇，2007a

4.11.2　玉石

1. 玉石

中国对玉的认识经历了一个漫长而循序渐进的过程。《说文解字》对玉的定义为："玉，石之美，有五德。"《辞海》对玉的解释为："温润而有光泽的美石"。法国矿物学家德穆尔对玉的界定为："玉包括两种矿物：软玉和硬玉，是一种隐晶质集合体。"目前国际上统称的玉，是指硬玉翡翠，属钠铝硅酸盐辉石类变质岩矿物，唯一产地在缅甸。软玉，则是钙和镁的硅酸盐矿物，属角闪石类(常奇，2007b)。《不列颠百科全书》是这样定义的："两种坚韧的、致密的、典型情况下是绿色的、具有高度可磨光性的宝石之中的任何一种。""这两种玉石中价格较高者是硬玉，另一种是软玉。""硬玉是钠和铝的硅酸盐，被归入辉石一类。软玉是钙和镁的硅酸盐，属于闪石矿物族，它本身被看作是一个透闪石的致密的种类。"玉和玉雕与中国有密切的关系，因为世界其他地方没有用这样坚硬的材料，使用绵延不断的传统技术进行加工雕琢。数千年间，中国人雕琢的玉多来源于新疆的和田玉和叶尔羌地区的软玉。18 世纪，大量的硬玉才从缅甸进入云南。

从宝石和玉石的定义来看，玉石是宝石中的几个特殊种类，中国人对玉石情有独钟。

目前市场上主要的玉石有翡翠、和田玉、玛瑙、独山玉、密玉、梅花玉、绿松石、孔雀石、青金石、木变石、蜜蜡黄玉和东陵石。云南省目前开发的玉石新品种有“龙陵黄龙玉”“松香玉”“南红玛瑙”“百合玉”(含大量古生物化石海百合茎碎片)等。若严格地按玉石的定义，目前市场上流行的许多玉石其实不是玉石。

2. 翡翠

翡翠也称翡翠玉、翠玉、硬玉、缅甸玉，是硬玉的典型代表。翡翠是借鸟名命名的一种硬玉，摩氏硬度为 7。翡翠鸟在世界上有 40 种，中国有赤翡翠、白胸翡翠、蓝翡翠和白领翡翠 4 种，因其具有宝石般的辉亮羽衣而得名。一般雄性翡翠鸟的羽衣为红色，谓之“翡”，雌性的为绿色，谓之“翠”。翡翠只产于缅甸。寸开泰撰写的《腾越乡土志》记载：“腾为萃数，玉工满千，制为器皿，发售滇垣各行省。上品良玉，多发往粤东、上海、闽、浙、京都。”自 18 世纪翡翠传入中国以来，云南(特别是瑞丽和腾冲)就是翡翠的重要集散地。

翡翠是在地质作用下形成的达到玉级的石质多晶集合体，主要由硬玉及钠质(钠铬辉石)、钠钙质辉石(绿辉石)组成，可含有角闪石、长石、铬铁矿、褐铁矿等。其中，铬是造成翠绿色的主要因素。翡翠以碧绿而透明者最为珍贵。翡翠的矿物结构呈纤维状，具有细腻、坚韧的特点，但受重击易断裂。

3. 和田玉

和田玉俗称真玉，是软玉的杰出代表。传统概念特指新疆和田地区出产的玉石，广义上指的是透闪石(钙镁硅酸盐)成分占 98%以上的玉石都称为和田玉。和田玉的摩氏硬度为 6.0～6.5，密度为 2.95～3.17。和田玉主要分为白玉、青玉、青白玉、碧玉、黄玉、黑玉等品种。和田玉和湖北绿松石、河南南阳玉、辽宁岫岩玉并称为中国四大名玉。

4. 黄龙玉

黄龙玉，又称黄龙石，是近年新发现的品质极高的一种石英质玉，深受消费者青睐，已成当今玉石收藏界新贵。黄龙玉产自龙陵县小黑山省级自然保护区的龙江边，是 2004 年兴修水电站时被发现的。黄龙玉属硅化安山岩或砂岩，主要成分为石英，油状蜡质的表层为低温熔物，韧性强，摩氏硬度为 6.5～7.0。黄龙玉的颜色以黄色为主，有黄、红、绿、白、黑之分。有“黄如金、红如血、绿如翠、白如冰、乌如墨”之称。具体来说，黄色有金黄、蜜黄、蛋黄、鸡油黄、橘黄、枇杷黄等深浅不一的黄色；红色有鸡血红、朱砂红、猪肝红、玫瑰红等浅红色；白色有雪白、冰白等。黄龙玉外观上既有在翡翠上可见的纤维状结构，也有与田黄石相似的萝卜纹；在透明度方面既有令人满意的翡翠般的“水头”，又有比和田玉更好的“油头”，其玻璃光泽更引人入胜。黄色在中国文化中最为尊贵并最具神秘色彩，它彰显威严、权力和高贵，而黄龙玉的主色是黄色和红色，黄色寓意“富贵”，红色寓意“吉祥”，因此由它雕琢的工艺品备受消费者喜爱(毛一心等，2011)。

宝玉石类装饰品越来越受到重视。人们不仅对珠宝的质量和颜色有所偏爱，而且对不同珠宝玉石品种的象征性也非常重视，特别是对于一年十二个月配饰珠宝的选择也是非常讲究的，并以此作为美好和幸福的象征。十二个月的诞生石分别是：一月为紫牙乌(子牙乌，即石榴子石)；二月为紫水晶；三月为珊瑚、蓝水晶；四月为钻石、锆石；五月为祖母绿、翡翠；六月为珍珠、变石；七月为红宝石；八月为橄榄石、玛瑙；九月为蓝宝石；十月为猫眼石、欧泊石；十一月为黄宝石、托帕石和黄晶；十二月为绿松石、青金石(鄢志武，2003)。

云南很早就是宝玉石的集散中心之一。《华阳国志·南中志》载："永昌郡地出光珠、琥珀、翡翠、水精、琉璃。"《后汉书·西南夷列传》也载："哀牢出水精、光珠、琥珀、琉璃、翡翠。"永昌郡地跨伊洛瓦底江上游广大宝石产地，同时，永昌郡外通缅甸、身毒、大秦，内连中国内陆腹地，成为宝玉石贸易最昌盛的地区。明代是宝玉石贸易交易规模最大的时期。明朝时期曾在云南置太监，就近经营宝玉石，凡采买先由辖官办理，后与商贾交易。1639 年，大旅行家徐霞客到云南还描述了他在永昌城买琥珀、绿虫的情况。清代云南对外贸易中，宝玉石交易仍占重要地位，众多的云南史志都有记载。康熙《云南通志》提到的宝石有琥珀、水晶、莱玉、墨玉、催生石、青花石、宝砂。《腾越厅志·土产》中也说：琥珀、玛瑙、珊瑚"从腾越达于省会，故州城八保街，旧讹为百宝街。"云南目前也是中国重要的宝玉石集散地和交易地，翡翠、黄龙玉、南红玛瑙等是云南最重要的旅游商品。

4.12 地质景观演化进程

距今 8 亿年前，云南发生了一次十分强烈的地壳运动——晋宁运动。这是云南省一次重要的造山运动。此时，滇中古陆由古海洋中升起，滇西隆起高黎贡山古岛，形成两条巨型南北向山地。昆阳群以下的地层发生强烈褶皱和动力变质。古老的纬向构造和经向构造基底就是该时期形成的。随后，澄江运动(距今 7 亿年左右)使滇西大部分褶皱隆起，遭受剥蚀，缺失震旦系沉积地层。滇东部分地区一度抬升成陆，并伴有大量花岗岩侵入，仅在滇东海盆内部(建水、会泽、永善等地)沉积地层形成。这期间发生过一次广泛的冰川活动(距今约 6.6 亿年)，使震旦系地层中部普遍夹一层冰碛层，叫南沱冰碛层。随后，滇东又开始被海水淹没。海侵继续扩大，广泛接受海相沉积(陈永森，1998)。

古生代时期，云南地壳相对稳定，整体发生振荡运动，海水几进几退。滇东、滇西的构造运动和火山喷发等具有同步性。到了晚古生代构造运动才普遍强烈起来，总的来说滇西的活动性强于滇东。早古生代滇中和高黎贡山仍为古陆，滇西为深海槽，有完整的地层系列，滇东为陆表海。志留纪末的加里东运动(距今 5 亿～4 亿年)使滇东大部分上升为陆，滇东南的志留系和上奥陶系地层遭受剥蚀。此阶段小江断裂带为比较活跃的构造带。晚古生代发生了古生代以来第二次大海侵。滇西仍为稳定海槽，且向北向东扩展，沉积巨厚碳酸盐岩和海相碎屑岩。滇东和滇东南为广泛的陆表海或海盆。二叠纪时海侵范围最大，滇中古陆也有部分一度被海水淹没。这期间的华力西运动(距今 3 亿年左右)是一次十分强烈的构造运动，地壳一度抬升，地壳各层之间普遍假整合或不整合，超覆现象十分普遍。二叠纪末期滇东和滇西产生两条南北向裂谷，发生大规模海底玄武岩喷发，并伴有基性、超基性和酸性岩浆侵入。随后海水有所退却，滇东北形成大量煤层，从二叠世末，云南开始由海向陆转化(陈永森，1998)。

中生代是全省大面积海退陆升时期。三叠纪末期印支运动(距今约 2 亿年)是继晋宁运动和华力西运动之后，对云南省构造格局起决定作用的构造运动。地壳发生大规模不均匀上升，海域收缩，陆地不断扩大。三叠纪后，全省地质环境发生了根本转变。前滇中隆起变成一个强烈下沉的内陆大盆地的中心，滇东完全变为陆地，滇西除有部分残余海水外，大部分变为陆地。受印支运动的影响，三叠纪中晚期在滇西和滇南发生大规模酸性岩浆活动，变质作用和褶皱断裂也很活跃。印支运动结束后，云南全部转变为陆地。侏罗纪时形成两个大型内陆湖盆——滇中盆地和兰坪-思茅盆地，盆地内沉积了一套陆相红色碎屑岩，即“云南红层”。燕山运动对盆地的形成起到了重要作用。燕山运动从侏罗纪开始，直至白垩纪末(距今 1.9 亿～0.65 亿年)，具有多旋回的特点。地壳发生差异上升，侏罗系和白垩系地层有不同程度的缺失，并有大量中酸性和碱性岩浆侵入(陈永森，1998)。

新生代是云南高原的形成时期，喜马拉雅运动对云南高原的形成起到了决定作用。喜马拉雅运动具有多次构造运动幕，从距今约 0.6 亿年开始，延续到距今 0.02 亿年左右。喜马拉雅运动时期，印度板块向欧亚板块强烈俯冲挤压，喜马拉雅山迅速上升。喜马拉雅运动在云南表现亦特别强烈，云南高原隆起。许多老构造被改造和加强，同时产生出大量新构造。从古近纪喜马拉雅运动第一幕开始，云南大幅度整体抬升，大型陆盆逐步收缩乃至消失，形成云南高原雏形。随着高原继续抬升，断裂强烈活动，高原面上产生一系列断陷盆地，逐渐演化成为现代湖泊和坝子，盆地内沉积了陆相含煤层、冲洪积和湖积物(陈永森，1998)。

第四纪(0.02 亿年前至今)以来，新构造运动十分强烈，褶皱断裂和火山地震相当活跃。随着高原的上升，湖泊收缩乃至大部分消亡，现代湖泊仅存 40 余个。随着断裂大幅度差异活动，山体强烈抬升，盆地和河谷下切，形成强烈反差地形，高原面发生解体，在滇西横断山区表现最为典型：高黎贡山、怒江、怒山、澜沧江、云岭相间排列，构成高山峡谷地形，最大相对高差达 4000 余米。云南部分地区在第四纪发生过冰川活动。高纬和高山地区均被冰川覆盖，并向中低纬和低海拔扩展。据考证，第四纪发生过 4～5 次冰期，云南大理、丽江、香格里拉等地有许多古冰川遗迹。此外，第四纪火山爆发在腾冲、墨江、普洱、马关、屏边等地均有发生(陈永森，1998)。

古老的、时急时缓的构造运动，使云南大地上的地质景观不断变化、反复叠加，地下埋藏着大量地球演化的秘密，等待着人们去研究、考察。喜马拉雅运动以来的构造变动和各种外力的“精心”雕琢，才使云南大地拥有了如此精彩的景观。

参考文献

白华，耿嘉. 2003. 云南文史博览. 昆明：云南人民出版社：117.

常奇. 2007a. 宝石鉴赏完全手册. 上海：上海科学技术出版社：1-13.

常奇. 2007b. 玉石鉴赏完全手册. 上海：上海科学技术出版社：1-73.
陈永森. 1998. 云南省志·地理志. 昆明：云南人民出版社：214-216，231-244.
陈述云，张建云. 1994. 元谋土林的形成条件及发育速率. 云南地质，13(4)：383-391.
崔之久，高全洲，刘耕年，等. 1996. 夷平面、古岩溶与青藏高原隆升. 中国科学(D辑)，(4)：378-386.
董枝明. 2003. 中国的侏罗纪公园——云南禄丰盆地世界级的恐龙墓地. 化石，(3)：39-40.
段汉明. 2010. 地质美学. 北京：科学出版社：69-72.
段宝林，江溶. 2007. 山水中国(云贵卷). 北京：北京大学出版社：166-170.
黄秉维. 2004. 中国大百科全书·中国地理. 北京：中国大百科全书出版社：588.
黄义忠，杨世瑜. 2003. 三江并流带丹霞地貌景观地质成景作用. 矿物岩石地球化学通报，22：270-272.
李禄安. 1996. 云南省志·旅游志. 昆明：云南人民出版社：223-283，270-278.
吕惠进. 2003. 地质地貌学. 北京：科学出版社：229-230.
吕惠进. 2009. 自然景观赏析. 杭州：浙江大学出版社：107-108.
罗晨. 2012. 云南老君山旅游资源整合开发战略. 北方经贸，4：129，137.
骆景山. 1999. 神奇的元谋土林. 大自然，4：16-17.
毛一心，苍志智，张玲玲. 2011. 中国玉石玉雕收藏鉴赏. 北京：人民邮电出版社：250-251.
美国不列颠百科全书公司. 2002. 不列颠百科全书 8. 北京：中国大百科全书出版社：496.
石峰. 2010. 旅游资源概论. 青岛：中国海洋大学出版社：37-38.
王学良，何萍. 2007. 云南元谋土林风景区地貌的形成与演化研究. 楚雄师范学院学报，22(9)：56-59.
王宇，杨世喻. 2006. 陆良彩色沙林成因. 云南地质，25(2)：193-198.
谢洪忠，杨世瑜，吴志亮. 2006. 元江彩色膏林景观生态特征及成景作用研究. 生态经济，5：212-213.
徐冶. 2015. 图像笔记. 北京：光明日报出版社：9.
鄢志武. 2003. 旅游资源学. 武汉：武汉大学出版社：31-37.
杨湘桃. 2005. 风景地貌学. 长沙：中南大学出版社：105-116.
云南省地名委员会. 1997. 云南省志·地名志. 昆明：云南人民出版社：93-114.
云南省旅游局. 2006. 云南导游基础知识. 昆明：云南大学出版社：33-34.
云南省水利水电厅. 1998. 云南省志·水利志. 昆明：云南人民出版社：356-357.
张启跃，周长勇，吕涛，等. 2008a. 滇东罗平地区发现中三叠世安尼期鱼类化石. 地质通报，27(3)：429-526.
张启跃，周长勇，吕涛，等. 2008b. 云南罗平中三叠世安尼期生物群的发现及其意义. 地质论评，54(4)：523-525.
中华人民共和国国土资源部. 2009. 中国国土资源年鉴. 北京：中国国土资源年鉴编辑部出版社：235-236.
朱桂凤. 2011. 旅游资源概论. 上海：格致出版社：40-41.

第 5 章　山 地 景 观

5.1　概　　况

山地是具有一定海拔和坡度的地面，山地有广义和狭义的区别。广义的山地包括高原、盆地和丘陵；狭义的山地仅指山脉及其分支，是由突起在地平面上的岩石和松散堆积物组成的(柴本源等，1997；范运铭，2006)。山地按形态和高度，一般划分为极高山、高山、中山、低山和丘陵五类。这五类山地在景观特征上有显著差异(表 5.1)。

表 5.1　中国山地分类表

名称		绝对高度(米)	相对高度(米)
极高山		>5000	>1000
高山	深切割	3500～5000	>1000
	中等切割		500～1000
	浅切割		100～500
中山	深切割	1000～3500	>1000
	中等切割		500～1000
	浅切割		100～500
低山	中等切割	500～1000	500～1000
	浅切割		100～500
丘陵	高丘陵	<500	100～200
	低丘陵		<100

资料来源：中国科学院《中国自然地理》编辑委员会，1980

5.1.1　高山和极高山(海拔>3500 米)

山体以海拔高、地势陡峻为主要特点。中国主要分布在青藏高原、云贵高原的一二级地貌阶梯边缘地带，以及深切峡谷边缘。云南极高山集中分布在三江并流区的高黎贡山脉、怒山山脉和云岭山脉中，这些地方，历史上人迹罕至。高山主要集中分布在滇西横断山纵谷区，以及滇东北一带。受新构造运动的影响，云南高山极高山地区谷地深切，形成许多高山峡谷景观，如金沙江虎跳峡、怒江大峡谷等。云南的雪线高度一般在 4700 米左右，因此高山极高山多有现代冰川和冰川遗迹分布。山顶附近一般为冰川分布区，在雪线附近各种冰川地貌发育，角峰、刃脊、“U”形谷、冰斗、冰川、冰蚀湖、冰塔林等景观分布广泛。在高山地区广泛分布第四纪冰川遗迹景观。

高山极高山地区野生动植物资源丰富，植被垂直带谱发育。例如，高黎贡山地区(图 5.1)，植被自山麓从亚热带常绿阔叶林、温带落叶阔叶林、针阔混交林、针叶林、灌木、高山草甸、冰川荒漠逐渐过渡。滇西北的高山极高山区绝大部分被列为三江并流世界自然遗产地。

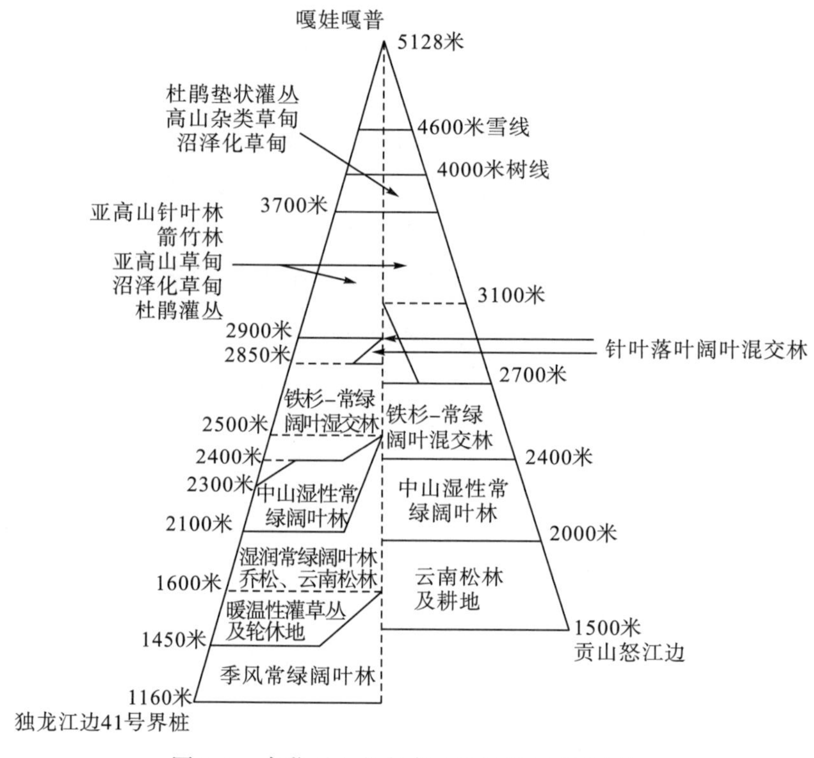

图 5.1 高黎贡山北段东西坡植被垂直分带图

资料来源：云南大学生态与地植物学研究所，2006

5.1.2 中山(海拔 1000~3500 米)

中山是山地中分布较为广泛的山地类型。中国许多传统名山多为中山，其中最为著名的是五岳(东岳泰山、西岳华山、中岳嵩山、北岳恒山、南岳衡山)，以及黄山、庐山、雁荡山、峨眉山、九华山、五台山、武当山、青城山等。这些名山多位于谷地和平原边缘，地势上形成巨大反差，高耸雄伟，积淀了丰厚的文化遗产。云南许多著名的山地，除了主峰海拔较高之外，山体的主要部分都是由中山组成，比较著名的有苍山、老君山、哀牢山、无量山、乌蒙山等。其中，相对高差在 1000 米及以上的高中山分布在哀牢山一带；相对高差在 500～1000 米的中山分布于滇西南及滇东北地区；相对高差小于 500 米的低中山广泛分布于滇中及滇东地区，腾冲火山群也属于此列，不少有名的中山分布于坝子周边。云南的中山多位于亚热带气候区，山体地貌类型复杂，自然风光组合良好。一些中山保存了大片亚热带原始森林，青山如屏，山色秀丽，不少中山以珍奇的野生动植物著称。例如，无量山国家级自然保护区就以黑冠长臂猿著称于世。历史上中山的开发很早，而且早期的开发往往还与宗教活动有关，所以这些中山一般均以丰富的自然景观和人文景观相结合而闻名于世，形成了一些著名风景区，如宾川鸡足山、昆明玉案山、武定狮山、昆明西山、通海秀山、巍山巍宝山等。

5.1.3　低山(海拔 500～1000 米)

低山海拔较低，相对高度较小，一般山体浑圆，呈波状起伏。虽然个别地段不乏悬崖峭壁或奇峰怪石，但从整体上看，山势大多不甚雄伟。云南低山主要分布在南部和东南部，低山地区地势起伏较为和缓，山体植被覆盖良好。云南南部低山地区气温较高，降水丰富，部分山区河谷地带分布有热带原始森林，著名的西双版纳热带、南亚热带原始森林即位于这一地区。滇东及滇东南的低山地区，主要是喀斯特地貌分布区，许多低山为溶蚀后形成的峰林、峰丛或溶丘，山体中发育大量的溶洞、天坑等景观，形成独特的喀斯特低山景观。

5.1.4　丘陵(海拔<500 米)

丘陵的海拔均在 500 米以下，相对高度也小于 200 米，山体较为低矮，地势起伏也更为和缓。中国最著名的丘陵是东南丘陵。云南的丘陵分布面积不大，主要分布于南部河谷和坝子边缘地带，许多位于国境线附近。

5.2　山地景观空间结构

山地景观是云南省分布最广、面积最大的一种旅游景观资源。全省各州(市)山地的比重都在 70%以上，各种类型的山地约占全省总面积的 84%。这些山地主要分属高黎贡山、怒山、云岭、五莲峰山、拱王山、乌蒙山等山系。高山和极高山多分布在滇西北，滇东北东川小江流域，巧家的东北一带也有一片高山山地，高山和极高山的面积约 5.8 万平方公里，约占云南山地总面积的 13%，高山和极高山山高谷深，垂直带谱发育，动植物及水资源十分丰富，分布有许多开发程度不高的著名风景区，如玉龙雪山、苍山、太子雪山、白马雪山等。中山面积为 25 万余平方公里，约占云南山地总面积的 77%，主要分布在云南北部、西北部高山区与南部低山丘陵区之间，还有一部分分布在高原边缘破碎地带。中山多位于亚热带气候区内，地貌类型复杂，水土流失严重，但也形成了一些著名风景区，如宾川鸡足山、昆明玉案山、武定狮山等，这些中山往往因丰富的人文景观和自然景观的巧妙结合而闻名于世。低山丘陵面积为3万余平方千米，约占云南山地总面积的10%，主要分布在西双版纳傣族自治州的南部、东南部，文山壮族自治州的东部、东南部，红河哈尼族彝族自治州的南部及德宏傣族景颇族自治州的西南部。地势起伏和缓，谷地浅而开阔，气温高，降水丰富，植被覆盖良好，分布有著名的西双版纳原始森林景区、滇东南喀斯特景区、瑞丽江大盈江少数民族边境风情景区等。

云南的山体景观在形状上大体可分为两类：一是锯齿形，多属高山和极高山，往往形成险峰、峭壁、悬崖等景象，显出壮丽和清奇的风景性质。山的分布一般呈线状排列，形成山脉，这样成排蜿蜒于远处的峰峦，往往成为一种令人敬畏、悦目的风景。滇西北“三江并流区”的山形山势，将这种风景特征表现得淋漓尽致。锯齿状高峰很适宜作为吸引欣赏视觉的终点景物，尤其是突兀于群山之中的主峰。例如，苍山主峰马龙峰、玉龙雪山主峰扇子陡峰、太子雪山主峰卡瓦格博峰等，这些雪峰均是极好的欣赏视觉终点的景物。二是浑圆形，它们是低山丘陵的形状，在滇中及滇东南喀斯特区高原面上广泛分布的溶丘和西南部、南部地区沿河谷、盆地边缘分布的低山和丘陵，具有这一特征。它平地突起，特别引人注目。浑圆的形状轮廓，带给低山丘陵优美以至轻快的风景性质，使其情趣安宁柔和。例如，石林附近高原面上的一些起伏溶丘及罗平一带的亚热带喀斯特溶丘，体现了这种风景性质。

云南旱季坝区和河谷气温普遍较高，而山地气候凉湿，因此山地是避暑、度假的良好场所。山地人口稀少，林木众多，空气新鲜，紫外线强，没有噪声，是修身养性及一些慢性病治疗和康复的理想疗养地。云南高大山地多为断块山地，山势险峻，垂直带谱发育，生物类型丰富，是科考、探险、登山的乐园。一些山地区还可以观赏到许多奇特的大气现象，如日出、云海、“望夫云”“玉带云”等。

山是有灵性的，山给人们提供了无尽的资源。人给山以活力朝气，山给人以美的视角和提升。北宋画家郭熙曾说：“山有三远，自山下而仰山巅，谓之‘高远’。自山前而窥山后，谓之‘深远’。自近山而望远山，谓之‘平远’。”山是地理坐标，族群的旗帜，也是人生的驿站。一部山志，就是一部鲜活的民族史、百姓生活史。云南历史上也曾仿照中原册封了“五岳”。唐德宗兴元初年(公元784年)，云南南诏王异牟寻迁都羊苴咩城(今大理古城)，并将大蒙国改为大礼国，后借唐朝廷册封之机，仿中原册封了大礼国境内的“五岳”：东岳绛云露山(乌蒙山)、西岳高黎贡山(高黎贡山)、南岳蒙乐山(无量山)、北岳玉龙雪山和中岳点苍山(苍山)，构建了云南文化山脉的空间结构。云南的山孕育了云南人宽厚的胸襟，正因为大大小小的山，云南才有条件和资格成为中国最有名的生态旅游和观光旅游目的地。

5.3 滇西横断山纵谷区山地景观

滇西横断山纵谷区是具有世界意义的各种壮丽景观的集大成地，其北部三江并流核心区，按照世界遗产地的“突出普遍价值”原则，因符合世界自然遗产的四个提名标准(ⅶ，ⅷ，ⅸ和ⅹ)，于2003年被列入《世界遗产名录》。全球的自然遗产地，能够符合四条标准的凤毛麟角。

具有极好的自然奇观或自然美和美学重要性(标准ⅶ)。该遗产地上分布着高山峡谷、广袤的森林、雄伟挺拔的高山和雪峰、冰川、高山湖泊、草甸等景观，这些与奇美无比的高山喀斯特地貌、瀑布、“石月亮”“千龟山”丹霞砂岩地貌等共同组成世界上最壮美的奇景。

地球历史和地质特征(标准ⅷ)。由于造山运动的抬升，冰川活动和峡谷的形成等地质变迁，该遗产地汇集了三条并行流淌的大江大河。该地发生过从元古代到新生代的各次地质运动，被数不清的地质地貌遗存堆积记录下来，包含了一系列的特提斯洋沉积、喜马拉雅造山运动的杰出范例，以及众多的冰川遗迹和地质构造形态，组成一座活生生的地质博物馆。

生态过程(标准ⅸ)。三江大峡谷在扇形散开之前，以不同的方式形成了一系列物种分化的屏障。这种条件使该地区获得了近 300 万平方千米的低海拔陆地物种补充区域，几百万年来，通过该区域，在季风气候带来的总体水湿条件下，物种不断汇集，很多新物种也因此在进化中出现。巨大的海拔高差使得该区域的物种在面临气候变化时可以找到适宜的栖息地。且该地区经常发生地震，不断地开辟出新的峡谷坡面，使新的物种能不断地移殖。重复出现的高海拔山脊和深切的峡谷所产生的效应是：温暖峡谷成为适应高山生境物种的屏障，而高山则成为低海拔陆地物种的屏障；水流湍急的大河成为那些不能飞行和不会游泳物种的屏障；干热河谷植被成为湿润森林物种的屏障，等等。

生物多样性与濒危物种(标准ⅹ)。该遗产地具有非凡的物种多样性，包括了众多特有物种和濒危物种。以低海拔地区的灵长类动物为例：尼泊尔灰叶猴的分布仅局限于独龙江的西坡，白眉长臂猿仅生存在怒江以西的区域，与戴帽叶猴属同域分布，再往南的地区则分布着白掌长臂猿，菲氏叶猴仅存在于怒江峡谷，但在河谷两岸均有分布，滇金丝猴仅在怒江和金沙江之间的区域有发现，倭蜂猴仅在澜沧江以西的区域有发现。

5.3.1　担当力卡山景观

“担当力卡”是独龙语，意为“松坪山”，因山北段多松树坪而得名。位于北纬 27°40′～28°10′，东经 98°03′～98°20′，北起滇缅交界处，南抵独龙江深谷，纵贯贡山独龙族怒族自治县西部，隔独龙江与高黎贡山相望。担当力卡山是通往印度、缅甸和中国西藏的咽喉要地。担当力卡山西坡为缅甸，东坡为怒江傈僳族自治州贡山独龙族怒族自治县。在境内 72 千米的山脉中，主要有龙克耐腊卡山、白马腊卡山等。山体海拔在 3500 米以上，主峰南代旺腊卡，海拔为 4964 米(施之厚，1993；陈永森，1998)。白马腊卡山海拔为 4500 多米，是祖国西南边疆的一座天然屏障。山体由古老的变质岩系组成，冰川地貌发育，山顶有残存的高原面(贡山独龙族怒族自治县志编纂委员会，2006)。担当力卡山的许多山口都是崖耸百丈，绝壁横空，陡峭高峻，险不可攀。担当力卡山是恩梅开江的上源独龙江和套祖干河(缅甸境内)的分水岭，相对高差 2000～3000 米，峡谷深邃。山中上部原始森林保存完好，动植物资源丰富，被誉为全球保存最好的动植物基因库。独龙江峡谷紧邻担当力卡山，形成典型的立体气候区。这里雨量较多，水源丰富，有“有山就有箐，无箐不淌水”之说。

5.3.2　高黎贡山山脉

“高黎”是景颇族一个家族名称的音译，“高黎贡”原意为“高黎家族的山”。“高黎贡山”最早见于唐代著名学者樊绰所著的《蛮书》，被南昭王异牟寻封为“西岳”。

高黎贡山位于云南省西部和西南部，是横断山系中最西部的一条山脉，为念青唐古拉山脉的南延部分，在西藏境内称舒伯拉岭，山体走向为西北—东南，从贡山独龙族怒族自治县西北部进入云南后，改称高黎贡山，山体逐渐变为南北走向。它是横断山脉中最狭窄、高度最低的一列山地，是怒江和伊洛瓦底江的分水岭。山体平均海拔约 3500 米。山体北高南低，最高峰为嘎娃嘎普峰，海拔为 5128 米(云南省林业厅等，1998；贡山独龙族怒族自治县志编纂委员会，2006)。山顶终年积雪，广泛发育为冰斗、刃脊、角峰、槽谷、冰蚀湖等冰川地貌景观。高黎贡山北段在怒江傈僳族自治州境内，平均海拔为 4000 米左右，中段为中缅界山，平均海拔为 3000 米左右，南段山体分为两支，东支仍叫高黎贡山，南北走向，从保山市和德宏傣族景颇族自治州的交界处通过，最后进入缅甸，平均海拔为 2000 米左右；西支东北—西南走向，沿中缅边界延伸，主要分布在德宏傣族景颇族自治州境内，改称尖高山，平均海拔为 2200 米左右。高黎贡山是怒江和伊洛瓦底江的分水岭，东坡受怒江深切，相对高差达 2000～2500 米；西坡切割较浅，相对高差 1500 米左右，山体陡峻险要。南段西坡上，有著名的第四纪腾冲火山群和一些断陷河谷坝分布。在海拔 3600 米左右地带，分布着大量的冰蚀湖群，如墨支墨湖群、听命湖等，在这些湖泊区，高声喊叫，即会降雨，此种高山现象，神秘莫测，加上湖美如画，故怒江人称高山湖泊为“迷人湖”。

高黎贡山阻挡了北上的孟加拉湾暖湿气流，是云南重要的地理分界线，是中国纬度最南端较为完整的高山、亚高山生物气候垂直带谱自然景观和异常丰富的生物多样性分布区，分布有羚牛、孟加拉虎、白眉长臂猿、白尾梢虹雉等 82 种国家重点保护野生动物，树蕨、云南红豆杉、秃杉、长蕊木兰等国家和省级野生保护植物 58 种，被誉为“世界物种基因库”“自然博物馆”“世界雉鹊类的乐园”。高黎贡山是杜鹃的故乡，杜鹃有 187 种，主要分布在海拔 2500～4000 米的地带。“世界杜鹃花王”，树龄在 500 年以上，每年开花 4 万多朵，灿烂美如云霞。山中瀑布景观众多，滴水河瀑布落差 400 余米，是云南落差最大的瀑布，另外还有百花岭阴阳谷三级瀑、美人瀑、高脚岩瀑布群、大坝河口瀑布等景观。从六库到贡山的公路进入利沙底乡地界，抬头远望高黎贡山就可以看到著名的“石月亮”景观。

高黎贡山保存有公元前 4 世纪著名的南方丝绸之路——博南古道遗迹，从百花岭开始，顺着山路蜿蜒而上，路宽 1.5～2 米，路面全部用石块砌成，往日繁华喧嚣的古道成了一部无言的史书。高黎贡山是中国西南边防战略屏障，区内保存有烽火台及战坑、碉堡等各种古今战争遗迹。高黎贡山是傈僳族、景颇族、傣族、怒族等少数民族的故乡，孕育了丰富的文化景观。

高黎贡山为云南省面积最大的国家级自然保护区，面积为 40.52 万公顷。1992 年，世界野生生物基金会(WWF)把高黎贡山自然保护区列为具有国际重要意义的 A 级自然保护区。1997 年,《中国生物多样性国情研究报告》确定了 17 个中国生物多样性保护具有全球意义的关键区域，其中高黎贡山是首要区域——横断山南段的重要组成部分。2000 年经联合国教育、科学及文化组织批准加入世界人与生物圈保护区网络。

高黎贡山已建成姚家坪森林旅游度假村，以它为中心可以到达片马口岸、听命湖、滴水河瀑布等地游览，观赏片马垭口一带的高山杜鹃灌丛景观。百花岭是高黎贡山南段的一个旅游接待中心，可以考察博南古道，到美人瀑沐浴，考察丰富的生物多样性景观，观察森林鸟类和民俗等，建有称为“天然花园”的赧亢自然生态公园。傈僳族的多声部的无伴奏合唱，是来自于大山深处的天籁之音，具有国际声誉。高黎贡山生态环境脆弱，只适宜开展小众的生态旅游活动。

5.3.3 云峰山景观

因峰腰常常云雾缭绕，故名“云峰山”。云峰山位于腾冲市西南 20 多千米处，是一座拔地而起的孤峰，海拔 2200 米，高出平地 1000 米。山体岩石以花岗岩为主。云峰山以其“山高谷深，陡峭险峻”而著称，明代大旅行家徐霞客赞美它为“似太华之苍龙脊”。山上 1000 多级“三折云梯”直通山顶，最陡处的 43 级石阶近乎垂直，两旁是万丈深渊，被誉为腾冲十二景之首。云峰寺建在两亩见方的山顶，有玉皇阁、老君殿、观音殿等明代建筑，飞檐凌空，独具特色，素有“天工人力两尽其能”之誉，享有“空中帝阙”“空中仙都”之美称。入天门，进寺。前为吕祖殿，正殿为玉皇殿，后为老君殿。吕祖殿前有联云：“我来天外无双寺，此是人间第一峰。”玉皇殿前有小泉，人呼为“圣水”。柱上悬联颇多。老君殿后，群山如涛，但属风口，虽值五月，犹寒风嘶嘶，侵人肌肤，难以久留。整座道观，屹立峰顶，极为雄奇，但由于地点狭小，运送建筑材料不易，故房屋不甚高大。根据当年徐霞客的观察，其顶“东西长五丈，南北阔半之，中盖玉皇阁，前三楹奉有白衣大士，后三楹奉三教圣人”,“南北夹阁为侧楼，半悬空中”,“北祠真武”,“南祠山神”。看来，今天的寺观基本沿袭 350 多年前的布局、规模。寺建于何时，史无确载。据徐霞客所说，“皆川僧法界所营构”，至他上山时，“不及五年”，那么至迟，此寺在明崇祯七年(公元 1634 年)就已建立。由于寺观建在海拔 2445 米的高峰上，极易受到雷电的袭击，加上避雷装置不善，寺宇屡修屡毁。1940 年，又遭到侵华日军的糟蹋。抗战胜利后又重建。前些年几近荒废，近年来，当地寺僧和群众又加以复修。站在天门极目远眺，可远观高黎贡山雪峰皑皑。

5.3.4 怒山山脉

怒山山脉是云南西部中间的一列山地，为唐古拉山脉的南延部分，北段在西藏境内，称他念他翁山，至藏东南部称阿东格尼山，为西北—东南走向，由藏东南进入云南省德钦县后，改称怒山或碧罗雪山，南北走向。地势北高南低，最北一段为四莽大雪山，由梅里雪山和太子雪山组成，是滇藏界山(北段称为梅里雪山，中段称为太子雪山，南段称为碧罗雪山，目前习惯上，人们把北、中段合称为梅里雪山）。山峰海拔一般均在 5000 米以上，有 10 余座海拔 6000 米以上的雪峰，雪峰上广泛发育冰川地貌，太子雪山主峰卡瓦格博峰(海拔 6740 米)，为云南省最高峰；中段在北纬 26°10′～28°00′，即狭义的碧罗雪山，山峰海拔一般均在 3000 米以上，最高峰查布朵嘎峰，海拔 4820 米。碧罗雪山近顶部，海拔 3500 米以上的分水岭两侧分布着众多冰蚀湖。南段位于北纬 26°10′以南，即狭义的怒山，山峰海拔一般均低于 3000 米，进入临沧市和普洱市西部，则称怒山余脉，怒山余脉主要有老别山和邦马山。

怒山山脉是由古生界沉积岩和变质岩组成的断块山地，受怒江和澜沧江强烈切割而成，北部山体高耸而狭窄，南部山体开阔而低矮。西坡受怒江强烈切割，相对高差达 3000～4000 米，东坡受澜沧江切割相对较弱，相对高差大于 2000 米。在东坡的残余高原面上和南部的河谷中，分布有一些坝子，如保山坝、漕涧坝、六库坝、潞江坝等。西坡是迎风坡，受印度洋暖湿气流的影响，降水丰沛，谷地为南亚热带和中亚热带气候，向上为北亚热带、暖温带、温带和寒带气候。山地生物垂直带谱发育，动植物资源十分丰富。

怒山山势雄伟，冰雪、生物景观奇特，沿怒江边分布有色彩斑斓的各色大理岩，山地少数民族众多，部分山段和山峰是登山探险旅游科考的圣地。

1. 梅里雪山(狭义的)景观

梅里雪山为滇藏界山，位于北纬 28°33′～28°41′，东经 98°22′～98°47′，在德钦县西北部，为南北向延伸。北连西藏阿东格尼山，南接太子雪山，是三江并流世界遗产地和三江并流国家级风景名胜区的重要组成部分。梅里，藏语，梅：药；里：山；意为药山，因盛产虫草、贝母等药材而得名。梅里雪山主要由古生代的变质岩、三叠系的一套夹有中基性火山岩、酸性火山岩、轻变质砂板岩地层组成。山地雪峰林立，海拔均在 5000 米以上，主峰说拉曾归面布，海拔 5295 米。按藏语解释，说：柏树；拉：山；曾归：凶暴；面布：红；全意为柏树山上凶暴的红脸神，相传此峰是太子雪山北方凶暴而面赤的卫士，故名。刃峰、冰斗、槽谷等冰蚀景观发育。山地由断块抬升而成。东面为澜沧江河谷，西南为西藏察禺河河谷，山高谷深，动植物资源丰富，4000 米以上为草坝荒山，以下为针叶林、混交林，山中有鹿、麝、熊、虫草、贝母等，分布有高山牧场。

2. 太子雪山景观

太子雪山是滇藏界山，是广义的梅里雪山的主体部分。位于北纬 28°17′～28°33′，东经 98°30′～98°52′，在德钦县西部，为南北向延伸。北起梅里雪山，南至碧罗雪山，是三江并流世界遗产地和三江并流国家级风景名胜区的重要组成部分。太子雪山是怒山中海拔最高的山地，也是云南境内最高的山地，被誉为雪山太子，故名。太子雪山是藏区八大神山之一。每年从西藏、四川、云南、青海等地，跋涉千里前来朝山观光的人们络绎不绝。

太子雪山包括 20 多座终年积雪山峰，其中海拔 6000 米以上的有 6 座。主峰卡瓦格博峰，是云南最高峰，海拔 6740 米。从主峰卡瓦格博峰到山脚澜沧江边明永河入江口

(海拔2038米)，高差4702米，构成罕见的高山峡谷景观。太子雪山两侧山峰众多，高岭深谷相间，冰川冰斗连绵，还有鳍脊等，仅东侧就有冰川十余条。其中，斯恰、明永恰冰川规模最大。广泛发育的冰川地貌，造成山势陡峻，地表崎岖不平，把太子雪山装扮得雄伟壮观，瑰丽多姿。雪山生物垂直带谱十分发育，海拔4000米以下，茂密的针叶林中大量分布云杉、红松、冷杉等，树木遍布山梁沟箐，林隙间地是天然的草地牧场。林中有马鹿、熊、小熊猫、獐子、雪鸡、竹鸡等珍禽异兽。高山盛产虫草、贝母等珍贵药材，是研究冰川、大地构造、生物的重要场所。

缅茨姆峰位于卡瓦格博峰南侧，峰顶海拔高达6054米，范围为30平方千米，积雪终年不化。缅茨姆藏语意为“大海神女”，因山形线条优美，像一座金字塔直插云天，有梅里山中美女之称，又称神女峰，传说是雪山太子卡瓦格博的妻子。缅茨姆峰是典型的断块山地。山势陡峭，峰顶距澜沧江面1100千米，垂直高差达4000米，峰壁下只发育有几条短小型的悬冰川和一条山谷冰川，色泽幽蓝或翠绿，冰崩、雪崩频繁。缅茨姆峰常年云雾缭绕，要看到它的真面目需要运气和福气。缅茨姆峰因神似英国小说家詹姆斯·希尔顿在小说《失去的地平线》中所描述的“有一小片云围绕在金字塔般的边缘，使其看起来更加生动活泼”，而备受关注。

这块圣洁而美丽的土地，长期以来鲜为人知，直到1986年“三江并流”定为国家级风景名胜区，1987年中日友好太子雪山联合登山队开始攀登主峰卡瓦格博峰以来，才引起世人的关注，特别是1990年这里发生了人类登山史上最大的灾难——中日联合登山队17人遇难的事件，更加引起了国内外的注意。

3. 碧罗雪山景观

因山顶终年积雪，本地白族语称为“冰浪山”。碧罗雪山与怒江西岸的高黎贡山对峙，广义的碧罗雪山为怒山的别称。狭义的碧罗雪山位于怒山山脉的中段部分，位于北纬27°47′～28°37′，东经98°53′～99°21′。山峰海拔一般在3000米以上，最高峰查布朵嘎峰海拔4820米。山顶一带古冰川遗迹十分发育。山体由古生界沉积岩和变质岩受怒江和澜沧江强烈切割而成。西坡受印度洋暖湿气流影响，降水丰沛，山地生物垂直带谱发育，动植物景观资源丰富。原生态系统保存十分完整，海拔3500米以上为草山；2800～3500米为松、杉等针叶林；2800米以下为混交林和灌木林。春夏之交，山中云雾腾升，登临绝顶观旭日东升或夕阳西下，颇为壮观。山中气候变化异常，飞瀑密布，分水岭蚀余高原面两侧分布着众多的冰蚀湖，被人们称作“万瀑千湖之山”。较为集中的有两个湖群：老窝山(海拔4435.4米)湖群，拥有0.4平方千米以上的湖泊20个，嗯热依比湖、干地依比湖面积较大，约0.5平方千米，湖畔地形平坦，箭竹满坝，逢春雪退花开，姹紫嫣红，尤以高山杜鹃为盛，湖滨中生物奇特；北部蛇拉腊卡(海拔4330米)周围有高山湖泊近10个。老窝河峡谷，两岸陡峻，沿河有大量的石灰岩分布区、喀斯特大泉和溶洞景观分布区。

碧罗雪山的旅游活动主要以徒步旅游为主。景观资源主要有碧罗雪山自然景观资源和人文景观资源，其中人文景观资源主要有迪麻洛自然村、白汉洛村、崩咕大草场以及茨中教堂等。

4. 老别山景观

老别山为怒山余脉，是云南省南部海拔最高的山地。位于临沧市南汀河北岸，隔南汀河与邦马山相望，包括永德大雪山、镇康雪竹林大山和凤庆雪山等。东北—西南走向，是南汀河、勐统河和永康河的分水岭。山峰海拔一般均在 2500 米以上，主峰永德大雪山海拔 3504 米(施之厚，1993)。海拔 3000 米以上地带，冬春两季有三四个月的积雪过程，山顶地带残留有一些角峰、刃脊等冰川地貌景观遗迹。山体北部由时代较老的变质岩、沉积岩和少量花岗岩组成。南部由晚古生界、中生界的石灰岩、玄武岩和砂页岩组成。山地相对高差较大，生物垂直带谱比较发育。老别山有大量成片分布的古树茶，是云南高品质古树茶的主要产地之一。

5. 邦马山景观

邦马山为怒山余脉。位于临翔区、双江拉祜族佤族布朗族傣族自治县西部，耿马、沧源两县中部一带，隔南汀河与老别山相望，是南汀河与澜沧江的分水岭。邦马山东支近南北走向，主要山峰有勐库大雪山、榨房山、石牌坡、大亮山和邦木后山等，主峰勐库大雪山，海拔 3233 米(施之厚，1993)，山地由时代较老的变质岩和花岗岩等组成。西支走向东北—西南，山体高度略低于东支。主要山峰有回汉山、耿马大山和窝坝大山等，回汉山海拔 2799 米，山地主要由古生界石灰岩和中生界砂岩组成，有部分变质岩和花岗岩。两支山地间分布有勐撒、耿马等断陷盆地。大部分山地已被开发利用，是云南高品质普洱茶的重要产区。

5.3.5 云岭山脉

云岭是中国西南部重要的山脉，北段在四川和西藏境内，由宁静山脉和沙鲁里山脉及一块起伏和缓的高原面组成，从香格里拉、德钦两地北部进入云南后，两列山地合称云岭山脉。地势北高南低，北部山地平均海拔在 5000 米左右，有许多海拔超过 5000 米的著名山峰。山地顶部有残存的古夷平面。云岭山脉从德钦县东南部开始，山体由两支变为三支，西支主要山地有白马雪山、清水朗山和雪盘山等，最高峰是白马雪山主峰扎拉雀尼，海拔 5429 米，山地内分布有断陷坝子，如云龙坝、兰坪坝、维西坝等；中支北部海拔在 4500 米左右，南部下降到 3000 米左右，仅个别山峰在 4000 米以上，山地由古生界的变质岩和中生界的红色地层组成，主要山地有察里雪山、甲午雪山、老君山、罗坪山和苍山等，最高峰是察里雪山主峰，海拔 5534 米。山地内的坝子主要有石鼓坝、洱源坝、剑川坝等；东支的东部渐渐与滇中红色高原相接，它北宽南窄，北部地势高耸，山地海拔一般均在 4000 米以上，有的山峰海拔超过 5000 米，向南逐渐降低高度。山地由古生界变质岩、中生界石灰岩等组成，主要山地有哈巴雪山、玉龙雪山和绵绵山等，最高峰是玉龙雪山主峰扇子陡峰，海拔 5596 米。金沙江在这支山地中，有一个近“N”形的弯，把山地切成几段，东支北部的残留高原面保持完整，喀斯特地貌比较发育，高原面上分布有面积较大的坝子和湖泊，如大小中甸坝、永宁坝、宁蒗坝、泸沽湖、碧塔海、拉市海等。西支和中支延伸到巍山、弥渡以南，山地海拔一般都低于 3000 米，习惯上称这些山地为云岭余脉。云岭余脉东支是哀牢山，西支为无量山。

云岭山脉是澜沧江与金沙江的分水岭，北部相对高差在 1500～2500 米，南部为 1000～2000米，最大超过 4000 米。山地生物垂直带谱发育，是云南重要的林区，有不少珍稀动物和高山花卉。

云岭是云南省分布面积最大的山脉，内部名山众多，景色宜人，许多部分属于三江并流世界遗产地和三江并流国家级风景名胜区范围。

1. 察里雪山景观

察里雪山是德钦县北部的滇藏界山，因西藏察里村而得名。位于北纬 28°34′～29°13′，东经 98°38′～99°07′。北连宁静山脉，南接甲午雪山，南北走向，是云岭山脉中支最北的一列山地。察里雪山雪峰高耸，山峰海拔均在 5000 米以上，主峰察里雪山位于德钦县羊拉乡境内，海拔 5534 米，为金沙江与澜沧江的分水岭，是以石灰岩为主构成的构造侵蚀山地。山顶终年积雪，广泛发育了各种冰蚀景观。生物垂直带谱发育，海拔 4500 米以下地区是以暗针叶林为主的原始森林带，以上为积雪带，河谷地带为高山牧场。盛产珍稀动物和名贵药材。

2. 甲午雪山景观

甲午是藏语，“甲”意“铁”，“午”意“大”，含义为有铁矿石的大雪山，山中据传有铁矿，故名。甲午雪山位于德钦县北部，北纬 28°34′～29°13′，东经 98°38′～99°08′，北连察里雪山，南接白马雪山。山峰高度均在 4800 米以上，主峰海拔 5220 米，是澜沧江与金沙江的分水岭。走向南北，是由古生界石灰岩和三叠系砂页岩、浅变质岩构成的构造侵蚀山地。生物垂直带谱发育，山顶终年积雪，冰雪景观万千。坡麓地带有大片原始森林和大面积草场分布。

3. 白马(白茫)雪山景观

白马雪山位于德钦县东南部，北纬 27°47′～28°37′，东经 98°53′～99°21′，是澜沧江和金沙江支流支巴洛河的分水岭。冬季被雪覆盖，成一片雪海，故名。南北走向，是云岭西支北部的高大山地，5000 米以上的山峰有 20 座，相对高差超过 3000 米。主峰扎拉雀尼，海拔 5429 米。扎拉雀尼是藏语，“扎”乃“战”之意，“拉”乃“山”之意，“雀尼”乃“十二”之意，含义为“战神十二峰”，传说此峰是太子雪山在东方的卫士。由三叠系砂页岩为主的地层构成，是典型的构造侵蚀山地。白马雪山北部以砂岩、页岩、板岩、片岩、千枚岩、紫砂页岩为主；中部主要以花岗岩、板岩、页岩、石灰岩为主；南部主要以石灰岩、片岩、砂岩为主(云南省林业厅，2003)。山顶终年积雪，冰蚀地貌十分典型，角峰、刃脊、冰斗、“U”形谷、融冻风化及相应的冰碛物景观十分发育，是现代冰蚀作用研究场所之一。“在白马雪山地区，保存着良好的第四纪冰川侵蚀与堆积地貌。其中，保存在主峰扎拉雀尼东北侧的两条槽谷非常典型。冰川槽谷作为冰川侵蚀的典型地貌，其形态特征一直是冰川研究者关注的重点。”“白马雪山冰川槽谷数量众多，形态典型，多数是由多条槽谷组合而成的复合槽谷，主峰扎拉雀尼东北侧的两条简单的冰川槽谷，其发育的主要参数特点为：两条槽谷走向近东西(80°)，其中北侧一条槽谷纵向长度近6千米，最宽处谷间距离近0.8千米，最窄处约0.3千米。南侧槽谷稍短，近4.6千米(张威等，2013)。这两条冰川谷从白马雪山垭口可直接进入，是中国最容易到达的景观优美的冰川“U”形谷地(图5.2)。白马雪山河流数量众多，分布有一、二级支流50余条。这些河流除了珠巴洛河为较大的一级支流外(长约114千米)，其他均短小，多短于20千米。珠巴洛河的秋景是白马雪山最令人心动的景观之一。

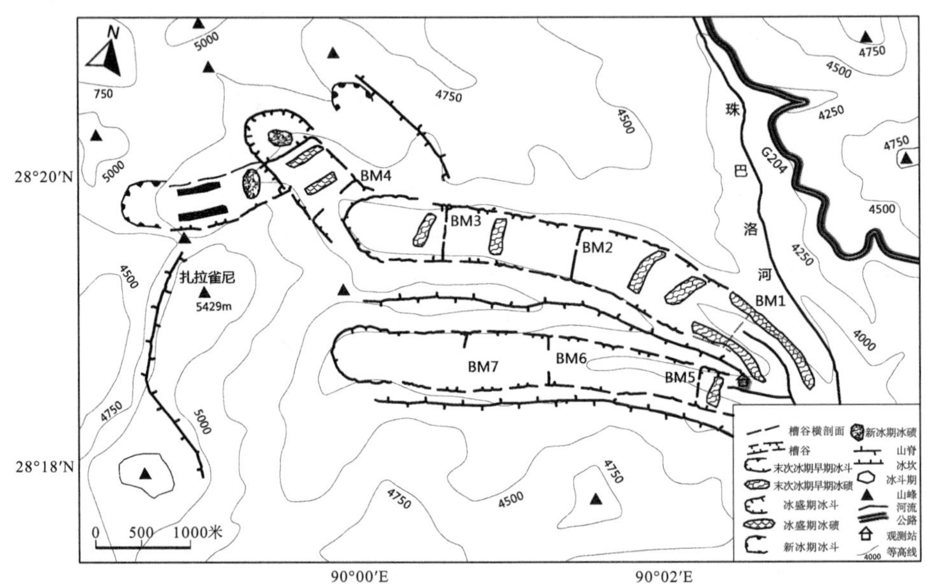

BM1～BM4：北侧槽谷　由下游到上游；BM5～BM7：南侧槽谷　由下游到上游

图5.2　白马雪山冰川谷分布图

资料来源：张威等，2013

白马雪山地势北高南低，处在青藏高原向云贵高原过渡接触地带，自然地理环境特殊，生物资源十分丰富，过渡色彩非常明显。属于寒温性森林生态系统类型，是中国低纬度高海拔地区生物资源保存比较完整且原始的高山针叶林区。按中国植被区系的分区，属中国-东喜马拉雅森林植物亚区、横断山脉地区，是世界上高山植物最丰富的区域。区内植被垂直分布明显，在水平距离不足40千米内，有7～16个植物分布带谱，相当于中国从南到北几千千米的植物分布带，蔚为奇观。白马雪山是中国面积最大的保护滇金丝猴的国家级自然保护区。白马雪山国家级自然保护区主要保护对象为高山针叶林、山地植被垂直带自然景观和滇金丝猴，有“寒温带高山动植物王国”之称(图5.3)。

4. 石卡雪山景观

“石卡”是香格里拉藏语译音，意为“有马鹿的山”。而马鹿代表着正在聆听佛祖讲经说法的芸芸众生，因此，马鹿是藏传佛教吉祥动物之一，表示“吉祥长寿、驱邪正法”，所以石卡雪山在香格里拉藏民的心中就是香格里拉的保护神。石卡雪山位于香格里拉市建塘镇西南约7千米处，主峰海拔4449.5米，最低点纳帕草甸海拔3270米，相对

图 5.3　白马雪山冰川谷景观示意图

高差 1100 多米。地质结构复杂，有多种地层出露，砂岩、石灰岩、板岩和硅质岩交错分布，地质剖面、断层、褶曲和节理等构造景观特征十分明显。角峰、“U”形谷、冰碛物、冰蚀湖泊等冰川遗迹景观保存良好。亚高山生物垂直带谱景观十分典型，分布有高山草甸。石卡雪山景观有“春看绿草夏看花，秋观秋色冬观雪”的特点。

历史上，坐落于神川铁桥东城独克宗与铁桥西城(今丽江塔城)之间的石卡山，是连接吐蕃与南诏的纽带，东南与玉龙雪山遥相呼应，西北与梅里雪山遥遥相望，是吐蕃时期滇藏茶马古道进入藏区所经过的第一座神山。

5. 天宝雪山景观

天宝雪山位于香格里拉市三坝纳西族乡安南村境内。天宝雪山为香格里拉七大雪山之一，主峰海拔 4750 米。天宝雪山东望牙岗雪山，西览石卡雪山，北眺白马雪山，南瞻哈巴雪山，故又称为“王者之山”。天宝雪山有海拔 4000 米以上的雪峰 100 多座，不少山峰高度就在雪线附近(4700 米左右)，融冻风化作用特别剧烈，山峰顶部刃脊和角峰景观十分发育，其下部分布着大量的石河、石圈、石带等冻土地貌景观和流石滩景观。

6. 哈巴雪山景观

哈巴雪山是云岭山地东支中的主要山脉，位于香格里拉市南缘，隔虎跳峡与玉龙雪山对峙，北纬 27°10′～27°22′，东经 100°02′～100°14′。“哈巴”，纳西语，意为粮食丰盛。因该雪山主峰坐落于三坝乡哈巴村，因而得名。有一别名叫“直欧鲁”(纳西语)。哈巴雪山是金沙江和金沙江支流硕多岗河的分水岭。雪山东西宽 12 千米，南北长 16 千米，走向北北西—南南东。主峰海拔 5396 米，相对高差可达 3800 米。雪山现代冰川广布，北坡和西北坡冰斗、冰川、角峰、刃脊平行排列，气势磅礴，晶莹闪亮，是秀丽的冰川自然景区。山地由下古生界的砂页岩、石灰岩和玄武岩组成，是经金沙江及其支流强烈切割而成的断块侵蚀山地。

海拔 4000 米以上为雪原冰漠和高山草甸牧场。在海拔 3000～4000 米的地带，地势平坦，有许多山间小盆地，有黑海、黄海等冰蚀冰碛湖群，共有大小湖泊 110 多个，最大者0.3平方千米。陡峭的冰蚀角峰、悬冰川和高山冰碛物及冰蚀湖泊群，组成了雪山的景观特点。香格里拉白水台位于哈巴雪山东麓。

哈巴雪山为国家级自然保护区。动植物资源十分丰富，珍贵禽兽金丝猴、喜马拉雅旱獭、黑颈鹤是国家一类保护动物。麻花坪蕴藏有钨铍、银、铅、金等矿产，历史上也曾开采过，尚存遗址。

哈巴乡龙王边位于哈巴雪山山脚，有一龙潭(泉眼)，潭水清澈，绿树成荫，风景秀丽，每逢农历二月初八，附近居民来此游览，盛况空前。哈巴雪山区位条件较好，冰雪景观齐全，且配套景观多，是旅游登山、探险、科学考察的宝地。

7. 玉龙雪山景观

玉龙雪山为南诏王异牟寻册封的“北岳”，山形似一条白色玉龙，故名。玉龙雪山又名寒波雪山。玉龙雪山是云岭中最高的一列山地，属云岭山脉的东支。位于北纬26°54′～27°18′，东经101°03′～101°15′，在丽江纳西族自治县境内，为北北东—南南西走向。雪山南北长43千米，东西宽约20千米，南北排列着13座高峰，多数山峰海拔均在5000米以上，山顶终年积雪，主峰扇子陡峰，海拔5596米。清朝雍正年间錾刻在玉湖崖壁上的“玉柱擎天”四个大字，正是玉龙主峰的绝妙写照。山脚的金沙江水面海拔1590米，相对高差最大达4006米。在玉龙雪山和哈巴雪山之间形成世界著名的大峡谷——虎跳峡。雪山上小型冰川、冰斗、角峰、刃脊、槽谷及冰碛地貌景观十分发育。东坡的现代冰川正在退缩中，终碛垄抵达丽江坝(海拔2466米)北部边缘。山麓上有冰川水汇集而成的玉龙湖。玉龙雪山是中国纬度最低的海洋性冰川所在地(图5.4)。

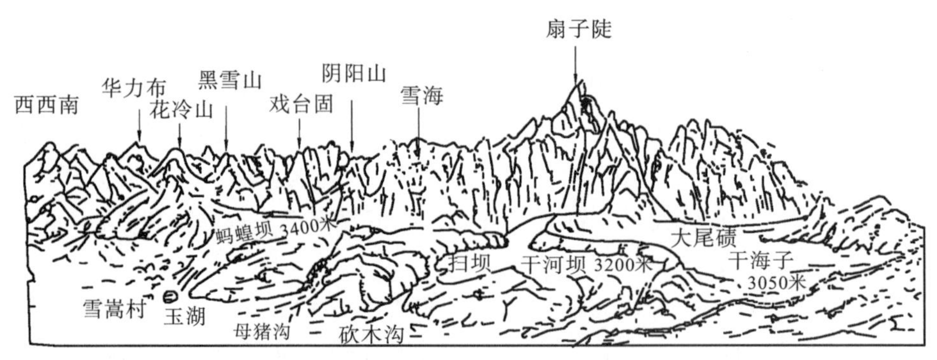

图5.4　玉龙雪山东坡冰川地貌景观图

云南省地质矿产局区域地质矿产调查大队研究成果表明，距今320万年以来，玉龙雪山和金沙江沿岸至少可找到三期冰川活动遗迹。第一期称金沙江冰期，推测雪线高度2000～2500米，属大陆冰盖或山原冰帽性质；第二期称丽江冰期，发生在晚更新世，为山岳冰川，遗迹保存尚好，雪线高度3500～4000米；第三期称大理冰期，亦发生在晚更新世，距今2.5万～1.9万年，为山岳冰川，雪线高度4000～5000米，冰川遗迹新鲜。

玉龙雪山有多种多样的植物群落类型。依不同海拔和气候分带而异，是经济林木、药用植物和观赏性花卉的著名产地。

玉龙雪山脚下有南诏时期的三赕庙。纳西族人民敬三赕为玉龙山神。附近的白沙乡还有大宝积宫及琉璃殿、大宝阁、文昌宫、金刚殿、梵字岩、福国寺、普济寺、大觉宫等。丽江古城是东巴文化的发祥地，丽江壁画、白沙细乐、古建筑和雕刻、民族服饰及民情民俗都享有很高的知名度。另外，丽江漾西木家桥，发现距今有 10 万年左右的“丽江人”遗址。

玉龙雪山区位条件好，是玉龙雪山国家级风景名胜区的主要组成部分，是云南目前开发强度最大的极高山地。

8. 苍山景观

苍山，曾经称为“点苍山”，古籍中有“玷苍山”“大理山”“熊苍山”之称，也有的把它附会为佛经中的耆阇崛山、灵鹫山，为南诏王异牟寻册封的“中岳”，白族称“极造山”。苍山是云岭山脉中支最南部的一列山地，位于大理市西部，北纬 25°35′～25°50′，东经 99°50′～100°22′，隔漾濞江与清水朗山相望，呈南北走向。苍山北起上关云弄峰，南抵下关斜阳峰，绵延近 50 千米，宽约 20 千米，并列着十九座山峰，山峰海拔在 3000 米以上，南诏御史杜光庭对十九峰十八溪的命名沿用至今。十九峰(从南到北)：云弄、沧浪、五台、莲花、白云、鹤云、三阳、兰峰、雪人、应乐、观音、中和、龙泉、玉局、马龙、圣应、佛顶、马耳、斜阳，主峰马龙峰，海拔 4122 米。山地中每两峰之间夹一峡谷，相对高差超过千米，逐构成“苍山十八溪”，由北向南依次为霞移、万花、阳溪、茫涌、锦溪、灵泉、白石、双鸳、隐仙、梅溪、桃溪、中溪、绿玉、龙溪、清碧、莫残、葶漠、阳南，溪水流经大理坝注入洱海。山顶常年有积雪，故有“银苍”之誉。苍山上分布着晚更新世大理冰期形成的冰蚀、冰水沉积景观，主要有角峰、刃脊、“U”形谷、冰斗、侧碛、终碛、漂砾、冰蚀湖等。冰碛物均分布在海拔 3500 米以上，是研究晚更新世山岳冰川的理想场所。杨建强等(2007)对苍山的古冰川进行了系统研究后得出以下结论：“苍山的冰川考察始于德国学者 Credner，而大理冰期概念的最早提出者是奥地利学者 Wissmann，之后被中国学者逐渐接受。苍山冰川有迹可查的冰川地貌仅见于苍山主体海拔 3600 米以上，此外包括其北部罗坪山在内的较低山地并没有第四纪冰川发育。第四纪以来，苍山仅仅发育了末次冰期以来的冰川。有据可查的最早的冰进发生于 30～40ka BP，之后末次冰期晚阶段、晚冰期及全新世新冰期都有冰川发育，但规模逐步减小，直至 1300 年前左右彻底消失。”(图 5.5)

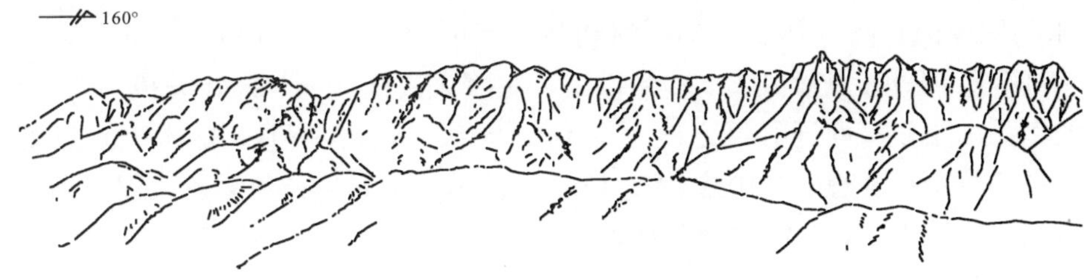

图 5.5　苍山西坡冰蚀地貌景观图

山地是由以变质岩为主的地层构成的断块侵蚀山地，垂直带谱发育，植物资源丰富，花卉繁多，以山茶和木本杜鹃为魁，盛产大理石，是大理岩的命名地。

大理素负盛名的四大自然景观是拟人化了的“风花雪月”。其中，苍山山顶积雪经夏不消，入冬时洱海月照苍山雪素有“银苍玉洱”之誉，为苍山景观中一绝。苍山云景变幻多姿，夏秋之交的“玉带云”和冬春的“望夫云”为苍山特有云景。苍山山间有洗马潭、黑龙潭、清碧溪、感通寺、蝴蝶泉、龙眼洞、风眼洞等名胜古迹。山麓新石器时代遗址和南诏故都太和城遗址被列为第一批全国重点文物保护单位。苍山为世界地质公园，同时也是大理国家级风景名胜区和苍洱国家级自然保护区的重要组成部分。

9. 老君山景观

老君山是云岭山脉中支南部的一列山地，绵亘于剑川、丽江、兰坪和洱源等县。位于北纬 26°10′～26°40′，东经 99°30′～99°59′，是漾濞江两条支流弥沙河和黑惠江的分水岭，是三江并流世界遗产地和三江并流国家级风景名胜区的重要组成部分。老君山被历代史学家称为“滇省众山之祖”，因传说太上老君在此炼丹而得名。山体平面上呈三角形，面积约 1900 平方千米，海拔一般在 2500～3500 米，主峰老君山，海拔 4241.2 米，是由岩浆岩和三叠系砂页岩等构成的构造侵蚀山地。老君山是特提斯洋闭合、印度板块与亚欧板块碰撞、横断山造山运动、青藏高原隆升等地球演化重要历史阶段和重大事件的关键性地域区，是高山地貌类型和演化过程的杰出代表地区之一，拥有众多的地质、地貌自然遗迹：高山峡谷、冰川遗迹、高山丹霞地貌、高山草甸、高山冰蚀湖群等。特别是丹霞地貌和冰川自然遗迹等对研究地质地貌发展史、恢复古地理环境具有重要意义，对于研究喜马拉雅造山运动的活动频率、周期、抬升幅度，金沙江水系的形成、发展和演化等，都具有很高的科考价值。老君山地处种子植物的分化和起源中心，因而成为我国 3 个种子植物特有中心之一，其生物多样性地位在我国乃至全世界都是极为特殊和重要的。植被类型丰富且保存相对完整，是滇西北地区保存比较完整的地段之一。山中多温泉，森林覆盖率达 70%，也是重要的滇金丝猴保护地之一。南延支脉石宝山和东延支脉金华山上有许多石刻珍品，山间有“九十九龙潭”和“君山十景”等奇景。老君山是我国高山丹霞分布面积最大的地区。老君山既是国家级风景名胜区，也是国家地质公园。

10. 罗坪山景观

罗坪山是云岭山脉中支南部的一列山地，位于洱源县中部，北纬 25°50′～26°01′，东经 99°47′～99°57′，山地走向南北，山势呈弧形，北起剑川县华从山，南抵大理苍山，长 80 余千米。罗坪山是澜沧江支流黑惠江和弥茨河的分水岭，沿山脊有 30 多座山峰，著名的有 16 座峰，海拔一般均在 3000 米以上，主峰大松峰(中罗坪)，海拔 3657 米。罗坪山地中的鸟吊山是候鸟西迁必经之地，每年农历七、八、九三月，成千上万只鸟云集于此，成了候鸟群南迁理想的“中途站”。罗坪山是由片麻岩、石灰岩、大理岩和砂页岩组成的褶皱断块侵蚀山地，生物垂直带谱发育。

11. 巍宝山景观

巍宝山简称巍山，位于巍山彝族回族自治县城东南面 11 千米处，面积为 19 平方千米，主峰海拔为 2569 米。该山南依太极顶、西邻阳瓜江、东连五道河、北与大理苍山遥望，峰峦起伏，绵延数十里，前人认为山中有宝气放出，因而得名。巍宝山主峰海拔 2509 米，山形似一头蹲坐的雄狮回首俯瞰巍山彝族回族自治县城。从山腰到山顶，覆盖着枝叶繁茂的苍松翠柏和各种阔叶林木，其中不乏古树名木，如粗可数人合抱的高山栲、名贵树种云头柏、野香樟等。主君阁(灵宫殿)前的古山茶，为明末清初遗物，高 15 米，粗 28 厘米，已生长 300 多年，现仍亭亭玉立，姿态优美，早春二月，开花达数百朵，花大如碗，红似胭脂。1992 年巍宝山被列为国家森林公园，是个天然的大氧吧。

传说太上老君云游到了巍宝山，并在山上点化南诏始祖细奴逻，彝族先民把道教太上老君和自己的祖先联系起来，并把太上老君认定成是与自己祖先的祸福、本族的利益密切相关的重要神人。这里是古南诏国的发祥地，因南诏开国国君细奴逻在此耕耘而闻名。巍宝山自唐代开始建筑道观，盛于明清，到清末道教殿宇遍布全山。巍宝山宫观密布，蔚为壮观。宫观建筑布局总的体现了“道法自然”的特点，前山绵亘叠嶂，宫观多藏于密林之中；后山险峻陡峭，庙宇多依山势建于岩壁之间。《中国大百科全书·宗教卷》把巍宝山列为中国的 13 座道教名山之一。清康熙年间起，每年农历二月初一至十五，当地的彝族就在巍宝山举行庙会，是彝族的祭祖圣地。

12. 哀牢山景观

哀牢山是云岭山脉余脉的东支，位于北纬 22°35′～25°00′，东经 100°35′～103°35′，北起大理白族自治州南部，南抵红河哈尼族彝族自治州南部，绵延数百千米。西北—东南走向，是元江和阿墨江、把边江的分水岭。哀牢山是由哀牢山变质岩系组成的断块侵蚀中山山地，东坡元江河谷断裂带强烈下切，地形坡度很陡，相对高差可达 2000 余米；西坡相对较缓。山地顶部有残留的平坦高原面，平均海拔在 2000 米以上，主峰哀牢山海拔 3165.9 米。山体北部较狭窄，南部较宽阔，宽阔的山顶面被河流切割成大围山、分水岭和五台山三列山地，平行分布。在山地的中段和南段，元江及其支流流经的地区，分布有一些断陷河谷坝，如漠沙坝、元江坝、金子坝等。哀牢山是滇东高原和滇西横断山脉纵谷区两大地质地貌单元的分界线，是云南境内的一条重要的地理分界线。山地生物垂直带谱发育，从山麓到山顶，气候带由北热带过渡为暖温带。矿产资源和动植物资源十分丰富，是中国三大金矿带之一。此处建设有哀牢山国家级自然保护区。

世代生活在哀牢山的哈尼人唱道：“山和山虽然离得远，云海把它们连成一片。天和地离得虽然远，雨水把它们紧相连”。哈尼人在哀牢山云海深处高阶地上创造发明的别具特色的生态梯田文化，是千百年来哈尼人与自然和谐相处的杰作，被列为世界文化遗产。

13. 无量山景观

无量山为南诏王异牟寻册封的“南岳”，是云岭余脉的西支，又名大图子山。位于北纬 22°30′～24°42′，东经 100°20′～101°40′，山体走向为西北—东南，是把边江与澜沧江的分水岭。山地北起巍山彝族回族自治县和南涧彝族自治县南部，南抵西双版纳傣族自治州南部，绵延 500 余千米。山体北段狭窄高峻，海拔一般在 2500 米以上；南部开阔低矮，海拔一般在 1500 米左右。最高峰大囤子山，海拔 3291 米，南部保存有少量残余高原面。山地是由中生界红色湖相砂岩、泥岩等地层组成的断块侵蚀山地。无量山东坡陡、西坡缓，西坡上有呈阶梯状分布的盆地群。例如，普洱坝(海拔 1362 米)、思茅坝(海拔 1267 米)、普文坝(海拔 854 米)、小勐养坝(海拔 735 米)、景洪坝(海拔 535 米)等，这些坝子是滇西南重要的农业区。无量山的气候带和自然带变化较大，从水平方向来看，南部为北热带、南亚热带高原季风气候；中部为中亚热带高原季风气候；北部为中亚热带、北亚热带高原季风气候。山地的垂直高差较大，生物垂直带谱比较发育，动植物资源丰富。此处建设有无量山国家级自然保护区。

山脉的南部在西双版纳傣族自治州境内，已建成西双版纳国家级自然保护区、纳板河流域国家级自然保护区和西双版纳国家级风景名胜区。无量山山脉北段旅游价值不大，但南段由于存在茂密的北热带、南亚热带森林及浓郁的傣族、哈尼族等民俗风情，是旅游、度假、避暑的圣地，具有极高的科考价值。

5.4　滇东高原区山地景观

滇东高原上的高大山脉不多且主要分布在高原边缘及大河深切区，但由于历史上经济文化较滇西发达，盆地边缘的一些中山因丰富的人文景观和秀丽的自然景色而成为名山。

5.4.1　乌蒙山景观

乌蒙山是南诏王异牟寻册封的“东岳”，为云南东北部重要山地，跨越滇黔两省边缘地带，呈东北—西南走向，是金沙江和珠江支流南、北盘江的分水岭，全长 250 千米。乌蒙山由三列山地组成，地势西南高，东北低，海拔多在 2100 米左右，主峰大牯牛寨山，海拔 4016 米。乌蒙山是由断层抬升形成的年轻山地，大部分由上古生界的石灰岩组成，山地顶部起伏和缓，为残余高原面，有大面积的草山分布，原始植被保存有限。漏斗、溶蚀洼地、溶蚀盆地、溶洞、地下河等喀斯特景观比较发育。边缘受小江、牛栏江、南盘江、北盘江等河流的切割，比较破碎，泥石流景观十分发育。

5.4.2　拱王山景观

拱王山因作为“拱卫”南诏王的山岳天堑而得名。横亘于东川区、寻甸回族彝族自治县和禄劝彝族苗族自治县境内，北纬 25°47′～26°33′，东经 102°45′～103°19′，总面积为 45000 平方千米，大致呈南北走向，属于乌蒙山系余脉。地质上属于“康滇地轴”中部，地质构造复杂，区内广泛分布古生界、中生界地层，元古界和新生界地层零星出露(张威等，2007)。拱王山夹于小江深大断裂和普渡河深断裂之间，东隔小江与乌蒙山和梁王山相望，西隔普渡河与三台山对峙。山地北高南低，北部地势陡峻，相对高差达 2000 余米，是著名的小江峡谷景观；南部山势较和缓，山地中有一些小型断陷盆地，是金沙江的支流小江和普渡河的分水岭。山地海拔在 3000 米以上，主峰雪岭海拔 4344 米，是滇东高原第一高峰。拱王山主峰雪岭和轿子雪山南北并峙，相距 7 千米，形成一条南北延伸，高度超过 4000 米的山脊；从拱王山马鬃岭向东，是一条东西向经主峰雪岭，再经白石岩延伸到狐狸房的超过 4000 米的山脊，这两条垂直相交的山脊分布有八个高于 4200 米的山峰。山地中第四纪冰川遗迹十分发育，根据张威和崔之久的研究，拱王山地区末次冰期以来的冰期演化序列为：倒数第二次冰期，TL 年代(热释光年代)为 10 万～11 万年；末次冰期早期，4 万～5 万年；末次冰盛期，1.8 万～2.5 万年；晚冰期，1 万年以前。各期的古雪线高度分别为 3700～3550 米、2720 米、3750～3700 米、3950 米。末次冰期冰川演化具有连续性的特征，是研究中国东部古冰川发育的良好场所(张威和崔之久，2003)。拱王山是中国著名的铜矿产地之一。坡麓地带，滑坡、崩塌和泥石流十分发育(陈永森，1998)。拱王山山顶大半年积雪。在晚霞的映照下，远眺雪山呈现瑰丽的橘红色，灿烂如火，异常壮美，老百姓称“雪火岭”。立于山巅，东可俯瞰东川，北可遥望金沙江，西可眺望普渡河，南可隐约观滇池。

5.4.3　轿子雪山景观

轿子雪山因山顶形如花轿而得名，古称“绛云露山”。轿子雪山位于禄劝彝族苗族自治县境东北角乌蒙乡，属于乌蒙山系余脉拱王山脉。轿子雪山主峰海拔 4223 米，是距离昆明最近的一座季节性雪山，也是距离我国南方各省份、港澳台地区及东南亚最近的冬季雪山旅游景区。轿子山地是金沙江一级支流普渡河与小江之间的南北向分水岭，总的地势东北高、西南低，自东向西呈阶梯状缓降。轿子山东坡地势险峻，主脊山峰相连；西坡山顶为高山剥蚀面，地势相对平缓，裂点之下，是深切峡谷。轿子山植被垂直带谱特别显著，海拔 2500～2900 米为亚热带中山湿性常绿阔叶林带；2900～3100 米为温带针阔混交林带；3100～3900 米为寒温带冷杉、杜鹃林带；3900 米以上为高山杜鹃灌丛、草甸分布带。

轿子雪山山顶平缓开阔，主峰高耸陡峭，立体气候明显，高山湖泊众多，动植物资源丰富，尤以滇中亚热带山野型冰雪景观为典型特色，具有很重要的地质地理科考、探险和观赏价值。轿子雪山为国家级自然保护区，已开发成云南著名的山地旅游区。

5.4.4　鸡足山景观

鸡足山位于宾川县西北隅，山势顶耸西北，尾掉东南，前列三趾，后拖一趾，宛然鸡足之形而得名，位于北纬 25°56′～26°00′，东经 100°20′～100°25′。南北宽 15 千米，东西长 30 千米；主峰天柱峰，海拔 3240 米；最低海拔为南村桥边 1780 米，相对高差 1460 米。东靠金沙江，西与大理、洱源毗邻，北与鹤庆相连。鸡足山属断块隆升山地，为中山深切割地貌景观。鸡足山共有 40 座山岭，13 座险峰，34 座崖壁，45 个不同成因的洞穴。玄武岩断层崖，成为鸡足山最突出的自然景观。鸡足山以雄、险、奇、秀、幽著称，以“天开佛国”“灵山佛都”闻名。徐悲鸿赋诗“灵鹫一片荒凉土，岂比苍苍鸡足山”。

鸡足山被三条较大型的断裂所切割，构成了鸡足山危崖陡壁、石洞和石门广布、重峦叠嶂的景观。断裂形成山间凹陷地带，悉檀溪纵贯其中，沿溪两岸的尊胜塔院、悉檀寺、祝圣寺、石钟寺、大觉寺、寂光寺等大型寺院建筑群，以及无数的庵、阁、亭、楼、堂等自下而上，像佛线穿珠，一直延伸至天柱峰脚的慧灯庵，“芙蓉万仞削中天，传皖乾坤面面悬”是其真实写照。

鸡足山是中国著名佛教圣地之一。据佛典记载，鸡足山为释迦牟尼的大弟子迦叶尊者守衣入定的地方，是中国汉传藏传佛教的交汇地和世界佛教禅宗的发源地。在南亚、东南亚，鸡足山是与五台、峨眉、普陀、九华山齐名的佛教圣地。明代地理学家、旅行家、文学家徐霞客曾两上鸡足山，并编撰了第一部《鸡足山志》。主峰天柱峰可东看日出，南观祥云，西望苍洱，北眺玉龙雪山，是云南观日出和云海景观的最佳地点。徐霞客登临天柱峰绝顶，惊呼：“东日、西海、南云、北雪，四之中，海内得其一，已为奇绝，而天柱峰一顶一萃天下之四观，此不特首鸡山，实首海内矣!”

鸡足山千百年的历史积淀了深厚的文化内涵，明神宗颁藏经到山，赐紫衣圆顶；光绪、慈禧敕封“护国祝圣禅寺”，赐銮驾、紫衣、玉印等珍贵文物。吴道子的《瘦马》，李霞的《十八罗汉过江图》，徐霞客的《鸡足山志》，屈尔泰的《墨龙》，徐悲鸿的《鸡·竹·山》《奔马》，杨升庵、李元阳、李贽、董齐昌、孙中山、梁启超、袁嘉谷、赵藩、赵朴初等留下的大量诗文画卷，都是宝贵的文化遗产。

5.4.5 方山景观

方山位于永仁县城东北 16 千米，因远眺似方桌书案而得名。位于滇川交界的云南北大门滇川大通道上，突兀在攀西六盘水地区、攀枝花火炉、元谋热坝、永仁热谷区的中心，总面积为 34 平方千米，主峰海拔 2377 米。永仁方山的森林覆盖率达 70%，空气清新，气候凉爽，年平均气温 12℃。即使在盛夏季节，当距永仁方山 60 千米的攀枝花市和不远处的永仁县、元谋县城气温高达 38℃时，山上气温仍然保持在 17℃左右，往往把山下的人“逼上凉山”。

永仁方山曾是僧侣往来于鸡足山与峨眉山之间的歇足咏经之地，所以永仁方山在历史上曾是佛教圣地。靖德寺建于元延祐三年(公元 1316 年)，寺庙依山傍箐、气势磅礴、建筑风格有南诏大理遗风。清光绪年间，永仁著名泥塑匠人夏顺武应乡贤之聘，用 3 年 4 个月的时间对靖德寺进行了修复，至今仍保持原兴建和修葺的风格。永仁方山也是一个军事要塞，相传当年诸葛亮南征时曾在此安营扎寨，虽历经近 2000 年风雨，诸葛营盘遗迹仍依稀可辨，到清代仍将方山作为军事要地。方山胜境七星桥漏天、登仙岩等都伴有优美的传说，这些传说至今仍被乡人津津乐道，而说得最多的还是诸葛亮“五月渡泸”南征的故事。

5.4.6 大围山景观

大围山位于屏边苗族自治县东北约 15 千米处，建有地跨屏边和河口两县的大围山国家级自然保护区。保护区位于东经 103°20′～104°03′，北纬 22°35′～23°07′。山地为中切割中山山地，其东南部紧邻越南边界，呈狭长形，东南—西北走向，地势西北高，东南低，整个地形可分为西南和东北向两大坡面。内部地形分割破碎，河谷深幽，山脊明显，坡度多在 30°以上，山体两侧多为起伏蜿蜒的丘陵。区内最低海拔 100 米，最高峰大尖山海拔 2365 米。主要河流为红河和红河的支流南溪河，大围山是两河的分水岭。5～10 月为东南季风盛行期，降雨多，日温差小；11 月至次年 4 月受印度大陆北部入侵的干热气团影响，降雨少，日温差大，形成明显的干湿季。海拔 1000 米以下为边缘热带气候，1000 米以上为南亚热带气候。由于大围山位于北回归线以南，历史上未受过第四纪冰川侵袭，又处于不同动植物区系的交汇带上，因此蕴藏了非常丰富的动植物资源。森林植被垂直分异明显，自下至上有热带雨林、季风常绿阔叶林、山地苔藓常绿阔叶林和山地苔藓矮林。主要保护对象为热带山地常绿阔叶林自然生态景观和丰富的珍稀濒危动植物。大围山保留有比较完整的火山遗迹。

5.4.7　西山景观

相传古时有凤凰停歇，见者不识，呼为碧鸡，故也称碧鸡山。又因形状像卧佛，也叫卧佛山。从昆明海埂一带眺望，西山宛如一位美女躺卧在滇池旁。她的头、胸、腹、腿部历历在目，青丝飘洒在滇池的波光浪影之中，显得丰姿绰约，妩媚动人，所以又叫睡美人。西山由高原上的断块山地经差异抬升而形成。西山位于昆明城西的滇池之滨，北起碧鸡关，南至海口，绵延 35 千米，海拔 1900～2350 米，是碧鸡山、华亭山、太华山和罗汉山的总称，最高峰罗汉峰，海拔 2511 米。西山森林茂密，花草繁盛，清幽秀美，在古代就有“滇中第一佳境”之誉。东面为著名的西山断层崖景观，山麓地带是倒石堆景观。西山拥有丰富的文化积淀，最有代表性的文化景观主要有华亭寺、太华寺、三清阁和西山龙门。

5.4.8　梁王山景观

梁王山古称装山，又名罗藏山，因元代梁王部将曾在此安营扎寨，故名梁王山。梁王山坐落在滇中小江断裂地带东部边缘，是滇池断陷盆地的东盘。在澄江县与昆明市呈贡区之间，地处东经 102°52′～102°55′，北纬 24°27′～24°43′。山脉自东北向西南方倾斜延伸，东与南盘江相接，南连澄江坝子，西北与呈贡毗邻，是抚仙湖北面、阳宗海南面的天然屏障。梁王山长约 15 千米，宽约 5 千米，地势北高南低，主峰海拔 2820 米，相对高差 820 米，为滇池盆地周围山峰之冠。山顶有起伏和缓的大面积草场分布，是珠江水系与长江水系的分水岭。登上梁王山主峰，方圆数百里景致尽收眼底，“一山观三海”，即滇池、抚仙湖、阳宗海。素有“滇中第一名山”“云南王者之山”之美称，“一山分四季，四时景不同”之美誉。

5.4.9　马雄山景观

马雄山因山形酷似一匹雄骏高昂的马而得名，位于沾益区东北部。马雄山为滇东高原北部蚀余山地景观，是南盘江、北盘江和牛栏江三条河的分水岭，被称为“一山分三江，一山分两盘”。主峰海拔 2444 米。马雄山主要由砂页岩和石灰岩组成，地下水系发育，东麓水洞为珠江正源，溪流泉涌，出洞成河。马雄山由两座隆起的驼峰组成，一座是主峰马雄山(海拔 2444 米)，另一座是次峰老高山(海拔 2368 米)，两峰之间是具有宽阔脊面的鞍部，山峰向鞍部延伸，有三个连绵起伏的小山峰，被茂密的森林掩盖(施之厚，1993)。几条沟涧在山脚汇合，流入磨脚海子，汇入格香河，这是北盘江的上源。主峰东面，坡度比较平缓，四条被林木覆盖的沟箐成斜角排列，逐渐消失遁去。马雄山主峰东北向鞍部延伸，在第三个小山包的分水岭上，从海拔 2350 米处开始，出现一条近 1 尺[①]深的明显的流水沟，向具有宽阔脊面的鞍部穿流 750 米，在海拔 2260 米处，成东西走向分流口，西者流进北盘江，东者下行 250 米，连接大冲沟。大冲沟在海拔 2240 米处，有一碧水潭。整条大冲沟林木覆盖良好，常见有水渗出，形成纵横交错的细小沟箐汇到大冲沟。从大冲沟下行 2～3 千米，有一低洼谷地，与高山沟交汇。高山沟长 2 千米，细流涓涓，其顶端在老高山山腰，连接库容为 10 万立方米的高山水库。大冲沟和高山沟在低洼谷地交汇后下行不远，变为地下伏流，这里海拔 2158 米。从伏流口下行 1～2 千米，有一个约 6 米高的断壁，分上下两个出水口，流水潺潺，海拔 2145 米。马雄山是我国所有大江大河中最容易到达的源头之地。

5.4.10 磨盘山景观

磨盘山因山体形似磨盘而得名，位于新平彝族傣族自治县城南面，是新平彝族民众的圣山。磨盘山地处滇东高原南部边缘，南北长约 15.47 千米，东西宽约 14.8 千米，海拔 1260～2614.4 米，排列着十二峰，最高海拔约 2614 米，面积为 242 平方千米。顶部残存着大片缓缓倾斜的高原面。磨盘山主要是以中山半湿性常绿阔叶林为主的原生和次生森林为主，品种多样的杜鹃更是独树一帜，森林覆盖率达 86%。磨盘山主要景点有森林湖、月亮湖、观景台、敌军山、含笑王、杜鹃花海、山茶花林、岩羊擂鼓等。

5.4.11 水目山景观

水目山位于祥云县城西南 20 余千米处，海拔 2670 米，山体呈北西—南东走向，长约 11 千米，宽约 8.5 千米，西侧延伸至弥渡县境内。植被以中山常绿阔叶混交林为主，森林覆盖率达 85%以上。水目山是云南开创较早的佛教圣地之一，山上有“云南禅宗第一寺”，是研究云南佛教文化和南诏历史文化的“活化石”，因开山祖师普济庆光禅师“锡杖涌泉”“泉涌清莹”而得名。据现存碑刻记载，南诏龙兴四年(公元 813 年)，为诸大臣所请，南诏王劝龙晟下旨普济庆光禅师到水目山开山建寺。寺成开堂之日，“纳子千余，六诏诸王，咸来问道”。自此，历代高僧相承不绝。明永历五年(公元 1651 年)，宝华寺建成以后，“四方云纳，请受皈戒者，妍集其中”“万众皈依，千纳绕围，从者如云”。水目山现存有建于唐代的常住寺、宋代兴建的水目山塔和云南规模最大的塔林，以

---

① 1 尺≈33.33 厘米。

及 1992 年以来恢复重建的普贤寺、五祖坟、宝华寺等景观。其中，水目寺塔曾是塔寺合一的“寺抱塔”，在云南绝无仅有，全国亦少见。明末清初，鼎盛至极，僧众多达 3000 余人，一度成为滇西地区的佛教中心。戒堂在历史上久负盛名，在滇西出家的僧尼皆要到此受戒，在全省佛教界享有极高的地位。五祖坟院内除供奉着水目山历代宗师外，还汇集了水目山保存的诸多珍贵碑刻。

5.4.12　圆通山景观

圆通山位于昆明市区北隅，元延祐七年(公元 1320 年)，在山南峭壁之下建成圆通古刹，故称圆通山。圆通山南与五华山相连，西临翠湖，东临盘龙江。圆通山形如一片柳叶，东西长而南北窄，总面积约 0.33 平方千米，海拔 1930 米。山地是由流水切割湖岸台地而成。昔称螺峰山，以山色深碧，巨石磐旋，犹如螺髻得名。下有幽谷、潮音两洞。“螺峰叠翠”为昆明八景之一。圆通山是一个以展出动物为主的综合性公园。现有动物 140 多种，1000 多只。在这些珍禽异兽中，有云南特产的野牛、印支虎、孔雀、滇金丝猴、黑颈长臂猿等动物，从中可窥云南这个“动物王国”的缩影。另外，还有大熊猫、东北虎、丹顶鹤等我国的稀有动物，也有世界各地的珍稀动物。公园中植物有樱花、海棠花、梅花、茶花、桂花及松、柏、竹等(邱宣充，1999；施之厚，1993)。阳春三月，数千株云南樱花、日本樱花和垂丝海棠竞相开放。“圆通樱潮”是昆明最热门的景观。

圆通山残留了唯一一段 44 米长的昆明古城墙，这段古城墙建于明代，已经有 600 多年的历史。位于圆通山梅园东侧还有唐继尧墓和滇西抗战阵亡将士纪念碑等文物古迹。

5.4.13　观音山景观

观音山因传曾有观音显灵而得名，位于滇池西岸的中部，海拔 1926 米，是由晚古生界石灰岩等地层构成的湖成台地经水流切割而成。观音山山形奇特，犹如一只展翅欲飞的凤凰，老昆明人极其形象地称其为“凤凰展翅”。观音山上林木繁茂，殿宇雄峙，亭阁耸立。明嘉靖年间，悟真和明全两位僧人修建了观音山的后殿，又重修了迦蓝殿，增建了圣僧殿，观音山从此有了一片三层院宇的佛寺建筑群。佛寺南面建有“小南海”和“普陀山”牌坊。该山势险峻，是极目滇池湖光水色的游览胜地。不管是观音山麓还是白族集聚的村落，每年农历六月十九日，都有规模盛大的民间调子会。佛教传说，六月十九日是观音成道之日，到了这一天，各族群众都来观音山朝山烧香，后由庙会变为调子会，持续三天，来自滇池周围的数万白族、彝族等各族群众汇聚观音山。

5.4.14　药山景观

药山因形似一尊顶天立地的大佛，故又有“大佛山”的美称。药山地处金沙江与牛栏江交汇的三角地带，是乌蒙山脉向东北延伸的支脉，山体东、北、西三面为金沙江、牛栏江河谷，金沙江和牛栏江绕山而过，面积为 220 平方千米，主峰金顶山海拔 4042

米，相对高差1640米，山势陡峻、河谷深切，雄踞于昭通群峰之上。由于受北东向断裂控制，药山走向也近于北东向。药山西坡地势陡峭，悬崖绝壁从两江汇流的谷地中凌霄而起，自下而上形成三级阶地，阶地高差最高达千余米；南坡地势较为平缓。药山水源丰富，山体周围有1123个泉点，是当地的重要水源，最大的河流为荞麦地河。大龙潭和小龙潭是两个残留的冰蚀湖。大龙潭面积为20000多平方米，水深达30余米，潭水清澈明净，水流有声。从大龙潭向南行约3千米便是小龙潭，小龙潭面积约14000平方米，水深5～6米，岸壁为悬崖。药山的主要植被类型是以乌蒙冷杉为主的针叶林和以高山栎为主的常绿阔叶林。药山为国家级自然保护区。

以药山为主峰的古堂狼山是彝族的发祥地和彝族六祖分支之地。康熙《大定府志》记载堂狼山即罗尼山，是彝族再生始祖笃慕的居住地。彝文典籍《六祖分支》记载，彝族再生始祖笃慕居罗尼山，彝族六祖于罗尼山分支。

5.4.15 秀山景观

秀山位于通海县城南隅，主峰海拔2060米，相对高差200米，面积为7.6平方千米。登上秀山，可一览杞麓湖、通海县城及坝子的景色。秀山地处滇中南，是云南著名的文化公园。通海秀山在明朝时曾与昆明金马山、碧鸡山，大理的苍山共称云南四大名山，素有“秀甲滇南”的美誉。秀山公园始建于公元前82年，即汉昭帝始元五年，距今已2000多年，世称“滇中大刹”，历史上曾是佛、道、儒三教活动胜地。秀山大规模兴建于唐代，历经宋、元、明、清，形成了规模宏大的以三元宫、普光寺、玉皇阁、清凉台、涌金寺、白龙寺为主体的六组建筑群，可谓一个古建筑博物馆。其内遍悬历代名人墨客题写的匾、联、碑、刻，共250余块，被誉为“匾山联海”。秀山素以小巧玲珑、浓郁青秀闻名，森林覆盖率为94.2%，生物资源十分丰富，至今仍保持着完整的原始群落状态。山上珍稀的宋柏、元杉、明玉兰被誉为秀山“三绝”。秀山是融悠久的历史文化、丰厚的宗教习俗、丰富的人文景观和秀美的自然景观为一体的名山。

“吞海量高那计酒，看山诗涌即裁诗”。“我早已没有酒量，但面对秀山，总难抑制自己稚拙翻涌的诗情，因为秀山本身就是一座诗山(徐冶，2015)”。这段散文是对文化秀山最恰当的诠释。

5.5 山地景观演化

第四纪(0.02亿年前至今)以来，云南大地新构造运动十分强烈，褶皱断裂和火山地震相当活跃。随着断裂大幅度差异活动，山体强烈抬升，盆地和河谷下切，形成强烈的反差地形，云南高原面发生解体(陈永森，1998)。通过漫长的演化进程，形成了滇东高原和滇西横断山纵谷区两大地貌区的地貌景观格局。

受欧亚板块和印度洋板块碰撞的影响，滇东扬子准地台在持续间歇性抬升过程中，河流的侵蚀切割，大河没有溯源侵蚀到的区域残留了滇东北山原、滇中蚀余喀斯特高原、红层高原等；在大河边缘、滇东高原和盆地边缘地带形成了深邃的峡谷和高中山、低山地貌景观系统。由于受地壳间歇性抬升、断裂活动和流水、风力、喀斯特等外营力作用的影响，形成了以高中山峡谷、不同尺度的和缓的蚀余高原面、星罗棋布的坝子、高原曲流、喀斯特景观、干旱红层景观为魁的地貌景观系统。除北部边缘一些山脉海拔高于4000 米，河流切割深度达到 2000 多米外，其余大部分地区山势低缓、河谷开阔、盆地众多，以中山、高原、湖盆、坝子景观为主。全区平均海拔 2000 米左右，平均相对高差500～1000 米。本区域的中部和南部，外力侵蚀主要为河流侵蚀，在砂页岩、变质岩及岩浆岩分布区，分别塑造出不同形态的山地和河谷景观。东部和东南部高原上，以地下水溶蚀作用为主，形成了石芽、漏斗、峰林、溶蚀洼地等地貌组合，著名的景观有石林和九乡溶洞；文山壮族苗族自治州普者黑由于溶蚀及流水侵蚀作用并未侵蚀穿隔水层，形成了独特的喀斯特山水景观。

在欧亚板块和印度洋板块碰撞的过程中，古特提斯海封闭抬升，滇西地区是横断山弧形山系区重要的组成部分。在南北向深大断裂的控制下，在持续的抬升过程中，经流水、风力、冰雪等外营力的作用，在北部形成了近南北走向的山川紧缩、大江并流的著名的高山峡谷“三江并流”景观区，成为南来北往的巨大屏障，高山极高山密集分布，相对高差巨大，广泛发育第四纪和现代冰川地貌景观。南部地区构造线逐步展开，受其控制的山川河流也逐渐变得舒展，形成了大量的中深切割的中低山和大河奔流组合的地貌景观系统。即便如此，在云岭、怒山、哀牢山、无量山、老君山等山顶上，依然残留着大量的蚀余高原面，高原面上分布着大量的冰蚀冰碛湖群和高山草甸。云南的一些大河滚滚南流的现象与中国东部“滚滚东流水”形成别样的景致。在中新生代红层发育地区，广泛发育了“高原丹霞”和“劣地”景观系统。

参考文献

柴本源，黄祥康，方芳．1997．旅游地理学．上海：上海人民出版社：45-47.

陈述云，张建云．1994．元谋土林的形成条件及发育速率．云南地质，13(4)：383-391.

陈永森．1998．云南省志·地理志．昆明：云南人民出版社：211-224.

段宝林，江溶．2007．山水中国(云贵卷)．北京：北京大学出版社：166-170.

范运铭．2006．导游基础知识．北京：高等教育出版社：50-51.

贡山独龙族怒族自治县志编纂委员会．2006．贡山独龙族怒族自治县志．北京：民族出版社：29.

黄义忠，杨世瑜．2003．三江并流带丹霞地貌景观地质成景作用．矿物岩石地球化学通报，22：270-272.

李禄安．1981．云南省志·旅游志．昆明：云南人民出版社：270-278，282-283.

罗晨．2012．云南老君山旅游资源整合开发战略．北方经贸，4：129，137.

骆景山．1999．神奇的元谋土林．大自然，4：16-17.

邱宣充．1999．云南名胜古迹辞典．昆明：云南科技出版社：13.

施之厚．1993．云南辞典．昆明：云南人民出版社：413-449.

王学良，何萍．2007．云南元谋土林风景区地貌的形成与演化研究．楚雄师范学院学报，22(9)：56-59.

王宇，杨世喻．2006．陆良彩色沙林成因．云南地质，25(2)：193-198.

武定云．2000．新编临沧风物志．昆明：云南人民出版社：8-9.

谢洪忠，杨世瑜，吴志亮．2006．元江彩色膏林景观生态特征及成景作用研究．生态经济，5：212-213.

徐治. 2015. 家乡的名山. 北京：光明日报出版社：77.

杨建强，崔之久，易朝路，等. 2007. 关于“点苍山”大理冰期. 中国科学(D辑)，(9)：1205-1211.

云南大学生态学与地植物学昆明研究所. 2006. 怒江项目区植被调查报告.

云南省林业厅，云南省林业调查规划设计院，怒江傈僳族自治州人民政府，等. 1998. 怒江自然保护区. 昆明：云南美术出版社：417.

云南省林业厅. 2003. 白马雪山国家级自然保护区. 昆明：云南民族出版社：12-58.

张威，崔之久. 2003. 云南东川拱王山、轿子山地区末次冰期冰川演化序列. 水土保持研究，(3)：157.

张威，穆克华，崔之久，等. 2007. 云南拱王山地区全新世以来的环境变化记录. 地球与环境，(4)：343.

张威，毕伟力，李永化，等. 2013. 白马雪山冰川槽谷发育的形态特征及其影响因素探讨. 第四纪研究，33(3)：482.

中国科学院《中国自然地理》编辑委员会. 1980. 中国自然地理·地貌. 北京：科学出版社：139-152.

第 6 章　气象气候景观

云南省特殊的地理位置，古老复杂的地质演化历史，得天独厚的地理环境，对具有明显区域性特征的云南气象气候因素的再分配与组合的作用十分显著，并对云南各地气候类型的形成产生有着深刻影响，在区域性气候特征与错综复杂的水热配合状况下，同一水平气候带下出现了“水平分块，垂直分带”的立体气候特征，形成了不同类型的气象景观和气候景观。

6.1　概　况

气象要素主要包括气压、气温、湿度、风、云、能见度、降水、蒸发、辐射、日照及各种天气现象等。气候指的是某一地区多年间大气的一般状况。它既反映平均情况，也反映极端情况，是多年间各种天气过程的综合表现。气象要素的各种统计量是表述气候的基本依据(叶笃正，2004)。因此，气象气候景观是指大气中的冷、热、干、温、风、云、雨、雪、霜、雾、雷、电、光等各种物理现象和物理过程所构成的可供旅游者观看的景观。气象气候与人类的生产、生活有密切的关系，与人类旅游活动也有着直接或间接的关系。直接关系是指气象和气候可直接成景，在不同的气象气候条件下，可形成不同的自然景观；间接关系是指由于气象气候的变化，使得地貌、植被以及人造景观发生变化(张述林，1992)。因此，气象气候景观也可理解为具有观赏和体验功能的大气物理现象和过程，以及区域特征。

在云南旅游资源中，气象气候占有十分重要的地位。明代冯时可在其《滇行纪略》中，记录了云南旅游十佳：“六月即如深秋，不用挟扇衣葛，一也；严冬虽雪，而寒不侵肤，不用围炉，二也；地气高爽，无霉湿，三也；花木高大，有十丈余，其茶花如碗，大树合抱，鸡足苍松数十万株，云气如锦，四也；日月与星，比别处倍大，五也；花卉多异品，六也；望后至二十月犹园满，七也；冬日不短，八也；温泉处处皆有，九也；岩洞深谷杳绝，十也。”十佳中除九、十两条外，均与气象气候有关。

云南的气候资源主要包括避暑型气候、避寒型气候、阳光旅游资源、洁净的空气、云海雨雾等。云南特殊的地形条件，使得云南受冷空气侵袭的次数较少，所以冬季较温暖，夏季无酷暑，四季温和如春。另外，较大的海拔落差，形成了“一山有四季，十里不同天”的景象。千变万化的各种气象景观与其他自然景观有机结合，形成了生动的景物形象。总结起来，云南的气象气候景观具有以下特点。

6.1.1 多变性和速变性

云南由于“移步换景”的地貌条件，强化了大气中瞬息万变的大气物理现象和过程，其变幻无穷的云海是其真实写照。云南高原所具有的日温差大的特点，强化了一日内冷热的变化，而温差年变化小却导致了“二八天乱穿衣”的现象。高原峡谷和山盆地貌强化了地形雨的表现，刚刚是倾盆大雨，瞬时就晴空万里，这些变化常常影响着景色的色彩、风采和明快度，给游客不同的美感和多变感。

高原峡谷中的雾、雨、电、光等要素变化极为迅速，典型景象如宝光、蜃景、日出、霞光、夕照等都是瞬间出现，瞬间即可消失，是最摄人心魄的自然景观。

6.1.2 背景和借景性

许多气象气候景观的出现常常要与其他一些景观资源相配合，要借助于其他景观为背景，才能更加突出其景色的优美。例如，哀牢山云海、鸡足山日出日落、洱海湖光山色、坝子天空上的雨后彩虹等配以白云蓝天效果更佳。

6.1.3 广域性和地域性

气象气候景观是一种无处不在、富于动感和变化的景观类型，但一些特殊的景观只有在特定的环境下才会出现。例如，云海在云南无处不在，但只有苍山在特定的季节和环境条件下，才有可能出现“玉带云”和“望夫云”。

6.1.4 时间性和季节性

不同的气象气候景观具有明显的季节变化，自然风景在这种具有节律性的影响下，出现明显的季相变化。例如，冰雪景观主要出现在冬季，梅雨景观只会在特定的季节出现，彩虹只会出现在雨后，而日出、日落等景观时间性更强。

6.2 气象景观

气象为一个地方在短时间内包围地球的大气层经常产生的各种大气物理现象和物理过程。千变万化的各种气象景观与自然景观有机结合，形成生动的景观形象。

1. 佛光景观

佛光，又称宝光，是大气中一种奇特的光学现象。佛光出现在中、低纬度地区高山之巅的茫茫云海之中，它是在阳光斜射的条件下，由云滴雾珠发生衍射和漫反射的分光现象。佛光出现时为色彩华美的光环，霞光四射，光环随人而动，人在光环中如身临仙境，成为云南高山地区重要的气象景观。云南很多高山地区都有佛光现象，主要观景点有佛教圣地鸡足山金顶和轿子雪山山顶等。

泸西阿庐古洞曾出现过非常罕见的溶洞佛光。2006 年，一道神奇的光芒多次射入洞内，照耀于洞中常年供奉的观音像上，霎时出现无数光圈，光芒耀眼，光环宽约 30 厘米，直径 3 米，此后渐变为双光环，并慢慢扩大淡化，持续时间约 30 分钟，很多幸运的游客目睹了这罕见的一幕。这种奇特的佛光属于罕见的光学现象，最有可能出现的时节是在冬至以后。佛光大多出现在名山之巅云海之上，但在溶洞中出现尚属第一次。如此神奇的现象引起了社会的巨大反响和关注，此景更让阿庐古洞蒙上一层神秘的面纱。

2. 云雾景观

云雾景观是在一定条件下由空气中的水分凝结形成的。云雾景观形态多样：有时浓密，有时轻薄；有时急奔，有时停留；有时笼罩，有时缠绕，其中一些被人们视为奇异的景色。云南由于地形变化复杂、水热条件差异巨大，云雾景观十分丰富，四季都有，随处可见。例如，大理苍山“玉带云”“望夫云”“海盖云”，以及哀牢山等地的云海景观。

1)苍洱云雾景观

苍山与洱海水面相对高度差达 2148 米。特殊的地理环境，复杂的地形，使该区域局地山谷风和湖陆风环流特征显著，天气复杂多变。在冬季无云的晴天，玉局峰顶上空会出现时浓时淡的云团似穿着黑衣的人形，当地百姓称之为“望夫云”。“云以山为体，山以云为衣”，雨后初晴的清晨，在山腰处会升腾起缕缕云丝，汇聚成絮状的朵朵白云，横亘百里，恰似一条精美玉带。这是苍山“静如练，动如烟，轻如絮，白如棉”的“玉带云”。有时在天空中形成长长的一条，高度较低，恰好把洱海遮盖住，而四周高山依然清晰可见，这就是“海盖云”景观(图 6.1)。

图 6.1　大理苍山“玉带云”景观示意图

2)哀牢山云海景观

由于哀牢山对西南气流的焚风效应和对东北冷空气的屏障效应，同时又是云南东、西两大气候区的分界线，所以，哀牢山区空气湿度大，云雾日数有随海拔升高而增多的趋势。但一年中，出现云雾天数最多的地方在海拔 1700～2000 米的高度，达到 190～205 天。缥缈的云雾赋予哀牢山无穷的魔力，时而堆棉铺絮，平静如玉池一般；时而轻飘漫流，像款款移动的素绢；时而风起云涌，似银浪滔滔，波澜壮阔。夏秋季节云海经常出现，云层波涛涌动，此外还会经常出现彩虹，形状多姿多彩，蔚为壮观。云雾形成的局地水的微循环，减少了干季梯田水分的蒸发，为哈尼族梯田文化的形成延续提供了有利的自然环境。

3. 烟雨景观

蒙蒙烟雨能给游者带来清新的情思和朦胧的诗意，就像台湾歌谣“窗外下着蒙蒙雨，心里一段衷曲……”所表达的意境一般，具有特殊的美感。云南坝区和山区雨景形成的美感稍有差异，山地雨景的朦胧美更为丰富，雨景中再配以山林小景、小桥流水、亭楼庙宇、古宅炊烟，使雨景得到升华，耐人寻味。例如，武定狮山、昆明西山、通海秀山、西双版纳热带雨林、元阳哈尼梯田等地都能欣赏到醉人的烟雨景观。

4. 冰雪景观

雪是中纬度地区冬季和高纬度地区及雪线以上山顶地带出现的一种特殊天气降水现象，具有特殊色彩美，配合其他自然景观，构成奇异的冰雪风景。雪在宏观上可形成壮景，在微观上又十分招人喜爱。云南玉龙雪山、梅里雪山、白马雪山等高山和极高山顶终年积雪，是中国比较容易观赏到的终年冰雪景观区；苍山雪是大理“风花雪月”四景之一，富有诗情画意，脍炙人口。但近些年由于气候变暖，越冬积雪已很罕见；昆明轿子雪山的冬季冰雪景观已成为一种高端旅游品牌，是云南最容易到达的冬季高山冰雪旅游区。云南高山冰雪奇景观赏和探险、冰雪体育运动项目已成为重要的旅游内容。

5. 云霞景观

霞是阳光斜射天空中，由于大气层的散射作用和受天气现象及时间影响，使天空的云层呈现黄、橙、红等色彩的自然现象。日出与日落时阳光透过云层的这种发光现象就形成了云霞景观，主要形式有朝霞、晚霞、彩云、雾霞等。彩霞绚丽，光芒四射，伴随旭日东升和夕阳西下，情景交融，美不胜收。云南由于地处高原，天高云淡，云霞景观是云南大地重要的自然美景之一，随处可见，高原湖泊上的云霞尤其壮观绚丽，朝霞映照下的卡瓦格博峰，被誉为“日照金山”。

6. 风景观

风是由于空气相对于地面流动而形成的，是气象变化的主要因素之一。云南受台风、寒潮影响不大，常风小，大风少，静风多，年平均风速 0.5～5.0 米/秒。每年的 4 月是多数地区风速最大的一个月，多数地区月均风速超过 3 米/秒。这种景观只能感受而不能观赏，大多用以衬托其他景观，也可直接造景。风景有时反映出粗犷，有时表现出柔和，这取决于风力的大小。大理“风花雪月”四景之中，首推其风。下关风四季吹拂，冬春吹西风，夏秋吹西南风，风向基本不变，且风速快，几乎天天有风。由于风吹不息，加之洱海的作用，一到下关，就使人感到空气清新，浑身凉爽，令人心旷神怡，下关故名“风城”。长时间较大的下关风，常使植物变形，形成特殊的“旗形树冠”，或使树干弯曲。据说下关风是不进房的，无论屋外大风怎样吼叫，屋内烛影从不摇晃，这是由于下关风多为西风，而当地住房却多为南北向。

另外，还有各种形式的风，如秋风、春风、山谷风等配以其他景物，如松林、花草、湖浪等，可形成种种奇景。

6.3 气候景观

气候为某一地区多年天气的综合特征，包括其平均状况和极端变化，由太阳辐射、大气环境、下垫面性质等因素相互作用所决定。每个旅游区天气的暖凉干湿，对人体的影响及舒适状态为该区的气候旅游资源特征。

云南地处低纬高原，太阳高度角大，辐射资源丰富，年辐射总量在 3620～6680 兆焦耳/平方米，仅次于青藏高原和西北地区。冬季受干燥的大陆季风控制，夏季盛行湿润的海洋季风，全省多数地区≥0℃积温在 5000℃以上，全省年平均降雨 1230.8 毫米，但无论是积温还是降雨量，地区分布极不均匀。因此，特殊的地理位置和环境使得云南的气候类型多样，旅游气候资源十分丰富。

1. 四季如春的避暑、避寒型气候景观

气候条件的优劣是旅游者选择旅游地与旅游时间的重要因素，云南许多地方独特宜人的“四季如春”气候是云南旅游的一大优势。被人们誉为“春城”的昆明，按照多年平均气温计算“春天”有 282 天；若按多年平均气温统计，“春城”当首推中国西南边陲云南的永德，一年 365 天，天天是春天；其次是永德附近的临翔，中国“春城”集中分布在西南边陲云南省境内的施甸—凤庆—临沧—普洱—绿春—金平—思茅—沧源—永德连线①范围内，堪称春光永驻的宝地(王利溥，2001)。可谓“四时之气，常如初春，寒正于凉，暑止于温”。“四季如春”的宜人气候是低纬度高原的一种特殊的气候现象。西双版纳已建设成中国著名的避寒型养生休闲度假区(表 6.1)。

表 6.1　云南省“春城”分布表

地名	海拔/米	年平均气温/℃	春天日数/天		最冷旬平均气温/℃	最热旬平均气温/℃
			多年平均	稳定通过		
施甸	1468	17.1	340	317.4	9.4	22.1
凤庆	1588	16.5	355	314.7	10.0	21.2
临沧	1454	17.2	365	339.0	10.5	21.5

① 这个带在空间上难以相连，实际指的是施甸—凤庆—临翔—宁洱—绿春—金平一线以南，永德—沧源—思茅以北地区。

续表

地名	海拔/米	年平均气温/℃	春天日数/天		最冷旬平均气温/℃	最热旬平均气温/℃
			多年平均	稳定通过		
普洱①	1320	18.1	315	309.3	11.8	22.1
绿春	1645	16.6	365	310.9	10.7	20.1
金平	1260	17.7	350	317.5	11.1	21.7
思茅	1302	17.7	360	333.2	11.4	21.9
沧源	1279	17.4	360	334.1	10.5	21.8
永德	1606	17.4	365	355.3	11.6	20.9

资料来源：王利溥，2001

与中国其他地区气温相比较(表 6.2)，可以看出：隆冬一月，北方是千里冰封、万里雪飘的景象，作为云南代表的昆明却是艳阳普照、春意盎然、百花盛开的仲春风光。盛夏七月，南方其他地区赤日炎炎、挥汗如雨，这里却是春暖宜人，十分有利于休闲活动。因而它既属避寒型气候，也属避暑型气候，四季如春，皆宜旅游。从气候条件来看，云南大部分旅游区没有明显的旅游淡季和旺季之分。

表 6.2　全国不同城市气温比较

地名	纬度	一月平均气温/℃	七月平均气温/℃
瑷珲	50°12′N	−23.9	20.5
北京	39°54′N	−4.7	26.0
武汉	30°36′N	−2.8	29.0
昆明	24°53′N	7.8	19.9
海口	20°02′N	17.1	28.4

2. 阳光型气候景观

阳光是主要的气候旅游资源。云南地处低纬高原，终年太阳高度角较大，相对低海拔地区来说，高原空气清新，大气层厚度较薄，由于大气的减弱作用较小，有利于太阳辐射透射到达地面。因此，全年单位面积上所获得的太阳辐射总量较多。全省多数地区年日照时数在 2200 小时左右，滇中一带较多，由滇中向滇东北、滇西北、滇西南等地逐渐减少。楚雄彝族自治州北部、丽江地区东部、大理白族自治州东部日照时数可达 2600 小时，最多的是永仁县，全年日照可达 2836 小时(陈永森，1998)。我国绝大多数地区由于夏半年太阳直射点在北半球，北半球昼长夜短，而冬半年则昼短夜长，日照时数夏多冬少，但云南省夏秋季正是多雨的季节，冬春则晴空万里，所以云南冬春两季反而日照时间长，阳光充足、和煦，“艳阳高照”，使人心旷神怡，成为云南冬季旅游的一大优势。

① 现为宁洱哈尼族彝族自治县。

3. 洁净空气气候景观

工业生产及其他经济活动所排放的有害物质，严重地污染着空气、水体和土壤。目前，对于中国大部分城市来说，尤其是一、二线城市，洁净的空气成了稀缺资源。人们在工作之余或假期远离雾霾深重的城市，到环境优美、空气未污染的地方去休憩已成为迫切的需要。所以洁净的空气就构成了重要的自然旅游资源。云南地处高原，开发相对较少，“洁净的空气，透明的天空”，是云南大气环境的真实写照。因此，云南的空气质量优于全国大部分地区，许多风景名胜区负氧离子含量高，对人的身体十分有益，所以很多游客纷纷来到云南享受洁净空气带来的舒适。

6.4　地貌对气候景观形成的作用

太阳辐射、大气环流是气候形成的基本因素，而地貌是影响能量接收、储存和转化的主要因素。例如，纬度高低、海陆分布、地形特征与坡向、海拔、植被等因素对气候有重要的影响，云南地处低纬高原，地形复杂，在独特的气候形成中起着十分重要的作用。

6.4.1　地势对气候景观形成的影响

云南南部地区不但海拔较低，纬度亦较低，而北部地区则相反，这样的地势特征对北来冷空气形成一个天然屏障，使得冬季北方冷空气难以南袭，受冷空气侵袭的次数比同纬度海拔低的省份要少，强度也弱，加剧了南北之间的气候差异，强化了气温南高北低的特征。各地低海拔地区位置偏南，使得南北气候差异加大形成多种气候带。另外，省内的地带性气候类型也因受海拔和地形的影响，表现出某些不同于中国东部同一气候类型区平原丘陵的特点。仅就热量而言，海拔最高点与最低点年平均气温按理论计算至少差 40.0℃，超过了中国南北纬度所造成的温度差异。由于地势和位置的关系，暖湿空气在北上过程中不断消耗，北上爬坡翻山越岭过程中不断凝云致雨，使得降水分布呈南多北少的趋势。南部地区低热河谷和坝区，为长夏无冬的北热带、南亚热带气候；中部广大地区为四季如春的中亚热带、北亚热带气候；而滇东北、滇西北高山地区却为长冬无夏的温带、寒带气候。从低纬度低海拔的元江，到高纬度高海拔的德钦，年平均气温从 23.7℃下降到 4.7℃，南北温差 19℃，水平方向相当于从海南岛到东北的差值。在以省为单位的区域范围内出现这样大的水平地带性差异，为全国罕见。

6.4.2　高原对气候景观形成的影响

特殊的地理位置使云南既受西南季风的控制，又受东南季风的影响，处于热带季风气候区。云南主要受来自印度、巴基斯坦的热带大陆气团影响，春季和秋季气候的季节性特征不是很明显，而夏季受西南季风和东亚夏季风及中高纬度天气系统的交叉影响，冬季受热带大陆气团和东亚冬季风及南支西风的共同影响，所以冬季较为温暖，阳光充足。而在夏季，由于云南海拔较高，加之云南省的夏季正是云雨最多的季节，太阳辐射被云遮蔽，地面温度不易升高。因此，云南大部分地区夏无酷热，冬无严寒，四季温和如春。

6.4.3　海拔对气候景观形成的影响

随海拔的变化，一些主要气候要素均发生显著的垂直变化，导致在经纬差异的基础上，又叠加了气候在垂直方向的差异。从河谷至山顶气温降低，降水增多，有热带、亚热带、温带、寒带等气候带分布，以及半干旱、半湿润、湿润等气候类型的差异。元江、元谋等河谷地区地形闭塞，加上焚风效应，使气温增高，降水减少。随着海拔的变化，气温、降水、日照等气象要素均存在明显的垂直差异，使得在全省范围内存在气候水平地带性差异的基础上，又叠加气候的垂直地带性差异，造成云南气候特征的地区分布更为错综复杂，各气候带和气候型交错分布。例如，北热带沿河谷呈树枝状向北延伸，在盆地呈块状分布，金沙江河谷还出现北热带的“飞地”（元谋等地）。较大的海拔落差，使得山地植物与动物差别明显。千变万化的各种气象景观与其他自然景观有机结合，也形成了生动的景物形象。

6.4.4　坡向和坡度对气候景观形成的影响

坡向和坡度对气候景观的形成主要是由于坡向和坡度不同，坡面所承受的太阳辐射和气流作用的不同所造成的。

晴天的状况下，夏半年南坡上每天可照的时间，随坡度的增加而减少，坡度每增加1°，相应于纬度降低1°，且越接近夏至减少越多，可照时间的多少直接决定了坡面太阳的辐射量。冬半年南坡上的可照时间，在任何纬度、任何坡度均与水平面相同。夏半年每天可照的时间，在低纬度，当坡度小于 $90°-\varphi+\sigma$（φ 表示纬度，σ 表示坡度）时，不受坡度的影响，与水平面上不同；在高纬度，当坡度大时，只有在夏至前后，北坡上的可照时数才与水平面相同，离夏至日越远，则随坡度的增大而迅速减小。冬半年北坡的可照时间随着坡度增大而迅速减少。坡度每增加1°，相当于纬度升高1°。东坡和西坡，每天的可照时间，无论是夏半年还是冬半年，均随着坡度增大而迅速减少。但其变化趋势在任何纬度和坡度上，均基本上与水平面相同(王利溥，2001)。

坡地地形对温度的影响主要通过两个途径来实现：一是地形通过对太阳辐射分布的影响而影响到坡地上的温度，这种影响主要表现在昼夜温度分布上，而且以地面反应最为强烈；二是地形导致气流运行的方向和速度发生改变，从而改变贴地气层中热量的交换，最终造成地面上温度分布的差异。凡是接受太阳辐射多的坡地，其温度一般也高，反之亦然(王利溥，2001)。因此，在同纬度的坡地上的温度分布，随坡向、坡度及季节而变化，从而形成丰富多彩的气象气候景观。

在山地的迎风坡面，气流在动力、热力作用下，产生强烈的上升运动，形成大量的降雨，成为雨坡；背风坡由于气流越山下沉具有焚风效应，降水稀少而成为干坡。云南高黎贡山迎风坡上的龙陵，年平均降水量达到 2000 多毫米，而地处背风坡的潞江坝，年平均降水量只有 700 多毫米。迎风坡和背风坡形成截然不同的景观系统。

6.5　气象气候景观空间分异

气象气候景观总是按照一定的规律分布，可分为纬度地带性和非纬度地带性。具体来说，纬度地带性是按照热量的南北分布情况而划分的气候带，云南按热量可划分为 7 个气候带，跨越大，变化多。云南省海拔悬殊，气候随着海拔的变化也产生了明显的差异，因此，在非纬度地带性中垂直地带性分布是云南气候景观中比较重要的分布特点。

6.5.1　纬度地带性分异

现有中国气候区划方案中气候带是按热量标准划分的，划分的标准是：日平均气温 ≥10℃的积温、最冷月平均气温、极端最低气温多年平均值，把中国从南到北划分为 9 个气候带。云南划分气候带的标准也采用上述 3 种温度指标，据此，云南可分为 7 个气候带(表 6.3)。

表 6.3　云南省气候带及划分指标

气候带	日平均气温≥10℃的积温		最冷月平均气温/℃	极端最低气温多年平均值/℃
	积温/℃	日数/天		
北热带	>7500	>360	>15	>3
南亚热带	6000～7500	320～360	10～15	0～3
中亚热带	5000～6000	280～320	8～10	−3～0
北亚热带	4200～5000	220～280	6～8	−5～−3
南温带	3200～4200	160～220	2～6	−8～−5
中温带	1600～3200	100～160	0～2	−10～−8
北温带	<1600	<100	0	<−10

资料来源：陈永森，1998

1.　北热带景观带

云南的北热带分布在世界热带的北缘，省内南部及海拔较低的几大江河河谷地带，大多数呈树枝状向北延展，有的在盆地呈块状、在山地呈围裙状零星分布。例如，河口、元江、景洪、孟定、潞江坝及金沙江河谷的元谋等地。云南北热带地区是热带作物生长的宝地，是最具魅力的天然生态博物馆，生长着高大而茂密的森林植被，有独树成林、大板根等景观。镶嵌在“植物王国”皇冠上的“绿宝石”西双版纳就在本带。元江是中国著名的热带水果产地；元谋是中国著名的反季蔬菜种植基地；潞江坝是小粒咖啡种植的核心区域。

2. 南亚热带景观带

南亚热带包括红河哈尼族彝族自治州南部、普洱市、临沧市南部、德宏傣族景颇族自治州及富宁、勐海、澜沧、孟连、西盟和金沙江河谷的巧家、华坪、宾川等地，面积为7.4万平方千米，占全省总面积的19.43%。此区域气候温润、生态环境优良、物产丰富、民族风情浓郁，是云南最适宜开展休闲度假和旅居生活的区域，尤其适宜避寒型休闲度假和旅居。

3. 中亚热带景观带

中亚热带大致分布在文山壮族苗族自治州中部、玉溪市、楚雄彝族自治州、大理白族自治州南部、红河哈尼族彝族自治州北部、临沧市北部、昭通市北部及金沙江河谷的宾川、永仁等地。中亚热带在省内东部地区海拔1100～1500米及西部地区海拔1400～1700米的地区，面积约6.4万平方千米，占全省总面积的16.82%。本带东部为喀斯特景观类型区，有世界闻名的石林喀斯特景观和九乡溶洞等，高原上有名的抚仙湖、星云湖、杞麓湖高原湖泊位于此区内，西部以红层景观为主。

4. 北亚热带景观带

北亚热带主要包括曲靖市南部、昆明市、楚雄彝族自治州、大理白族自治州、保山市北部和怒江傈僳族自治州的福贡、贡山、泸水等地。其东部地区海拔一般在1500～1900米，西部地区一般在1700～2000米。面积约8万平方千米，占全省总面积的20.96%。本带地处云南中部，本带内分布有较多的大型断陷盆地景观，是云南社会经济相对比较发达的地区。带内有闻名遐迩的昆明、国家级历史文化名城大理、高黎贡山及腾冲热海景观区。

5. 南温带景观带

南温带包括曲靖市北部、东川区、昭通市等海拔1900～2200米的地区，以及丽江市、迪庆藏族自治州、怒江傈僳族自治州等海拔2000～2400米的地区，面积为6.3万平方千米，占全省总面积的16.48%。气候有些寒凉，本带内形成了一些著名的景观，如世界文化遗产丽江古城、玉龙雪山、剑川石宝山、虎跳峡、泸沽湖等。

6. 中温带景观带

中温带包括昭通市、东川区海拔2000～2800米及滇西北2400～3000米的地区，面积约6.3万平方千米，占全省总面积的16.51%。本带气候温凉，无霜期短，冬季气温低，光照和雨量均处于中等水平，著名的昆明准静止锋面就在这个带内。滇西北的“三江并流”世界自然遗产景观的不少部分位于本带内。

7. 北温带景观带

北温带包括滇西北海拔2800～4000米的山区和滇东北2600～4000米的山区，面积约

3.3 万平方千米，占全省总面积的 8.57%。本带气候冷凉，长冬无夏，霜期长达 6～8 个月，雪峰耸立，白雪皑皑。滇西北著名的康巴地区就位于本带内，是“三江并流世界自然遗产地”最重要的核心组成部分。

6.5.2 垂直地带性分异

云南大部分地区的海拔在 1300～2000 米，但悬殊的海拔高差，依然是云南最突出的自然特点之一。这直接导致了除了南北方向上水平气候带的差异外，从低到高又有垂直方向上不同垂直高度的差异。在云南，海拔大致每升高 100 米，气温下降 0.5～0.7℃，因此，从山麓到山顶垂直变化很明显，加之阳坡、阴坡的影响，造成山地两侧的植物、动物以至于整个自然景观都具有明显的差别，形成“一山有四季、十里不同天”的景象。例如，云南东川区的新村、汤丹、落雪，分别位于山麓、山腰、山顶附近，新村属南亚热带景观，汤丹属暖温带景观，落雪则属寒温带景观(表 6.4)。

表 6.4　新村、汤丹、落雪三地区气候要素比较

地点	海拔(米)	≥10℃积温(℃)	年平均气温(℃)	最冷月平均气温(℃)	年降水量(毫米)
新村	1254.1	6703.9	20.2	12.6	700.5
汤丹	2252.4	3519.0	13.1	6.1	838
落雪	3227.7	746.60	7.0	1.1	1136.1

云南气候景观的垂直变化规律可用图 6.2 来表示。各地只是所处的基带不同，景观垂直带谱不同而已。

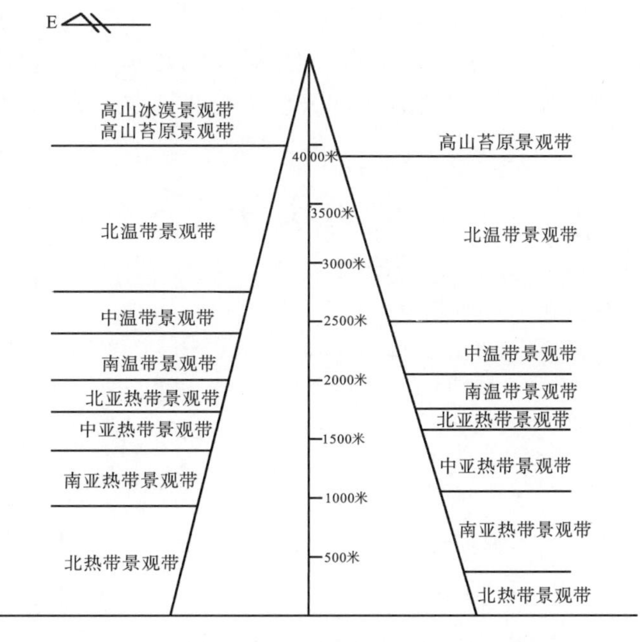

图 6.2　云南省山地气候景观垂直分布示意图

6.5.3 旅游气候景观分区

以最冷月气温 5℃、最热月气温 22℃及其雨日等要素可以把云南分成三个旅游气候区。

1. 滇北旅游气候景观区

滇北旅游气候景观区包括滇西北、滇东北两片。以香格里拉为代表，年平均气温 5.4℃，最热月平均气温 13.3℃，最冷月平均气温－3.8℃。大于等于 5 毫米日雨量雨日，全年 38.1 天，雨季各月不超过 10 天，年降水量 612.4 毫米。气候温凉，春夏秋三季皆适宜旅游，以春末夏初为佳。春季杜鹃花盛开，繁花似锦；夏日晴天，看三江并流峡谷及垂直地带性植被、现代冰川，以及滇金丝猴等珍稀动植物。

2. 滇中旅游气候景观区

滇中旅游气候景观区包括昆明、曲靖、玉溪、大理、保山、临沧和文山的一部分地区。以昆明为代表，年平均气温 14.7℃，最热月平均气温 19.8℃，最冷月平均气温 7.7℃。大于等于 5 毫米日雨量雨日，全年 50.7 天，雨季达到 10 天，年降水量 1000 毫米。全年适宜旅游，以冬夏为佳。“天气常如二三月，花枝不断四时春”的昆明，已建成国际旅游城市。

3. 滇南旅游气候景观区

滇南旅游气候景观区包括西双版纳、普洱及德宏、红河、文山的一部分地区。以景洪为代表，年平均气温 21.9℃，最热月平均气温 25.6℃，最冷月平均气温 15.7℃。大于等于 5 毫米日雨量雨日，全年 61.6 天，年降水量 1193.9 毫米。气候温热，四季皆适宜旅游，以冬春为佳。热带雨林、季雨林风光及林中奇花异卉、珍禽异兽是本区域的特色。

参考文献

陈永森. 1998. 云南省志·地理志. 昆明：云南人民出版社：269-282.

陈宗瑜. 2001. 云南气候总论. 北京：气象出版社：1-5.

王利溥. 2001. 旅游气象学. 昆明：云南大学出版社：130-140，154-155.

叶笃正. 2004. 中国大百科全书·大气和雪海洋科学水文科学. 北京：中国大百科全书出版社：581，611.

张述林. 1992. 风景地理学原理. 成都：成都科技大学出版社：74-78.

第 7 章 水景景观(一)

水景景观，也叫水色景观、风景水景观等。水是自然界中最活跃的物质，它是风光旖旎的地球表面最重要的成景和构景要素之一，一切动植物的生长、土壤和云雾景观的形成，以及人类的生活均离不开水，许多风景要靠它来点缀。同时，水还能美化、绿化、香化环境，改良气候，为旅游的发展提供丰富多彩的资源条件，人们通过游览、游泳、滑雪、划水、泉疗、品茗等活动，可共享独特而高尚的水乡之乐。同时，在古往今来的各水景景观中蕴涵着丰富的精神世界，将旅游地的历史文化内涵与水景景观相结合(吴殿廷等，2003)。孔子曰："仁者乐山，智者乐水，智者动，仁者静，智者乐，仁者寿。"仁智者乐山乐水，仁智者动静相融，仁智者乐而寿。"智者"的智慧当如水之灵活。老子曰："上善若水"；庄子云："水之积也不厚，则其负大舟也无力"；禅语曰："善心如水"。因此在中国文化中，儒释道都把水以人格化。水若藏于地下则含而不露，若喷涌而上则清而为泉；少则叮咚作乐，多则奔腾豪壮。水处天地之间，或动或静；动则为涧、为溪、为江河；静则为池、为潭、为湖海。水遇不同地境，显各异风采；经沙土则渗流，碰岩石则溅花；遭断崖则下垂为瀑，遇高山则绕道而行。"智者"的智慧当如"乐水"之灵感。因此，水和水景在中国文化中有着特殊的地位。

7.1 概 况

云南省河流湖泊众多且水系十分复杂，多为入海河流的上游，其中有 47 条省际河流和 37 条国际河流，是中国湖泊最多的省份之一。面积在 1 平方千米以上的湖泊共 37 个，湖泊总面积为 1066 平方千米，集水面积为 9000 平方千米，总蓄水量约 3×10^{11} 立方米。另外，云南全省各地温泉和冷泉广布，滇西北的高山山岳冰川是江河重要的补给来源。但整个水景景观以河流湖泊为骨架，具有以下特征。

7.1.1 景观的多样性

云南的水景景观呈现出千姿百态的景象，激流险滩、瀑布溪流、高山冰川、龙潭温泉、湖泊曲流、伏流盲谷、水库坝塘等风景河段和水景空间，构成了几乎除海洋之外的所有水景类型。水体不仅能够单独成景，也是其他景观重要的构景要素之一。

7.1.2 景观的独特性

独特构造控制下形成了大尺度的帚状水系和“三江并流”景观，以及滇中“山”字形构造控制下形成了滇中断陷湖群(滇池、抚仙湖、阳宗海、星云湖、杞麓湖)景观；滇西横断山纵谷区以高中温泉景观为主，而滇东高原则以中低温泉景观为魁等特征，这在中国其他地区是绝无仅有的。位于蚀余高原面上的大量景色旖旎的冰蚀湖群、斜坡地带瀑幅狭窄而落差巨大的瀑布景观、地表地下喀斯特水景丰富多彩的组合、高阶地地区的“云上梯田”景观、水急滩险的虎跳峡等峡谷激流景观、哑泉怪泉毒气泉等景观，无不展示着云南水景景观的独特性。

7.1.3 景观的空间分异

云南水景景观分布广泛，但区域上又相对集中，空间分异特征明显。大江大河多穿行在崇山峻岭之间；瀑布、激流和险滩景观全省比比皆是，但多集中分布在地形转折地带；而星罗棋布的湖泊湿地景观在全省均有分布，但多集中分布在坝子中和蚀余高原面上；冰川景观仅分布于滇西北极高山上；喀斯特景观虽遍布全省，但它的空间分布受碳酸盐分布的控制；全省各类温泉 700 多处，遍布于 129 个县(市、区)，几乎县县有温泉、处处有泉眼。但高温泉主要分布在滇西龙陵、腾冲、盈江、洱源，以及滇西南的凤庆、云县、临翔等地，而大量的龙潭主要分布于喀斯特区域的谷底或坝子边缘地带，既构成景观，往往也是饮用水源和灌溉水源源地。

7.1.4 景观的紧密配置性

景观的紧密配置性(或群集性)是指不同种类的景观常相伴分布于同一区域，使其相得益彰，旅游价值倍增，组合成旅游区、景区、景点等。水体往往是一个区域最有动感的构景要素，同时由于水与生物生长、人类生产生活的密切关系，自然界中经常形成以水景为骨架，其他景观紧密配置、相得益彰的风景区域或风景遗产廊道。例如，西双版纳罗梭江风景、“长江第一湾”水上画廊；“小资天堂”洱海、“高原明珠”滇池环湖风景带；老君山“九十九龙潭”、千湖山高山冰蚀湖泊花海景观；红河花腰傣文化遗产廊道；元阳哈尼梯田世界文化遗产、梅里雪山神山冰川景观等。水景突出的景观紧密配置性特征，不仅提升了水景的价值，而且往往能形成集群的景观优势。

云南的水景景观主要包括风景河流景观、瀑布景观、湖泊湿地景观、温泉景观、冷泉景观、冰川景观等。本章主要论述河流景观和瀑布景观，其余的水景景观将在第 8 章进行论述。

7.2 河流景观

云南的六大水系，从河流结构来看，虽均属于大江大河的中上游地区，但由于受不同类型的构造形迹控制，流经不同的地貌单元和气候区域，无论是宏观景观特征和微观局部形态都有很大的差异，形成了丰富多彩的景观体系。

7.2.1 河流景观概况

云南江河众多，河网纵横，伊洛瓦底江、怒江、澜沧江、金沙江、元江和南盘江这六条大河在境内的干流总长约 5000 千米，主要支流约 311 条，它们有的源远流长，贯穿数省，乃至几国，成为过境河流或国际河流；有的较为短小，只在省内就汇入干流，主支流流经的许多地段成为风景优美的风景河段。

1. 典型的季风型山区河流景观

云南的江河具有季风型河流的水文特点，主要是指径流量的季节变化与季风区内降水的季节特点相吻合，可明显分为汛期(5～10 月)和枯水期(11 月至翌年 4 月)，汛期水量占全年水量的 70%～80%，且雨热同季。汛期降雨集中，由于干流流经红层高原、干热河谷，以及人为活动造成的水土流失，致使汛期大部分河流的干流水色浑浊，水量大，河水湍急，不少河段形成黄色浑浊河水与青山相衬的景观特点；枯水期则水质较清，水位下降，心滩、边滩、消落带等景观出露，蓝天白云下的青罗玉带映衬着雪峰森林景观。山地地区的溪流河床比降大，多瀑布和激流，具有暴涨暴落的景观变化特点。

1)西南季风型河流景观

这类江河景观大体分布在哀牢山与云岭山脉东支山地以西，包括横断山系纵谷北段的“三江并流”地区和南段的哀牢山、无量山、邦马山、老别山及高黎贡山余脉地区，这里靠近西南季风的源地印度洋。夏半年受西南暖湿气流影响显著，降水丰沛，河川径流大，水位高；冬半年干燥少雨，水位低，除怒江峡谷上段冬春降水稍多、径流较大外，其他河流均有这样的水景特征。

2)东部季风型河流景观

这类江河景观主要分布在滇东南和滇东高原的边缘地带，大体包括昭通市东部、宣威市、富源县、罗平县、文山壮族苗族自治州大部及红河哈尼族彝族自治州东南部。夏半年受东南季风影响，冬半年受昆明准静止锋影响较显著，洪枯水位要较西南季风型地区缓和。这一地区多为喀斯特分布区，地下河网密布。

3)过渡型河流景观

这类江河景观位于以上两种类型之间，分布于滇东喀斯特高原及滇中高原的大部分地区。既受到西南季风影响，又受到东南季风影响，但强度稍弱一些，故具有上述两区的一些基本特征，又有差异。

2. 高原山地复合型河谷形态景观

云南现在的地貌形态是在古近纪以前的准平原的基础上，经过多次间歇式的抬升破坏后所形成的。被抬升的高原西部被河流深切，形成高山峡谷、山川相间的著名横断山地，在这些大山山顶仍保存有局部的高原面，高原面上的河流蜿蜒流淌、流速缓慢，往往串联高山湿地景观；东部高原面面积广大，在间歇式的差异化抬升过程中，形成了大量的断陷盆地，断陷盆地中的河流具有平原区河流的景观特点。高原的边缘河流切割较强，高原面破碎，往往形成深切的峡谷型河谷景观系统。在这样的地貌演化过程中，不断产生新的河谷形态组合形式。这些河流的上游部分多在高原面或蚀余高原上流动，河床宽浅，河漫滩或冲积平原宽广，河曲发育，形成曲曲折折、幽静动人的高原河流景观；流经社会经济比较发达的坝区河流，自然状态下蜿蜒流淌，具有江南水乡的景观特色，只可惜绝大部分坝区中的河流都经过人工束水改造，变成了水利工程，河流的自然状态已被改变；河流的中游或下游河谷深切，多呈“V”字形或槽形深谷，河床比降大，多急流险滩，多跌水瀑布，也多沉积粗大砾石，形成典型的峡谷景观。但是云南绝大部分的峡谷型干流和流量较大的支流河段，已修建或已规划建设大量的梯级电站，改变了河流的自然状态，出现“高峡平湖”景观。

若从切割的强度来划分，云南的河谷景观，大致可以分为三种基本类型。

浅切型河谷景观：主要分布于高原或山原河流的上游河段，即现代河流下切和溯源侵蚀较轻的河谷。这些切割较浅的河谷，谷底较宽，蜿蜒曲折，河流两侧阶地较为发达，一般有 2～3 级阶地。

深切型河谷景观：地壳抬升强烈，河流强烈下蚀形成的河谷，深嵌于高原面之下，是云南一大特色突出的景观。怒江、澜沧江、金沙江、红河、阿墨江、把边江、牛栏江、普渡河、独龙江等，都有切割很深的河谷。

中切型河谷景观：在云南南部和西南部的一些河流的河段，受到侵蚀基准面的控制，其下切深度介于浅切型与深切型河谷之间，如分布在澜沧江、大盈江、瑞丽江等河流下游的宽谷盆地中的河段。

在高原的中部，抬升幅度大，高原面上原来作南北向流动的河流，被中部较高的隆起所阻，河流改向或重新组合，造成一些河流上游作南北向流动，而中下游却是东西流向，一些地方还留下了一些古河道的遗迹，也是云南自然景观中较奇异的现象之一。

7.2.2 主要河流景观

1. 金沙江河流景观

金沙江自古以盛产“沙金”而得名，古称“绳水”“丽水”，是长江上游的重要干流，位于东经 99°0′～105°18′，北纬 24°28′～29°15′，流域为长江上游青海省玉树巴塘河口以下至四川宜宾市岷江口一段，因此，金沙江是云南的过境河流。金沙江省内全长 1560 千米；河道平均坡降 0.129%，落差 2020 米；流域面积 106038 平方千米，占全省面积的

28.5%，为云南省六大水系中集水面积最大的河流。沱沱河为其上源，发源于青海唐古拉山主峰格拉丹东西南麓的姜根迪如冰川，河长 358 千米，下接通天河，长 813 千米，至玉树巴塘河口以下，始称金沙江。金沙江流经云南西北部、川西南山地，到四川盆地西南部的宜宾接纳岷江为止，流经云南省迪庆、丽江、大理、楚雄、曲靖、昭通 6 个地(州、市)，主要支流 39 条。金沙江自德钦县东北部德拉附近进入云南省，滚滚南流，在丽江石鼓镇附近突然折向东北，形成著名的“万里长江第一湾”景观，下行 35 千米，切穿哈巴雪山和玉龙雪山，劈出著名的虎跳峡(闫庆桐，1992)景观。江水奔流至水落河口再转向南流，至金江街后向东，自此渐渐脱离横断山地，沿川滇交界一带峡谷奔流至巧家盆地，河谷才豁然开朗，最后于水富县进入四川境内。因此，在云南境内的金沙江，绝大部分河谷均为峡谷景观。随着三峡水库的建成和水道的整治，“黄金水道”已上伸至金沙江，金沙江成为整个长江旅游线的重要组成部分。但大量的梯级电站建设，既改变了原来的河流自然景观，也留下了由于大坝的建设，导致地壳应力的重新调整而有可能带来的地质灾害和环境问题。金沙江干流和支流上主要的风景河段有支巴洛河、奔子栏大转弯、硕多岗河、万里长江第一湾、虎跳峡、黑白水河、元谋干热河谷、小江泥石流、牛栏江大峡谷等景观。

1)支巴洛河景观

支巴洛河发源于白马雪山主峰扎拉雀尼东北面的说拉山口，由数十条雪融溪河汇集而成。支巴洛河沿白马雪山上的山谷流淌，穿越莽莽林海，流经霞若、拖顶两乡汇入金沙江。全长 90 千米，落差 1667 米，比降 18.5‰，流域面积 1835 平方千米，多年平均流量 26.7 立方米/秒，理论蕴藏量 26.27 万千瓦，有 28 条支流注入，其中河长 14 千米以上的有 7 条。站在白马雪山垭口，蜿蜒于草甸森林之间的支巴洛河风景河段一览无遗，尤其是秋天，蓝天白云、蜿蜒的河流、金黄色的森林，构成一幅绚丽多彩的自然画卷。

2)奔子栏大转弯景观

长江从发源地到奔子栏的大转弯很多，但奔子栏大转弯却是最有名的。金沙江流至德钦的奔子栏附近，突然绕着做了一个 180°的大转弯，当地人称做“金沙江大转弯”。由于河床的地势低缓、水流平静，大转弯上突出的金字塔般的小山，艺术家称之为“高原的心脏”。因为旱季时，大转弯突出的山丘地表呈现红色，金沙江就像心脏的血脉。

奔子栏大转弯的形成，是在云南高原隆升之前的曲流基础上，经地壳抬升，河流下切，保留了原曲流形态而形成，它是地壳急剧抬升的直接证据(图 7.1)。有趣的是，位于奔子栏下游不远的石鼓镇，有个著名的“长江第一湾”，但德钦的当地人却不这么认为，强调“金沙江大转弯”才是真正的“长江第一湾”。附近的奔子栏渡口为滇藏“茶马古道”上有名的古渡口，也是“茶马古道”由滇西北进入西藏和四川的咽喉要地。如今在奔子栏已修建了横跨金沙江的伏龙桥。

3)硕多岗河景观

硕多岗河位于东经 99°39′～100°07′，北纬 27°10′～28°00′，发源于香格里拉市东北约 30 千米的格咱乡浪都雪山东侧，源地高程 4144 米，总体流向自北向南，于虎跳峡镇汇入金沙江。硕多岗河为金沙江左岸一级支流，属高原山区性河流，干流全长 153.2 千米，流域面积 1966 平方千米，总落差 2100 米。水系呈羽状分布，右岸支流较多，但河长较

图 7.1 奔子栏大转弯景观示意图

短，河长一般在 14 千米以内；大部分支流分布在左岸，其中以冲江河为最大，全长 29 千米，集水面积为 250 平方千米，占硕多岗河流域面积的 12.7%。上游地处高寒牧区，流经中国大陆第一个国家公园香格里拉普达措国家公园，这一段河流舒缓地蜿蜒于高原面上，与五花草甸、树形婀娜的高山柳构成了一幅绚丽的高原牧区画卷；中下游两岸山高林密，河口紧靠虎跳峡上峡口，适合从事野漂活动，但已建好的和规划要建的梯级电站改变了河流的自然状态，许多河段野漂活动将难以进行。

4)万里长江第一湾景观

万里长江第一湾位于丽江市石鼓镇境内，地理位置为东经 100°00′，北纬 26°53′。金沙江自北而来，流到石鼓附近的海山罗，受其阻挡，掉头东北而去，形成 120 多度的“S”形大弯，直至虎跳峡附近(图 7.2)。这里江面增宽、江流沉静，与下游的虎跳峡形成鲜明对比，是万里长江上的第一个渡口。相传诸葛亮“五月渡泸”、忽必烈“革囊过江”都发生于此，中国工农红军第二方面军也从此渡江北上。石鼓，因有明嘉靖年间刻制的石鼓而得名，现仍立于江边。过去岸边垂柳成荫，可惜多已被破坏。关于万里长江第一湾之成因众说纷纭，有人认为是长江袭夺金沙江而致，也有人认为是江水循断裂切割而成……

图 7.2 万里长江第一湾景观示意图

5)虎跳峡景观

虎跳峡是迪庆藏族自治州和丽江市的界峡。地理位置为东经 100°00′～100°10′，北纬 27°11′～27°27′。金沙江沿玉龙雪山与哈巴雪山之间的断裂不断下切雕凿，两岸雪山相对抬升，形成今日世界上最险峻的峡谷之一——虎跳峡大峡谷(图 7.3)。大峡谷上起香格里拉市下渔落村，下至丽江大具坝，全长 17 千米，总落差 220 米，纵坡降 0.37%，谷底狭窄，江面宽度仅 30～80 米，江水咆哮，流速约达 10 米/秒，冲过险滩怪石，跌下 18 个陡坎后冲出峡口。两岸峭壁千仞，峰峦叠嶂，白雪皑皑，瀑布高挂，相对高差达 3700～3900 米。置身于江底，抬头仰望，只见白云飞速掠过，好似石壁行走，头晕目眩，惊险异常。整个峡谷分上虎跳、中虎跳、下虎跳三段。上虎跳峡谷江心有一块巨大的崩塌岩石，状若中流砥柱，将主江分流，使江水骤束，江水咆哮着越过巨石，形成高约 3 米的跌水，溅起层层浪花，此处江面宽仅 30 米，相传老虎曾借助巨石一跃过江，故名“虎跳石”。两岸百丈悬崖上直落江底的飞天瀑布，十分壮观。枯水时，可循羊肠小道下至江边，立于虎跳石旁，感受江水之汹涌澎湃。清代诗人孙髯翁在《金沙江》一诗中写道：“劈开蕃城斧无痕，流出犁牛向丽奔。一线中分天作堑，两山夹斗石为门。”沿虎跳峡北上过永胜村便到达中虎跳，中虎跳离上虎跳 5 千米，滩长 300 米，江面落差甚大，这一段被称为“满天星滩”。江中礁石林立，水流湍急，惊涛拍岸。下虎跳江面狭窄，有约 5 米的巨石横亘于江中，江水澎湃如潮，具有“狂涛卷地”之势，南岸绝壁上凿有一条宽约 1 米的小道通下虎跳，行走道上动魄惊心，险峻异常。虎跳峡北岸中部大深沟及南岸下峡口的望峡台，是领略大峡谷险峻绮丽风光的最佳位置。

虎跳峡是中国河流地貌学基本问题中的关键，是中国青藏高原强烈隆升前后，横断山区水系演变规律认识的关键地区，是古金沙江水系和现代金沙江水系演化关系的关键地区，是当之无愧的地球演化过程中内外营力联合塑造地表形态过程的模式地。因此，虎跳峡不仅具备独特的景观美，还拥有内在的科学美，是具有世界意义的著名峡谷景观。2005 年，虎跳峡被《中国国家地理》杂志评为中国最美的十大峡谷之一。

图 7.3　虎跳峡景观示意图

6)黑白水河景观

白水河又称牛圈沟，位于丽江市玉龙雪山景区云杉坪旁，甘海子北约 5 千米处。白水河的河水由雪山上的积雪融化后又经岩层过滤，成泉水涌出，最终汇成河，其河水清澈墨绿。因河床沉积物主要由石灰石碎块组成，呈灰白色，清泉流过，远看就像一条白色的河，因此而得名。即使是夏季，赤足涉河，那刺骨的感觉总会让人铭记这雪山泉水的品质，给人们留下清冽圣洁的感受。白水河水质纯净，未受任何污染，河水冲刷的卵石，清澈明晰，因为白石为底，水流其上，水的颜色更加明净，白水河给你的第二个印象是秀丽神奇，沿河溪水瀑布层叠，两岸植被繁茂，远处雪峰背衬。白水河自雪山深处蜿蜒流出，你可步行或骑马逆流而上，观赏沿岸风光，探寻雪山之下河水之源，并可亲口尝一尝这天然的纯净水。沿白水河往北 4 千米处，白水河便与从雪山上流下的另一条河水交汇。这条河河床的石头，却是黑色居多，水流的颜色看起来也就成了黑色，故名黑水河。两河交汇处，变成了黑白水河。雪山以万年古雪和黑白之石孕育出黑白水，纳西民族对它有着特殊的情感，东巴经《鲁般鲁饶》卷中以黑白来解释世间万物，指出阴阳调和，黑白不分开，世间就和谐有序，眼前的黑白水，是一条自然之河，爱情之河，黑白水对游人寓意着行路无阻拦，过河没障碍，旅途保平安。

7)元谋干热河谷景观

元谋干热河谷位于云南省中北部的金沙江一级支流龙川江的中下游地区，东经 101°35′～102°06′，北纬 25°23′～26°06′。该区域全年基本无霜，被誉为“天然温室”，年平均气温 21.9℃，干热区面积达 797.07 平方千米，干旱少雨，年均降雨量仅为 616 毫米，年蒸发量高达 3627 毫米(丁文荣等，2011)。它是构造－地貌－古生态效应、环流－季风－“狭管”效应、地形波－局地环流－降水－焚风效应等综合作用而形成的原生性的生态现象(明庆忠和史正涛，2007)，在地形封闭的局部河谷地段，水分受干热影响而过度损耗，森林植被难以恢复，土地大面积荒芜，河谷坡面的表土大面积丧失，露出大片裸土和裸岩地，形成著名的元谋土林干旱地貌景观。原生植被以干热灌丛景观为主。该区域河谷地带一年四季瓜果飘香，有热带水果酸角、人心果、荔枝等 20 余品种，是我国著名的反季蔬菜种植基地。

8)小江泥石流景观

东川小江泥石流是闻名遐迩的泥石流天然博物馆和研究人类生存与自然环境相互关系的理想场所。小江位于云南省东北部，系金沙江一级支流，发源于寻甸回族彝族自治县鱼尾后山，流经寻甸回族彝族自治县、东川区和会泽县境内，流域全长 138.2 千米，流域面积 3043.45 平方千米，总落差 2860 米，河谷谷底宽 15～50 米，两岸陡峭，是长江上游水土流失最严重、生态环境最恶劣、地质灾害最频繁的区域之一(程尊兰等，2000)。由于小江河谷处在断裂带之上，历史上是中国著名的铜矿区，植被破坏严重，因而这里极容易形成规模巨大的泥石流，使得附近 30 多千米的河段河床每年都能淤高 15～21 厘米(李禄安，1996)。小江流域共有一级支流 178 条，其中 138 条为泥石流沟。小江在东川区的 86 千米流程内，有灾害性泥石流 100 余条，其中成灾严重，对城镇、交通、水利及工农业生产危害较大的有 30 多条。东川区的泥石流尤以蒋家沟泥石流出名，其暴发频繁、规模巨大、类型齐全、冲积扇面保存完整，在国内外实属罕见。蒋家沟泥石流形成区碎石处于特殊的临界稳定状态，常有“声喊则碎石崩流”的奇特现象，其暴发时的“阵流”，具有“后浪推前浪”的特点，十分壮观。由于泥石流的冲击，河床在半个世纪里，已抬升 100 多米高，人抵沟底，犹如江石中的一粒沙。小江流域具有干湿季分明的降水特征，流域内 11 月至翌年 4 月为干季，降水量为 8.8～128 毫米，5～10 月为雨季，降水量为 600～1025 毫米，占全年降水量的 88%(王宇和李长才，1995)，只要到了洪水季节，泥石流来势凶猛，达到每秒 1000 多立方米的流量，大大小小的石头被淤泥夹带着，伴随着粗粗细细的残枝断根，形成了一条巨大的泥和石的河流，汹涌奔腾而下，大有一泻千里的气势，这是生态失去平衡所带来的恶果，但又是大自然奉献给人们的一大景观。东川泥石流越野赛已成为中国著名的体育旅游赛事。

9)牛栏江大峡谷景观

牛栏江是长江上游金沙江右岸的一大支流，又称车洪江，汉时称堂琅江。在牛栏江与金沙江交汇处，有一块天然巨石露出水面，形状似牛，横卧江心，有一牛拦江之意，故得名。牛栏江发源于嵩明县的嘉丽泽，是一条跨越云南、贵州两省的河流，在鲁甸县江底乡江底村一个名为“老熊洞”的地方进入鲁甸县境，自然地成为鲁甸县同会泽县、巧家县的行政区划分界线。牛栏江流经云贵高原向四川盆地的过渡地带，峡高谷深，江流曲折，两岸沟壑纵横，峰岭绵延，相对高差近 2000 米。牛栏江峡谷谷坡分三个层次重叠，最下一层是陡峭的斜坡，中间一层是垂直的悬崖，最上一层又是倾斜的大山，于是两岸合在一起就将峡谷拼成了下部“V”形、中部方形、上部倒“八”字形的美妙曲线，这一奇观引起了专家学者的高度重视，并有学者将牛栏江峡谷称作“最神奇的东方峡谷”。特别是毗邻大山包黑颈鹤国家级自然保护区的牛栏江鸡公山峡谷，是由二叠纪峨眉山玄武岩为主体形成的深邃峡谷，两岸陡峻，云雾缥缈，站在鸡公山上，宛如身临天界，有独踞万山之巅，“一览众山小”之感。牛栏江畔有风光秀丽的红石岩温泉，有历史悠久的乐马古银矿遗址，有乐红小石林、石笋林和石头城等景观。牛栏江落差较大，水利资源极其丰富，在中下游地区，贵州省威宁彝族回族苗族自治县修建了两级拦江坝水电站，鲁甸县与巧家县交界的牛栏江段，还依次建成了红石岩、天花板、黄角树 3 座大型拦江大坝电站，形成了“高峡出平湖”景观。

10)其他风景河段景观

金沙江及其支流流经地域范围广阔，自然环境差异巨大，除了以上描述的风景河段外，还形成了众多的不同类型的高品质风景河段(表 7.1)。

表 7.1　金沙江流域其他部分河流景观

景观名称	地理位置	特色	备注
中流砥柱鸡公石	香格里拉市良美乡	如一引颈长鸣的雄鸡，江水环绕而过	流传着许多传说故事
其宗石门关	维西傈僳族自治县东北 49 千米金沙江与腊普河交汇口	两岸绝壁，高达 2000 米以上,长约2000 米	明朝曾在此设石门关巡检司
以礼河	发源于会泽县南部野马村，流经会泽、巧家两县	天然落差约 2110 米，是中国最早进行梯级开发的河流之一	全国第一的大土坝——毛家村水库大坝

续表

景观名称	地理位置	特色	备注
洒渔河“小三峡”	昭通城西南，距市区 15 千米	有一系列跌水瀑布，总落差 630 米，河道最窄处 10 米	与小石林、大小标水岩瀑布及青龙洞共同组成山水景区
鹤庆漾江烟柳	鹤庆县	春秋两季，石宝山、漾弓江笼罩在雾海中	
威信扎西“两合岩”	距扎西镇 5 千米处	从扎岭山中的裂缝穿过，削为半里长的深谷，最宽处仅10 余米	东侧存有新石器时代遗址的溶洞

2. 澜沧江河流景观

澜沧江源于唐古拉山脉的岗果日山，东经 94°～101°50′，北纬 21°30′～32°40′，东源扎西，西源古曲，两源于昌都汇合后始称澜沧江。由德钦县佛山乡流入云南，在西双版纳西部出境后称湄公河，是一条国际河流，流经中国、缅甸、老挝、泰国、柬埔寨和越南，于越南胡志明市附近注入南海，被称为“东方的多瑙河”，傣语中被称作“百万大象繁衍的河流”。昌都下约 80 千米类乌齐河汇入口以上为上游，至保山功果桥为中游。受地质构造的控制，上游由东西向转为西北—东南向，中游近南北向，下游为向东突出的弧形。在功果桥以上水深流急，人烟稀少，云岭怒山耸立于东西两岸，相对高差千米以上，河宽 30～50 米，下游始有河流宽谷盆地。澜沧江全长 4500 千米，云南境内干流长 1227.4 千米，落差 1768 米，省内流域面积 88478.1 平方千米，多年平均年径流量 516.2 亿立方米。主要支流有黑惠江(漾濞江)、威远江(小墨江)、补远江、南腊河及小惠江等。澜沧江流经地域也是云南旅游景观丰富而集中区之一。云南十二个国家级风景名胜区中有三个位于该流域范围内(西双版纳、大理、三江并流)，西双版纳、纳板河、哀牢山、无量山、南滚河、苍山洱海等国家级自然保护区也位于此区内。

澜沧江的中上游均穿行在崇山峻岭之中，以峡谷景观为主，两岸多瀑布和激流。在其分水岭地带，残留有大量的蚀余高原面，高原面上分布有冰川湖群等景观。在其中下游河段修筑了漫湾、大朝山和景洪等大型水电站，改变了澜沧江的形态，形成了“高峡平湖”景观，一些土著鱼类已绝迹。澜沧江流经西双版纳坝区后，河流流速变缓，具有一定的平原区河流的特征，特别是景洪至大橄榄坝一段，宽窄相间，宽谷河段心滩、边滩景观发育，形成碧水白沙景观，成为著名的西双版纳澜沧江风景河段。澜沧江是云南主要的生物迁徙和交流通道，其中上游河谷两岸，生物垂直带谱景观十分发育，下游西双版纳是我国最重要的热带雨林景观分布区，形成了组成复杂的生物多样性景观系统。上游深切河谷具有比较典型的干热河谷景观特征。云南少数民族有一半居住在该流域内，民族文化和民族风情多姿多彩，是云南旅游资源开发潜力极大的一条沿江旅游景观带。澜沧江流域的旅游开发主要集中在河流的两端，在上游地带主要开发了梅里雪山大峡谷景观；中下游的“高峡平湖”景观基本没有开发；景洪至橄榄坝沿岸已开发建设了大量的休闲度假旅游设施和旅游房地产。同时，澜沧江也是野漂爱好者经常光顾的河流，从西双版纳乘船沿澜沧江而下可直抵“金三角”等地，是沟通东南亚的黄金水道。澜沧江干流和支流上主要的风景河段有梅里雪山大峡谷、营盘街峡谷、巴迪燕子峡谷、漾濞石门关、澜沧江西双版纳风景河段、流沙河，以及修建漫湾、大朝山和景洪电站形成的“高峡平湖”等景观。

1)梅里雪山大峡谷景观

澜沧江由西藏入梅里大峡谷后，江面束窄，水流湍急，无以为渡，历史上全靠溜索过江，因此又称“溜筒江”。位于德钦县境内的梅里雪山大峡谷，北起佛山乡，南至燕门乡，长 150 千米。峡谷江面海拔 2006 米，西岸的太子雪山卡瓦格博峰海拔 6740 米，东岸的白马雪山扎拉雀尼峰海拔 5460 米，峡谷的最大高差达 4734 米，从江面到顶峰的坡面距离为 14 千米。每千米平均上升 337 米，峡谷有一个近于垂直的坡面景观。它不仅以深邃和悠长而闻名，且以江流湍急而著称。冬日清澈而流急，夏季混浊而澎湃。澜沧江年径流量为 8.38 亿立方米，在 150 千米的距离内落差为 504 米。狭窄的江面狂涛击岸，水声如雷，十分壮观。面对滔滔的江水，千百年来人类没法在这段江上开辟舟楫之便，人们跨越这条汹涌深邃的大江靠的是竹索桥和溜索。脚下的竹索桥晃晃悠悠，下面是波涛汹涌的江水，使人有胆战心惊的感觉。1946 年丽江籍商人赖耀彩出资建起一座铁索桥，命名为普桥。阴风口岩墙也是梅里雪山大峡谷中一个撼人心魄的景观，澜沧江流经洛马河入江口，遇到山岩阻拦，江面陡然变窄，江水像一把锋利的宝剑，把山岩劈成两半，江两岸的岩石平直如墙，长约 100 米，垂直高 200 余米，江面宽不到 50 米，可谓“抬头一线天”。

在峡谷谷坡的高阶地上，散落着藏族村落，在日出和雪山映照下，使人们仿佛身居希尔顿笔下的香格里拉幻境之中。河谷两岸，山顶白雪皑皑，冰蚀景观刃脊、角峰、冰斗发育；中段生物垂直带谱发育，冰川沿山谷蜿蜒，冰川舌深入森林之中；下段具有干热河谷的特征，植被稀少，地表破碎，形成了立体的垂直带自然景观体系。澜沧江峡谷西岸是藏族康巴地区著名的八大神山之一——太子雪山，峡谷的东岸是观赏卡瓦博格峰、缅茨姆峰、明永冰川等雪峰冰川景观最佳的位置。2005 年，澜沧江大峡谷被《中国国家地理》杂志评为中国最美的十大峡谷之一。

2)营盘街峡谷景观

营盘街峡谷位于兰坪白族普米族自治县营盘镇至石登乡一带，是澜沧江相对比较狭窄的河段。河谷两岸危崖高耸，地形陡峻，谷坡多为 50°～80°，切割深度达 1000～2000 米。峡谷形态受构造控制，发育形成“V”形谷、隘谷、嶂谷，包括了峡谷的所有形态，是一部天然的峡谷景观类型教科书。峡谷以石登乡小格拉一带最窄，多为绝壁，整条峡谷充分展示了雄、险、峻、峭的景观特征。

3)巴迪燕子峡谷景观

巴迪以北澜沧江河道变窄，至燕子岩江面不过百米，江水湍急，波涛翻滚，浪拍江岸，吼声如雷，崖壁直立，高差几百米，是一典型的嶂谷景观。公路从绝壁通过，满目翠绿，激流滔滔。

4)漾濞石门关景观

漾濞石门关也叫“大理苍山石门关”，位于苍山龙泉峰与玉局峰西麓，漾江东岸，距漾濞彝族自治县城 8 千米，为一嶂谷型河道，谷深 200 余米，宽度仅 8 米，远望如一条窄窄的裂缝，形如两扇巨大的石门，清流飞瀑，奔泻而出，故名。进入石门，头顶上绝壁间云缭烟绕，怪石穿空，脚底下深谷中清流迂回，起伏跌宕，震耳欲聋的瀑布声声声入耳，是集雄、险、奇、秀为一体的自然景观。主要景观有石门巉岩壁立、峡谷崖涧幽兰、霞客忘归、碧潭溅玉、万卷天书、凌云栈道、玉皇涌翠、苍山夕照等。在石门附近的松林村后山，于1994年发现一处面积约16平方米的青铜器时代的大型崖画，定名为“漾濞苍山崖画”，为研究两三千年前的苍山社会、民族、宗教、艺术、生产生活方式等提供了资料。

5)澜沧江西双版纳风景河段景观

西双版纳风景河段是云南乘船游览的黄金线路，并且可直下“金三角”等地，是沟通云南与东南亚的旅游交通要道，在西双版纳境内的流程为158千米。尤其以景洪至橄榄坝一段自然风光和人文景观最佳，是西双版纳风光最完美的缩影。当地有这样的说法：“到云南不到西双版纳，不算到过云南；到西双版纳不乘船游览澜沧江，则不算到过西双版纳；乘船游澜沧江不上船观赏橄榄坝风光，就感受不到傣家村寨的美景”。西双版纳风景河段分为三段：上段从虎跳石至景洪，长约135千米，最窄处仅20余米。两岸分别为西双版纳国家级自然保护区和纳板河流域国家级自然保护区，绿水青山，相互辉映，组成了一幅天然的画卷。中段从景洪开始至橄榄坝(橄榄坝，素有“孔雀羽翎”的雅称，是“绿孔雀尾巴”)，河流穿行于坝区和低山丘陵地带，宽窄相间，边滩、心滩发育，两岸傣族村寨掩映在竹林之中，风景如画。下段经橄榄坝至中国、老挝、缅甸三国交界处，穿行于北热带雨林之中，河中礁石林立，两岸山势险峻。目前，已开通西双版纳至“金三角”水上旅游专线。

6)流沙河景观

流沙河位于西双版纳傣族自治州西部，发源于勐海县勐遮镇西北星火老寨后山，上游称为南哈河，流入勐海坝始称流沙河，进入景洪市后汇入澜沧江。干流长121千米，落差1371米，流域面积2053平方千米。流域地势西北高东南低，中山、丘陵与盆地相间。上游地区花岗岩广泛分布，表层风化强烈，大量泥沙流入河中；中游流经平坝区，河床上多沙无石，故名流沙河。流沙河的中游，主要在勐遮、勐混和勐海三个平坝中间穿流，河床平缓。但在流出勐海坝子以后，在一段多石的峡谷内奔流，河床变窄，水流变急，落差大而集中，成为水力资源十分丰富的河段，流沙河已成为西双版纳傣族自治州水利资源开发利用最好的河流，也是开展漂流旅游的理想河段。流沙河沿河两岸多为传统稻作种植区，阶地和低山丘陵上种植了连片的橡胶园、茶园、果园等经济林木，展现在世人面前是一幅别致的田园风光。

7)南腊河景观

南腊河发源于勐腊县勐伴镇东部，是澜沧江出国境前的澜沧江左岸最后一条一级支流，是地跨中国与老挝的国际河流，河口位于中国、老挝、缅甸三国交界处，河长186.8千米，在中国境内长9.3千米，总落差850米，流域总面积4570平方千米，中国境内流域面积3911平方千米。河流蜿蜒曲折，干流中部呈“U”形在山岭与盆地间迂回。支流众多，其主要支流有南沙河和南杭河。因为气候炎热潮湿，雨量充沛，茂密葱茏的林海覆盖了整个南腊河流域，以至它的一些支流至今还没有被发现，但两岸也分布有数万公顷的橡胶园。

有着优美传说的南腊河是穿越西双版纳望天树热带雨林的一条河流，岸上雨林景观优美，鸟声清脆，不时可以看到望天树、八宝树、大叶木莲等珍稀的植物，有幸还可以看到珍贵的野生动物，如世界上最小的偶蹄类动物——鼷鹿。南腊河里有上百种鱼类，最值得一提的是存活在河里极其珍贵的稀有动物——“桃花水母”，它是地球上的最低等级生物，距今已有 6.5 亿年，出现时间比恐龙还早几亿年，它被誉为生物进化研究的“活化石”。

神奇的南腊河，优雅的竹楼，美丽的凤尾竹，穿着鲜艳筒裙的傣族姑娘，佛寺、白塔、大象、孔雀、望天树、跳舞草、章哈歌、象脚舞……一片雨林，足以囊括西双版纳所有的精彩！

3. 怒江河流景观

怒江流域位于北纬 24°～33°30′，东经 91°～99°40′，又称潞江，古称泸水。因水流湍急，咆哮怒吼而得名。怒江因江水深黑，我国最早的地理著作《禹贡》把它称为“黑水河”。怒族把怒江称为“阿怒日美”，“阿怒”是怒族人的自称，“日美”汉译为江，意为怒族人居住区域的江。怒江是中国重要的南北向河流景观，也是我国目前唯一一条还能自然流淌的河流。

怒江发源于唐古拉山脉的巴斯克我山，于贡山独龙族怒族自治县青那桶入云南折向南流，经怒江傈僳族自治州、保山市和德宏傣族景颇族自治州，流入缅甸后改称萨尔温江，最后在毛淡棉注入印度洋的安达曼海。从河源至入海口全长 3240 千米，中国境内 2103 千米，云南段长 618 千米；云南省内流域面积 33358 平方千米；径流总量约 700 亿立方米。

怒江上游叫“那曲河”，在西藏嘉玉桥流入他念他翁山和伯舒拉岭之间的峡谷时才正式叫怒江，嘉玉桥至云南省的泸水县为怒江的中游。进入云南境内以后，怒江奔流在怒山与高黎贡山之间，两岸山脊多在 4000～5000 米，谷底海拔 2000～3000 米，河床坡度大，支流属羽状水系，形成世界著名的峡谷景观区。云南省泸水县以下为下游，沿岸山脉高程降低，河谷较为开阔，江面海拔在 800 米以下，岭谷高差已降至 500～1000 米，两岸有阶地景观分布。以下河流又进入峡谷地段，到保(山)龙(陵)高速公路怒江大桥附近，谷底已较开阔，于曼辛河口流入缅甸。

风景河段主要有青那桶峡谷、怒江第一湾、怒江大峡谷、石月亮，支流上的老窝河峡谷，以及水流比较舒缓的潞江坝风景河段等。在两岸高山峻岭中，湖泊遍布，比较著名的有高黎贡山的听命湖，碧罗雪山的干地依比湖、恩热依比湖、瓦着低湖等。

1)怒江大峡谷景观

怒江大峡谷一般指的是北起青那桶，南抵跃进桥一段，总长 310 千米。一般把怒江峡谷与科罗拉多大峡谷、雅鲁藏布江杭底峡合称世界三大峡谷。怒江峡谷是仅次于美国长 4600 多千米的科罗拉多大峡谷的世界第二大峡谷，有人称之为“东方大峡谷”。怒江奔腾于高黎贡山和碧罗雪山之间，平均每年以 1.6 倍黄河的水量奔腾向南。两岸山岭海拔均在 3000 米以上，谷底水面宽度一般为 20～90 米，谷深 2000～3000 米，最深处在贡山丙中洛一带，达3500米，水流落差640米。受地质构造控制，嶂谷、隘谷、“V”形谷相间出现，沿江多激流险滩，“一滩接一滩，一滩高十丈”，十分壮观。两岸危崖耸立，雪山高峻，瀑布飞悬，有“水无不怒石，山有欲飞峰”之称。双腊瓦底至大兴地之间的嶂谷，有一段傈僳语称为“腊玛登培”，意思是“老虎跳”，陡峭石壁高1500米，两岸距离最窄处只有10米，江边怪石嶙峋，有一块变质岩黑色巨石稳立江心，虽常受激流冲撞，却傲然不动。怒江峡谷上有着世界上最惊险的“桥”——溜索。怒江峡谷的著名景观有双腊瓦底嶂谷、青那桶峡谷、羊角石、双角峰、犀牛岭、鹰嘴崖、石月亮，以及腊乌岩、腊早岩、石门关等峭壁千尺和怒江第一湾、万马滩、尖山滩、阎王滩、猛姑滩、响石滩等。怒江大峡谷具有“一山分四季，十里不同天”的立体垂直气候，河谷茂林葱绿，炎热似夏；山坡花俏草黄如春似秋；峰顶白雪皑皑，一派隆冬景象。傈僳族、怒族、独龙族是怒江峡谷世居的直过少数民族。

2)青那桶峡谷景观

青那桶峡谷是云南境内怒江上游的第一个峡谷，也是怒江大峡谷的起点。青那桶那巧洛至丙中洛一带，65千米长度几乎无一亩平地。江面海拔2000米，但两岸山峰海拔都在4000米以上。两岸陡壁挺立，原始森林遍布于裸露岩石之上，崩落岩块横亘江中，水拍浪打，出现很多穿洞。江心蛤蟆石为水浪冲磨，平滑如水磨石。在与西藏交界的牙关河上，形成多级瀑布，最高的落差达400多米，上有潭，潭满而喷，蔚为壮观。

3)怒江第一湾景观

怒江流经贡山独龙族怒族自治县丙中洛乡日丹村附近，受玉菁千丈悬崖绝壁所阻，由东向西直转而去，流了300余米，被丹拉大陡坡挡住，又由西向东流，形成一个半圆形的弯，被称作怒江第一湾，是千里怒江上的第一个渡口，也是怒江大峡谷中水流最缓的河段。这里江面海拔1710余米，湾上怒江台地平坦开阔，高出怒江约500米，风光绮丽，构成三面环水的半岛状小平原(图7.4)。小平原四周由于景色宜人，对外界很有吸引力，每到农忙季节或民族节假日，三五成群的人便到这里泛舟过溜，对歌起舞，有情的恋人则潜入沿江两岸的密林中互诉衷肠。湾中心有一个村子叫坎桶村，一派田园风光，堪称峡谷中的世外桃源。距丙中洛乡7.8千米处，大理岩岸壁山丛中，有很多喀斯特洞穴，其中有个叫鹏达的钟乳石洞，受到怒江当地人民的崇拜。传说这里过去经常闹水荒，有个叫阿茸的小姑娘，力大无穷，为了拯救百姓，她撑开双臂，劈开悬岩，在高黎贡山山腰的陡壁上，开凿出一座能容纳几百人的大石洞。阿茸还把清清的泉水引了出来，使得这里的怒族人民有了水喝，土地也得到了浇灌，从此土地越开越多，这里便成为年年丰收的好地方。阿茸姑娘的名字传遍四方，怒族人民非常敬重她，称她为仙女、巨人。但好景不长，这里的头人看中了阿茸姑娘，逼她成亲，阿茸姑娘不肯，头人在农历三月十五把她赶到开凿的洞里，用毒箭射死了她。阿茸姑娘死后，怒族人民就把石洞称为仙女洞，为了悼念她，在每年农历的三月十五，人民就捧着鲜花、咕嘟酒米饭、肉，来到仙女洞旁悼念阿茸姑娘，以后就把这一天称为“鲜花节”。

4)双腊瓦底嶂谷景观

双腊瓦底嶂谷口距六库镇45千米，是怒江大峡谷中最为险峻的一段。进峡口前怒江已具峡景，江水奔腾不息，流急滩高，气势雄伟，尤以四个险滩为甚。滩上盖底一带，

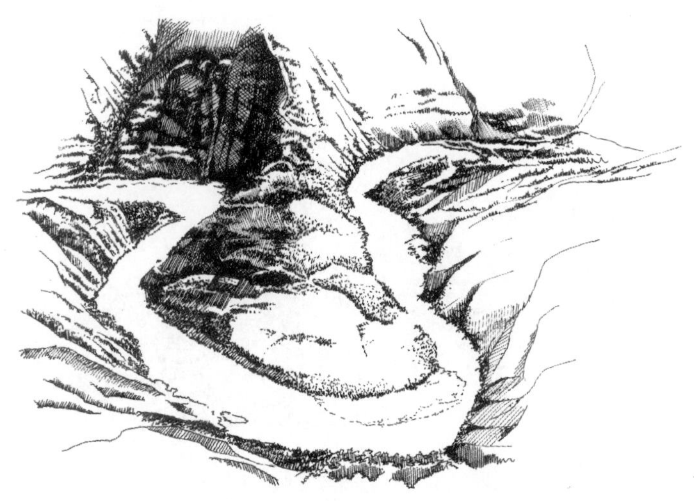

图 7.4　怒江第一湾景观示意图

水平如镜，蓝天碧水，辉映峡谷。至双腊瓦底嶂谷，谷坡由大理岩、片麻岩组成，谷坡高 1500 米以上，两岸逼近，谷底水急滩高，形成很多险滩。真可谓“山羊无路走，猴子也发愁”。左岸绝壁上有山崖横飞，如鹰搏击，称为“鹰嘴崖”。峭壁上的耕地，像悬挂在峭壁上的山水画，因此叫作“峡谷壁耕”。每到耕作季节，附近的村民利用弩弓把玉米种子射过去，到收耕时节，他们从山头上下来把松鼠和其他动物吃剩下的玉米用绳子送到江边，再用猪槽船渡江运回去。

5)石月亮景观

石月亮位于高黎贡山山脉中段东坡 3300 米的怒江谷壁之上。沿着怒江北上，行人在数千米以外眺望对面山巅峰顶时，会通过石洞看到山那边明亮的天空，恰似一轮明月，高悬于天，因此而得名。穿洞深约百米，洞宽约 40 米，高约 60 米，四周是悬崖峭壁。石月亮是在大理岩中形成的地下溶洞，在地壳的抬升过程中，经溶蚀、冰蚀、风蚀和崩塌等共同作用下形成的穿洞地貌景观，是地壳抬升导致“沧海桑田”最好的佐证。站在石月亮旁，云雾缥缈，大有身在天上宫阙之感，凛冽的寒风吹来令人眩晕，在此东望怒江大峡谷的江流云海及碧罗雪山日出，壮丽之极。石月亮景观是高黎贡山国家级自然保护区主要景点之一(图 7.5)。

6)潞江坝干热河谷景观

怒江干热河谷潞江坝，主要由洪积扇、冲积扇和冲积堆积阶地组成，海拔 630～1400 米。坝子底部的怒江河谷与高黎贡山相对高差在 2000 米左右。潞江坝在四大地理单元上属印度洋西南季风区，天气系统主要由西风南支急流和西南季风控制。这两支气流更迭导致的季节性干旱，是本区干燥的基本原因；深陷封闭的地形所产生的背风雨影响作用、焚风效应、辐射效应却使这种干燥更趋严重，是本区干热的主要原因。自然植被呈现“稀树灌木草丛”景观或旱生灌丛植被为主的类似荒漠、半荒漠的干旱河谷景观。潞江坝具有热量充足、干湿季分明的特点，是云南小粒咖啡、芒果、胡椒等热带作物与水果的重要产地。沿江一带，傣家竹楼掩映在婆娑的竹林树丛里(表 7.2)。

图 7.5　石月亮景观示意图

表 7.2　迎风坡和背风坡的降水量

地点	海拔/米	地形特征	年降水量/毫米
龙陵	1527.1	迎风坡面的山间盆地	2097.6
潞江坝	727.4	背风坡面的山间谷地	740.2

资料来源：王利溥，2001

7)南汀河景观

南汀河名原系傣语音译汉语河名，位于东经 98°41′～100°14′，北纬 23°18′～24°20′。其发源于临沧市临翔区博尚镇，最后于耿马傣族佤族自治县清水河出境而进入缅甸，为怒江左岸支流，全长 311 千米，其中云南省境内河长 272.9 千米，落差 1860 米。河流两岸绿树成荫，缓坡平坝蔗园绵延，如绿玉镶边的银带。河流源头有蓄水 240 万立方米的水库，上游南源北流，与地势北高南低反向成趣；中游流向转西南，流经永德大雪山脚，在峡谷间蜿蜒 70 多千米；下游孟定坝河岸开阔平坦，是物产丰富的鱼米之乡。沿河两岸文物胜迹很多，抗日战争时期为筑滇缅铁路而修建的白石头河桥上的 7 个桥墩仍在。南汀河是一条可以进行跨国漂流的河流，游客在这里不仅可以体验惊险刺激的跨境漂流，还可以领略集自然风光和傣家人文风情于一体的热带河谷风光景观。但由于沿河地带的城镇有大量污水的排入和河沙捞取，水质污染比较严重。

4. 南盘江河流景观

南盘江为西江正源，位于东经 102°10′～106°10′，北纬 23°04′～26°00′，属珠江水系的上游，源出曲靖市北部的马雄山麓，几条溪流向南流入松林盆地后始称南盘江，据此，马雄山是中国最容易达到的大河源头。一般将宜良县高古马村以上称上游，以下为下游。南盘江向南流经曲靖、陆良、华宁、弥勒、开远等县(市)后，在罗平的三江口出省，其中云南省境内河长 655 千米，落差 1412 米，省内流域面积 58610.8 平方千米，占全省面积的 15.3%。其上游在滇东高原上流动，卷曲蜿蜒，河谷开阔，水流平缓，在进入陷落盆地后更为显著，两盆地之间多有高差不一的峡谷相连，峡谷内河谷深切，水流湍急，往往形成激流瀑布，干流和支流上都发育了一些瀑布，如石林大瀑布等。在开远龙潭以下，呈峡谷地形，山岭重叠，喀斯特景观比上游分布更广。南盘江在云南境内蜿蜒曲折，支流众多，所经之地为云南主要喀斯特分布区，主支流不少河段潜入地下，地表径流减少，地下水量比较丰富，形成丰富多彩的风景河段景观系统。在其干流和支流上，形成的著名风景河段有珠江源、马过河、柴石滩、巴江、玉笋河、九龙河、多依河、八宝河、六郎洞暗河等。

1)珠江源景观

珠江源位于曲靖市沾益区东北处的马雄山，其东麓喀斯特伏流出水口为珠江正源，出水口海拔 2158 米。1985 年，珠江水利委员会和曲靖市人民政府联名竖立《珠江源碑记》。《珠江源碑记》用黑色大理石打制，镶嵌在伏流口出水洞左边悬崖峭壁上，全文曰："黄帝画野，始分都邑；大禹治水，初奠山川。珠流南国，得天独厚。沃水千里，源出马雄。古隶牂牁，今属曲靖。地当黔蜀之冲，山接乌蒙之险。三冬无冰雪，四季尽葱茏。滴水分三江，一脉隔双盘。主峰巍峨，老高峙立。溪流泉涌，若暗若明。汇涓蛰流，出洞成河。水流汩汩，终年不绝，是乃珠江正源。海拔二千一百余米。穿牛界、过花山，南盘九曲，清流激湍。红水千嶂，夹岸崇深。飞泻黔浔，直下西江。汇北盘于蔗香，合融柳于石龙，迎邕郁于桂平，接漓江于梧州，乃越三溶，出羚羊，更会北东二江，锦织三角河网，八口分流，竟入南洋。四十五万三千七百平方公里流域，二千二百一十四公里流长。年均水量三千四百亿立方米，蕴藏水能三千三百万千瓦。聚九州之英华，集五岭之灵秀。气候温和，风光奇美，河水充盈，物产丰饶，土工昌盛，旅贸繁荣，江水恒流，世民泽被。仰前朝之伟绩，秦渠宋堤；慕当代之风流，大化新丰。今政通人和，华夏中兴。乃重勘珠江，复探珠源。拓三江之水利，展四化之宏图。乙丑孟秋，立碑永志"。这次立碑，首次明确了马雄山是珠江的正源。出水口溶洞右侧山崖上刻有"饮水思源"，左侧山崖上刻有"西水源源"，珠江源是全世界唯一在城市附近又容易到达的大河源头。

2)马过河景观

马过河位于马龙县西北马过河镇境内，西临寻甸回族彝族自治县，距昆明市 99 千米，距曲靖市 47 千米，河流地处两山夹峙的交通咽喉，因马帮曾从浅水河经过而得名。马过河全长 16 千米，水面宽 30～40 米，河道九曲十八弯，有许多大小不等的支流。马过河流域森林植被保存了滇中地区原生植被和生态景观，溪水、瀑布、湖泊、山花、草甸、森林及历史文化遗迹有机组合，具有较高的旅游和科研价值。这里独特的峡谷风光，向来有"小三峡"之美誉。

3)柴石滩景观

柴石滩水库是南盘江干流上第一座大(二)型峡谷型水库。柴石滩上起柴石滩景区，下至新街古桥，全长 10 余千米，八曲十六弯，滩多潭深，河道内石峰林立，可以目睹珠江源第一高坝，珠江第一高桥(167 米)。柴石滩距昆明市 80 千米，距九乡风景区 15 千米，距石林风景区 18 千米。柴石滩两小时漂流有"竹筏逍遥漂"和"皮筏勇士漂"两种方式可供选择，景区具备开展四季旅游活动的条件，是滇中地区唯一的漂流旅游休闲项目，也是云南唯一的竹筏漂流景区，也是中国海拔最高的漂流景区，有着"千里珠江第一漂”之誉。

4)巴江景观

巴江又名板桥河，被称为“石林彝族自治县人民的母亲河”。属珠江水系南盘江左岸一级支流，发源于石林彝族自治县山头村山神庙峰，河源段为扇形水系，自北向南流经石林彝族自治县城，于宜良县禄丰村汇入南盘江，河流全长 69.6 千米，落差 700 米，径流面积 843.5 平方千米，是石林彝族自治县集灌溉、防洪、发电、城市生态环境调节为一体的多功能河流。巴江同时也是一条旅游的纽带，上游经过乃古石林，河流有一段穿越芝云洞，变成地下暗河，在大小石林边缘形成著名的天生桥和喀斯特峡谷景观，它是石林地区控制喀斯特发育的侵蚀基准面；中游从石林彝族自治县城鹿阜镇穿过，形成城市休闲景观廊道；下游是壮观的石林大叠水瀑布，又名“飞龙瀑”，位于石林彝族自治县西南 25 千米，为巴江跌落而形成。

5)多依河景观

多依河位于滇黔桂三省(区)交界处，发源于师宗县大同镇牛速村，向北流经罗平坝子后折向西南，于罗平县鲁布革布依族苗族乡南部汇入黄泥河，河流全长 71.4 千米，落差 1038 米，流域面积 641.3 平方千米。河流上游建有风景秀丽的湾子水库，中游流经以油菜花闻名的“大地景观艺术”罗平盆地；于革来村附近流入落水洞，下游在距罗平县城 40 千米处从伏流出口处流出，当地人说是从多依乡古老山寨的幽谷中流淌出来的，从多依寨流淌至“鸡鸣三省”的三江口入南盘江。历史上的三江口由于天生桥电站的修建而被万峰湖淹没，多依河下游被淹没了 3 千米左右。多依河并不是普通直泻的河流，而是一条由喀斯特瀑布群组成的河流，在全长 12 千米的多依河河床上，有近 40 个钙华瀑布，可谓“十湾九跌、一目十滩”。著名的景点有雷公滩、处女滩、鸳鸯瀑布等，有的水滩层叠如水台，像一匹匹仙女织出的缎面，柔滑如丝、绚丽多彩；有的水滩天涯落崖，飞流直下，柔美中露出刚烈，刚烈中带着妩媚。沿河两岸盘根错节的千年古树，仿佛是一座庞大的自然根雕艺术展览馆。布依村寨沿河而布，吊脚楼隐现于树丛竹林之间，真是一派“幽兰生谷香生径，方竹满山绿满溪”的景象。每年农历三月初三，布依族青年男女盛装待发，云集河边，他们在多依河畔赛竹筏、送蛋包、泼水嬉戏、对歌求偶、品花米饭等，一切仿佛世外桃源般的景象，因此，多依河素有“自然之旅，滇东独秀”的美誉。

6)罗平鲁布革峡谷景观

罗平鲁布革为一大型峡谷型水库，位于云南、贵州两省交界的黄泥河上，距罗平县城 46 千米，距多依河景区 19 千米。“鲁布革”是布依语，“鲁”意为“民族”，“布”意为山清水秀的地方，“革”意为“村寨”。鲁布革意为“山清水秀的布依族村寨”。雄奇清幽的鲁布革峡谷，是在黄泥河峡谷上修筑鲁布革水电站而形成的高峡平湖。在峡湖中泛舟漫游如入仙境。峡谷由雄狮峡、滴灵峡、双象峡等组成，峡湖两岸群山，有的壁立千仞，有的危岩耸立，有的绝壁临水而立，一串串钟乳石倒垂于水面，奇形怪状，有的似巨型葫芦，有的像一串串葡萄。峡口“美女梳妆”迎宾送客；“雄狮”镇守第一峡，“猴子捞月”“龙宫悬笋”栩栩如生。第二峡名为“滴灵”(布依语意为“猴子”)，绿荫蔽日，时有猴群出没。双象峡内“万年灵芝”惟妙惟肖。湖的尽头有飞龙瀑布，似轻纱漫舞。

7)八宝河景观

八宝河位于距文山壮族苗族自治州 160 千米的广南八宝盆地，流域内以峰林、峰丛、喀斯特瀑布景观为主，面积约 40 平方千米。八宝河河水四季澄碧，明清如镜，被人誉为“小桂林”。特别是从河野乘船至八甲一段，长 6.5 千米，河面宽阔，山水相依，村寨农舍，翠竹掩映，有“一河流水千幅画，饱览两岸别致景”之感。附近有溶洞 65 个，湖泊 7 个，瀑布多个与之相配。

8)驮娘江景观

驮娘江是珠江一级支流郁江的上源，发源于广南县那伦乡那省寨，在滇桂两省(区)间不断迂回，大部分流程位于广西境内，为滇、桂省际河流。集水面积 9761 平方千米。在云南境内流经的区域为滇东南喀斯特区，地势由西北向东南倾斜，中低山与盆地交替，流域内暗河、伏流、漏斗、溶洞很多，沿河两岸分布有峡谷、溪流，以及以火焰花为标志的季节性雨林等景观。国家体育总局在驮娘江上建设了“国家低海拔体育训练基地”。以“坡芽民歌”为名的坡芽村坡芽歌书是流传在云南省富宁县壮族地区，以原始的图画文字将壮族民歌记录于土布上的民歌集。它是迄今为止发现的唯一用图画文字记录民歌的文献，由 81 个图画文字构成，笔法简洁、形象，每一个图画文字代表一首歌。这是一部迄今为止发现的用古老形态记录民歌的歌集，它集中了壮族民歌的精华，承载着壮乡儿女天籁欢歌般的情爱密码，是壮族最优美的篇章。2006 年由学者在云南省文山壮族苗族自治州富宁县境内发现整理成《中国富宁壮族坡芽歌书》，于 2009 年正式出版发行。“坡芽”是一个充满诗情画意的壮语地名，坐落于滇桂结合部右江上游地区剥隘镇的大山之中，隶属于云南文山的富宁县。驮娘江畔的剥隘镇，不仅是云南通往两广的大门，也是壮族文化的“富矿区”。在壮语中，“坡”即山坡，“芽”是一种开黄色小花的灌木，俗称“染饭花”，又称“杨咪咪花”，采黄花煮于沸水，可得壮家人制作五色花糯饭所需的黄色染料，“坡芽”即“山花烂漫的地方”，村庄因位于“坡芽”而得名。

5. 元江(红河)景观

云南境内的红河干流称为元江。元江流域地处东经 100°06′～105°40′，北纬 22°27′～25°32′，位于云南省中部、东南部和广西壮族自治区西南部，有东西两源，西源为正源，发源于下关与巍山之间的茅草哨，称羊子河，向东南流入巍山坝称西河，在巍山彝族回族自治县城以南称巍山河，至南涧彝族自治县城以东与东源苴力河汇合，称礼社江，流经一碗水后称石羊江，进入元江后始称为元江，最后经河口瑶族自治县出境流入越南称为红河。元江全长 680.1 千米，落差 2564 米，省内流域面积 3.75 万平方千米，占全省面积的 20%，比降居六大水系之首，干流除经嘎洒、漠沙、元江等较大坝子时河谷较宽外，其余均为峡谷。主要支流有绿汁江、小河底河、南溪河等，主支流的景观均以峡谷奇险景观为主。

1)元江干热河谷景观

元江干热河谷位于元江哈尼族彝族傣族自治县，地处东经 101°39′～102°21′，北纬 23°12′～25°54′，是纵向岭谷区深切河谷的下部出现的四周被相对湿润环境所包围的较干旱、温度较高的河谷景观。该河谷是滇川四大干热河谷之一，热量资源丰富，大于等于

10℃的活动积温高达 8708.9℃，是我国大陆上气温水平最高的地区。该区域主要以“河谷型萨王纳植被”、干热稀树灌木草丛等干热河谷植物为主。其中，“河谷型萨王纳(Sawana)植被”是亚洲范围内残存在我国西南山地大江河谷热区一类特殊的植被，属于世界植被类型中的萨王纳植被类型，在国内乃至亚洲范围内拥有独特的地位。元江干热河谷是云南省著名的热区水果和农作物种植区，元江峡谷、高桥、彩色膏林、自然植被、热带农作物、温泉、花腰傣等自然生态、农业生态与文化生态景观资源十分丰富。尤其是在元江的高阶地上面，羊街、那诺乡一带的云海哈尼梯田别有韵味，而彩色膏林则是全球独一无二的景观。

2)裴脚深谷景观

裴脚深谷西北起自红河县小河底河口，东南止于红河县曼东渡口，全长约 36 千米，谷深一般为 600～700 米，最大达 1550 余米，谷宽 30～50 米，两岸陡峭，谷中多急流险滩。元江流域干流已规划开发八个梯级电站，三江口、达哈河、马滩、干庄河、裴脚、乍拉、马堵山、大湾(在中越边界河上)，若付诸实施，裴脚深谷的景观形态将发生巨大的变化。

3)南溪河景观

南溪河是中国境内红河最南端的左岸支流，为中越两国的界河。南溪河发源于蒙自市鸣鹫镇东南部的哑巴山，由东折向东南流，于河口瑶族自治县最南端汇入红河。全长 169.2 米，落差 2045 米，中国境内流域面积 3354.7 平方千米。南溪河源地海拔 2115 米，沿途修筑有菲白水库、兴利水库、庄寨水库等；向南流入屏边苗族自治县进入中游，河流蜿蜒穿流于峡谷之中，河床坡陡流急，两岸多疏林灌丛；进入河口瑶族自治县，河水缓急相间；南溪河与元江交汇处的河口，海拔仅 76.4 米，是云南省海拔最低点。河口瑶族自治县境内的南溪河下游河段是一条非常适合开展休闲型漂流的风景河流。南溪河漂流，也称中越界河漂流，全程 32 千米，河道落差 53 米，急滩 40 余个，险滩 6 个，两岸有石灰岩热带沟谷雨林景观、花鱼洞瀑布景观、瑶族民族风情、成片的热带果林景观、橡胶林景观、四连山古炮台文化遗存和边关风光，以及中越边贸口岸和越南商品一条街等，是一条风光秀丽的风景走廊。花鱼洞前瀑布三叠而下，跌宕于苍树秀木、怪石异礁之间，形成水帘洞式的秀美瀑布景观。

6. 伊洛瓦底江河流景观

伊洛瓦底江是亚洲中南半岛的一条大河，同时也是缅甸第一大河，古称大金沙江和丽水，河流全长 2714 千米，流域面积 43 万平方千米。伊洛瓦底江河源有东西两支，东源叫恩梅开江，中国云南境内称之为独龙江。独龙江发源于中国察隅县境伯舒拉山南麓，由克劳洛河与麻比洛河汇合后从迪布里流入贡山独龙族怒族自治县，到茂顶双转向西流，过马库入缅甸南流始称恩梅开江。西源迈立开江发源于缅甸北部山区。两江在密支那城以北约 50 千米处的圭道汇合后始称伊洛瓦底江。虽然伊洛瓦底江干流在境内不长，而且只流经云南最西北的贡山独龙江乡，但在云南西南部的德宏、保山等地有较多的重要大支流，如大盈江、龙川江、羯羊河、南奔河等，河流水网发达，流域面积较大。整个流域受西部山地和掸邦高原的夹束，呈南北长条状，最终流入印度洋的安达曼海，河流河口段为扇形三角洲。伊洛瓦底江流域地处亚热带和热带雨林气候带，伊洛瓦底江及其支流的流量在一年中起伏很大，这主要是由于 6～9 月的季风雨影响，同时也因夏季冰川急剧融化，进一步增加了流量。

1)独龙江峡谷景观

独龙江峡谷位于云南西北角，北连西藏自治区，西部和南部紧靠缅甸，因这里居住着史上被称为“太古之民”的独龙族而闻名，也因其独特的地形和偏僻闭塞的环境而被称为“神秘的峡谷”。独龙江东面是海拔 5000 多米高的高黎贡山，西面为与缅甸毗邻的海拔 4000 多米的担当力卡山，河流为这两座著名的山地所夹裹。独龙江在中国境内河长 90 多千米，流域面积 1947 平方千米，由于常年受印度洋西南季风的影响，年降雨量达 3200 毫米以上，为云南之最。整条河谷均为峡谷形态，落差大，水流湍急，江上支流飞瀑多达 100 余条。独龙江立体气候典型，生物垂直带谱发育显著。具有“谷底火树红花，山腰荫翳葳蕤，峰顶银装素裹”的自然景观特色。由于封闭偏远，过去人迹罕至，得以完整地保存了原始的生态。独龙江是真正的植物王国，在 2000 多个种子植物中近 1/10 为独龙江所独有，被国家列为一级保护的珍稀动植物有 100 多种。地区世居的独龙族，直到 20 世纪 50 年代仍处于原始社会的末期，江上交通主要靠溜索和藤篾桥，后已架起了 4 座钢绳吊桥，但随着独龙江隧道的修通，独龙江的“独特性、神秘性”也将不复存在。

2)瑞丽江景观

瑞丽江为伊洛瓦底江左岸支流，元明时期称麓川江，清时也称龙川江，傣语称南卯江，意为“白雾笼罩的河”，为流经中国与缅甸的国际河流。瑞丽江发源于腾冲市明光乡中和山头，向南转向西南流，在芒市西南部与芒市河汇合后称为瑞丽江，于瑞丽市弄岛镇南畹河流入缅甸。瑞丽江属中缅两国界河，其中我国云南境内河长为 370 千米，落差 2523 米，集水面积 9743 平方千米，江面有三段不同的主要景观。第一段为流经美丽的遮放坝的风景河段，水流舒缓，江心洲、边滩比比皆是，河流阶地上凤尾竹和亚热带水果等林木围绕的傣家村寨和稻田，风光旖旎；第二段为河流切割黑山门山体而形成的峡谷河段，这一河段一侧橡胶成林香蕉成片，另一侧凤尾竹成林成片，密林里栖息着大量野生动物，尤以猴群为魁，是著名的“水上画廊”漂流风景河段；第二段瑞丽段江桥以下大部分为中缅两国界河，河流多沿着缅甸一侧的山脚蜿蜒流淌，瑞丽一岸为平坝区，凤尾竹环绕的傣族村落、绿色的田野、江面上游弋的野鸭白鹭、身着民族服装的村民，构成了诗画般的美景。游客顺江面漂流，可以饱览建筑形式别具一格的中缅两国傣族村寨及缅甸木姐县城，以及江畔傣家少女夕阳下江中沐浴的美景。在畹町段的支流扎朵河上，有一座落差 60 余米的瀑布。还有热泉涌流、涂金仙人脚印等景观。

3)大盈江景观

大盈江又称麓川江或龙川江，古称大车江，傣语古称南卯江，即“雾水河”之意。《腾越厅志》中称“众流萦合，名曰盈江”，故名大盈江。大盈江流域位于云南省西南部，地处边陲，与缅甸毗连。位于东经 97°31′～98°38′，北纬 24°18′～25°38′。大盈江的源头共有两处，东源为南底河上游的大盈江，西源为槟榔江上游的大岔河，以西支槟榔江为正源。槟榔江发源于腾冲市猴桥镇的五台山和狼牙山一带，狼牙山高程 3741.4 米。河源段称地方河，自北向南流淌，与左岸滇堂河及右岸轮马河交汇后称槟榔江。干流穿行于峡谷之中，两岸森林茂密，河水清澈，江中多巨石，形状怪异，水流湍急。河中腹部有吸盘的扁头鱼，涨水时吸附于河边低矮树丛中产卵，水落时鱼附于树上，形成“鱼上树”的奇异景观。两源流于盈江县下拉线北部交汇后，成为坦荡自如的大盈江，从盈江县境南奔江口流出国境，进入缅甸流入伊洛瓦底江。大盈江流经坝子一段江面宽阔，最宽处达 1000 余米，水流平缓，形成大量湿地，已规划建设国家湿地公园。两岸农田一望无际，飘着袅袅炊烟的村寨点缀其间，蓝天白云下江心翠竹绿岛倒影江面，江水中央冲积而成的心滩或半岛在洪水季节时半没水中，在阳光下如同万道长虹，蔚为大观。更有行行白鹭、群群野鸟和野鸭起落于江岸周围，为平静的江水增添了许多意境。大盈江江畔是傣族的聚居区，有傣德和傣勒之分，俗称水傣和汉傣，他们各自都有独立的语言和文字，普遍信仰佛教。沿江的傣族村寨都建有佛寺和佛塔，除佛教节日和泼水节外，还保存有原始宗教的庆典节日，每年按时祭寨神勐神。出盈江坝进入低山峡谷区，有两块迎面屹立于大江两岸的巨石，称虎跳石。江面至此束窄为七八米，两岸石壁紧缩，怪石嶙峋，江水湍急，激流腾空，浪花四溅，深谷内滚滚涛声如同雷鸣，声闻数里。由于激流强烈下切，河道深邃，沿途崖泉飞瀑比比皆是，水汽氤氲中一条彩虹横跨江面，气势磅礴，大自然的鬼斧神工造就了“大江虎跳，洞天飞雪”的奇观。但随着水坝的不断建设，一些自然景观将不复存在。大盈江既是一道亮丽的风景线，更是一部厚重的人文历史画卷，万象城、中国橡胶母树、华夏榕树王、允燕塔、明代四关遗址等景观遍布大江两岸，为大盈江增添了不少人文色彩。

4)黑鱼河景观

黑鱼河位于腾冲市火山公园的黑鱼河峡谷，与火山胜景柱状节理毗邻。黑鱼河是在熔岩流的作用下，岩浆堵塞地下水脉流露出地表而成。黑鱼河的水因从地下激涌而出，没有受到任何污染，所以水质格外清凉纯净。因出水口每年夏秋时节都会流出成千上万的黑色小鱼，故得名，这种鱼从洞口流出后，当地群众以支溜筒和渔笆来捕捉。黑鱼河巨泉流量巨大，每秒达 1400 立方米，一年四季清澈见底，而且流量不减，河畔古树盘根错节，林木郁郁葱葱。出水口分为两岔，两股水流各有特色，一股喧嚷跳跃着奔向龙川江，另一股则羞羞答答像个少女，出洞后形成一小潭温柔的水，缓缓地流向龙川江。夏季洪水暴发期，黑鱼河与龙川江交汇一段常现奇观，一条江中会形成清浊分明的两样水色。

7. 溪流景观

溪流为山涧流水，其随山势径流转折，水流湍急，许多地段出现峡谷、瀑布群、深潭等景观。溪流两岸峰峦叠嶂，生态环境优良，水清质凉。云南的溪流多为二三级支流，由于受山高谷深的地形限制，一般长度都不大，如著名的苍山“十九峰十八溪”等。溪流具有支撑徒步穿越、溪降、溯溪等户外活动的良好资源禀赋。

8. 地下河景观

地下河是河景中最奇特的一种，主要分布在喀斯特地区，是地下水沿裂隙溶蚀和侵蚀而形成的汇集和排泄的通道。地下河的分布深度一般受当地侵蚀基准面的控制。滇中和滇东南喀斯特地区是地下河分布最广泛的区域。地下河往往和地下溶洞、石钟乳一类化学沉积景观等组合成地下景观系统。省内该类型景观众多，比较著名的有玉笋河(阿庐古洞，三洞一河连)、巴江(石林芝云洞)、泸江(建水燕子洞)、麦田河(九乡溶洞群)、六郎洞暗河等。

1)玉笋河景观

玉笋河源于泸西县城西 2.5 千米处的阿庐古洞内，属珠江水系。泸源洞、玉柱洞垂深 15 米之下，洞口位于玉柱洞中，全长 800 余米，是典型的地下暗河。玉笋地下河经过人工筑坝拦水，抬高水位，水面宽度已达 8～12 米，这使得原先两岸很多的石柱、石笋、钟乳石被淹没了，远远望去，如春笋破土，又似秀竹垂柳，“玉笋河”因此得名。岩石的坚硬，水的柔美，这种“刚柔共济”的和谐之美，正是玉笋河的魅力所在。玉笋河面水平如镜，水量不大、流速缓慢，河水清澈见底，常年不涸。河流两侧及洞顶悬垂的石钟乳倒影重重，好似一座幽深、迷濛、神奇的宫殿。河中有一种珍稀鱼类透明金线鲃，又叫透明鱼，也称盲鱼，是一种高度退化的洞穴鱼类。该鱼表面裸露无鳞，眼睛和皮下色素完全退化。活体半透明，隐约可见内脏轮廓，其更为玉笋河增添了神秘色彩。近年，随着阿庐古洞旅游的开发，这种古老鱼类的数量已经在大量减少。

2)六郎洞暗河景观

六郎洞暗河位于丘北县城 79 千米处的冲头乡小江口村，属珠江水系。在滇贵古道旁，由落太邑、大铁、鲁底三条暗河汇集而成，是云南省内目前发现最大的暗河景观系统。暗河内的六郎洞水电站，是中国第一座利用地下暗河发电的水电站。洞长 110 千米，分上下两层，上洞高大宽阔，因建电站水位抬高而分割为南北两面三个厅，南厅洞口位于峭壁下部，沿东北向延伸，长约 60 米，高 30 米，洞内钟乳石、石笋、石幔和边石等造型粗犷宏大，石柱、石笋高达 8～18 米，当地人命名为“六郎马”“六郎马槽”“六郎洗脸池”等景点。北厅廊道宽 3 米，长 60 米，洞长约 160 米，高约 60 米，博大幽深，东面可见暗河(地下水库)，厅内石钟乳、石柱、石幔等十分发育，千姿百态，琳琅满目，色彩十分丰富，造型细腻而密集，有灰白、灰黄、纯白、铜绿等色。

7.3 瀑布景观

瀑布是从陡坎或悬崖上倾泻下来的水流，云南人俗称叠水、跌水、标水、彪水、滴水等。瀑布景观由造瀑层(河谷中急坡地段)、瀑下深潭、潭前峡谷组成，充分体现了山水完美的结合，具有形、声、色三态变化。按水文特征可将瀑布分为常年性瀑布、季节性瀑布和偶发性瀑布等；据成因可划分为裂点瀑布、喀斯特瀑布、火山瀑布、构造瀑布等。瀑布极富审美价值，是重要的景观资源。元代诗人人杨维桢的《庐山瀑布谣》：“银河忽如瓠子决，泻诸五老之峰前。我疑天仙织素练，素练脱轴垂青天。便欲手把并州剪，剪取一幅玻璃烟。相逢云石子，有似捉月仙。酒喉无耐夜渴甚，骑鲸吸海枯桑田。居然化作十万丈，玉虹倒挂清冷渊。”以雄奇壮伟的笔调，缤纷多彩的形象，荒唐而又合理的夸张，创造出一个瑰丽奇异的瀑布意境。

7.3.1 瀑布景观概况

云南河道上拥有众多的瀑布，这样的特征与云南阶梯状地势和层状地貌发育有着密切的关系。两个平坦地面之间常以陡坡连接，在较小的范围内下降数百米，当河流切进平坦地面与陡坎地带后，造成了宽谷河段与峡谷相间的形态，主要表现在河谷纵剖面上，其中一段河谷水流平缓，曲流发育，河床较浅，有浅滩、心滩和一定宽度的河漫滩；而另一段河谷则谷深坡陡，河床狭窄，比降大，河床多激流瀑布，所以云南的瀑布景观大多是分布在这些呈条带状的陡坡地带，一些瀑布往往具有较接近的海拔，加之云南地层系统复杂，出露岩层众多，地质构造丰富且新构造运动活跃，以及地貌类型复杂多变等，使瀑布景观具有以下几个特点。

1. 数量众多，瀑幅不宽

云南瀑布景观分布广泛，遍布全省，堪称“瀑布王国”。全省有500余条瀑布，落差大于50米的有100余条，其中不少是以瀑布群的方式出现。省内高差最大的瀑布为泸水县的滴水河瀑布，高差约400余米。由于地壳的持续间歇式抬升，河流下蚀作用强烈，侧蚀作用相对较弱，导致云南的瀑布具有落差巨大，梯级多台，但瀑幅一般不宽的特点，大多数瀑布的宽度在10米以内，罗平九龙河瀑布瀑幅最宽也只有112米。

2. 分布不均，成因各异

云南瀑布景观虽然分布广泛，但又相对集中，地区分布不均匀。受岩性构造等因素控制，空间上瀑布多分布在滇西横断山区及北部、南部边缘地带，地貌位置上主要集中在地形阶梯陡坡带、盆地和高原边缘强切割地带、山区河流干流和一二级支流上。支流上的瀑布大部分为裂点和构造成因瀑布，喀斯特分布区的瀑布往往是多成因的，为火山熔岩流成因的主要有腾冲叠水河瀑布和屏边滴水崖瀑布。

7.3.2 风景瀑布

云南风景瀑布景色各异，美不胜收，主要有大叠水、广南三腊瀑布、大姚瀑布、腾冲诸瀑、黄连河瀑布群、多依河瀑布群等。

1. 大叠水景观

大叠水位于石林彝族自治县城南25千米的南盘江支流巴江下游，被誉为“珠江第一瀑”。叠水分大小两个，相距约500米，小叠水居上，落差20余米，瀑幅宽12米；大叠水居下，落差90余米，旱季瀑幅宽30余米，分为三股水流倾泻而下，汛期至60米，最大流量每秒150立方米。瀑布两侧，山势陡峭，沿险峻崎岖小道可临深潭。100多年来，游人络绎不绝。瀑布下游是一段峡谷，峡谷坡面上还残留一些已经被风化了的石钟乳。

这说明历史上这里的景观结构是落水洞和地下溶洞，后来溶洞的顶部坍塌，形成了目前的瀑布与峡谷景观的结构模式(图 7.6)。

图 7.6　石林大叠水景观示意图

2. 广南三腊瀑布景观

三腊瀑布又称响泉瀑布和响水塘瀑布，因响声如雷，故名。三腊瀑布位于广南县八宝镇三腊村东 500 米的响水河上，两侧有葱茏的犀牛山和望夫山隔村相望。河水从悬崖处飞流直下，连跌 3 座悬崖，构成总体连贯的三叠瀑布，总落差约 120 米，瀑布水面的斜线长达 200 余米。三腊瀑布一帘三台，一台一景。第一瀑帘宽 20 多米，奔腾直下的瀑水形成了一个水雾蒸腾的水潭。第一道瀑帘的水由水潭左拐而下，形成第二瀑帘，宽 20 米，落差 36 米。奇妙的是，飞泻而下的水帘，在中段又分成左、右两道水帘，最终又共同跌入一个水潭中。水潭中有一块巨石，枯水季节巨石就像一个巨大的“人头”露在水面，“人头”的“鼻子”和“眼睛”分别可见。第三帘瀑布的帘面比上面两帘稍窄，但落差却达 50 米，其气势比上两帘更为磅礴。近观三腊瀑布三台断崖壁立，跌水下注，一折一潭，水汽蒸腾，水雾迷茫，遇阳光则彩虹斑斓，颇为壮观。

3. 大姚瀑布景观

大姚瀑布是楚雄彝族自治州最大的瀑布群，又称三潭瀑布，其位于北纬 25°51′，东经 101°31′，地处大姚县赵家店乡咪依噜景区内，在距县城 30 多千米的金沙江支流蜻蛉河谷上。大姚瀑布为断层瀑布，断面分成 3 个台阶，第一级高 19 米，第二级高 121 米，第三级高 82 米，一潭水雾迷漫，二潭、三潭终日水球飞舞，薄雾笼罩，丝雨绵绵、瀑声盈耳，三级瀑布浑然一体，河水沿断面飞流而下，势若千钧，形成 3 个深潭，“三潭”由此得名。瀑布景观四季分明，夏秋季节雨水猛降，山洪暴发，洪水如蛟龙翻腾，汹涌直下，如巨雷轰鸣，令人惊心动魄，冬春季节，清澈的河流在 3 个台面上形成断裂，向“三潭”倾泻而去，如银链垂空的瀑布，飘洒而下。潭边的岩岸，古藤缠绕，百年老树傲然兀立，树根盘节蔓延，与古藤老树相映成趣的是幽深的溶洞和钟乳石。在春、夏、秋三季，瀑布上空终日有数不清的雨燕盘旋缠绵，鸣声不绝于耳。

4. 腾冲叠水河瀑布景观

叠水河瀑布位于腾冲市西 1 千米处，大盈江水流至此，从高岩上跌落，河水仿佛被叠为两折，故称叠水河瀑布。地质历史时期，来风山火山喷发时，熔岩流阻塞了河道，后切开形成火山熔岩流堰塞瀑布。叠水河瀑布高 29 米，瀑面宽约 5 米，丰水季节可达 8～10米。瀑布从崖上跌落，响声雷动，水花四溅，在阳光下常现出七色彩虹，形成了“不用弓弹花自散”的景观，即为腾冲十二景之一的“龙洞垂帘”。瀑布之上太极石桥凌空飞架，为腾越[①]辛亥起义领导人滇西都督、大理提督张文光所建，并有李根源纪事碑刻一方。信步桥上，临空观瀑，形如银河倒泻，若万马驰骤，雷霆轰鸣，令人惊心动魄。瀑布对面的孤峰飞阁，是明代嘉靖年间永昌太守严时泰建造，万历年间名将邓子龙一度扩建的观瀑楼台，上有时任北洋政府总统黎元洪题书“龙光台”三字。

5. 大关彪水岩瀑布景观

彪水岩瀑布位于金沙江支流横江上游洒渔河中段，洒渔河在流经大关上高桥团结镇后经一明显地貌裂点，形成一系列跌水瀑布，组成当地人称“小三峡”的峡谷河段，在“小三峡”下游约 3 千米处便是著名的彪水岩瀑布，彪水岩瀑布分为小彪水岩瀑布和大彪水岩瀑布，两者相距约 500 米，小彪水岩瀑布由 35 米高和 17 米高的两级瀑布构成，瀑幅宽均为 12 米，大彪水岩瀑布是这一系列瀑布中最大的瀑布，瀑幅宽 20 米，垂直落差 65 米，脚潭长 40 米，宽 20 米。从上往下看，急流汹涌，气势雄壮，当阳光斜射时，整个河谷上空飘起一道彩虹，从下往上看，湍急的水流倾泻而下，落水击石，气浪冲天，响声如雷。

6. 黄连河瀑布群景观

黄连河瀑布群位于大关县城北 6 千米处，紧邻 213 国道，这里山峦起伏，千峰峻秀，林木苍翠，生态环境良好。在方圆 25 平方千米的范围内有大小瀑布 47 个，其中落差大于 10 米的有 14 条，最大瀑布落差达 147 米，山、水、林、洞融为一体(表 7.3)。

表 7.3 黄连河瀑布群性状表

名称	特征
对歌瀑	五级，总落差 40 米，宽 2～4 米
双瀑迎客	东北侧瀑布落差 55 米，宽 4～6 米；南西侧瀑布高 60 米，宽 3～5 米
团圆瀑	三条组成，父亲瀑高 40 米，宽 2 米；母亲瀑高 30 米，宽 1 米；娃娃瀑高 20 米，宽 1 米
珠帘瀑	两级，落差 22 米，宽 10 米

① 今腾冲。

续表

名称	特征
月老鸳鸯瀑	两级，上级月老瀑，落差 30 米，宽 6 米；下级鸳鸯瀑，分为两股，左瀑宽 3 米，右瀑宽 5 米
水帘长廊	由瀑布和瀑下长廊组成，长廊长 80 米，进深 2～3 米，高 2 米，瀑高 20 米，宽 60 米，其下为 1000 余平方米的碧潭
大滑板	倾角为 12°的细砂岩层面平整光滑，溪水漫流岩板上。长 30 米，宽 16 米
情郎瀑	三级，总落差 142 米，宽 3 米

7. 九龙河瀑布群景观

九龙河瀑布群是中国最大的瀑布群景观，位于罗平县城东 22 千米的九龙河 13 孔桥至以堵勒村，因发源于九龙河而得名。九龙河瀑布由四个主瀑组成，平均流量为 18 立方米/秒，洪水季节的流量超过 1000 立方米/秒。在九龙瀑布仅 4 千米长的河道上，便有大小数十个钙华滩和多级瀑布，这些瀑布层层叠叠，沿河而下，各层之间均有一潭相隔，形成叠水和瀑布相间分布的格局，“瀑幅宽、落差大、台级多”是罗平九龙瀑布的特点，被称为“南国一绝”。罗平九龙瀑布群各级瀑布瀑姿各异，或雄浑，或险峻，或秀丽，景色随着季节和流量大小变幻，其中最高一台的“神龙瀑”是云南省瀑幅最宽的瀑布，高 56 米，宽 112 米，次一台瀑布高 43 米，宽 35 米；其他各台高 20 米、10 米、5 米不等。碧日潭、月牙湖、戏水滩、神龙瀑、情人瀑、白絮瀑等级级展开，一景胜一景，宛如巧手画匠的绝妙山水画。每年农历二月二，滇黔桂毗邻地区的各族青年盛装而来，对歌择偶，载歌载舞，更为九龙河瀑布增添了一份民族风情美(图 7.7)。

图 7.7　九龙河瀑布群景观示意图

8. 多依河瀑布群景观

多依河瀑布群位于罗平县城东南 23 千米处，多依河原河长 12 千米，目前已被万峰湖淹没 3 千米，河流以众多的钙华滩瀑布群为主要景观。从多依河源头布依族村寨多依顺河而下，依次出现板台瀑布群、一目十滩瀑布群、雷公滩瀑布群、浪歪瀑布群、新寨瀑布群、三江口瀑布群等胜景，可惜浪歪瀑布群、新寨瀑布群、三江口瀑布群等已被淹没。这些瀑布宽20～60米，落差几米至十几米，层层叠叠，青山黛水，蜿蜒曲折，是云南少见的建设性钙华滩瀑布群，可与四川九寨沟相媲美(表7.4)。

表7.4 多依河瀑布群性状表

名称	特征
板台瀑布群	由6个高1～3米，宽30～50米的瀑布组成，边石坎呈弧形弯曲，河长100米
一目十滩瀑布群	由10余个钙华漫滩层层叠叠构成
雷公滩瀑布群	由3个高1～4米，宽40～50米的瀑布组成
浪歪瀑布群	由3个高4米以上的瀑布组成，宽25～60米(已淹没)
新寨瀑布群	三级，分别为高3米，宽35米；高2米，宽40米；高2米，宽15米(已淹没)
三江口瀑布群	七级，总落差15米，宽80米(已淹没)

9. 其他瀑布景观

云南还有很多瀑布，其景各异(表7.5)。

表7.5 云南其他瀑布景观性状表

序号	名称	地理位置	特征	备注
1	哈滂瀑布	贡山独龙族怒族自治县独龙江乡境内独龙江支流哈滂河河口	落差200多米，宽7米，水量较大	“哈滂”独龙语，意“瀑布”
2	滴水河瀑布	泸水县滴水村附近的滴水河上，北纬25°55′，东经98°47′	由两支组成，落差近400米，左支叫阴山镖水，由三级组成，最大一级215米，宽10米，流量1.2立方米/秒；右支叫阳山镖水，宽6余米，流量0.3立方米/秒	目前云南发现的落差最大的瀑布
3	滴水岩瀑布(哈巴依岭)	独龙江下游近国境处，北纬27°40′，东经98°02′	落差约120米，每到月圆时，月亮从瀑布顶升起	“哈巴依岭”意为月亮上掉下的水
4	猿梯瀑布	洱源县凤羽镇西部，北纬25°29′，东经99°54′	落差50余米，枯水期流量0.2立方米/秒，洪水期流量15～20立方米/秒	
5	银河峰瀑布	洱源县城西罗坪山银河峰上	由三级组成，单级落差20余米，枯水期流量0.1立方米/秒，洪水期流量2～3立方米/秒	
6	标水岩瀑布	金平苗族瑶族傣族自治县玉台山上，北纬22°44′，东经103°30′	位于太平河源头上，落差100余米，宽5米	
7	恐龙河瀑布	双柏县恐龙河上，北纬24°27′，东经102°12′	恐龙河上多瀑布与急流险滩，最大一级落差60余米	
8	热水塘瀑布	龙陵县东北部，北纬24°44′，东经98°49′	瀑布位于张田河上，落差50余米	
9	河尾大叠水	龙陵县西南部，北纬24°20′，东经96°54′	位于平达河中游，由两级组成，落差分别为20米、50米，枯水期流量0.2立方米/秒，洪水期流量2立方米/秒	

续表

序号	名称	地理位置	特征	备注
10	滴水崖瀑布	屏边苗族自治县城西 8 千米处，北纬 23° 00′，东经 103°33′	位于牧羊河上，由三级组成，总落差 110 余米，宽约 9 米，流量 0.31～0.6 立方米/秒	
11	彪水岩瀑布	彝良县境内，北纬 27°47′，东经 104°13′	位于西河的上游河段，落差 60 余米，宽 20 余米	
12	温泉瀑布	弥勒市小庆天温泉	落差 30 余米，水温 40℃	
13	白莹瀑布	东川区东北 5 千米白溪沟河南侧支流上	瀑布由两级组成，总落差 100 余米，宽约 6 米，瀑上为峡谷	
14	双沟瀑布	大姚县境内，北纬 25°51′，东经 101°31′	位于蜻蛉河下游，由两支三级瀑布组成，总落差 90 余米，宽约 20 米，枯水期流量 0.3 立方米/秒，洪水期流量 80 立方米/秒	
15	大白水瀑布	禄劝彝族苗族自治县境内，北纬 25°26′，东经 102°41′	位于普渡河东岸地下河出口处，落差 40 米	
16	朱家桥瀑布	澄江县境内，北纬 24°33′，东经 103°01′	位于海口河上，落差 110 余米	
17	陆良大叠水	陆良县境内，北纬 24°58′，东经 103°30′	位于南盘江上，落差 40 余米	
18	白云瀑布	玉溪市境内，北纬 24°28′，东经 102°38′	位于罗木箐河上游支流上，由两级组成。落差 150 余米，宽 6 米	
19	玉龙瀑布	鸡足山祝圣寺西北	瀑布高约 30 余米，周围森林葱郁	
20	曼典叠水	西双版纳澜沧江支流曼典河上	多级瀑布，落差 20～70 米，有三级最为典型	
21	大中河瀑布	西双版纳大中河临近注入澜沧江处	落差 30 余米	
22	曼典瀑布	西双版纳曼典村西北	多级瀑布，一般落差 3～4 米，最高一级落差 20 余米	
23	赖茂瀑布	六库赖茂河上	落差 20 余米，瀑宽约 5 米，流量 1～1.5 立方米/秒，上游有多级瀑布	
24	扎朵瀑布	瑞丽江支流扎朵河上	落差 40 余米，宽 10 米左右，最高一级落差 20 余米	

参 考 文 献

程尊兰，游勇，朱平一. 2000. 云南小江流域中上游泥沙特征及模型试验. 自然灾害学报，9(3)：113-114.

丁文荣，吕喜玺，明庆忠. 2011. 变化环境下的元谋干热河谷区水热响应分析. 中国农村水利水电，2：39-42.

李禄安. 1996. 云南省志·旅游志. 昆明：云南人民出版社：1-423.

明庆忠，史正涛. 2007. 三江并流区干热河谷成因新探析. 中国沙漠，01：99-104.

王利溥. 2001. 旅游气象学. 昆明：云南大学出版社：137.

王宇，李长才. 1995. 云南小江流域灾害地质概况//云南滑坡泥石流防治研究(第九卷). 云南地质灾害研究会：44-45.

吴殿廷，等. 2003. 水体景观旅游开发规划实务. 北京：中国旅游出版社：89-97.

闫庆桐. 1992. 云南省崩滑流灾害及对策研究. 中国地质灾害与防治学报，(3)：1-7.

云南省旅游局. 1998. 旅游接待综合知识. 昆明：云南人民出版社：85.

第 8 章　水景景观（二）

本章水景景观主要包括湖泊湿地景观、温泉景观、冷泉景观和冰川景观。

8.1　湖泊湿地景观

湖泊湿地景观是地球表面相对静态的水体景观。湿地的定义有多种，最主要的有两个层面，广义的湿地概念是由《国际湿地公约》(Ramsar 公约)定义的："湿地是不论其为天然或人工、长久或暂时性的沼泽地、湿原、泥炭地或水域地带；水域不论其为静止或流动，淡水或半咸水或咸水者，包括低潮时不超过 6 米的浅海区域"。狭义的湿地概念是由国际生物学计划定义的："湿地是陆地和水域之间的过渡区或生态交错带，它具有浅层积水或土壤过湿，生长水生或沼生植物，发育水成土壤的特点，不包括开阔水域"。一些中国学者把湿地定义为：湿地是地球表层的一种水域和陆地之间过渡的地理综合体，它有三个互相关联、互相制约的基本特征：①有喜湿生物栖息活动；②地表常年或季节积水；③土层严重潜育化(余国营，2001；殷康前和倪晋仁，1998)。湖泊湿地景观一般由湖面－湖滨带(很多为沼泽湿地)－面山组成。湿地被誉为"地球之肾"，与森林、海洋并称为全球三大生态系统，在世界各地分布广泛。湖泊湿地分布于陆地上，既有天然的湖泊、沼泽，也有人工造就的大片水域。

湖泊湿地景观历来就是文人墨客喜欢吟咏的对象。云南清末经济特科状元袁嘉谷曾为其家乡母亲湖写了一篇《异龙湖》七言律诗："三五人家绿到门，柳花篱落荻花村。湖鱼卖处秋云湿，野犬声中夕照昏。蓬岛遥呼仙作侣，葑田差喜稻生孙。一尊吸尽波心月，莫使蛟龙夜夜吞"，描绘了异龙湖支撑下的田园美景。

唐代诗人刘禹锡的《望洞庭》："湖广秋色两相和，潭面无风镜未磨。遥望洞庭山水色，白银盘里一青螺"。诗人纳须弥于芥子，将千里洞庭湖的湖光山色，浓缩成一件精美的工艺品，"白银盘里一青螺"，比喻是多么得形象和巧妙。

8.1.1　湖泊湿地景观概况

云南的湖泊湿地因其成因机理的不同，在景观上表现有很大的差异。云南绝大部分规模比较大的湖泊湿地均是断陷型的，是云南大尺度的湖泊湿地景观(杨岚和李恒，2010)，这些断陷湖盆多形成于上新世到更新世早期，埋藏着丰富的新生代褐煤。云南的九大高原湖泊，全部是断陷型湖泊湿地。断陷湖泊湿地轴线方向多与构造线一致，一般为北—南向或西北—东南向，湖岸平直陡峭，湖水较深，湖滨平原狭窄，如抚仙湖、洱海、程海等。一些演化已近老年期的湖泊湿地，湖盆较浅，沼泽化、富营养化严重，如滇池、星云湖、杞麓湖、异龙湖、纳帕海等。云南的断陷湖泊大致可以分为三种沉积模式：一是以重力流为特色的深水湖泊沉积模式，如抚仙湖，其纵向搬运体系和横向搬运体系均表现为扇三角洲沉积和浊流沉积；二是横向搬运，以重力流沉积为特色，纵向搬运体系以河流三角洲为特色的中等水深湖泊的沉积模式，如洱海西侧苍山十八溪发育了扇三角洲群和滨岸水下扇，而南北两端均发育了成熟度较低的河流三角洲沉积；三是以河流三角洲和潟岸沉积体系为特色的浅水湖泊沉积模式，如滇池，除西侧发育缓坡型小规模扇三角洲外，东侧和南北两端均表现为成熟度相对较高的河流三角洲和潟湖-滨岸砂体复合沉积。这三种沉积模式虽不能完全反映从初期裂谷形成和到晚期湖盆消亡的全过程，但它们大致代表了云南断陷湖泊演化中最重要的几个阶段的基本沉积面貌(朱海虹等，1989)。

在石灰岩分布区的湖泊湿地多是在断陷湖盆的基础上，经喀斯特等外力作用而形成，也有经溶蚀洼地或溶蚀盆地积水而成。喀斯特湖泊一般湖盆平浅，湖水不深，湖面积较小，湖泊略呈圆形或不规则形状，如丘北普者黑湿地、石林月湖等。

分布在高海拔地区，由冰川作用形成的冰蚀湖和冰碛湖泊湿地景观，它们往往成群出现，周边是高山草甸、杜鹃灌丛和森林，从而构成了完美的高山湖泊湿地景观体系，如丽江老君山九十九龙潭、香格里拉千湖山湖泊湿地景观等。

最特殊的是腾冲北海湿地，它是由火山堰塞河流形成，是一个沼泽化程度比较高的火山熔岩堰塞湖泊湿地景观。

云南几乎所有的大型断陷型湖泊湿地都已不同程度地被旅游开发和利用，是支撑云南省休闲度假旅游的重要资源。冰川作用形成的湖泊湿地景观价值虽高，但由于地处偏僻的高山地区，生态环境脆弱，开发难度加大，目前开发程度较低。喀斯特湖泊湿地分布区是人类活动比较频繁的区域，绝大部分都已开发利用，如丘北普者黑湖泊湿地、石林长湖等。腾冲北海湿地已是著名的旅游区。

8.1.2　天然湖泊湿地景观

1. 国际重要湖泊湿地景观

到目前为止，在云南省的高原湿地中，被《国际湿地公约》秘书处批准为国际重要湿地的有：碧塔海湖泊湿地、纳帕海湖泊湿地、拉市海湖泊湿地和大山包湖泊湿地。

1)碧塔海湿地景观

碧塔海湿地位于香格里拉市东 30 千米，东经 99°54′～100°08′，北纬 27°46′～27°57′。系断陷湖泊经冰川作用改造而成，属金沙江水系。碧塔海湿地面积 1984.64 公顷，其中水域面积 159 公顷。碧塔海呈长形，湖长 3 千米，宽 0.7 千米，呈海螺状，湖面海拔 3538 米，是云南大中型湖泊中海拔和纬度最高的湖泊之一，也是仅次于抚仙和泸沽二湖的第三深水湖，平均水深 20 米，最深 40 米。碧塔海湖水由冰雪融水和溪流汇聚而成，周边是由茂密的硬叶常绿阔叶林和云冷杉针叶林及灌丛森林组成的景观体系，是一个封闭状的高原湖泊湿地生态系统。雪山树影倒立其中，湖中有岛，生长着云杉、栎树、柳树等，第四纪遗留下来的古老鱼种重唇鱼是湖中唯一的“土著居民”，历史上经常出现“杜鹃醉鱼”“老熊捞鱼”等景观。2005 年碧塔海以其丰富的湿地动植物资源和高原湖泊生态环境被列入《国际重要湿地名录》，目前碧塔海是普达措国家公园的核心景区。

2)纳帕海湿地景观

纳帕海湿地位于东经 99°35′～99°40′，北纬 27°47′～27°55′，平均海拔 3260 米，属金沙江水系，地处香格里拉市北端，距城区 8 千米。藏语称“纳帕措”，意为“森林背后的湖”。纳帕海是在断陷盆地的基础上，经冰雪侵蚀和近代人工改造形成。湖水主要依靠降雨、四周径流、两侧沿断裂带上涌的泉水、冰雪融水补给，有纳赤河、旺赤河、青龙潭、共比河 4 条河流流入，集水面积 660 平方千米。湖面丰水时面积可达 31.25 平方千米，水深可达 4～5 米，枯水时湖区沼泽化，水深仅为 0.5～2.5 米。湖泊周围山岭环绕，从湖盆中心至岸边生长着大量的水生和陆生植被，湖滨分布有较大面积的沼泽草甸，是国家一级保护动物珍稀飞禽黑颈鹤的栖息地。秋冬之际，黑颈鹤、黄鸭、斑头雁云集于此，在草甸上、水面上嬉戏漂游，给广阔空灵的草甸平添了一番诗情画意。湖周围山上生长着硬叶常绿阔叶林、云冷杉针叶林及灌丛等，郁郁葱葱，是纳帕海不变的背景景观色彩。纳帕海湿地生境多样，主要由草甸、沼泽、水面和湖周森林构成。纳帕海以其秀丽的自然景观和浓郁的藏族文化，吸引了大量的游客，但同时由于游客的大量涌入及当地居民无序的放牧，使得湖区富营养化情况较为严重。2005 年纳帕海以其丰富的湿地动植物资源和高原湖泊生态环境被列入《国际重要湿地名录》。

3)拉市海湿地景观

拉市海湿地位于玉龙纳西族自治县境内，地处东经 100°06′～100°09′，北纬 26°52′～26°54′，距丽江古城 8 千米。拉市海原为季节型淡水湖泊，现已成为水库型湖泊，属金沙江水系，是云南省第一个以“湿地”命名的自然保护区。湿地总面积 1443.46 公顷，常年水域面积 933.4 公顷，平均水深 4.55 米，最大水深 7.5 米。筑坝前，拉市海湖面季节变化显著，雨季水位高，干季水位下降，甚至干涸。筑坝后，拉市海由季节湖变成了保持一定水位的水库型高原湖泊，其水体清澈，如镜的湖面倒映着玉龙雪山，越冬的水鸟安然栖息，或翱翔于蓝天白云之间，构成了典型的高原湿地景观。湿地内分布有较多的水生、湿生植物，构成了丰富的湿地生态系统景观。拉市海湿地有植物物种共计 93 种，隶属 31 科 71 属，天然植物群落 16 个，包括 4 个挺水植物群落、3 个浮叶植物群落、1 个漂浮植物群落、7 个沉水植物群落及 1 个草甸群落。沉水植物群落、挺水植物群落及浮叶植物群落垂直分层现象明显，结构复杂；而草甸、垦后湿地植物群落则无明显的垂直空间分层。沉水植物群落占据拉市海湿地水生植物群落的主要地位，因此，拉市海湿地水体到目前为止还保持着较好的水质。拉市海清幽秀美的自然环境是发展旅游业的基础，秋冬季候鸟越冬之时，富有生命气息的湖面更是吸引了众多游客前往观看，是云南观鸟旅游的重要目的地之一。2005 年拉市海以其丰富的湿地动植物资源和高原湖泊生态环境被列入《国际重要湿地名录》。

4)大山包湿地景观

大山包湿地位于昭通市西部，距城区 79 千米，地处东经 103°15′～103°24′，北纬 27°18′～27°29′，区域平均海拔 3200 米，面积 3150 平方千米，属金沙江水系。大山包是云贵高原上最大的黑颈鹤种群越冬地，在保护黑颈鹤种群方面具有不可替代的作用。黑颈鹤，被誉为“鸟类熊猫”，是人类发现最晚，也是世界上唯一生活在高原的珍贵禽类，目前全世界仅存 6000 多只，96%生活在中国，到大山包越冬的黑颈鹤数量最多时可达 1300 只以上。人们站在牛栏江峡谷绝壁上的鸡公山上，可以观赏云海、日落、佛光三大绝景。大山包的“佛光”由外到里，按红、橙、黄、绿、青、蓝、紫的次序排列，直径为 2 米左右，是一种成百上千人同时同址观看，观者也只能看见自己的“佛光”，却见不到其他人的“佛光”的奇妙现象。2005 年大山包以其丰富的湿地动植物资源和高原湖泊生态环境被列入《国际重要湿地名录》。

2. 国家重要湖泊湿地景观

1)滇池湿地景观

滇池古名滇南泽，又称昆明湖，其得名说法各异，有“下流浅狭如倒流”而命名者，有“以居全国之巅”而得名者，也有因附近民族名称而名之者。滇池位于东经 102°37′～102°48′，北纬 24°40′～25°02′，地处昆明盆地的西南部，属金沙江水系，因受断陷盆地控制，因此表现南北向延伸，东西狭窄，湖体向东突出，平面上呈弓弦形。滇池西岸紧邻西山断层崖，湖岸陡峭。南北两端及东岸大部分为三角洲，地形平缓，但沿湖仍有零星残山断崖景观分布。历史上的滇池水面，北到松花坝，南至晋宁十里铺，目前的滇池倚于滇池盆地内地势最低的部分，北、南、东侧均为平坝环绕，再外侧又环绕低丘和山地，向盆地外延地势逐级升高，层状地貌形态颇为明显。滇池的西岸为西山断层崖，为基岩湖岸。滇池湖盆水域底坡平缓，湖水容量仅为抚仙湖的 1/10。因此，滇池也可看作滇池断陷湖盆中残留的浅水湖泊。如果不是由于近代构造差异运动，滇池将濒临消亡。目前的滇池湖面海拔 1886 米，南北长 39 千米，东西最宽为 13 千米，湖岸线长 163.2 千米，面积 330 平方千米，平均水深 5 米，最深 8 米(表 8.1，图 8.1)。

表 8.1　滇池湿地水域变迁情况略表

历史年代	水位(米)	水面面积(平方千米)	南北长度(千米)	湖岸线长(千米)	相应湖容(亿立方米)
唐宋时期	1890.0	510.1	49	190	18.5
元朝	1888.5	410.0	43	180	17.0
明朝	1888.0	250.0	42	171	16.8
清朝	1887.2	320.3	41	164	16.0
1851～1979 年	1886.3	299.7	40	150	12.29

资料来源：云南河湖编撰委员会，2010

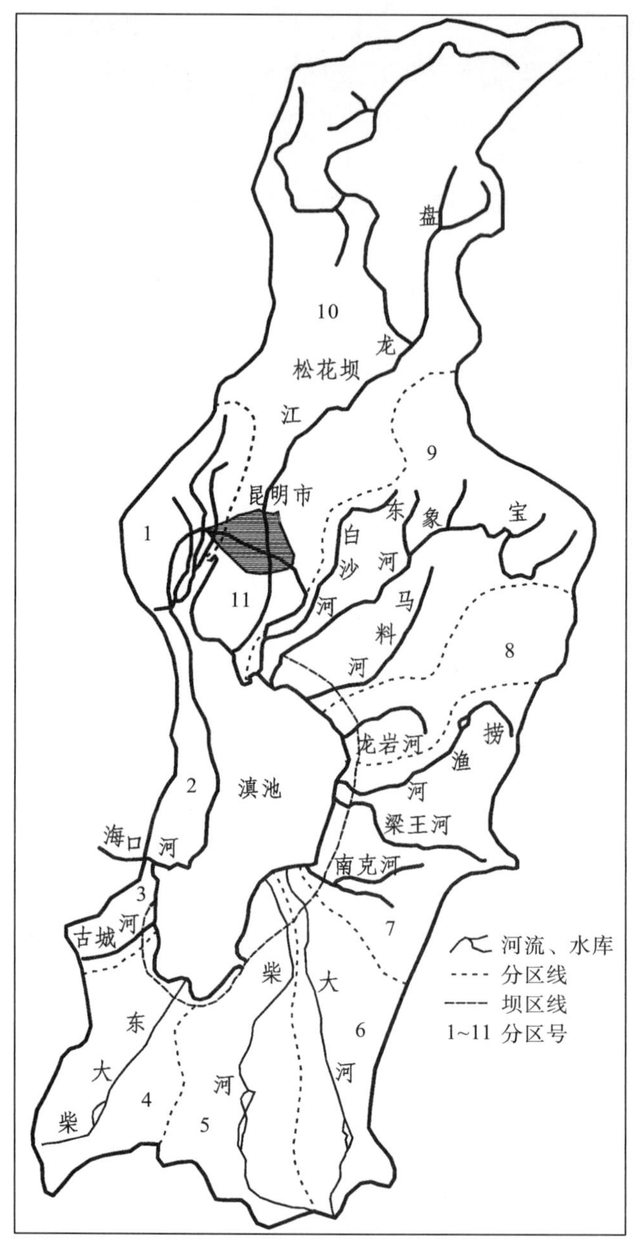

图 8.1　滇池流域水系示意图

资料来源：金相灿等，1995

滇池是云南省面积最大的高原湖泊，其北端有著名的海埂大坝，为天然形成的离岸沙堤，沙堤西端深入滇池，将滇池水面分割为北侧的草海和南侧的“外海”（即滇池主体），草海与外海之间自然沟通。草海位于最北端，紧接昆明市区流入的若干水源，湖面水深不足 2 米，湖底沉积物深厚，因水生植物特别是以水草类繁盛而得名。草海水温较外海高，水草茂密，是鱼类重要的产卵和孵化区域。外海水较草海深，水生植物生物远不及草海繁盛，水温略低，是鱼类的主要觅食栖息场所。滇池鱼类种类非常丰富，并有很多滇池特有种。但自 20 世纪 80 年代以来，滇池水体污染极为严重，严重威胁鱼类、两栖类和水禽的生存，有的物种已经绝迹或灭绝，如滇池蝾螈、滇池金线鲃等。滇池共记载土著鱼类 22 种，属滇池特有的计有 8 种。

滇池是昆明的母亲湖，有供水、调蓄、防洪、航运、旅游和调节气候等多种功能，是维持区域生态平衡的基本条件。滇池湿地由湖泊及岸边湖滨沼泽地带构成，是鱼类、鸟类重要的繁殖地和栖息地，同时也是淡水鱼类的主要产卵基地。另外，滇池是一个相对封闭的老年期湖泊，而且历史上多次的围湖造田，缩小了其面积，使湖水交换速度慢，自净能力低，随着城市建设，滇池面临着污染治理的艰巨难题。

在滇池北岸建设的滇池湿地公园，湿地紧邻宝象河，公园用地规模为 157.34 平方千米，是昆明与瑞士苏黎世在生态保护合作中的一个重要项目，其建设目标是打造国际级的城市湿地公园。滇池湿地公园包括人工强化湿地、水上森林和水生植物展示区，以及科普展示中心等配套设施的湿地生态社区，体现滇池生物多样性、湿地自净功能及人与自然和谐发展的功能区，与湖截污系统共同构成了滇池流域水污染的防治体系。其中，湿地公园水质净化区 20 平方千米，湿地公园游赏区 63.34 平方千米，湿地公园生态保育区 74 平方千米。近几年，在滇池湖滨带，又陆陆续续地建设了一些湿地公园。滇池湿地公园作为入滇污染物的最后一道截污屏障，在滇池沿岸构成调节人类活动与自然环境之间互相干扰的生态缓冲带。

2)洱海湿地景观

洱海湖面南北长而东西窄，形如人耳，故称洱海。洱海又称昆弥川、叶榆泽、西洱河，其位于东经 100°05′～100°17′，北纬 25°36′～25°58′，地处云南省大理白族自治州境内，北起洱源县江尾乡，南止大理市下关镇，湖面海拔 1972 米，面积 249.4 平方千米，湖周长 117 千米，最大宽度 8.4 千米，最窄处 3.4 千米，南北长 42 千米。洱海湖盆属断陷盆地，是在喜马拉雅造山运动过程中逐步形成的。洱海西岸苍山高大的断层崖与洱海平行延伸，东岸为洱东石灰岩山地断层陡岸，因此洱海具有地堑式断陷湖泊的形态。洱海湖体本身为一深大断裂，分布有两个由现代断层活动形成的地堑槽谷，洱海东岸的玉几、金梭等岛是湖区残留的小断块山地。洱海平均水深 10 米，最大水深达 20 米。湖周流域山前地带的海拔均在 2000 米左右，湖区属于中亚热带湿润气候，湖水水温常年在 10～20℃，属于暖性湖泊，湖水水温垂直分布具有正温层的特点。洱海北有弥苴河注入；东汇波罗江、挖色河；西纳苍山十八溪水，洱海湖水由西洱河流出汇入澜沧江。湖西岸有高耸的苍山，周围森林环绕，湖滨带较发达，水生植物繁盛，浮游生物较多，水质尚好，为较典型的营养型湖泊，鱼类栖息繁衍的环境条件优越，鱼类种类十分丰富，共记载了 27 种，占全省湖泊鱼类总数的 19%，丰富程度仅次于抚仙湖的 28 种。洱海特有鱼类相当丰富，并且大多数都是著名的优质食用鱼类，其中尤其以弓鱼著名。

洱海西面有苍山横列如屏，碧绿的湖水，清澈似一面玉镜，镶嵌在苍山脚下，素有“银苍玉洱”之美誉，东面的玉案山环绕衬托，如拱如揖，构成了主次分明、山高水低、刚柔相济、明媚秀丽的山岳湖泊景观。洱海是大理四景“风花雪月”中“洱海月”一景的所在地。秀丽的洱海像一块无瑕的美玉，横嵌在群山环抱之中，大有“水若恋而缠之，山亦情而垂臂”的意境。当地人把洱海中的景观总结为：三岛(金梭岛、玉几岛、赤文岛)，四洲(青莎鼻洲、鹳鹏洲、鸳鸯洲、马濂洲)，五湖(太湖、莲花湖、星湖、神湖、渚湖)，九曲(莲花曲、大鹳曲、潘矶曲、凤翼曲、罗莳曲、牛角曲、波曲、高莒曲、鹤翥曲)。

1975 年在湖泊最南端的团山修建的洱海公园，是观赏苍山洱海风光的最佳地点，乘船观光游览洱海是目前最主要的旅游项目。洱海周边密集分布着大理古城、崇圣寺三塔、蝴蝶泉等旅游景区，另外目前洱海周边也已开发和建设了大量的旅游地产项目。2011 年，大理市为保护洱海在洱海西南角投资建设了洱海月湿地公园，已作为公益性公园免费向市民开放(图 8.2)。

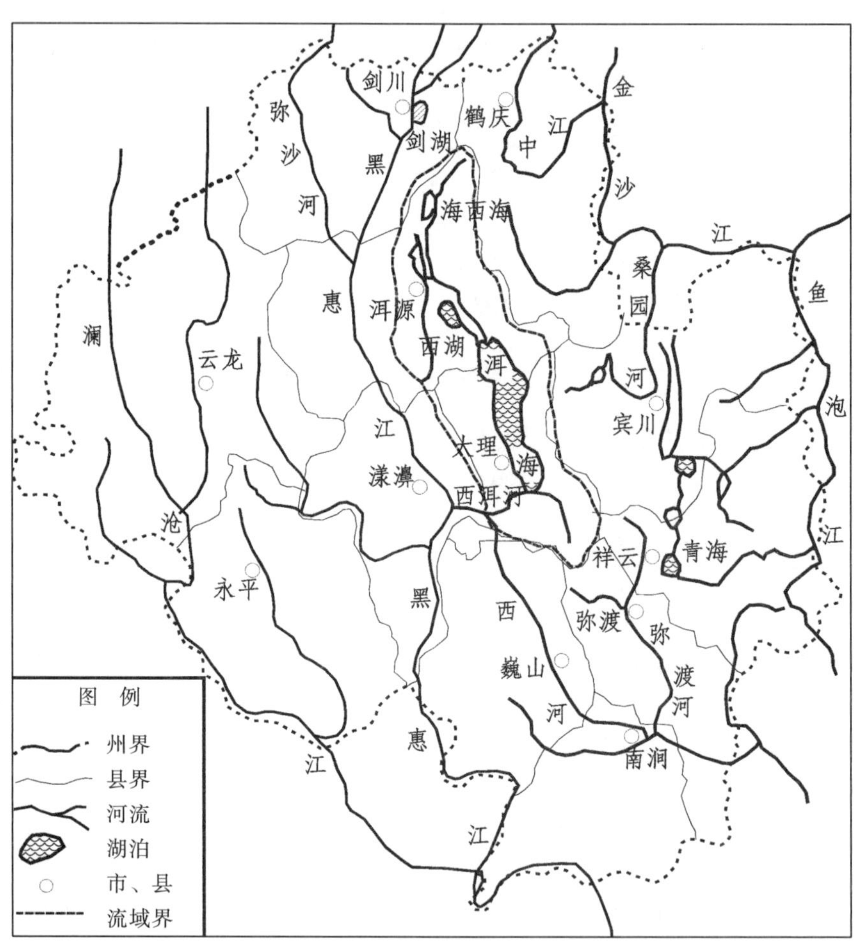

图 8.2　洱海流域水系示意图

资料来源：金相灿等，1995

3)泸沽湖湿地景观

泸沽湖古称鲁窟海子，又名左所海，俗称亮海。“泸沽”为摩梭人语意，即“落水”。湖泊位于东经 100°45′～100°51′，北纬 27°41′～27°45′，湖面海拔 2690 米，地处云南省西北部和四川省西南部交界处。泸沽湖的西部属云南省宁蒗彝族自治县管辖，东北部属四川省盐源县管辖，为云南、四川两省共管辖的高原湖泊，成因系断陷湖泊。湖泊面积 51.3 平方千米，属云南省管辖的面积为 30.3 平方千米。湖泊由西部亮海和东部草海两部分组成，泸沽湖通常指亮海，南北长9.5千米，东西宽约5.2千米，最窄处仅1～2千米，平均水深40.3米，最深处93.5米，泸沽湖水的深度居全国第三位，仅次于吉林省长白山天池和滇中的抚仙湖。除了地表水以外，喀斯特地下水也是湖水补给的重要水源。

泸沽湖的形状为南北长，东西窄，形如马蹄形景观。湖的东部有一长形半岛称长岛，深入湖中约4千米，长岛两边有大嘴海堡、永宁海堡等7座小岛，湖北面石子山麓的象鼻半岛酷似象鼻深入湖中戏水，山清水秀，风景十分优美，在湖的西北面，雄伟壮丽的格姆山巍然矗立。湖的东南与草海连接，这里牧草丰盛，浅海处茂密的芦苇随风荡漾，簇簇的花草迎风招展，每到冬季，白鹭、黑颈鹤等数以万计的珍稀候鸟栖息于此。湖周有茂密的原始森林，青鼬、豹猫、食蟹獴、小灵猫等珍稀动物出没其间。水体清澈透明，水生植物和浮游生物均较贫乏，属贫营养型湖泊。湖中鱼类种类不多，共记载了9种，但以特产多种高原湖泊特有裂腹鱼而著名。

泸沽湖是摩梭人的故乡，摩梭人至今仍保留着以“阿注”婚姻为特征的母系社会的残余，普米族也长期生活在泸沽湖畔，其社会历史、生产生活、家庭婚姻、文化艺术等成了人类学者研究人类发展历史的活标本，同时这些也成为旅游活动的主要吸引物。泸沽湖畔的摩梭文化是具有独特性和世界性的，因为摩梭社会制度在世界范围内是独一无二的。这正如格尔茨所说：“当人们准备订票去云南时，就会想到这样一个问题：这一切会是真的吗？完美无缺的性生活？多伴侣？没有嫉妒，没有丑闻，没有姻亲？两性平等？充满幽会的生活？……像哈哈镜一样嘲讽着我们的思维方式和行为方式。这个小天地里颠倒的奇异风情能躲得过人们的怀疑吗?”（叶文，2006）。

4)抚仙湖湿地景观

抚仙湖自汉代至唐代称大池，宋、元时期称罗伽湖，为罗伽部地，名为抚仙湖，又名澄江海。抚仙湖因湖中二石耸立、状如仙人抚肩巡游而得名，因湖距澄江最近，所以又称澄江海。湖泊位于东经102°49′～102°58′，北纬24°21′～24°38′，地处滇中高原的中心，位于澄江、江川、华宁三县交界处，是我国第二、云南第一深的淡水半封闭外流深水湖泊，属南盘江水系。湖面海拔1722.5米，湖长31.5千米，湖最宽处11.5千米，最窄处3.2千米，平均宽度7.06千米，湖水平均深度95.2米，最深处158.9米，湖面积216.6平方千米，湖容积为206.2亿立方米，相当于12个滇池的水量，6倍的洱海水量，4.5倍的太湖水量，占云南九大高原湖泊总蓄水量的72.8%，占全国淡水湖泊蓄水量的9.16%。抚仙湖平面呈南北向葫芦形景观，两端大，中间窄，北部宽而深，南部窄而稍浅，湖水清澈纯净且呈蓝绿色，透明度7.0～8.0米，湖水中悬浮物质少，浮游生物种类数量相对都较贫乏，有机质及营养元素含量都不高，属贫营养类型湖泊，是云南省水质最好的湖泊。

抚仙湖群山环抱，是一个典型的青年期构造断陷湖泊，因断陷成湖较迟，大部分湖岸为基岩湖岸，岸坡陡峻，只有北部河流三角洲地带有近200米宽的浅水区。抚仙湖已记载土著鱼类28种，占湖泊鱼数总数19.7%，为全省鱼类种数最多的湖泊，主要为中小型鱼类，而属于该湖特有种达9种。每年的5～8月，岛边湖面上经常出现有数万尾大小不等的青鱼列队环游组成的“青鱼阵”，场面壮观且神奇诱人。

沿湖山川秀丽，西面的尖山平地拔起，状如玉笋，雄伟峻峭，形成“玉笋擎天”的景观；东部有温泉，当地叫热水塘，位于澄江县海口镇，泉口甚多，从山脚一直延伸到湖底；东北面的回龙山如大象长鼻，故称象鼻岭景观；南面山间的海门河，隔山连江川的星云湖，河中段有一堵赭色石壁，称“界鱼石”；湖的南面江川县水域内有一小岛，名孤山，又名瀛海山，离湖岸最近处 800 多米，1980 年，岛上建成动物研究所猴饲养基地，所以又名猴岛。抚仙湖的水温季节变化不大，水质又好，是户外游泳爱好者的心怡之地，尤其是北部河流三角洲靠澄江坝子一带，湖水较浅，湖底全铺细沙伸延至湖岸数米，每年吸引着成千上万的人来游泳(图 8.3)。

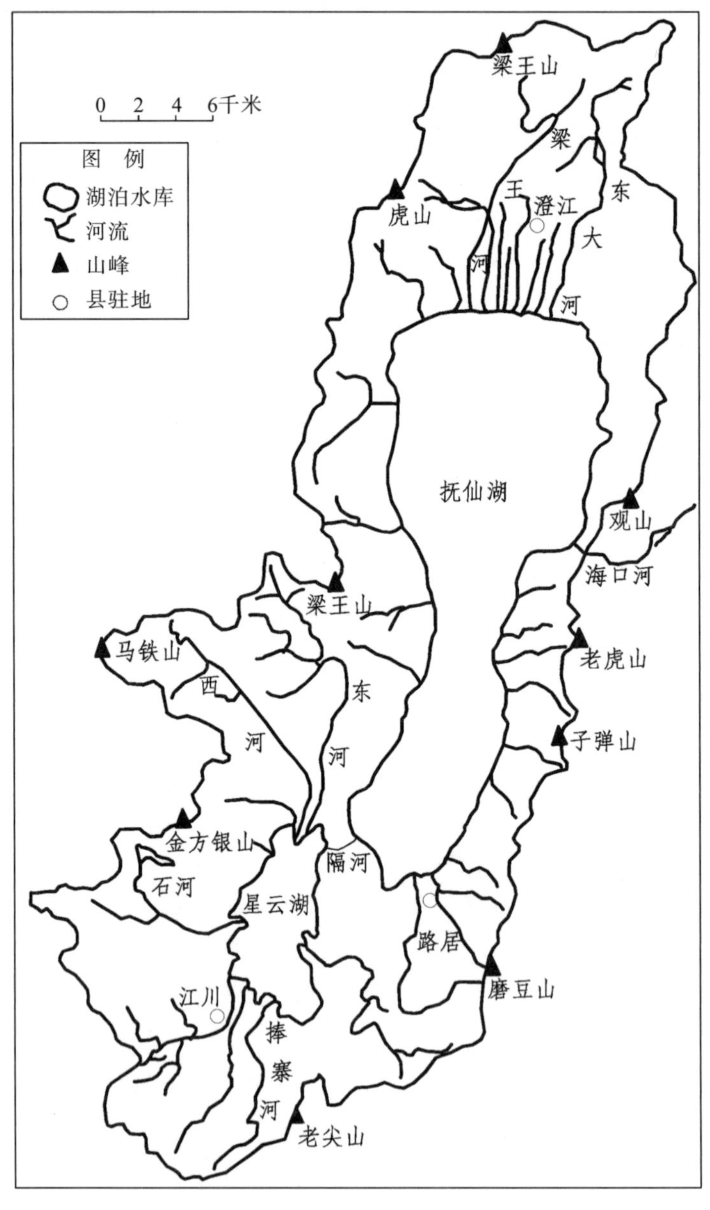

图 8.3　抚仙湖流域水系示意图

资料来源：金相灿等，1995

5)异龙湖湿地景观

异龙湖名由彝语“邑罗黑”演变而来，意为龙吐水形成的海，因地处石屏县城近郊，又称石屏海。异龙湖位于东经 102°28′～102°38′，北纬 23°38′～23°42′，成因系断陷湖泊，湖面海拔 1414 米，呈东西走向，东西长约 15 千米，南北宽约 3 千米，面积约 32 平方千米，湖总蓄水量 2.2 亿立方米，平均水深 2.9 米，最深 5.75 米，属南盘江水系。湖北岸为乾阳山，岩石坚硬，基岩裸露，湖岸平直陡峻，局部湖岸有断层陡崖保存，南岸为五爪山，形如鸡爪，深入湖中，形成大小湖湾 72 个，其中著名的九湾分别为小水湾、大湾、高家湾、罗色湾、杨家湾、马房湾、狮子湾、青鱼湾、白浪湾，湖的西岸有三屿，即大瑞城、小瑞城、马宝龙，俗称“九湾三屿”。

进入盛夏，湖内荷花争奇斗艳，清香远溢，吸引了众多游人前来旅游观光，湖内的荷花已经成为一项不可或缺的旅游资源。异龙湖共记载土著鱼类 14 种，属鱼类较丰富的中型老年湖。目前异龙湖面正逐渐缩小，已导致部分湖床露出水面，形成了近 133 公顷的沼泽地，湖泊沼泽化程度位居九大高原湖泊之首。另外，异龙湖湖水有机污染和沼泽化严重，水质仅达Ⅴ类标准，属富营养型湖。为了还原母亲湖本来的面目，目前已建成人工湿地 63 亩，种植了 10 多种水生景观植物，集观赏与净化为一体(图 8.4)。

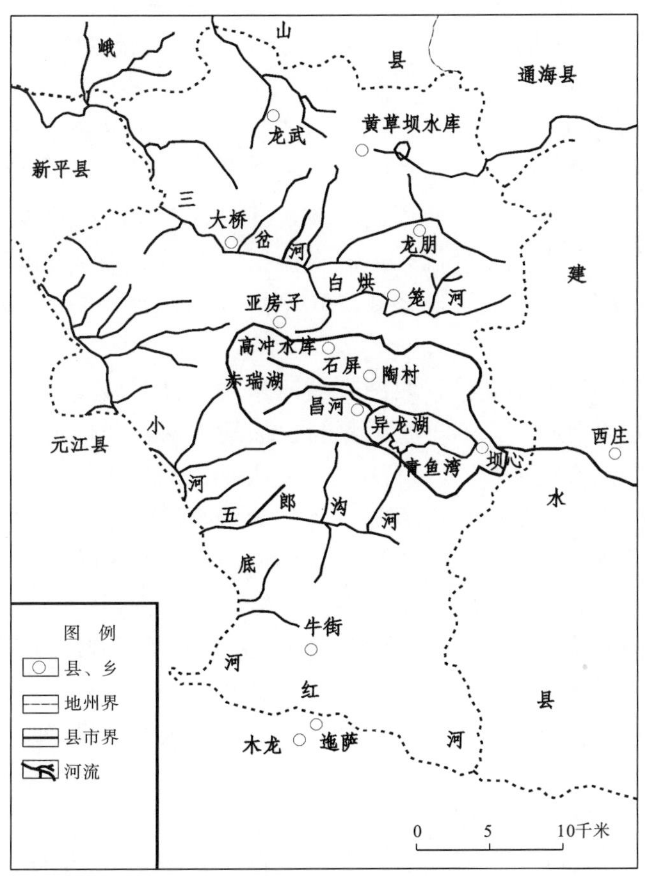

图 8.4　异龙湖流域水系示意图

资料来源：金相灿等，1995

6)程海湿地景观

程海又名黑乌海，属金沙江水系，其位于滇西永胜县城西南约 20 千米处，在东经 100°38′～100°41′，北纬 26°27′～26°38′，程海湖面海拔 1501.1 米，面积 77.2 平方千米，平均水深 25.9 米，南北长 20 千米，东西平均宽 4 千米，湖岸平缓，湖滨带水生植物和浮游生物繁盛，为滇西第二大淡水湖泊。程海是比较典型的封闭型湖泊。

程海鱼类种类丰富，已记载土著鱼类有 20 种，占全省湖泊鱼类总数的 14%，湖中盛产鲤、白条、压条、红翅等多种鱼类，湖水清冽，4 米深处游鱼清晰可见。另外，程海是世界三大螺旋藻天然产地之一，螺旋藻是蓝藻门中富含蛋白和氨基酸等多种营养成分的一种原核生物，在 20 世纪中期发现其作为医药原料和营养食品都具有很高的价值。迄今只在非洲乍得湖和我国云南程海发现有天然分布。目前程海的螺旋藻已被开发进行人工养殖，是世界上最大的螺旋藻生产基地。每年清明节后，水面覆盖藻类，湖面泛成蓝绿色，波光粼粼，湖光山色相映成趣。

3. 省级重要湖泊湿地景观

1)星云湖湿地景观

星云湖，因夜间星月皎洁，银河映照湖面而得名。唐代称“星海”或“利水”，俗称“浪广海”“江川海”。星云湖位于江川县城北 1 千米处，与抚仙湖一山之隔，一河相连，为断陷湖泊，湖泊位于东经 102°40′～102°48′，北纬 24°14′～24°27′，湖面海拔 1722 米，平均水深 5.91 米，最大水深 9.5 米。历史上星云湖湖水碧绿清澈，波光妩媚迷人，月明之夜，皎洁的月光映照湖面，如繁星闪烁，坠入湖中，晶亮如云，故而取名为星云湖。星云湖呈椭圆形，湖岸的西、南、北三面较缓，良田万顷，南岸建设了湖滨公园，东岸较陡，多为石质湖岸，已发现多处温泉，但水体稍浑，属中营养型湖泊，星云湖水生植物和浮游生物较抚仙湖丰富，共有土著鱼类 10 种，系云南重要的渔业基地，星云白鱼为特有种。

星云湖本为抚仙湖的上游湖泊，两湖有隔河相通，属南盘江水系。隔河中屹立一石笋，高数丈，上镌“界鱼石”三字，星云湖与抚仙湖水深悬殊，湖泊生态环境不同，两湖鱼类以石笋为界，互不往来，“界鱼石”之名由此而来，历史上抚仙湖和星云湖之间曾多次挖沟疏浚。1804 年(嘉庆九年)县令许享和邻县联合疏浚，并且规定年年流通，分断立碑为记。1922 年蒙自道尹秦光弟对星云、抚仙两湖口组织了较大的修凿工程，河道凿宽 4～7 尺，凿深 3～4 尺，新开河道 1000 余米，接通清水沟(抚仙湖出口)，并延长和加固石堤，全部工程断断续续，前后达 10 年之久，星云湖周围涸出湖田 4000 多亩。为了改善星云湖水质，玉溪市实施了“星云湖—抚仙湖出流改道”工程。2008 年 5 月 20 日，江川县隔河开闸放水，抚仙湖水改变千古流向倒流进星云湖，星云湖水质开始向好的方向转化。

星云湖沿岸景点众多，原江川八景中的“海门垂钓”“古埂莲池”“星海夜月”“鱼跃中天”和两湖相通鱼不往来的“界鱼石”等均取自星云湖。星云湖每年 12 月 25 日开湖捕鱼，捕鱼时间为 15 天，其余时间为封湖禁捕期，这一传统已有 30 年历史。自 2005 年起，江川县每年在星云湖举办“开渔节”暨高原湖泊水产品交易会，吸引了大量客商和游客。

2)杞麓湖湿地景观

杞麓湖因其湖畔杞麓山(今秀山)而得名，又因距通海县城 1.5 千米，又名通海，属南盘江水系。湖泊位于向南突出的新月形断拗盆地，位于东经 102°43′～102°49′，北纬 24°08′～24°12′，与秀山一起组成省级风景名胜区，素有“秀甲南滇”的美誉。杞麓湖湖面海拔 1796.8 米，湖泊略呈东北西南向的矩形状，东西长约 10.4 千米，南北平均宽约 1.48 千米，湖岸线全长约 63.9 千米，最大水深 6.8 米，湖泊面积 12.3 平方千米，库容 1.7 亿立方米，全湖自西向东逐渐加深。杞麓湖无明显出流口，为一小型封闭高原浅水断陷湖泊。杞麓湖水生植物和浮游生物繁盛，有机质及营养元素含量较高，湖水稍浑，属富营养型湖泊。湖虽小而土著鱼就有 11 种，其中该湖特有种多达 5 种，均为著名优质食用鱼，而鲤属占了 4 种，是云南小型湖泊中鱼类种类最多、特有种比例最高的湖泊。

天空一碧如洗之时，湖面从东到西便出现一条长达数丈的湛蓝色带，当地人称为“湖水拖蓝”，是通海八景之一。湖东面的落水洞，两旁悬崖高峻，峭壁耸峙，湖北面的沙沟嘴，直伸进入湖内。目前，杞麓湖的水质类别为Ⅴ类水质，是一个以磷控制为主的富营养化型湖泊，对旅游开发造成了严重的负面影响(图 8.5)。

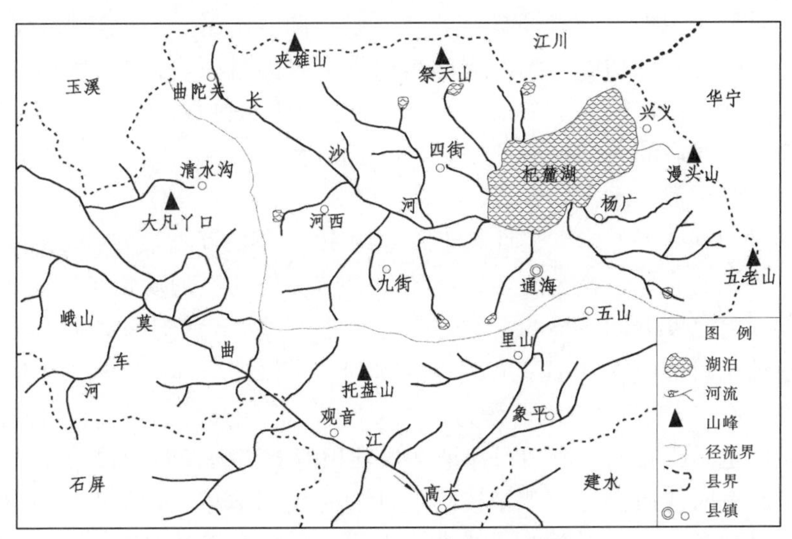

图 8.5 杞麓湖流域水系示意图

资料来源：金相灿等，1995

3)阳宗海湿地景观

阳宗海古称“大泽”、奕休湖，明朝时又称明湖，位于东经 102°59′～103°02′，北纬 24°51′～24°58′，湖泊地处昆明市东南部，距昆明市区 30 千米，属南盘江水系，为高原断陷湖泊。整体而言，湖水较深，水体清澈，平均水深 19 米，最深处可达 29.3 米。阳宗海形状像一只鞋，两头宽，中部略窄，南北长 12.5 千米，东西平均宽 2.5 千米，阳宗海湖面海拔 1770.46 米，面积 31.9 平方千米，总库容 6.16 亿立方米，当水位降至 1768.35 米时，湖水面积 29.65 平方千米，库容约 5.42 亿立方米。湖滨带发育水生植物不多，属贫营养型湖泊。已记载湖中土著鱼类 14 种，占湖泊鱼类总数的 9.8%。阳宗海属成湖较晚的幼年湖，其湖岸平直，湖水深，湖底坡度大，分布有岩洞暗礁，湖边沉积物粗大，其东西两岸均为岩石陡坡，南北两岸有湖泊平坝。

湖东南的龙泉寺，后依石壁，前瞰湖水，山腹涌出清泉，寺旁有树龄已逾千年的古树，枝繁叶茂，浓荫蔽天；南面的小屯村，相传为三国时随诸葛亮南征将领关索屯兵之处，村人至今仍演唱古老的傩戏，俗称“关索戏”；村西南报国寺后有 7 块巨石，天然排成北斗星状，人称“七星北斗”，附近的村子就叫“北斗村”。每逢夏秋季节，登高俯瞰阳宗坝子，各村寨均清晰可见，唯有北斗村烟笼雾罩，古人称此奇景为“斗村烟雨”，别具一番风光。湖畔已建成亚洲一流的春城高尔夫球场、柏联 SPA 温泉酒店等一些旅游设施。

4)剑湖湿地景观

剑湖位于剑川县县城东南部，距金华镇 3 千米，东经 99°56′，北纬 26°30′。剑湖为高原断陷湖泊，形成的时间大约在新近纪晚期，历史上剑湖的面积要比现在大得多，由于泥沙淤积、水源补给减少等，水面正在缩小。目前，湖面海拔 2188 米，湖面面积 6.23 平方千米，正常蓄水时，南北长 3.35 千米，东西宽 3.25 千米，平均水深 4.5 米，最大水深 9 米。剑湖湖滨为沼泽区，主要为水葱、芦苇沼泽，面积约 1 平方千米。剑湖不仅是剑川县城的重要水源地，同时还具有调节气候、调节水量、美化环境、灌溉农田、发展水利和水产养殖等多种功能。湖泊周围是白族聚居的村庄，秀丽的湖泊风光与四时变化的田畴村落风光一起，构成了一幅天人合一的水墨山水画卷。

在剑湖海尾河西岸的海门口遗址处，经过三次考古发掘，共出土文物 3000 多件，有陶器、石器、骨角牙器、木器、铜器、铁器、动物骨骼和农作物八类，其中以陶器最多，遗址总面积超过 50000 平方米。遗址起于距今约 4000 年的新石器时代晚期，经铜器时代初期至中期，到铁器时代，这为滇西地区建立史前文化的序列奠定了坚实的基础，目前该遗址是目前云南已发掘的最早的铜器时代遗址之一，为云南青铜文化的发源地之一。

海门口遗址是目前中国发现最大的水滨木构“干栏式”建筑聚落遗址，木桩分布集中区面积达 20000～25000 平方米，作为早期“干栏式”的建筑遗址，其保存之好，面积之大，这在全国也是少有的。海门口遗址文化堆积清晰，延续时间较长，文化遗存丰富。海门口遗址的青铜时代遗存与大理银梭岛遗址的时代基本相同，但两者文化面貌却有很大的差异。这种现象说明，滇西地区的青铜文化具有多样性和复杂性，这对认识青藏高原东部地区史前的文化交流和族群迁徙很有帮助。海门口遗址所出土的稻、粟、麦等多种谷物遗存，证明了来自黄河流域的粟作农业，其南界已经延伸到滇西地区，而稻、麦的共存现象，则为认识中国古代稻麦轮作农业技术的起源时间和地点提供了重要的信息。海门口遗址发掘出土的铜器和铸铜石范，以确切的地层关系证明了该遗址为云贵高原最早的青铜时代遗址，滇西地区是云贵高原青铜文化和青铜冶铸技术的重要起源地之一。海门口遗址还出土了大量的动物骨骼和人骨遗物，以及众多的其他种类的文物，这些资料的整理和研究，必将为考古学、人类学、民族学界提供更多的信息，更为旅游的开发奠定了基础。

4. 高山冰蚀湖湿地景观

在滇西横断山脉纵谷区的高大山系中，山体上部和顶部残留了大量的蚀余高原面，在这些蚀余高原面上分布着不少冰蚀湖景观，而且多以湖群的形式出现，比较著名的有老君山九十九龙潭、千湖山冰蚀湖群、听命湖等。

1)老君山九十九龙潭湿地景观

九十九龙潭位于老君山北侧的主峰脚下，位于东经 100°14′，北纬 26°52′，海拔 4247 米。九十九龙潭分布于分水岭地带，是由近百个大大小小清澈如镜的冰蚀湖串珠而成，故称九十九龙潭。潭水主要来自春季的融雪和夏季的降雨，清澈冰凌，水质优良，湖水溢出后，汇成小溪，集为小河，穿越原始森林，最终奔向金沙江、澜沧江。这些冰蚀湖泊，形状各异，湖水幽深，在阳光和花木的映照下呈现出蓝、橙、黄、绿的绚丽色彩。冬天的九十九龙潭遍布着冰凌，是一个天然的冰雕世界。湖泊四周茂密的原始冷杉林与成片的杜鹃灌丛相混，春末夏初，杜鹃花姹紫嫣红。历史上老君山中的确有九十九个冰蚀湖，而且每个湖呈现出不同的色彩和姿态，只是由于环境的变化，如今一些湖泊已经干涸。九十九龙潭与童话般的九寨沟相比，它更多了一分大气，少了一分矫情。特别在每年的 5～6 月，漫山遍野的花在纯净的几乎透明的天空下开放了，远远看去，就像是一张五彩的草甸。九十九龙潭有着各种各样的传说，传说最广的是黄龙潭中有一棵露出水面的红珊瑚树，如果在潭边大声说话，很快就会引来暴风雨，湖水会变混浊，珊瑚树也会消失，因此传说这里有神龙潜行，也有人说是因为有和尚洗过袈裟，所以水才变黄。黑龙潭的水，黑沉沉且深不见底，因此当地人说这里曾是太上老君洗炼丹锅的地方，那锅底的灰将水潭染黑了。

2)千湖山冰蚀湖群湿地景观

千湖山冰蚀湖群位于香格里拉市以南 50 千米的香格里拉乡团结村境内，地处东经 99°34′～99°51′，北纬 27°23′～27°39′。湖泊分布在海拔 3800～4200 米的地方，以三碧海、大黑海为中心，面积 987 平方千米，有大小湖泊 300 余个。千湖山藏语称“拉姆冬措”，意为神女千湖或仙女千湖，相传有仙女在此梳妆，不小心失落了镜子，破碎的镜片散落于群山之中就变成了许许多多的湖泊。千湖山的冰碛湖是冰川消退时，冰川侵蚀、冰碛物堆积形成的凹地，或冰碛物阻塞河床、冰川谷潴水而形成的，千姿百态，千湖山以湖群、花海、林海和生物多样性丰富为主要特色。在长期强烈的内外营力精雕细刻下，形成了奇特的地貌造型景观，为摄影、登山、探险旅游提供了大量的旅游景观资源。千湖山景区综合了高原湖泊、原始森林、立体植被、杜鹃灌丛、五花草甸、雪山等多种资源，可以使游客在较小的范围内，最大限度地欣赏到多样的高山景观。

3)听命湖湿地景观

听命湖位于泸水县片马东北部的高黎贡山国家级自然保护区内，地处听命山与吴中山之间，距高黎贡山风雪垭口 600 米，湖面海拔约 3540 米，面积 0.3 平方千米，为听命河源头。听命湖的形状东西长，南北宽，水面约 120 亩，听命湖湖水是由雨水和雪水融汇而成的。听命湖海拔高，水温低，形成时间较短，湖内生物较少，水质优异，是一个神话般的湖泊，湖区的景色随着四季的变化而发生改变。春天，雪山融化的涓涓雪水汇入湖中，漫山的杜鹃点缀四野，这里是一片苏醒的野生动物的乐园；夏天，葱绿的林间百花盛开，云海茫茫；秋天，碧蓝的湖水倒映着岸边金黄的树叶，秋高气爽；冬天，寒凝大地，这里一片宁静。

听命湖笼罩着神秘的色彩，当地人又叫“迷人湖”。从泸水县出发到听命湖，要攀越陡峭的山谷，穿过茫茫林海和高山灌木箭竹林，道路崎岖。人们到这里只能轻声细语，如果大声叫喊，顷刻间湖区便会风雨交加，冰雹突然而至，因此人们又把它称作迷人湖。其实，这都是湖区上空弥漫着饱和水分的浓雾，遇到声波震动，就凝聚成雨和冰雹的缘故。过去，凡遇到大旱之年，山下的百姓就准备好祭祀品和雨具，到听命湖畔祈求天神降雨。

4)红山黑海湿地景观

黑海因水色如墨而得名，又名浪都湖，其位于香格里拉市格咱乡东面，坐落于红山高原面上，湖面海拔约 4150 米，是一个面积约为 1 平方千米的不规则状高山冰碛湖泊。湖畔群山海拔均在 4600 米以上，周围环境以高山灌丛和高山荒漠为主，景观别具一格。湖畔陡坡一侧，流石群布，海拔低于 4200 米的缓丘一侧，则冷杉林立、杜鹃成林。黑海中有数量极多的雪鱼，俗称“娃娃鱼”，在气温适宜时，雪鱼汇成一环状，黑压压环绕在湖边浅水中，景象十分奇特。湖水幽深神秘，且四时景观各不同，最奇特的是，人们只要站在湖畔长啸数声，湖畔四周便会细雨纷纷，有时甚至会暴雨倾盆，将人淋个浑身透湿。湖的下游是深峡巨谷，不同的高山景观汇聚一地，可谓得天独厚。

5. 人工湖泊湿地景观

人类活动造成或改造过的水景景观，称为人工水景景观，其中以城市水景公园和水库景观最为重要，其旅游功能与天然湖泊十分相似。城市水景公园数量极多，是城市公园游览系统的组成部分，给人以幽静、秀美、妩媚、洁净之感，如昆明的翠湖、蒙自的南湖、个旧的金湖等。水库作为一种人工修筑的水域，也起着重要的构景作用，往往山水交辉，环境十分静谧，国内外许多水库均成为观光、休闲度假的旅游胜地，如浙江千岛湖(新安江水库)、甘肃刘家峡水库、贵阳红枫湖、北京怀柔雁栖湖、吉林松花湖、北京十三陵水库等。

1)水景景观公园

部分水景景观公园见表 8.2。

表 8.2　部分水景景观公园列表

名称	所在位置	面积(平方千米)	景观特色	备注
翠湖公园	昆明市五华区	0.21	曾是滇池的一部分，俗称“菜海子”，阮堤纵贯南北，池中荷莲平铺，冬季有大量红嘴鸥	被誉为“城中之玉”
大观公园	昆明市以西滇池湖畔	0.47	称“近华浦”，大观楼有 300 多年的历史，由“海内第一联”成为中国四大名楼之一	“海内第一联”有 180 字

续表

名称	所在位置	面积(平方千米)	景观特色	备注
海埂公园	昆明城南的滇池湖畔	0.50	南面连接滇池，海岸线 2.5 千米，北面与云南民族村相邻	
九龙池公园	玉溪市西北 10 千米	5	玉溪十四景之首，第二批省级风景名胜区，公园中有大龙潭、乱棚潭	
洱海公园	大理市东 2 千米	0.58	北濒洱海，园内有座“团山”，各种佳木奇卉，临海面砌有 240 级石阶	游览苍山洱海风景区的第一站

2)库塘湿地景观

云南虽然有不少大江大河，但它们主要流淌于崇山峻岭之间，难以为农业生产和人们生活所利用。大部分地区缺水，尤其是喀斯特分布区。云南是中国最重要的水能基地，除怒江干流目前还没有修筑大坝外，其他河流的干流和支流上布满了密密麻麻的水坝。为了蓄水，在一些沟谷地带也修筑了大量的库塘。截至 2012 年，水库(含电站水库)达 5631 座，小塘小坝 5 万余个，这些水库具有农田水利灌溉、人畜饮水、工业用水和发电等功能。水库库区往往山清水秀，环境幽静。但云南省水库景观旅游开发利用不多。

8.2 泉水景观

泉水是地下水在地面的天然露头点。当含水层或含水通道被侵蚀切割出露于地表时，在适宜的条件下，地下水便涌出成泉，形成自然景观。泉的出现受一定的地质、水文及地形条件的控制，在一定的地段内可有泉群出现(程裕淇，2002)。云南不少坝子边缘泉眼往往成群出露，按不同的划分标准，有不同的分类，根据水力性质分为上升泉和下降泉；按含水层的空隙性质把泉分为空隙泉、裂隙泉和喀斯特泉三类；按补给泉的地下水的类型，分为上层滞水泉、潜水泉和自流水泉；按出露泉水的温度分为温泉和冷泉等。泉不仅为人们提供理想的水源，而且可以造景、育景，美化大地。由于出露形态、流量、温度、化学成分的不同，泉水有多种不同的功能，如医疗、审美、饮用、酿造、灌溉，提供热能和动力等。

历史上各类名泉也曾被许多文人墨客题词写诗，明代诗人杨慎写的安宁温泉七言律诗“铿瑟舞雩歌点也，流觞脩禊记羲之。何如碧玉温泉水，绝胜华清磐石池。已挹金膏分沆瀣，更邀明月濯涟漪。沉沉兰酌春相引，汎汎杨舟晚更移。”描绘了安宁温泉的美景；宋人王十朋的《汤泉》：“占得乾坤造化炉，地中沸出巧功夫。泉犹自作炎凉态，休说众生垢有无。”诗的前两句是赞叹大自然的鬼斧神工，创造出温泉这样的奇迹；后两句由泉的炎凉而引出对世态炎凉、众生邪正参差的感叹，意味深长。

8.2.1 泉水景观概况

云南是中国泉水大省，过热泉、高温泉、中温泉、低温泉、冷水泉系列完整，成因类型复杂，化学成分丰富，每年从温泉中流出的热水约 3.6 亿立方米，仅次于西藏，居全国第二位，热量相当于燃烧 100 多万吨标准煤。云南泉水开发利用历史悠久，是云南省目前生产生活和旅游开发利用比较广泛的一类资源，泉水景观的开发利用主要集中在两个方面：一是形成优美环境的核心和观光旅游，如丽江黑龙潭、昆明黑龙潭、腾冲蛤蟆泉、大理蝴蝶泉、禄劝转龙缩泉等；二是利用自然出露或人工抽取地下热水开发温泉康疗和休闲度假产品，温泉热水开发利用比较著名的有腾冲、安宁、弥勒、水富西部大峡谷、洱源、龙陵邦腊掌等地。

8.2.2 温泉景观

地球是一个巨大的热库，从地面越往下温度越高，正常增温梯度为每 100 米增加 2.5～3℃，但由于构造原因，地球表面的热量分布不均匀，部分地区大于正常梯度就形成地热异常，沿导热通道出露地表就形成温泉。温泉的水虽来源于大气降水，但地下水的径流缓慢，形成热水的周期可达数千年，甚至上万年，与地下冷水明显不同，其循环周期一般为一年，因此，储水构造中温泉水的储量是有限的。

云南的地热资源分布有一定的规律性，大致以香格里拉—下关—个旧一线分为滇西、滇东两区(陈永森，1998)。滇东区温泉数量较少，约为总数的 1/3，但涌水量较大，最大涌水量的泉水出露在高原面上，多以中温或低温泉为主，仅在深大断裂带发育的河谷附近的水温较高；滇西区温泉众多，占总数的 2/3 左右，其中又以中高温温泉为主，还有部分沸泉，涌水量一般偏少，多在 10 升/秒以下。因此，滇西区的水热活动具有水温高、流量小的特点，成为滇西高温热水活动区。滇东区的热水活动具有水温低而流量较大的特点，成为滇东中低温热水活动区。全省的温泉基本上呈区带状分布，共分为 2 个区、10 个亚区、21 个热水带(图 8.6)。

1. 昆明温泉城景观

昆明地热田位于普吉－西山断裂带与金殿－呈贡断裂间的断陷盆地内，新生界及古生界地层为隔热隔水盖层，震旦系灯影组为主要热储层。热田总储存的资源总量约 120.62×10^8立方米(杨艳华等，2004)。水温 40℃～90℃。昆明温泉有两种：一是天然温泉，如白鱼口、洪家村、沙朗等地，有一定的开发强度；二为钻孔热水，主要开采的储热层是震旦系灯影组白云岩，其次是寒武系沧浪铺组石英砂岩。昆明市内的几乎所有的疗养院、休闲度假区、游泳池、SPA 中心、洗浴中心和高档住宅区的热水都来自于钻孔热水。高温泉以 K_2CO_3、SO_4-Na、Ca、Mg 为主，含少量 CO_2、SiO_2、F 及微量 Rn；低温泉以 HCO_3-Ca、Mg 为主，CO_2、SiO_2、F、Rn 含量少。

2. 安宁温泉景观

安宁温泉位于昆明市西 40 千米的螳螂川畔，距安宁市连然镇 7 千米，又称碧玉泉，位于东经 102°26′52″，北纬 24°57′54″。安宁温泉北倚笔架山，西望龙山。温泉南面，数十米长的环云崖矗立路旁河边，树藤交错，洞室累累，历代文人雅士的摩崖石刻荟萃于

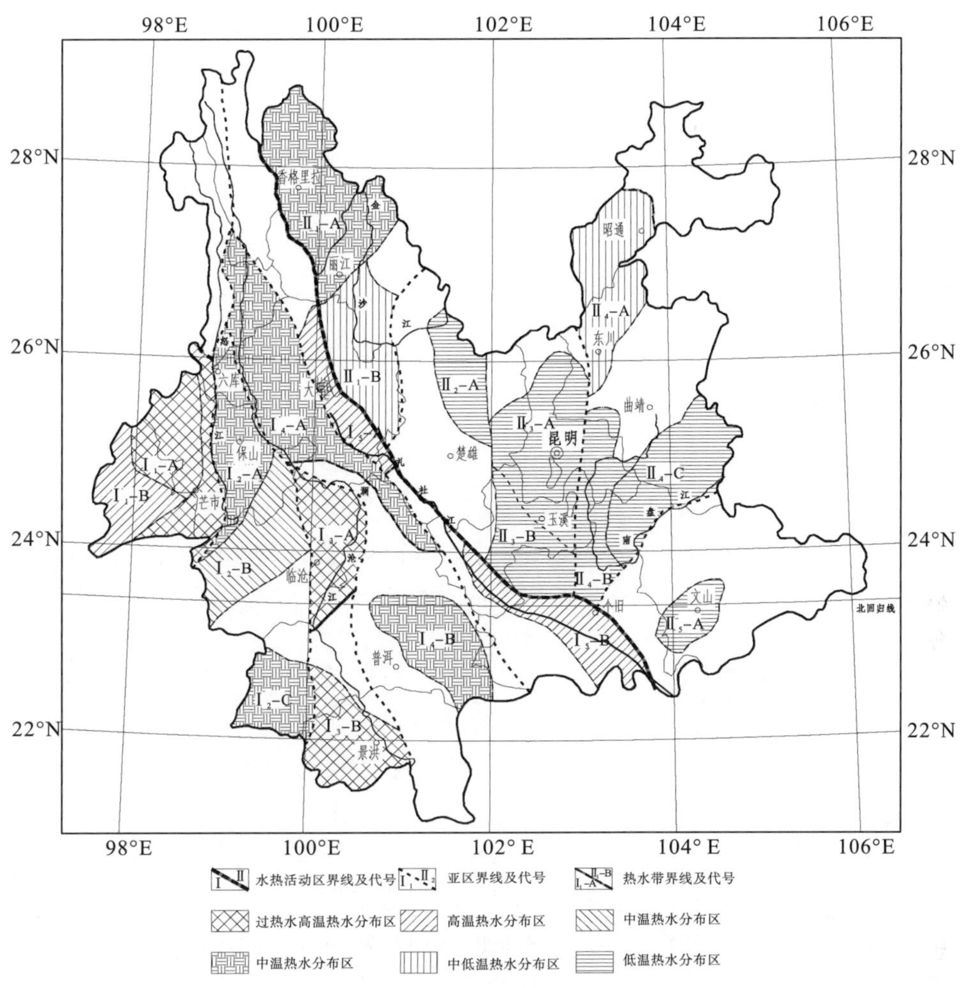

图 8.6　云南省地热区划图

资料来源：陈永森，1998

此。安宁温泉相传发现于东汉末年，于明永乐年间开始开发，当时水源充足，日流量达 2000 吨。温泉源出石灰岩壁，分布于南北长 1000 米、东西宽百余米的范围内，由众多泉眼组成，多数泉眼分布于螳螂川东北岸，在断裂带上的泉眼共计 9 个。随着水量需求的增大，目前已人工开凿了 10 余口温泉井，泉水清澈碧透，水质柔和，水温达 42～45℃，内含 $CaCO_3$、Na、Mg 和微量放射性元素，对皮肤病、风湿性关节炎和多种肠胃疾病均有疗效。明代地理学家徐霞客和学者杨慎都认为云南温泉之多冠于全国，此泉则冠于云南，杨慎推之为“天下第一汤”，有石刻留存至今。

3. 洱源温泉景观

洱源古名“浪穹”，直到 1912 年，才更名为洱源，是取洱海发源地之意。洱源温泉星罗棋布，素有“温泉之乡”的美称，县城有“热水城”的美誉。热水沿街渠纵流，冬春热气缭绕，婉若仙都美景，令人神往。有诗赞道：“三步温泉四步汤，气蒸迷雾似仙乡”。洱源的温泉名声自古有之，相传明朝建文帝朱允汶曾在此僧衣麻鞋、浸泡养生。在全县 9 个乡镇中，有 8 个乡镇都有众多的温泉群，这些温泉大部分属于硫磺泉和碳酸泉，富含 K、Ca、Mg、Fe 等多种微量元素。其中，以九气台温泉、下山口温泉、城西温泉、火焰山温泉、江干温泉等为代表。九气台温泉位于茈碧湖畔，温泉水温 74℃，流量 41.28 升/秒，含氧 3～6 埃曼[①]，矿化度 0.84 克/升。一块如同乌龟壳似的空心巨岩下沸水滚滚，岩上可辨九个孔隙，生成九股热气。徐霞客曾记叙道："湖中有阜中悬，百家居其上，东突而昂其首，则蛇石也。龟与蛇交盘一阜之间，四旁沸泉溢者九穴，今名九气台"，可见此泉在 300 年前即闻名遐迩。这些温泉水质好、水温高、出水量稳定、保健医疗效果佳，数百年间慕名前来沐浴者络绎不绝。

4. 腾冲热海景观

腾冲原名腾越，清代后期才改称腾冲。腾冲是中国保存最为完好和壮观的新生代死火山群，这里与火山相伴生的地热景观，温度之高，蒸汽之盛，水热活动之强烈，为国内罕见，成为中国三大地热区之一，也是我国著名的地热博物馆。民国初年，李根源先生曾在澡塘河畔巨石之上镌刻"一泓热海"四字，"热海"两字醒目惊人，故 1973 年北京大学地质系师生在此考察之后，以"热海热田"命名之，它的面积达 8 万平方千米，以黄瓜箐、澡塘河瀑布和硫磺塘为最胜。

腾冲的地热奇观，是地层中心的热流向地表上升，顺着地壳断裂处勃然喷发的结果。腾冲地下热水储存较浅，热泉温度随着深入地表而提高，如黄瓜箐地表水温为 94℃，深入 4 米即达 104℃，它的地下水热循环系统温度可能超过 300℃，其中，位于全市地热区高温中心的热海，为滇西断裂带的一个地热喷射口，其景观、水温、涌出量居全市之冠，有"一泓热海"的美誉。整个热海被青山环抱，郁郁葱葱，澡塘河沿山势蜿蜒而过，形成了景点错落分布、立体结构的特色。热海的地热显示特征为喷气孔、冒气地面、沸泉、喷泉、热水泉华、热水喷泉和毒气孔 7 种景观，有较大的热泉、气泉群共 80 余处，平均每 70 平方千米就有一个泉群点，其中 11 个温泉群水温高达 90℃。腾冲是云南省温泉群分布最多，密度最大的市，其泉群不仅数目多而且类型复杂齐全，有高温沸泉、热泉、温泉、地热蒸汽、喷泉、巨泉、低温碳酸泉、毒气泉、冒气地面等，其中具有较高观赏价值的有大滚锅、怀胎井、鼓鸣泉、珍珠泉、眼镜泉、美女池、热龙抱珠、仙人澡塘、热辐地、狮子头、蛤蟆嘴、澡塘河瀑布和醉鸟井等。

明代地理学家徐霞客于 1638 年曾考察了众多的温泉，他在《滇游日记》中着墨最多的便是腾冲的硫磺塘，硫磺塘在市区西南 16 千米处，位于一个山坳平台的中央，是一个直径 1 丈[②]左右，4 尺多深的圆形小池，这就是最有名的"大滚锅"。"大滚锅"为水面温度达 96.6℃的沸泉，泉成圆形，直径 6.12 米，深 1.5 米，底部水温高达 102℃。整个水池白浪翻滚，热气腾腾，水汽交鸣，状如沸腾咆哮的大滚锅。当年徐霞客曾冒雨考察了硫磺塘，并有极其生动的描述："遥望峡中，蒸腾之气，东西数处，郁然勃发，如浓烟卷雾，东濒大溪，西贯山峡。""环崖之下，平沙一团，中有孔数百，沸水丛跃，亦如数十

---

① 1 埃曼

② 1 丈≈3.33 米。

人鼓扇于下者……久立不能停足也。”

与大滚锅沸泉一河之隔的是黄瓜箐温泉，面积 5000 平方米。在这条狭长状如黄瓜的山箐里，热气泉穿砂破石，不断喷出，随处可见的是亮晶晶和黄灿灿的硫磺，空气中也弥漫着硫磺的味道。沸泉喷气较大的气孔有 16 处，出气口温度 94～96℃，喷气孔冒出地面，喷出滚滚烟雾，气雾能煮熟米饭、鸡、鸭、肉、蛋及薯类。人们利用气孔，在出露地段上面铺上沙和碎石，再铺上松毛、稻草，铺上草席即成汽床。治疗者卧于汽床之上，盖上棉毯，即可感受到身处云雾般的体验。气泉有蒸熏治病的功能，对神经性疾病、心血管疾病、风湿病、妇科病等 20 多种疾病疗效显著，是热海景区的一个重点康体疗养区。

由黄瓜箐往前约数百米可达澡塘河，河中有一个被火山熔岩堵塞形成的 3 丈高的瀑布，瀑布左侧的悬崖上有一个岩缝，似蛤蟆嘴，每隔几秒就同时喷出两股上大下小的水柱，有 5 尺多高，水温可达 95℃，人在远处已觉飞沫烫人，这就是蛤蟆口喷泉。对此当年徐霞客对其有详细描述：“如仰口而张其上腭，其中下绾如喉，水与气从喷出，如有炉橐鼓风煽焰于下，水一沸跃，一停伏，做呼吸状；跃出之势，风水交迫，喷若发机，声如吼虎，其高数尺，坠涧下流，犹热若探汤；或跃时，风从中卷，水辄旁射，揽人于数尺外，飞沫犹炼人面也。”

在黄瓜箐、澡塘河、硫磺塘一带有时还会发生“山哼地吼”的现象，每年 7～8 月这里与火山活动相关的微震频繁，还有那曲石附近的“扯雀塘”，鸟飞这里跌下而亡。经采样测定，这里放出的气体含有大量二氧化碳和硫化氢等，毒性较强，鸟被毒气所熏而摔下，是火山活动后期的低温放气现象所致。

与各种热、气泉相伴而生的还有大量千姿百态的泉华景观。泉华是热、气泉从地下带来的大量矿物质经沉淀、升华的美丽产物。灼热的泉华台上，滚烫的热水池畔，到处都生长着蓝绿色的藻类，向人们显示其顽强的生命力，死去的藻丝上积淀了大量泉华，形成了精致的花纹，堆积起来，奇特玲珑，有层状、笋状、钟乳状等各种不同形态。那些巨大的泉华冢、泉华台、泉华扇、泉华豆、泉华溶洞、泉华瀑布、泉华蘑菇……白如玉、黄似金、琳琅满目，是大自然奉献给人类的杰作。

5. 下关温泉景观

大理下关古称塘子浦，在下关镇西部昆畹公路南侧，距市区 3 千米，地处洱海出口西洱河峡谷，是下关风景区之一。进入西洱河的第一道山谷，便是著名的“天生桥”，又是“下关风”的入口，温泉泉水从石罅中涌出，水温 76.5℃，流量 15.18 升/秒，水质为 HCO_3、SO_4-Na、Ca 和 SO_4、CO_3-Na 型，含有 Rn 及其他微量元素，对皮肤病、脚气病、风湿等症均有一定的疗效。明童轩《德胜关温泉》诗云：“其蒸蒸本元气，澡雪人争浴。虽无泽物功，远胜贪泉屈。”

6. 邦腊掌温泉景观

邦腊掌温泉位于龙陵县城西北方向 12 千米的香柏河沿岸，分为上硝、中硝、下硝三大泉群。在南北长 1000 米，宽 200 米出露区，分布着 600 多个泉眼，水温 34～104℃。

泉水中含有多种矿物质，有氡氟泉、碳酸泉和硫磺泉三种不同水质，对皮肤不适、风湿性关节炎、肌肉神经痛等多种疾患具有一定的辅助疗效。邦腊掌温泉勾连着龙陵—瑞丽大断裂带和怒江大断裂带，根据这里所形成“断裂上升泉”的流量、水温、水色和化学物质含量的变化，能得到地壳深部变化的信息，因此邦腊掌还作为地震监测点，其中上硝一号泉是地震观测站的“震兆泉”，为国家级观测井。邦腊掌温泉的神奇，突出表现在一个“变”字上，许多泉池虽同出一源，但水色、水温各异，疗效也不同，邦腊掌温泉因此被誉为“温泉博物馆”“人间福地”“边陲奇观”“神汤奇水”。

7. 法帕温泉景观

法帕温泉位于芒市风平镇法帕村，温泉有多处出水口，一般流量 20～53 升/秒，水温 40～48℃，水中含 $CaCO_3$、Mg 等多种矿物质，可治疗风湿等病。法帕有室内温泉、露天温泉和温泉游泳池等多种形式供客人选择。温泉四周为青山所环绕，空气湿润而清新，天空湛蓝而透彻。温泉旁边的尖山有南传佛教寺庙尖山寺，香火十分旺盛，山之脚，常有傣族小贩设摊经营，从小吃到娱乐，这给温泉旅行增添了不少民俗风情，1956 年中缅边民联欢会期间中缅两国总理和来宾曾光临洗尘。

8. 三宝温泉景观

三宝温泉位于曲靖市麒麟区南 13 千米的三宝村。温泉共有主泉两眼，水温 40～57℃，日出水流量达 2400 立方米，泉水富含 Rn、K、Na、Ca、Mg、Fe 等 30 多种对人体有益的活性元素和矿物质，水质清澈透明，无色无味，可浴可饮，对人体多种疾病颇具疗效。“温泉春浴”是曲靖历史上的八景之一，据记载，早在明代，此泉就开发为浴池，供群众沐浴，人们称之为澡塘，明代地理学家徐霞客曾沐此泉，赞誉道：“浴罢，觉尘襟荡涤，如在冰壶玉鉴中。”

9. 鸡飞澡塘温泉景观

鸡飞澡塘温泉位于昌宁县城东南 34 千米处的鸡飞乡澡塘村，地处东经 99°28′，北纬 24°44′，属碳酸氢钠($NaHCO_3$)温泉群景观，有大大小小数十股热泉，水温 36～81℃，流量约 15 升/秒，水中富含 K、Na、Ca、Me、F、Li、Cs 等多种矿物质，对风湿、皮肤不适等疾病疗效显著。鸡飞澡塘温泉泉华十分发育，大小泉华状如石塔、石笋、石桌、石凳、石牛、石硅、石狮、石虎等，惟妙惟肖，栩栩如生。明《顺宁府志》曾描绘鸡飞温泉：“青峰高耸若擎拳，古来纷披如线织，燠气熏蒸接太虚，净质微莹透石隙。”鸡飞温泉随处可见奇石成双配对，有十二属相二十四景观之说，其中以有“天下第一偶塔”之称的公塔母塔最为神秘。鸡飞温泉开发始建于明末清初，被誉为“滇西八景之一”。

10. 其他温泉景观

还有陇川贺宛温泉、文山白沙坡温泉、禄丰的罗汉温泉、云县马鹿坝温泉、瑞丽的棒蚌温泉……现将云南西部部分温度高于 80℃的温泉列于此(表 8.3)，温度低于 80℃的温泉遍布全省各地。

表 8.3 云南南部温度≥80℃的部分温泉景观

泉名	温度(℃)	泉名	温度(℃)	泉名	温度℃
瑞丽孔雀泉	95	凤庆圈桥河	96	腾冲热海	95.8
盈江户勐	94	云县大困乓	105	腾冲攀枝花硝塘	96.8
梁河龙窝寨	96.5	云县马鹿田坝	96	龙陵朝阳	81
腾冲朗蒲热水塘	98.7	澜沧上允	80	昌宁鸡飞	81
腾冲瑞滇	87	澜沧马皇坝	89	洱源牛街	81.5
龙陵巴腊掌	98	勐海曼召	97	凤庆永新联泉	97
保山摆老塘	85	金平勐平	102	云县小定西	103
云龙大坪	94	元江瓦纳	87.5	澜沧酒井	85
盈江澜泥坝	93	澜沧云南城	99	个旧克勒	90
云县幸福	95	曼洪小街曼蚌	100.7	元阳果	81
勐海勐满	99	盈江芒克	81		
洱源龙马涧	84	梁河丙彩	86		

8.2.3 冷泉景观

云南有冷泉共 600 余处，多分布在盆地边缘、河谷底部，碳酸盐岩类是最重要的含水层。云南冷泉成因复杂，类型齐全。

1. 昆明黑龙潭景观

黑龙潭位于东经 102°41′，北纬 25°01′，地处昆明市北郊龙泉山麓黑龙潭公园内，距昆明市区 14 千米。黑龙潭分为清水潭和浑水潭，两池池水相通，中间以石桥为界，清水潭面积 600 平方米，潭深 15 米，水质清澈呈黝黑色，传为黑龙潜藏其中，故名黑龙潭；浑水潭面积 2600 平方米，水深 0.5 米，水色微黄。两潭仅隔数步，而水色迥异，一黑一黄，对比鲜明，似道家“太极图”。清水潭和浑水潭原本有“两池相交鱼不往，一桥横断水色殊”的奇景，后来浑水潭变清，两池泾渭分明的景观也不复存在。依托黑龙潭而建的黑龙潭公园有“滇中第一古祠”之称，以“四绝”闻名遐迩，即汉祠、唐梅、宋柏、明茶，公园内的大型梅园同安宁漕溪寺的元梅被认为是云南最珍贵的古梅，唐梅老桩新枝，开粉红色梅花别具风格；唐梅近旁的宋柏(柏木)系数人合抱、小枝纤细下垂的千年古树，树高 28 米，枝叶茂密，古根盘结，距今有八九百年的历史；冬末初春，明代种植的早桃红茶花红似火，艳如桃花；元代种植的杉树(又名柳杉或孔雀杉)四季青翠，主干高大通直圆满。唐梅、宋柏、明茶并称为“黑水祠中三异木”，1961 年郭沫若游黑龙潭时曾题诗咏赞：“茶花一树早桃红，百朵彤云啸傲中。惊醒唐梅睁眼倦，衬陪宋柏倍姿雄。崔嵬笔立天为纸，婉转横陈地吐红。黑水祠中三异木，千年万代颂东风。”此诗现镌刻碑上立于观看的“明茶”花坛前。黑龙潭石桥附近是南明忠义之士薛尔望及全家的合葬墓。

2. 白邑寺龙潭景观

白邑寺龙潭位于嵩明县白邑乡南部，白邑又名邵甸，昔称滇源，是松花坝水库的上源，系盘龙江正源。此地泉眼遍布，过去曾有“白邑九十九眼龙潭”之说，其中以黑龙潭、青龙潭最为有名。白邑龙潭储水量占松花坝水库总蓄水量的90%，占滇池水年交换量的42%。黑龙潭位于始建于明代的“黑龙潭寺”中，向潭底望去，呈青黑色，故名黑龙潭。泉水涌流出量很大，当地百姓形容说“有牛身子大的一股水”。黑龙潭里自然生长着一种金线鱼，为云南四大土鱼之首，鲜美无比，曾是滇池流域的经济鱼类。青龙潭在黑龙潭不远处，出水量更大，数个泉眼长年涌玉，清澈的泉水汇集成河。两处龙潭汇成的河水清澈无比，水质优良，生长着海菜花。黑龙潭和青龙潭都建有龙王庙和古戏台，经常有香客到此来从事祭龙活动。

3. 曹溪寺三潮圣水景观

三潮圣水位于安宁市曹溪寺北约500米处，当地人称“潮水龙”，是由虹吸作用形成的间歇泉景观，其命名起源于明、清之际，实际上应是四潮水，大概是当时人们还没有发现子夜时也有涌泉现象，所以取名三潮水，又称“圣水三潮”。无论在枯水还是丰水季节，每逢子、卯、午、酉四时，泉口先是风声呼呼，继而吼声如雷，接着便有一股更粗大的水流呼啸而出，飞珠溅玉，蔚为壮观，涌泉两三小时后，戛然断流，再隔三四小时，又准时喷水而出，就像每天定时升降的潮汐一样，十分灵验。后来由于上游的森林遭到过量砍伐，作为补给源的地下水的供水状况发生了变化，致使雨季时涌水的时刻往往提前，而旱季时泉水涌出的次数也常有减少，尽管如此，通常仍是每天1时、7时、13时、19时的流量最大，3时、9时、15时、21时的流量最小。与“天下第一汤”截然相反，这是一个低温冷泉，即使在盛夏，水温也只有14.5℃，为历史上“安宁八景”之一。

4. 蝴蝶泉景观

蝴蝶泉位于苍山第一峰云弄峰神摩山下，南距大理古城27千米，处于洱海大断裂的北东盘，该泉在地下水溶蚀作用下，形成了众多的落水洞和溶洞，受大气降水和地表水补给作用，形成了喀斯特含水层，该含水层中的地下水，沿溶蚀管道流动，在与冲、洪积物接触后，经细粒松散物阻截，溢出地表后形成了蝴蝶泉。泉水涌水量在18.77升/秒左右，泉水的矿化度小于0.5克/升，属HCO_3-Ca、Me型水，无臭、无味，水质淡美。蝴蝶泉水域面积50多平方米，为方形泉潭，还有蝴蝶楼、六角亭、大月牙池、蝴蝶标本馆、望海楼和徐霞客雕像等建筑。蝴蝶泉奇景古已有之，明代旅行家徐霞客、清代诗人沙琛、现代作家郭沫若等都曾有过生动的记载，概括起来有三绝“泉、蝶、树”。每年春夏之交，特别是农历四月十五日的蝴蝶会，合欢树芬芳引来蝴蝶，大批蝴蝶聚于泉边，满天飞舞。最奇的是万千彩蝴蝶，交尾相随，倒挂蝴蝶树上，形成无数串，垂及水面，蔚为壮观。在白族人的心中，蝴蝶泉有着美丽动人的爱情传说，是一个象征爱情忠贞的圣泉。每年蝴蝶会，来自各方的白族青年男女都要来这里，丢个石头试水深，用歌声找到自己的意中人，随着反映白族生活的影片《五朵金花》的传播，蝴蝶泉这一奇异的景观更是蜚声遐迩，驰名中外。但近些年，由于蝴蝶生境的恶化，人们已经很难看到美丽的蝴蝶盛会，有时虽有蝴蝶聚集，但数量已少，闻名于世的蝴蝶泉因蝴蝶盛会而兴，也因蝴蝶的消失而衰落。

5. 丽江黑龙潭景观

丽江黑龙潭位于东经 100°14′，北纬 26°52′，地处丽江古城北端象山之麓的黑龙潭公园内。丽江黑龙潭始建于乾隆二年(公元 1737 年)，其后乾隆六十年(公元 1795 年)、光绪十八年(公元 1892 年)均有重修记载。丽江黑龙潭旧名玉泉龙王庙，因获清嘉庆、光绪两朝皇帝敕封“龙神”而得名，后改称黑龙潭。潭水源于象山古栎树下涌出的泉水，汇成面积近 4 万平方米的水潭，潭水清澈如玉，水面开着洁白的海菜花，水底游鱼如梭，潭畔花草树木繁茂，风景秀丽。黑龙潭是丽江古城的主要水源地，沿潭右行至锁翠桥，桥下有三孔飞瀑，水花四溅，涛声如雷，流向古城，玉水河畔，杨柳依依，浓荫蔽日，造就了其“城依水存，水随城在”的独特景观。行人站在“锁翠桥”上向北望去，远处银雕玉塑的玉龙雪山悬浮在一片白云之上，近处玉泉如一面硕大的明镜，蓝天、白云、雪峰、古树，全都倒映在其中，使黑龙潭山中有水，水中有山，山水相映，景色无比秀丽。依托黑龙潭景观建有玉泉公园，又称黑龙潭公园，公园内山势错落，建有龙神祠、得月楼、锁翠桥、玉皇阁及后迁建于此的明代芝山福国寺解脱林门楼、五凤楼、知府衙署的明代光碧楼及清代听鹂榭、一文亭、文明坊等，此外还有东巴文化研究所和东巴文化博物馆等。

6. 盘溪大龙潭景观

盘溪大龙潭为云南第一大冷泉景观，又称七犀潭，位于华宁县盘溪镇东北 5 千米处。相传因有七头犀牛于潭中嬉戏而得名，泉眼为喀斯特地下河出口，出水量极大，达到每秒 4.7 立方米，年出水量 1.67 亿立方米，相当于 3 个十三陵水库、1.5 个昆明松花坝水库的储水量。潭泉占地面积超过 1340 平方米，水深 7 米，为云南出水量最大的潭泉，在中国大泉中，出水量位居第三。盘溪大龙潭原来有泉无潭，清康熙十四年(公元 1675 年)筑埂为潭，1965 年又筑新埂，扩大潭塘，潭水渊深，夏秋浑浊，冬春清澈。后又有 3 条渠道引水疏灌，使盘溪坝东部田畴水旱无忧，成为盘溪镇 9000 多亩农田灌溉和 3 万多人饮用的重要水源，在冬日阳光的照耀下，潭泉、亭阁、小桥相互辉映，构成了一幅秀丽的山水画。

7. 鹤庆龙潭景观

鹤庆龙潭位于鹤庆县金墩乡和邑三家村后，为“鹤阳八景”之一，离县城 3 千米。鹤庆坝子位于马耳山和石宝山之间，两边山地以中三叠世石灰岩发育最广，喀斯特作用强烈，使该县成为大理白族自治州龙潭洞穴最多的地方。鹤庆全县有龙潭 60 余处，以西山脚下分布最为集中，比较有名的有逢密大龙潭、青玄洞小龙潭、仕庄龙潭、黑龙潭、白龙潭、西龙潭、黄龙潭、温水龙潭、羊龙潭，共计 9 个；东山脚一带则以朵美龙潭、寒龙潭、海燕龙潭比较有名。其中流量最大的朵美龙潭，每秒达 10 立方米；最小者如县城之郊的黄龙潭、金墩温水龙潭，每秒也能达到 0.1 立方米。水温最低的是仕庄龙潭，为 10℃，最高者为朵美龙潭，为 65℃，但多数在 10～20℃，水质皆为Ⅰ、Ⅱ级。以手工制作银铜器出名的新华村(古称石寨子)，地处黑龙潭，不仅是一个银匠荟萃之村，也是一个十分美丽的“龙潭村”。

8. 昭通大龙洞和葡萄井景观

大龙洞位于昭通城北 20 千米九龙山，山脚有一喀斯特洞穴，内有一潭清泉溢出，称大龙洞，为历史上“昭阳八景”之一，名“龙洞吸月”，又名“犀牛望月”“龙泉映月”。溶洞内藏有观音殿，洞外则有古戏台，四周石栏上十二生肖石雕小巧玲珑，迎春园和素馨园分立南山和北山，遥相呼应。龙泉之水，清澈透明，为昭通城主要饮用水源。

葡萄井位于昭通市西郊 10 千米处，也同为“昭阳八景”之一。葡萄井泉水富含矿物质，用其酿造的“滇曲”“葡泉”，被视为名酒中的奇葩，其水醇厚得出奇，若用碗满满盛上，满而不溢，高出碗沿。更为稀奇的是，凭栏俯视，可见一串串像珍珠、似玛瑙的水珠从泉底涌起，可惜这些历史上的地方名酒品牌现在已风光不再。

9. 转龙缩泉景观

转龙缩泉为间歇泉景观，位于禄劝县转龙镇，在昆明至轿子雪山旅游专用道路旁。泉为一个石砌方形龙潭，深 1.5 米，清澈的泉水由池底黑色淤泥中冒出，经龙潭北端哗哗溢到另一个紧临的水池，再淌入田间沟道。泉水涌出 1 个多小时后，向原潭渐渐回缩，直缩到干见潭底，然后再冒泉水……每年春夏两季，几乎每天都会出现潭水时缩时盈的现象，每天 8～10 次，每次长达 1～2 小时，缩时水干见底不湿鞋，盈时水从地下涌出，可供二三盘水碾的动力。云南转龙缩泉形成年代悠久，当地传说泉下有龙，龙来时水盈，龙去时则缩，“转龙”因此得名。据科学考证，转龙地下有条暗河，发源于寻甸回族彝族自治县马店新房子村，暗河流到转龙有 20 多千米，由于虹吸现象，这里出现泉水盈缩，缩泉西 1 千米处有一眼井与暗河相通，当缩泉的水下落时，耳贴井口便可听到胜似音乐的水流声，被称为“仙乐井”。1985 年禄劝地震以后，不仅缩泉盈缩不止，而且又涌出一批新的泉眼，使得转龙镇村村有泉，因而转龙缩泉是云南少有的奇景。

8.2.4 特殊泉景观

云南由于自然环境多样，除了常见的温泉和冷泉外，由于其所含的化学成分独特或特殊，形成了许多别样的泉水景观。

1. 泉华景观

泉华堆积主要分布在泉口附近，形态十分复杂，因此要以形态将泉华进行详细分类是很困难的，大致可以划分为泉华台、泉华锥、泉华蘑菇、边石坝、泉华瀑布、泉胶石林、拟人观赏石等。最著名的有香格里拉白水台、罗平多依河泉华瀑布、腾冲界头石墙泉华锥、香格里拉天生桥泉华堤、腾冲固永黑泥塘泉华冢、昌宁鸡飞澡堂温泉泉华蘑菇石和摇摆石、剑川沙溪米花石林等。

2. 丽江兰香碱泉景观

丽江石头乡兰香村有一股会出碱水的清泉，称兰香碱泉。泉水常年流淌，平时碱性较淡，每年立夏前后 14 天内碱性最强，流量也最大，故又得名“立夏碱泉”，其泉水有消食健胃、治疗风湿等功效，可沐浴、饮用和制作土碱。每到碱泉出碱水时，来自金沙江畔及剑川、兰坪等地的白、纳西、汉、傈僳、普米等族群众群聚于此，他们身着盛装，祭拜碱泉，喝碱泉水，沐碱泉浴，销售土特产，热闹非凡。碱泉奇特，沐碱泉浴更为奇特。人们在碱泉附近的地上挖一个 1 米多深、长宽各 2 米的土坑作“浴盆”，从碱泉边挖出许多石灰岩堆在其中，然后烧起熊熊大火，待岩石被烧得通红时，将湿木架于其上，铺一层厚厚的树根树叶，搭成“浴床”，然后舀碱泉水倒入“浴盆”，盆内升腾起白茫茫的水蒸气，人们便和衣躺在“浴床”上，盖上被子，让蒸汽烘蒸，长达三四个小时，因能治各种疾病，人们不惜远道而来。

3. 哑泉景观

《三国演义》中曾描述到西蜀军士误饮泉水而致哑，书中哑泉即在云南。云南目前已发现有 3 个地区有哑泉(巧家、保山、凤庆县境内澜沧江边)，保山境内有数处哑泉，蒲缥打板箐至道街的古道边有一柳弯儿哑泉最有名。抗日战争时滇西反攻总指挥卫立煌将军到怒江选择强渡之处，途经此地，见古道上方的岩壁上刻有“此泉哑泉，不可饮也”八字，将官在泉边留影，照片飞快见诸中外大报，柳弯儿哑泉一时名噪四方。另一哑泉在瓦窑区的姑娘坝，鲜为人知。人“饮泉哑也”，有人认为是某种剧毒植物沤于其中，使其水质变毒；也有人则以为哑泉多在湿热的江边，推断是孔雀栖息泉边，其粪便混入水中所致……关于人饮而哑的缘由在民间一直传说不断。经科学监测，“哑泉”乃是溶有铜盐的山泉，其色绿、味涩、有毒，误饮后伤人声带，发音嘶哑。误服后解决方法有二：一是“投铁于泉，得铜除哑”；二是用艾蒿、甘草、金银花等煎服治疗。

8.3 冰川景观

云南地处青藏高原东南麓，水景景观中还有一种较为特殊且极有旅游价值的景观，那就是分布在滇西北的高山和极高山上的海洋性山岳冰川景观。山岳冰川是寒冷地区多年降雪积聚、经过变质作用形成的在重力作用下能够运动的自然冰体景观。

8.3.1 冰川景观概况

云南是中国现代冰川主要分布区之一，全省冰川面积约 200 平方千米，其中玉龙雪山是中国位置最南的现代冰川分布区，面积为 10 余平方千米。云南省的雪线高度为 4600～5100米，现代冰川主要分布在海拔 4600 以上的横断山脉高山极高山地区，但其冰舌可延伸至 2700 米左右的森林带中。在滇西北的梅里雪山、玉龙雪山、哈巴雪山、白马雪山海拔达 5300～6740 米，远超过横断山区的雪线高度，山顶每年都有雪的积累，形成千年积雪、万年冰川景观。山岳冰川景观一般都会形成冰蚀景观带(海拔 4600 米以上)，为冰雪积累侵蚀区，主要景观有冰斗、刃脊、角峰、冰斗冰川等；冰碛景观带(海拔一般在 2700～4600 米)，为冰川侵蚀、搬运和消融区，主要有冰川“U”形谷、羊背石等冰蚀地貌景观，冰碛丘陵、侧碛堤、终碛垄和鼓丘等冰碛地貌景观，以及冰舌、冰洞、冰瀑布、悬冰川、冰裂隙等冰体景观；一般在 2700 米以下，在冰雪融水作用下形成大量的蛇形丘、冰砾阜、冰水扇等冰水景观。云南现代冰川主要分布在梅里雪山、玉龙雪山和哈巴雪山，其中哈巴雪山规模最小，共有 5 条冰川，冰川面积约 10 平方千米。

云南古冰川遗迹景观更是遍布全省的崇山峻岭，如大理苍山作为中国第四纪末次冰期命名地而名扬海内外，拱王山、轿子雪山、药山、高黎贡山及滇西北的一些高山地区也有大量的第四纪冰川遗迹景观分布。

8.3.2　主要冰川景观

1. 玉龙雪山冰川景观

玉龙雪山的冰川是中国位置最南、欧亚大陆距赤道最近的现代海洋性冰川景观，其主峰扇子陡峰(海拔 5596 米)两侧分布有 19 条冰川景观，面积约 11.61 平方千米，平均每条面积 0.61 平方千米。玉龙雪山冰川类型齐全，有悬冰川、山谷冰川、冰斗悬冰川、冰斗山谷冰川等。受地形影响，雪山东坡冰川条数多而规模大，西坡少而规模小，分布比较零散，冰川粒雪线海拔 4620～4900 米，东坡低于西坡。白水河 1 号冰川为雪山规模最大的冰川，长 2.7 千米，面积 1.52 平方千米(施雅风等，2005)。冰川融水分别经东坡的样弓江、白水河、大具河和西坡的仁河流入金沙江(蒲健辰，1994)。为方便游客观赏冰川，玉龙雪山景区建成了中国海拔最高的旅游索道。

2. 梅里雪山冰川景观

梅里雪山主峰卡瓦格博峰(海拔 6740 米)周围的三江并流区发育着横断山南部规模最大的冰川区，峰区周围有现代冰川 48 条，冰川面积 146.87 平方千米，是澜沧江和怒江流域冰川规模最大的山峰区之一。梅里雪山最大的共森龙巴冰川发源于主峰西北侧，冰川面积 16.02 平方千米，位于梅里雪山东坡云南境内的主要冰川有明永冰川和斯农冰川。

明永冰川又称奶诺戈汝冰川，是云南省规模最大和最长的海洋性山岳冰川，其位于梅里雪山主峰卡瓦格博峰(东经 98°41′05″，北纬 28°26′20″)东坡，是明永河的源头，冰川面积 12.55 平方千米，长 11.5 千米，末端下伸到海拔 2700 米的森林带中。冰川体上广泛分布着冰洞、冰裂隙等景观，冰舌区形成多级冰瀑布和冰台阶景观，如一条银鳞玉甲的游龙，绕行于莽莽原始森林之中，低海拔区冰体中包裹有大量冰碛物，使冰川显得有点“脏”，冰川融水从末端冰洞中涌出，流入澜沧江，是横断山地区冰舌末端最低的冰川。明永村为充分利用冰川水资源浇灌农田，将引水渠口一直修到冰川末端。来冰川观光的游客多雇佣熟谙山路的明永村藏民牵马上山观赏冰川。目前，牵马成了明永村民主要的收入来源之一，但这种经营模式，对环境的破坏很大。

斯农冰川又称斯恰冰川，位于云南省德钦县境内，发源于梅里雪山主峰卡瓦格博峰东坡 6000 余米的冰斗中，与明永冰川相邻。冰川沿山谷向东北再转向东流，冰舌终于海拔约 3150 米的林带，呈弧形，长约 7500 米，宽约 600 米，局部有冰瀑布，冰川下泽潭成群。冰川流淌经过之地的阶梯地形发生着较多的冰崩，雷鸣般崩塌声穿越山谷，巨大的冰块从百米高的冰塔林上坍塌而下，强烈的冲击与溅落充满了力量的美。冰川融水汇集成河流在乱石中汹涌而下，翻腾的浪花与水声震耳欲聋。斯农冰川尚未开发，冰川脚下分布有原始森林，从山下斯农村到斯农冰川大约 16 千米，上山没有固定的栈道，需要徒步攀援或雇佣当地马帮，山下斯农村的村民保持着原有的纯朴，村中流行斯农热巴舞。

参考文献

陈永森. 1998. 云南省志·地理志. 昆明：云南人民出版社：478-479.

陈裕淇，庄育勋，高天山，等. 2002. 大别山菖蒲—碧溪岭地区—超高压榴灰岩相变质岩和有关岩石的岩石类型及其原岩性质. 地质学报，76(1)：1-14.

金相灿，等. 1995. 中国湖泊环境(第三册). 北京：海洋出版社：133-275.

蒲健辰. 1994. 中国冰川目录Ⅷ长江水系. 兰州：甘肃文化出版社：135.

施雅风，刘潮海，王宗太，等. 2005. 简明中国冰川目录. 上海：上海科学普及出版社：111-127.

杨岚，李恒. 2010. 云南湿地. 北京：中国林业出版社：14-20.

杨艳华，和怀忠，任仕川. 2004. 昆明盆地地热资源及开发. 云南地质，23(1)：30-37.

叶文. 2006. 旅游规划的价值维度. 北京：中国环境科学出版社：99-103.

殷康前，倪晋仁. 1998. 湿地研究综述. 生态学报，18(5)：539-546.

余国营. 2001. 湿地研究的若干基本科学问题初论. 地理科学进展，20(2)：177-183.

云南河湖编撰委员会. 2010. 云南河湖. 昆明：云南科技出版社：35.

中国大百科编辑委员会. 2002. 中国大百科全书·地质卷. 北京：中国大百科全书出版社：453.

第 9 章　土壤(土层)景观

9.1　概　　况

云南因气候、生物、地质、地貌等地理因素相互作用，形成了多种多样的土壤类型，土壤垂直分布特点明显。根据全省第二次土壤普查资料，扣除水域、道路、村镇和部分石山裸岩之外，土壤总面积为 52843 万亩，分为 7 个土纲、14 个亚纲、19 个土类、34 个亚类。其中，红壤面积占全省土壤面积的 50%以上，是省内分布最广、最重要的土壤资源，广泛发育的红色风化壳，是土壤发育的基础，故云南有“红土高原”“红土地”之称。云南土壤成土母质多为冲积物和湖积物，部分为红壤性和紫色性水稻土，山区旱地土壤约占全省的 64%，主要为红土和黄土。坝区旱地土壤约占 17%，主要为红土。红土是最具观赏价值的土壤(云南年鉴社，2012)。

9.2　典型土壤(土层)景观

独立成为旅游吸引物的土壤景观非常稀少，云南的土壤(土层)景观，以大尺度的滇中红层景观和中尺度的东川红土地景观最为突出。

9.2.1　滇中红层景观

云南大地广泛分布着古红色风化壳，大多呈斑点状与现代风化残积物交错出露，这类残存物虽然也受现代生物气候的深刻影响，但仍然保持古风化壳残留的理化特征(云南省土壤普查办公室，1996)。

由于滇中一线残存着大量深厚的古红色风化壳，并且在滇东高原呈较大范围的连续分布，造就了云南高原海拔 2000 米左右的山原红壤，“倒置”于贵州高原海拔 1300 米左右的山地黄壤之上的奇特现象，从而导致滇中山原红壤的富铝风化程度和发育过程相比滇南的赤红壤、砖红壤较深，形成了动人心魄的滇中红层景观。

滇中地区位于金沙江与元江的分水岭上，地势北高南低，平均海拔在 2000 米左右，高原面比较平坦(陈永森，1998)，包括昆明、曲靖、玉溪、红河、大理、楚雄和丽江等地(州、市)。在这延绵的高原面上，红色土壤随处可见，尤其是当雨过天晴阳光灿烂时，土地变得像血一样红，这一气势恢宏的风景，吸引了大批游客前来滇中地区寻找“红土地”的独特魅力。红河的一些支流流经滇中红层高原，致使河水常年泛着红色，“红河”名称由此而来。

9.2.2　东川红土地景观

红土层也可叫红层，俗称红土地。东川红土地景观被中外学者誉为全世界除里约热内卢外最为壮观的红土地(曲从俊，2011)。东川红土地位于昆明市以北偏东方向，距昆明市约 161 千米，距昆明东川区约 49 千米。红土地是指在东川高温多雨的气候条件下，由富含铁、铝成分的酸性黏重土壤经氧化沉积而形成的。经典景点在新田乡的花石头村(海拔约 2450 米)，以该村为中心，在方圆几十千米内，主要景点有打马坎、七彩坡、锦绣园、乐谱凹、独树、月亮田、落霞沟、天象台等(曲从俊，2011)。

“红土地”是几位云南风光摄影家在 20 世纪 90 年代初发现的，由于近十年来红土地的影响日益扩大，这不但吸引了省内外众多的摄影迷拍照，也带来了一批批的观光游客(于建明，2002)。

红土地景区山势较为平缓，其间也有少量起伏明显的山峦，形成小峡谷和走向各异的沟壑，向东北远眺是层层叠叠挺拔的高山，这给红土地增添了一道雄伟的壮丽景色。红土地上的荞子花、洋芋花、油菜花和萝卜花等一年四季交替开放，色彩斑斓炫目；每年 9～12 月，一部分红土地翻耕待种，另一部分红土地已经种上绿绿的青稞或小麦和其他农作物，远观色彩绚丽斑斓，衬以蓝天白云和太阳光束，构成了红土地壮观的景色(庾莉萍，2008)。红土地上的庄稼地大小参差、纵横交错构成了图案般的色块美，这些田地随着山势，或平缓，或叠成台阶，曲曲弯弯的线条似韵律般产生了一种音乐美，就像著名媒体人许冶所言“云山作景，耕地作彩，离天何止三尺三”(许冶，2005)。

肖草《东川红土地》诗曰：“古杉雷随迎晚霞，新土雨后胜红花；峦山悬梯临天底，晓风舒云尽诗画”，这给予了红土地景观一个新的诠释。乐谱凹梯田宛如乐谱，墨客白天赏景，傍晚燃烛对酒，追忆红土地一幅幅精美画卷别有一番惬意情趣，肖草《东川红土地(二)》诗曰：“闭月燃明烛，清樽绝暗壶；红土蕴文化，梯田展乐谱”，这也对游客的心情和红土地的景观给予了新的描述。

参考文献

陈永森. 1998. 云南省志·地理志. 昆明：云南人民出版社：321-331.

高昆谊，朱慧贤. 2008. 云南生物地理. 昆明：云南科技出版社：12-13.

李禄安，等. 1996. 云南省志·旅游志. 昆明：云南人民出版社：2-8.

陆林. 2005. 旅游规划原理. 北京：高等教育出版社：170-177.

曲从俊. 2011. 云南东川红土地：坠落人间的“彩虹”. 地质旅游，3：54-59.

许冶. 2005. 远去的田野. 北京：光明日报出版社：40.

于建明. 2002. 四季如春的城市——昆明. 北京：金盾出版社：122.

庾莉萍. 2008. 东川红土地：激情燃烧的召唤. 防灾博览，2：45-46.
云南年鉴社. 2012. 云南年鉴. 昆明：云南年鉴社：30.
云南省土壤普查办公室. 1996. 云南土壤. 昆明：云南科技出版社：27.

第 10 章　生 物 景 观

一定的地理环境具有特定的生物群落和一定的生物地理特征，在这个环境中繁衍与生长着各种观赏生物，无论是动物、植物，还是微生物都有可能构成各种奇特的不同尺度的生物景观。生物景观以其复杂的形态和由其自身生命节律所表现出的变化性，构成了旅游景观的实体；同时，其独特的环境氛围(森林中清新的空气、较高的负氧离子含量、风声鸟鸣等)构成了非“实在”景观系统，两者相互依存。生物景观是自然风景中最具特色的类型。生物地理景观类型的多样性构成了云南大尺度风景架构；而地带性植被景观和非地带性植被景观则构成了区域性中尺度景观和氛围；在特定的范围内，一些特殊的生物组合或独特的物种往往形成小尺度的生物景观，如望天树群落景观、黑颈鹤景观等。

作为生物景观构成主体的森林，在文人墨客的笔下，多表现静谧之美。“蝉噪林愈静，鸟鸣山更幽”（王籍《入若耶溪》)。“深林人不知，明月来相照”（王维《竹里馆》)。“空山新雨后，天气晚来秋。明月松间照，清泉石上流。竹喧归浣女，莲动下渔舟。随意春芳歇，王孙自可留”（王维《山居秋暝》)。“水清石出直可数，林深无人鸟相呼”（苏轼《腊日游孤山访惠勤、惠思二僧》)。维也纳的森林是“圆舞曲之王”约翰·施特劳斯创作灵感的源泉，他的名曲《维也纳森林的故事》给人以音乐画面感，也使维也纳森林名扬天下。

10.1　生物地理景观类型

云南特殊的地理位置、复杂的自然地理环境是云南生物地理景观多样性形成的地理环境基础，构造复杂而多样化的地貌类型和地貌的地域差异对光、热、水气的分布与再分配起到了主导作用，从而导致了从水平到垂直不同的气候、土壤、生物群落和植被带的形成，并且在不同的地貌、气候、土壤和植被条件下形成了各种不同的生态系统类型，进而相互联系和影响的生态系统与地貌类型共同构成了云南极其丰富的生物地理景观多样性。因此，云南地貌类型的多样性和地域差异是生物地理景观、生态系统和物种多样性的地理环境基础。杨宇明等在《云南生物多样性及其保护研究》一书中指出云南典型代表性的生物地理景观有以下主要类型(杨宇明等，2008)。

10.1.1　温性—寒温性生物地理景观

分布着温性—寒温性生物地理景观的山体，在地貌类型图上呈链状或岛状分布，范围虽不大，但由于巨大的海拔高差，因此具有发达的高山生物气候垂直景观带。高山极高山地带的两个梯层和中山自高原面至峰顶1000～1500米范围内的第Ⅲ梯层，一起构成了温性—寒温性生物地理垂直景观系统。第Ⅰ梯层主要有梅里雪山(海拔6740米)、白马雪山(海拔5429米)、哈巴雪山(海拔5396米)、玉龙雪山(5596米)，这些山地均高出附近的高原面达2500～3000米，以高山带寒温性针叶林、寒温性灌丛、寒温性草甸、垫状植物和耐寒性动物群景观为主，成为云南第Ⅰ梯层雄伟险峻的极高山垂直生物景观系统；第Ⅱ梯层主要有丽江的老君山(4241.2米)、苍山(4122米)、落雪山(4200米)、药山(4042米)、拱王山(4247米)、轿子雪山(4223米)、永德大雪山(3504米)、景东无量山(3254米)等，它们高出附近的高原面达1000～1500米，以亚高山温性针叶林、温性针阔混交林、温性灌丛、温性草丛和耐湿耐寒型动物群景观为主，它们是构成云南第Ⅱ梯层著名的高耸中高山垂直生物景观系统的主体；第Ⅲ梯层中山自高原面至峰顶1000～1500米范围内所包含的具有代表性的生物气候垂直景观带主要有暖热性针叶林、季风常绿阔叶林、中山湿性常绿阔叶林、山地苔藓常绿阔叶林和耐湿耐寒型动物群景观。

10.1.2　高原面亚热带生物地理景观

分割状高原面与丘状高原面是云南省分布范围最广的地貌景观类型，占据全省大部分地区，而以滇中、滇东、滇西至滇西北较为集中，在滇南、滇东南至滇西南亦有出现。生物地理景观类型主要就是根据两类高原面地貌与代表性现状自然植物的组合规律与景观表现特征划分的。而在实际的分布中，现状植被与两类高原面类型的组合又常常是错综的，在梯层分布上也是有交错的。因此，由于云南高原面在水平面上的错综与垂直向的交叉不同于我国的其他高原类型，对气候、土壤和生物群的影响或决定作用十分巨大，其生物地理景观类型复杂且多样化。第Ⅰ梯层平均海拔3000～4000米，分布于滇西至滇西北，主要以温性、温凉性针叶林、针阔混交林和耐湿耐寒森林动物群景观类型为主；第Ⅱ梯层平均海拔1500～2500米，主要分布于滇中、滇东至滇东北，主要以温凉性针叶林、温性针阔混交林、常绿阔叶林和耐湿耐寒森林动物群景观为主；第Ⅲ梯层平均海拔500～1500米，主要分布于滇东南、滇南至滇西南，主要以温暖型针叶林、季风常绿阔叶林、山地雨林和耐湿耐旱动物群景观为主。丘状高原面第Ⅰ梯层平均海拔3000～4000米，主要为寒温性灌丛、高寒草甸和沼泽化草甸景观；第Ⅱ梯层平均海拔1500～2500米，主要为暖性石灰岩灌丛和草丛景观；第Ⅲ梯层平均海拔500～1500米，主要为暖热性稀树灌丛和高草灌草丛景观(表10.1，图10.1)。

表 10.1 云南主要生物地理景观类型表

梯层	阶层面		景观编号	景观类型	海拔范围(米)
I	A		IA1	高山带寒温性针叶林、耐寒森林动物群景观	3000～4000
			IA2	高山带寒温性灌丛、耐寒高地动物群	3800～4300
			IA3	高山带寒温性草甸、耐寒草甸动物群	4000～4500
			IA4	极高山垫状植被、寒漠动物群景观	4500～5000
			IA5	极高山终年积雪险峰、冰川景观	>5000
	B	BA	IBA1	温性常绿落叶阔叶混交林、耐湿动物群	3000～3400
			IBA2	温性针阔混交林、耐湿、耐寒森林动物群	3300～3700
			IBA3	温凉性针叶林、耐寒森林动物群	3600～4000
		BB	IBB1	高原寒温性灌丛	3000～3400
			IBB2	高原高寒草甸	3300～3800
			IBB3	高原沼泽化草甸	3600～4000
	C		IC1	北亚热带河谷阶地、稀树灌草丛	2500～3000
			IC2	北亚热带河谷阶地、硬叶常绿阔叶林	
			IC3	北亚热带盆地边缘台地、半湿润常绿阔叶林	
	D		ID1	暖温带浅切型河谷、温凉性森林灌丛草地	1500～2500
			ID2	北亚热带深切型峡谷、稀树、灌木草丛	1000～2500
Ⅱ	A		ⅡA1	亚高山温性针阔混交林、耐湿森林动物群	2000～3000
			ⅡA2	亚高山温性针叶林、耐寒耐湿森林动物群	3000～3500
			ⅡA3	亚高山温性灌丛、耐寒动物群	3300～4000
			ⅡA4	亚高山温性草丛、耐寒草坡动物群	3500～4000
	B	BA	ⅡBA1	暖温性针叶林、耐旱森林动物群	1500～2500
			ⅡBA2	半湿润常绿阔叶林、耐湿森林动物群	1500～2500
			ⅡBA3	中山湿性常绿阔叶林、耐湿森林动物群	1600～2500
		BB	ⅡBB1	高原暖性石灰岩灌丛	1500～2000
			ⅡBB2	高原暖性中草草丛	2000～2500
	C		ⅡC1	中亚热带河谷阶地、稀树灌木草丛	1000～1500
			ⅡC2	中亚热带河谷阶地、硬叶常绿阔叶林	
			ⅡC3	中亚热带盆地边缘、半湿润常绿阔叶林	
	D		ⅡD1	北亚热带中切型河谷、硬叶常绿阔叶林	1500～2500
			ⅡD2	中亚热带深切型干热河谷、稀树、灌木草丛	500～1300
			ⅡD3	中亚热带深切型宽谷、暖热性河漫滩灌丛	500～1000
Ⅲ	A		ⅢA1	暖热性针叶林、耐旱动物群	850～1800

续表

梯层	阶层面		景观编号	景观类型	海拔范围(米)
Ⅲ			ⅢA2	季风常绿阔叶林、耐湿动物群	600～1500
			ⅢA3	中山湿性常绿阔叶林、耐湿动物群	1500～2000
			ⅢA4	山地苔藓常绿阔叶林、耐湿动物群	2000～2500
	B	BA	ⅢBA1	山地雨林、耐湿动物群	600～1000
			ⅢBA2	季风常绿阔叶林、耐湿动物群	800～1500
			ⅢBA3	暖热性针叶林、耐旱森林动物群	900～1600
		BB	ⅢBB1	暖热性稀树灌丛	500～1000
			ⅢBB2	暖热性高草灌草丛	1000～1500
	C		ⅢC1	热带河谷阶地、热带雨林、季雨林	500～1000
			ⅢC2	热带河谷阶地、热性次生稀树灌草丛	
			ⅢC3	热带盆地边缘台地、热带雨林季雨林	
			ⅢC4	热带盆地边缘台地、热性次生稀树灌草丛	
			ⅢC5	南亚热带河谷阶地、季风常绿阔叶林	
			ⅢC6	南亚热带盆地边缘台地、季风常绿阔叶林	
	D		ⅢD1	南亚热带中切型季风常绿阔叶林	600～1500
			ⅢD2	北热带中切型宽谷热带雨林、季雨林	200～1000
			ⅢD3	北热带中切型宽谷、热性河漫滩灌丛	200～600
			ⅢD4	南亚热带深切宽谷、干热河谷稀树、灌木草丛	200～1000

资料来源：杨宇明等，2008

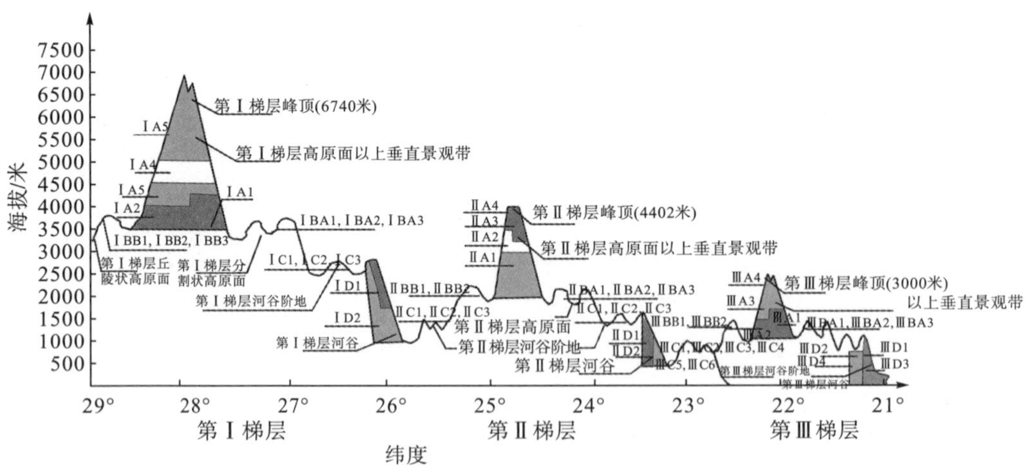

图 10.1　云南省生物景观海拔—纬度分布示意图

资料来源：杨宇明等，2008

10.1.3　剥蚀面以下生物地理景观

剥蚀面比古夷平面位置要低、年代也新，在河谷两侧或盆地周围最为常见，主要以北亚热带、中亚热带、南亚热带、北热带的温凉性森林灌丛草地、常绿阔叶林、稀树灌丛、热带雨林、季雨林生物景观为主。

10.2　植 被 景 观

植被景观包括自然植被和人工植被。自然植被是在过去和现在的环境因素影响下，出现在一地区的植物的长期历史发展结果，具有生态系统完整、生物多样性复杂的特征。人工植被是在人类影响下形成的植物群落景观。

云南植被景观类型包括地带性植被，主要有热带雨林、季雨林、常绿阔叶林、硬叶常绿阔叶林、暖性针叶林、温性针叶林等；非地带性植被，主要有竹林、灌木丛林、草甸等，而主要植被景观类型的垂直分布为热带山地植被的垂直分布和亚热带山地植被的垂直分布(图 10.2)。

云南是中国植被景观最为复杂的地区，具有旅游景观价值的多为自然植被，主要包括热带雨林、亚热带常绿阔叶林、温性针叶林、山地植被垂直景观带和竹林景观等。

1. 地带性植被景观

1)热带雨林植被景观

热带雨林主要分布在滇南和滇西南，海拔一般均低于 1000 米。热带雨林树木高大茂密，林冠具多层结构，物种极为丰富。云南的热带雨林是特殊的、罕见的、不可替代的，也是濒危的，具有极高的保护价值和景观价值，是中国生物多样性最丰富的地区之一，也是中国生物多样性保护的关键和热点地区。

(1)西双版纳热带雨林景观

热带雨林是在赤道附近高温、多雨气候下，种类组成丰富、结构复杂、生活型多样、终年常绿的森林植被景观(吴征镒，1987)。西双版纳热带雨林景观是中国最著名的热带雨林景观，主要集中分布在西双版纳国家级自然保护区和纳板河流域国家级自然保护区内。林中植物种类繁多，常绿浓密，整个森林一般可分为 5～8 层，其中乔木具有 3～4 层结构，上层乔木高大茂密，高过 30 米，代表性树种望天树，树体高大、笔直，甚至高达 80 米左右，树干似伞把，树冠则像一把巨大的伞，树皮色浅，薄而光滑。木质藤本和附生植物也特别发达，林下有木本蕨类和大叶草本，绞杀植物和寄生植物也较多。比较著名的景观有板根现象：高山榕、小叶榕、木棉、四树木等种类的树干基部常会长出多姿多态的板状根，从树干的基部 2～3 米处伸出，呈放射状向下扩展；独木成林景观：小叶榕和橡皮榕等则生长着许多发达的气根，这些气根从树干上悬垂下来，扎进土中后，还继续增粗，形成了许许多多“树干”，非常壮观；绞杀现象：为热带雨林奇特的景观，多为榕树对其他树种的绞

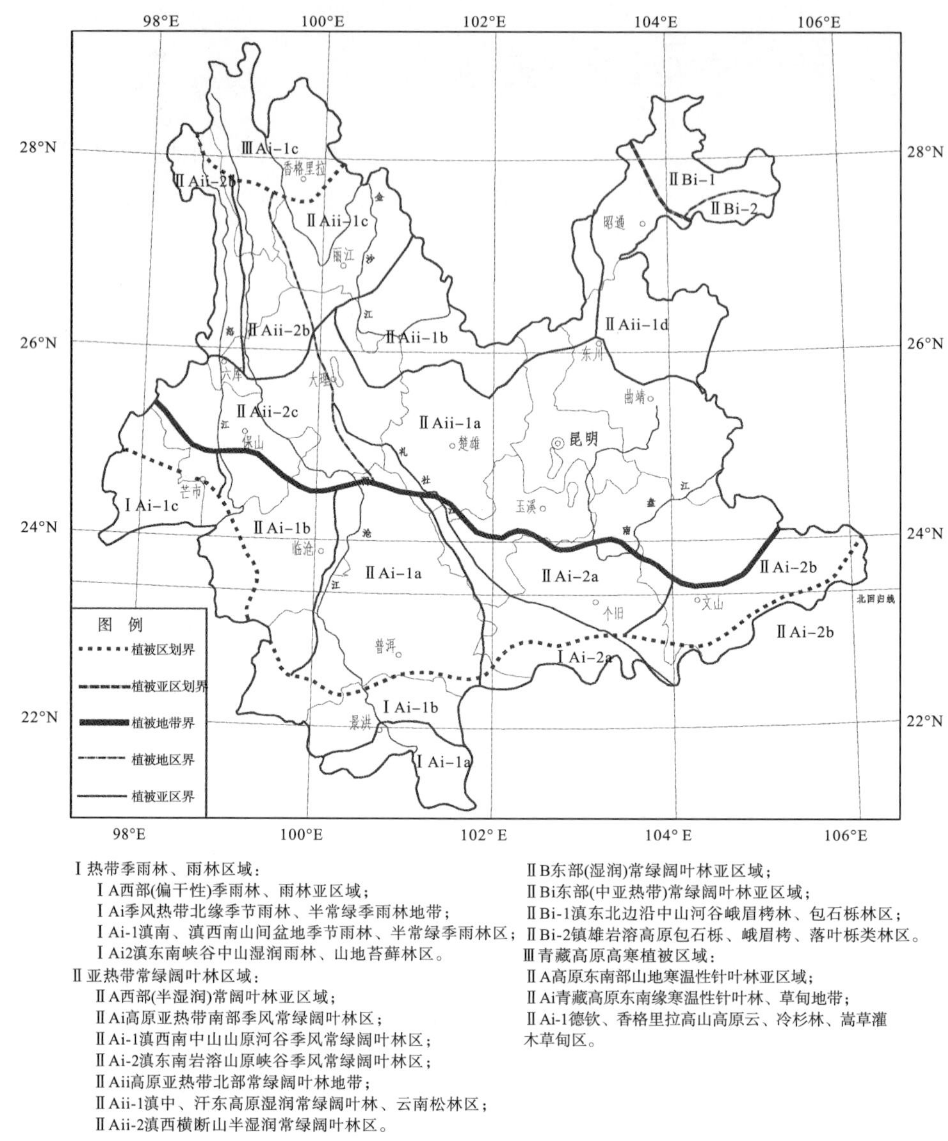

图 10.2　云南省植被景观区划图

资料来源：陈永森，1998

杀；还有些树种如菠萝蜜、可可等，在老树树干或根颈处也能开花结果，成为热带雨林中特有的老茎生花现象；另外有空中花园景观：在植物的地上部分具有很多种类的附生的和攀缘的植物，可以持续生长，造成树木生长密集且常绿，形成空中花园景观(田静，2008)。西双版纳热带雨林所拥有的资源优势使其成为世界瞩目的绿色明珠，它以丰富的植物资源、独特的生态景观，为人类提供了巨大的物质与精神享受。西双版纳热带雨林已开发了许多有名的旅游景点，著名的有中国科学院西双版纳热带植物园、西双版纳原始森林公园、望天树旅游区、绿石林旅游区和野象谷旅游区等。

(2)铜壁关热带雨林景观

铜壁关热带雨林是中国唯一分布于高纬度的热带雨林景观。主要分布于东经

97°31′～97°46′，北纬 23°54′～24°51′的铜壁关国家级自然保护区内，南北跨度达 100 千米，呈不连续的狭长带状(刘思慧等，2006)。森林内分层明显，林中乔木具有 3～4 层结构，植物品种丰富，树种繁多，乔木高大，常绿浓密，四季常花，林内藤本植物纵横交错，附生植物随处可见。森林具有优势种不明显、结构复杂、层外植物丰富等特点，且常具板状根、支柱根、气生根、老茎生花、绞杀和空中花园等现象。森林内分布的以北越龙脑香、盈江龙脑香、云南娑罗双为代表的热带季节雨林是中国乃至世界上纬度最北的龙脑香林分布地区，是印缅热带雨林向东和向北分布的极限类型，也是中国迄今为止面积最大的龙脑香林。另外，森林内的尖叶铁青树在中国仅见于这一区域，在中国及云南省珍稀濒危保护植物中占有十分重要的地位。在中国仅见于这一区域的不少植被，既有科学价值，又有很高的景观价值。例如，鹿角蕨有极高的观赏价值，阿萨姆娑罗双是东南亚热带雨林的标志和建群成分，纤细龙脑香属是东南亚热带雨林的典型成分(卫凡，2011)。这里也是黑颈长臂猿和犀鸟的故乡。与中国其他热带雨林景观相比，此森林植被类型和植物群落结构颇具特色，是中国境内不可多得的热带森林资源，生态保护价值和经济价值较高，也具有较高的科学研究和旅游开发价值。观赏犀鸟旅游已是一个国际知名的品牌。

(3)大围山热带雨林景观

大围山热带雨林主要分布在 103°20′～104°03′，北纬 22°35′～23°07′的大围山国家级自然保护区内，海拔 700 米以下的阴湿谷沟地带(王娟等，2005)。大围山热带雨林仅有小面积的残林，林中植物种类繁多，组成丰富，可分为乔木、灌木和草本 3 个层次。其中，乔木又具有 3～4 层结构，多为典型的热带常绿树和落叶阔叶树，但常绿高位芽植物占优势，落叶植物极少；上层乔木高大茂密，高过 30 米，许多树种高大、笔直，树干似伞把，树冠则像一把巨大的伞，树皮色浅，薄而光滑。可可树、菠罗蜜、木奶果等植物具有茎花现象，还有的乔木植物具板根现象。藤本植物丰富，林中常见藤葛交错现象，附生植物数量很多，附生有藻类、菌类、苔藓植物、大量的蕨类和有花植物等。绞杀植物和寄生植物也较多，构成雨林特殊的绞杀现象和空中花园景观。森林没有明显的季相，叶全年都呈深绿色，一年四季花果常有。进入雨林之中，仿佛来到一个神话世界，抬头不见蓝天，低头满眼苔藓，密不透风的林中潮湿闷热，脚下到处湿滑。大围山热带雨林组成树种中的隐翼和毛坡垒等植物，是热带雨林的典型标志种，也是东南亚典型热带雨林沿河谷向北分布的极限类型，仅在本区域有分布(王娟等，2005)。但是大围山热带雨林景观已遭到一定的破坏，急需加强保护。

2)季雨林景观

季雨林是在热带季风气候和干湿季分明的条件下发育的一种植被型，以旱季或多或少的落叶、有季节变化、树高不及雨林、有丰富的木质藤本和附生草本植物为特征(陈永森，1998)。主要分布在南部和西南部海拔 1000 米以下的谷地，以阳性耐旱的热带树种为主要组成。季雨林也是由热带的科属组成，部分为常绿成分、多数为落叶成分(丁晖和秦卫华，2009)。有落叶季雨林、半常绿季雨林和石灰岩山地季雨林。组成季雨林的植物区系，仅分布于热带的热带科较少，有木棉科、橄榄科、海桑科、龙脑香科等，而大多数为一些既有热带属又分布较广的科，如楝科、紫葳科、大戟科、苏木科、梧桐科、马鞭草科、杜英科、茜草科等(丁晖等，2009)。常见的代表性树种有高山榕、麻楝、无忧花、铁刀木、木棉、柚木、楹树、含笑等，分别组成不同的季雨林景观类型。目前，云南境内季雨林几乎已没有成片保存，次生植被为灌丛或草地，其中稀疏生长着一些季雨林中常见的落叶树木，构成了稀树草原的植被景观(杨一光，1990)。

3)常绿阔叶林景观

常绿阔叶林是云南亚热带植被的优势类型，其分布极为广阔，类型最多，植物区系成分也最复杂(丁晖等，2009)。以壳斗科、茶科、木兰科、樟科的常绿阔叶树种为主的森林，分布于亚热带湿润气候条件下，并具有明显的特点：群落的乔木层以壳斗科为主，茶科次之，樟科、木兰科种类较少，故有“常绿栎类林”之称；较为耐旱；在北部以中国—喜马拉雅区系成分为标志；云南南部的常绿阔叶林与邻近的印度、缅甸、泰国的区系成分有广泛联系；多伴生有硬叶常绿栎类树种。在人类活动的频繁影响下，适于常绿阔叶林发育的地段，大多已为松林占据，林貌完整的常绿阔叶林仅见于偏远的山地。云南常绿阔叶林主要的亚型有季风常绿阔叶林、半湿润常绿阔叶林和中山湿性常绿阔叶林(杨一光，1990)。

(1)哀牢山中山湿性常绿阔叶林景观

哀牢山中山湿性常绿阔叶林分布于东经100°54′～101°29′，北纬24°00′～24°44′，南北长102千米，东西宽5千米，辖属普洱市的景东彝族自治县、镇沅彝族哈尼族拉祜族自治县，玉溪市的新平彝族傣族自治县，楚雄彝族自治州的双柏县、楚雄市、南华县的哀牢山国家级自然保护区山地中上部，总面积34483公顷。以壳斗科的栲属及石栎属、山茶科的木荷属、樟科的润楠属、木兰科的木莲属为优势种组成的原始森林，是中国亚热带广大山地中保存面积最大的亚热带典型常绿阔叶林。森林主要分布在海拔2200～2800米，因气候湿润、多云雾，故称之为中山湿性常绿阔叶林。森林外貌春季五彩缤纷，夏季为灰绿色，秋季呈现绿色夹黄棕色的斑块，冬季为暗绿色。树冠稠密浑圆如花菜状，林冠厚度达5米以上。乔木层以壳斗科植物占绝对优势，树木具有中生或湿生特征，树高最高可达30米左右；灌木层以箭竹为主；草本层以蕨类植物为标志；藤本植物丰富，附生植物和苔藓也发达，满布树干，厚达2～5厘米，构成森林内独特的景象。3～5月为干季，多晴朗天气，可看到红色或白色的杜鹃花，点缀于莽莽原始森林之中，早晨还可以欣赏到绝美的日出景象，甚至可以听到黑冠长臂猿鸣叫，故为最佳观赏季节。哀牢山亚热带常绿阔叶林全部为原始森林，且保护良好，有较好的蓄水保土能力和较强的调节气候能力，抗自然灾害能力强，而且是一个丰富的物种遗传基因库。

(2)高黎贡山中山湿性常绿阔叶林景观

高黎贡山中山湿性常绿阔叶林分布于东经98°34′～98°50′，北纬24°56′～26°09′，海拔2200～2800米的范围。东西宽9千米，南北长135千米，辖属泸水县及保山市的隆阳区、腾冲市。该森林多分布在中山云雾带上，森林分布广、面积大，不仅是我国常绿阔叶林保存较完整的原始林区，而且也是云南省热带－亚热带山地具有代表性的主要森林生态系统类型(石翠玉等，2007)。森林内部气候温和湿润，森林较完整地保持着原始状态，外貌整齐、结构复杂、生态系统功能良好。森林季相特征富于变化，春季五彩缤纷，夏季为灰绿色，秋季呈现绿色夹黄棕色的斑块，冬季为暗绿色。树冠稠密浑圆如花菜状，林冠厚度达 5 米以上。群落结构分为 4 层，分别为乔木上层、乔木下层、灌木层和草本层，森林内树木具有中生或湿生特征。乔木层有些树木具微弱板根，树种组成复杂，以喜温凉、湿润的石栎属和青冈属树种为优势组成的复层混交林，树体高大茂密，树高最高可达 30 米左右；藤本植物丰富，附生植物和苔藓也发达，满布树干，厚达 2～5 厘米。灌木和草本均不发达。高黎贡山中山湿性常绿阔叶林最佳观赏季节为 5 月，遍地花开，气候宜人。高黎贡山中山湿性常绿阔叶林对于水土保持和水源涵养等有重要的生态价值，原始的森林景观也具有较高的观赏价值和旅游开发价值。该森林全部在高黎贡山国家级自然保护区内，几乎没有受到旅游开发的影响，人为干扰极少，只有少数的科研人员和观鸟爱好者等。

4)暖性针叶林景观

暖性针叶林是指在亚热带或热带的中山以下分布的各种针叶林，多半为旱性或半旱性的森林，在整个西南季风或东南季风所及的山地也都有广阔的分布，成为山地垂直带的一个重要特征(丁晖和秦卫华，2009)。

在亚热带气候区形成的针叶林，主要由松属、油杉属、杉属和台湾属的树种组成，均为单优势种的纯林。分布于云南亚热带各地，在亚热带内除一些干热河谷的底部及高山上部以外，全省南北都有分布，分布海拔在 800～2800 米，可分为暖温性针叶林和暖热性针叶林两类。其中，大面积成林的为云南松、思茅松，云南松是暖温性针叶林，思茅松是暖热性针叶林(杨一光，1990)。云南松是云南分布最广的面积最大的暖性针叶林景观，地理分布以滇中高原为中心。云南松林不仅水平分布较广，垂直分布的空间也较大，可分布在海拔 1500～2800 米的范围内，一般在滇中高原的分布海拔为 1500～2000 米，滇西北和滇东北高中山地区的分布海拔上限可及 2600～2800 米，是云南主要用材林基地(陈永森，1998)。

5)温性针叶林景观

温性针叶林以温性针叶树种为主要组成，均分布于亚热带中山上部和亚高山中上部，是亚热带山地垂直带中重要的类型。由于分布气候的特点和群落建群种的生态生物学特性的不同，云南的温性针叶林可分为温凉性针叶林和寒温性针叶林两大类，优势树种主要有冷杉和云杉等，是木材蓄积量和经济价值都较高的主要用材林。主要分布在滇西北地区，分布海拔在 3000～4000 米。

(1)白马雪山寒温性针叶林景观

白马雪山寒温性针叶林景观又名亚高山针叶林景观，分布于东经 98°57′～99°25′，北纬 27°24′～28°36′的白马雪山国家级自然保护区内，海拔 3200～4000 米，地跨德钦县和维西傈僳族自治县，面积较大，是白马雪山保护区最主要的林带，是中国低纬度高海拔地区生物资源保存比较完整而原始的高山针叶林景观，形成一种稳定的植被垂直景观带谱。主要有丽江云杉林、油麦吊云杉林、长苞冷杉林、大果红杉林和方枝柏林五大群系，间或有白桦林和山杨林等，云冷杉林是其特征类型，云杉林一般在冷杉林下方。针叶林常年暗绿色，季相变化不明显，林相整齐。展眼望去，树冠塔形，青黛林海，群锥耸立，森林类型复杂，也是白马雪山国家级自然保护区森林景观类型最多的林带。白马雪山寒温性针叶林，森林结构一般为 5 层：乔木上层、乔木下层、灌木层、草本层和苔藓地被层。乔木上层树高可达30米以上，树龄可达300年左右；乔木下层树高15米左右；灌木层主要为箭竹、忍冬和小檗等，也有少数乔木幼树，平均树高2米左右；草本层有蕨类、珠芽廖和委陵菜等，高度0.2米左右；苔藓地被层发达，厚度3厘米左右。森林有哺乳动物85种，鸟类动物100种，如珍稀濒危国家一级重点保护动物滇金丝猴等(云南省林业厅等，2003)。白马雪山寒温性针叶林拥有丰富的森林资源，又是珍稀的滇金丝猴常年栖息地，是白马雪山国家级自然保护区的精华所在；森林既有顶级群落的稳定性，又有靠近树线森林生态系统边缘的脆弱性，所以也是自然保护、科学研究和科普教育的重要对象。此类森林人类干扰较少，基本保持着原始面貌。

(2)苍山寒温性针叶林景观

苍山高海拔山地是以苍山冷杉为主所组成的暗针叶林景观，主要分布于东经100°8′～100°33′，北纬25°53′～26°19′，海拔3000～3900米，北起洱源邓川，南至下关天生桥，南北长约48千米，东西宽约10千米，位于大理白族自治州内(杜宝汉，1996)。苍山寒温性针叶林景观以苍山冷杉保存较好，基本保持原始状态，林龄可达200年以上，分布地都为强切割地貌，坡度35°左右。外貌墨绿色，树冠参差不齐，多为纯林，树高12～15米，树干尖削度很大，树枝上短下长，树形如宝塔状(杜宝汉，1996；云南省林业调查规划院，1989)。苍山冷杉以其楚楚动人的身姿与不畏风雪严寒的气质，雄踞于苍山悬崖绝壁之上，是中国冷杉属树种在地理位置上分布最南的一个树种，也是中国特有的一种高山景观植物，被誉为“树中君子”。除苍山冷杉以外，还混生有多种杜鹃，如乳黄杜鹃、假乳黄杜鹃、粉钟杜鹃和大理杜鹃等，构成众多的杜鹃冷杉林，形成苍山寒温性针叶林特色景观。苍山寒温性针叶林因面积较大，类型复杂多样，是苍山洱海国家级自然保护区重点保护对象，具有重要的生态效益和旅游观赏价值。

(3)玉龙雪山寒温性针叶林景观

玉龙雪山寒温性针叶林景观又称亚高山暗针叶林景观，主要分布于东经100°10′～100°20′，北纬27°10′～27°40′的玉龙雪山海拔3100～4200米范围内。东接丽江鸣音公路，西临虎跳峡谷，东西宽约12千米；南起玉湖，北至大具的下虎跳峡口，南北长约35千米(刘鲁明等，2010)。玉龙雪山寒温性针叶林主要由丽江云杉林、长苞冷杉林、小果垂枝柏林和大果红杉林等组成，以云杉和冷杉林为主体，生物垂直带谱景观显著。丽江云杉林在下，以云杉坪生长最好，林相整齐美观，外貌深绿色，常为复层异龄林结构；长苞冷杉林在上，在玉龙雪山寒温性针叶林中面积最大，也是海拔分布最高的森林类型，绝大部分生于陡岩区，在白水河源头则生于古冰川槽谷中，森林外貌暗绿色，海拔较高处组成纯林，树种全部由长苞冷杉和川滇冷杉构成，由不同世代的冷杉组成复层异龄林，树高22米左右；小果垂枝柏林分布于玉龙雪山西坡虎跳峡峡谷海拔3200～3800米地带的石灰岩陡壁上，呈块状分布，外貌暗绿色，分布地岩石裸露，生境干旱，气候恶劣，人类无法涉足；大果红杉林呈狭带状分布于云杉林与冷杉林之间，林相整齐美观，外貌翠绿色，以大果红杉占绝对优势，大果红杉为亚高山阳性速生树种，对土壤要求不严，常组成纯林(云南省林业调查规划院，1989)。玉龙雪山寒温性针叶林景观最佳观赏时间为每年2～6月，雨雪新晴之后，雪格外的白，松格外的绿，移步换形，很像是白雪和绿松在捉迷藏，故有“绿雪奇峰”之称，雪不白而绿，蔚为奇观。玉龙雪山寒温性针叶林木材生态价值极高，既可以调节气候、涵养水源，也是重要的自然景观。

2. 非地带性植被景观

1)竹林景观

竹林是指那些生长高大如树，植株密集成林的部分，常被称为特殊的森林，云南高大成林的竹林主要分布在热带和亚热带地区。主要是森林下的伴生种类，随着原有森林的破坏逐步发展成林，或由人工栽培自然发展成林。竹林景观是一种具有特殊生活型的植被景观类型，云南拥有 26 属 200 余种，包括热性竹林景观、暖性竹林景观和寒温性竹林景观。竹林景观在中国文化中有着特殊的文化寓意。竹枝秆挺拔修长，四季青翠，凌霜傲雨，有“梅兰竹菊”四君子、“梅松竹”岁寒三友等美称。中国古今文人墨客，爱竹诵竹者众多。苏东坡曰：“宁可食无肉，不可居无竹。无肉令人瘦，无竹令人俗。人瘦尚可肥，士俗不可医。”朴实直白的语言，显示出那悠久的文化精神已深入士人骨髓。

(1)高黎贡山箭竹林景观

高黎贡山箭竹林分布于东经 98°08′～98°50′，北纬 24°56′～28°22′，海拔 1600 米以上的中山湿性常绿阔叶林内(杜小红等，1999)。箭竹林林分结构简单，多为单种，密集成片，生于森林下，构成森林下层，其地下茎为合轴型，由于秆柄常延长成假鞭，故秆呈散生状或稀丛状。因其节间表面光滑，又称“滑竹”。平均高 2～3 米，径粗 1～2 厘米。箭竹林不但蓄积量大，而且数量多、分布广。高黎贡山箭竹林具有涵养水源等生态效益和景观价值，因其位于高黎贡山国家级自然保护区内，保护较好。

(2)河口沙罗竹林景观

河口沙罗竹林是我国南部热带区分布较广，面积较大的大型天然竹林之一。分布于东经 103°23′～104°17′，北纬 22°30′～23°02′，多分布于河口瑶族自治县沟谷地带及河谷两侧。沙罗竹属热带大型丛生竹类，秆高一般为 15～20 米，最高可达 26 米，胸径 7～10 厘米，最大 16 厘米，节间很长，一般 60～70 厘米，但秆壁甚薄，通常在 5 毫米以内(陈宝昆等，2007)。沙罗竹生长迅速、竹秆密集、产量较高、纤维长、韧性好，植株可供观赏，也是优良的编织、造纸、制作水烟筒及民房建筑的重要材料；同时笋期长、产量高、笋质嫩、品质优，也为优良的笋用竹种；对水源涵养和水土保持也有重要的生态效益。由于发展热带作物对沙罗竹林破坏很大，应加强合理保护和利用。

(3)芒市莿竹林景观

芒市莿竹林主要分布于芒市海拔 300～1000 米的地区，为大型丛生竹景观。秆高 8～20 米，径 5～15 厘米，节间长 20～35 厘米，幼秆粉绿色，表面光滑无毛，基部近节上面环生气根，秆壁厚 8～30 毫米，主枝发达，下部每节仅 1 枚，粗长平展，中下部和基部有弯曲短刺。叶片狭披针形，长 10～25 厘米，宽 0.8～2.0 厘米，表面绿色，无毛，背面较淡，冬季转黄绿或淡棕色，全部脱落。表皮厚而粗糙，竹材坚韧不易虫蛀，强韧耐磨，常营造作围篱、防风林或用做家农具等。芒市莿竹林具有良好的防风固沙和水土涵养等生态效益，也有较好的经济价值，还可用做观赏，所以用途很广。

(4)悬竹林景观

悬竹林分布于勐腊县境内阔叶林中或林缘一带，为攀缘竹类观赏景观。悬竹秆直立，上部攀缘状下垂；节间圆筒形，中空，秆壁薄，表面粗涩；秆每节具单芽，每节乃至多枝，枝条较开展。叶鞘口部有大型叶耳，耳缘有放射状长缒毛；叶舌截平，坚硬，边缘亦具流苏状长缝毛。枝小叶细，节长攀缘，具有良好的观赏价值(王慷林，2004)。勐腊悬竹林具有一定的水源涵养效益和景观观赏价值，应予以加强保护。

2)灌木丛林景观

灌木丛林是由具固定灌木习性树种组成的丛林，其直接利用的经济价值不大，但广泛分布产生的地被效应、水土保持和物质能量循环所起的作用却十分重要，尤其是它是可以通过旅游这种非消耗方式利用的良好景观资源。主要包括热性灌丛林景观、暖性灌丛林景观和寒温性灌丛林景观。热性灌丛林主要是分布于滇南、滇西南、滇东南海拔1200米以下热带干燥生境的灌木丛林和亚热带地区的干热河谷灌丛林；暖性灌丛林主要是分布于亚热带中、低山和坝区的灌木丛林，水平分布以滇中高原为中心，向四周分布，除热区之外几乎遍及各地，垂直分布范围在海拔1100～2500米；寒温性灌丛林主要是分布于滇西、滇西北的玉龙山、哈巴雪山、苍山、高黎贡山和滇东北的乌蒙山、药山等地海拔3200～4300米的高山灌丛林(陈永森，1998)。云南灌木丛林最具景观价值的有杜鹃花灌丛景观、格桑花灌丛景观等，具代表性的有白马雪山、苍山、高黎贡山、哈巴雪山、轿子雪山、师宗菌子山、丽江老君山、玉龙雪山的杜鹃花灌丛景观和香格里拉的格桑花灌丛景观等。

(1)白马雪山杜鹃花灌丛景观

白马雪山杜鹃花灌丛位于白马雪山国家级自然保护区海拔2600～4200米的地带。白马雪山杜鹃科植物种类丰富，有黄杯杜鹃、大白花杜鹃、团花杜鹃、棕背杜鹃、宽钟杜鹃等76种，著名的有世界杜鹃花中叶片最大的凸尖杜鹃，有国家三级保护植物假乳黄杜鹃及开黄花的黄杯杜鹃等。从早春2月开始，在高山砾石坡地上，许多常绿植物都望而却步，满山杜鹃便从低海拔到高海拔，一棵接一棵，一片又一片，开放出绚丽多彩、璀璨绝伦的花朵，直至10月这里都是杜鹃花的王国和世界，给荒凉的山野披上了瑰丽的外衣。在春夏之交形成醉人的“花海”奇观，游客看杜鹃花的最佳观赏时间为每年5～6月。白马雪山高山杜鹃林于2005年被《中国国家地理》杂志评为中国最美十大森林之一。

(2)苍山杜鹃花灌丛景观

苍山杜鹃花灌丛位于苍山洱海国家级自然保护区内，杜鹃花灌丛主要分布于苍山东坡海拔3800～4000米和西坡海拔3560～3700米的地带。在茫茫苍山中，百年以上杜鹃常成林成片，面积为14～15公顷，有40多个品种，东坡有33种，西坡有29种。其中，苍山杜鹃、阔叶杜鹃、和蔼杜鹃、兰果杜鹃、似血杜鹃5个品种为苍山独有，已列为国家保护珍贵树种，其颜色有红、白、紫、黄等多种，纷繁的色彩把山峦装点得瑰丽艳美。苍山杜鹃花灌丛景观的最佳观赏时节是3月下旬至5月中旬。游客可以在每年2～5月欣赏到随海拔变化而形成的富于变化的杜鹃花景观，尤其以海拔3600米以上的杜鹃花灌丛，开花时景观最为奇丽壮观。现已建有“苍山杜鹃森林公园”。

(3)高黎贡山杜鹃花灌丛景观

高黎贡山杜鹃花灌丛位于高黎贡山国家级自然保护区内，海拔2500～4000米。高黎贡山杜鹃有 187 种，常见的有芳香白珠、凸尖杜鹃、长粗毛杜鹃和马缨花等，珍稀濒危的有大树杜鹃、硫磺杜鹃和棕背杜鹃。经腾冲市林业局调查，胸径在 1 米以上的大树杜鹃尚有 12 株，其中最大的 1 株高 25 米，径粗达 3.07 米，树龄在 500 年以上。大树杜鹃的花序为红色，每花序由 20～24 朵、长 6～8 厘米、口径 6 厘米的钟形花朵组成，每株每年开花 4 万多朵。大树杜鹃茂盛的树冠遮天蔽日，灿烂的花朵美如云霞。高黎贡山杜鹃花灌丛是高黎贡山各类型植被带中不可替代的种类，是形成高黎贡山独特的生态景观主要组成成分，最佳观赏时间为 4 月中旬到 5 月底，现已建有天然花园之称的赧亢自然生态公园。

(4)师宗菌子山杜鹃花灌丛景观

师宗菌子山杜鹃花灌丛主要分布在菌子山海拔 1900～2400 米地带，是云南省大面积分布杜鹃花灌丛海拔较低的区域。菌子山常见的杜鹃有马樱花、大白花杜鹃、露珠杜鹃和紫红杜鹃等。阳春三月，多达 20 多个品种的杜鹃花依次开放，美不胜收，红的、白的、黄的、粉红的各色杜鹃争奇斗艳，尤其傍晚时分，初夏的夕阳，将天际间的一抹红晕与花海连成一片，分不清哪里是花哪里是云。有花中皇后美誉的露珠杜鹃、小家碧玉型的迷人杜鹃，给人印象最深的是漫山遍野的大树杜鹃。菌子山中还有树龄达 1600 余年的杜鹃树王，长达 40 天左右花期的数千朵杜鹃花同时开放时，成为菌子山最靓丽的景观之一。2008 年和 2009 年在菌子山分别举办了第六届和第七届中国杜鹃花花展，现已开辟的标志性景观有六园九景。师宗菌子山是云南观赏杜鹃花灌丛最容易到达的景区之一。

(5)轿子雪山大树杜鹃景观

大树杜鹃景观位于轿子雪山国家级自然保护区内，分布于海拔 2500～3800 米，是轿子雪山“五绝”景观之一。有杜鹃 28 种，比较珍贵的有大王杜鹃、乌蒙宽叶杜鹃和乳黄杜鹃等，以腋花杜鹃、红棕杜鹃、乳黄杜鹃、乌蒙宽叶杜鹃、马缨花等的种群数量最大。轿子雪山各色杜鹃花一年四季争妍斗艳，美不胜收，为轿子雪山自然景观增添了一道独特的风景线，种类繁多的杜鹃花属植物不仅是杜鹃花天然的物种基因库，而且极高的丰富度和较大的分布面积，使轿子雪山自然保护区成为滇中地区天然的杜鹃花园。花季一到，从低海拔到高海拔，不同种类的杜鹃花依次开放，丰富的花冠色彩形成别致的植物景观，具有极高的观赏价值，是保护区内最重要的生态旅游景观资源之一。

(6)香格里拉格桑花灌丛景观

夏季的香格里拉，美丽的格桑花团团簇簇地连成一片，颜色金黄，长势非常茂盛，特别引人注目。格桑花的学术名为黄花瑞香狼毒，“格桑”是幸福的意思。格桑花杆细瓣小，看上去弱不禁风的样子，可风愈狂，它身愈挺；雨愈打，它叶愈翠；太阳愈曝晒，它开得愈灿烂。夏天，路边的一团团格桑花紧紧地凑在一起，黄黄的、矮矮的把高原装扮得异常漂亮；冬天，当万物开始冬眠，所有的树木叶子已经凋落，新的生命要等到来年重新开始时，格桑花在高原上以一种傲视群雄、鹤立鸡群之势依然盛开在美丽的雪山上。在藏族人民眼里，格桑花也是高原上生命力最顽强、最普通的一种野花。格桑花是高原上最美的花，代表着藏族人民的性格，代表着藏族人民不屈不挠、顽强奋斗的精神。格桑花是香格里拉有代表性的观赏花卉之一，不但有极高的观赏价值，而且还有重要的生态效益。

3)草甸景观

草甸景观包括高山草甸和亚高山草甸景观，其植被组成主要是冷生多年生草本植物，植物种类繁多，莎草科、禾本科及杂类草都很丰富，常伴生着中生的多年生杂类草。云南的草甸景观主要集中于滇西北和滇东北的亚高山和高山地带，其分布海拔在2800～4300米。亚高山草甸的分布海拔为2800～4000米，多为针叶林遭破坏后形成的大面积草场景观；高山草甸分布于亚高山草甸之上，超出森林分布的上界，海拔为4000～4300米，是高山垂直带上固有的原生植被景观类型。滇东北的乌蒙山、巧家的药山；滇西的苍山；滇西北的玉龙雪山、哈巴雪山，以及香格里拉、维西一线以北直至德钦一带的高原山地都有分布。云南著名草甸景观主要有会泽大海草甸景观和滇西北五花草甸景观。

(1)会泽大海草甸景观

会泽大海草甸位于会泽县大海乡东南部，东经103°16′，北纬26°17′，距会泽县城42千米，省道会东公路(会泽至东川)横穿而过。会泽大海草甸属乌蒙山系主峰段，分布于海拔3570～4017米。“大海”是彝语“达七摆”的谐音，彝语中是“台阶最高的地方”的意思。分布区地势平缓，属温带高原气候，草甸面积达18万亩，主要生长有牛毛草、红三叶、白三叶、黑麦草等20余种高山牧草(高顺飞，2011)。和缓的峰峦、广袤的草甸、潺潺的溪水、瞬息万变的气候、漫山遍野的野花、蓝天白云映衬下的雪景、神秘的佛光，以及羊群和彝族牧羊人构成了大海草甸的景观结构，形成独特的高山草甸牧场风貌。佛光是草甸最为神秘的绝景，常出现在天晴云稀，朝阳将现之际。2009年会泽大海草甸被《国家人文地理》杂志推荐为全国108个绝美地标之一。

(2)滇西北五花草甸景观

滇西北海拔3000米以上的亚高山草甸，由于生境条件较严峻，低温多湿，风强日烈，高山草甸的组成植物一般低矮，生物多样性十分丰富，集中了许多高山特有花卉、药用植物及高山动物。由于草本植物种类丰富，花期不同，一年中大部分时期均有鲜花开放，花色各异，故被命名为高山亚高山地区特有的“五花草甸”群系。著名的景观有玉龙雪山五花草甸景观、香格里拉五花草甸景观和苍山五花草甸景观，草甸五颜六色的花朵极为华丽壮观，所以也具有极高的观赏价值。

3. 植被垂直带谱景观

山地植被垂直景观带是受独特的地理区位和季风气候的影响，植被随海拔变化而呈现递变规律的现象。海拔由高到低一般有寒温性针叶林、寒温性阔叶林、温凉性针叶林、温凉性阔叶林、暖性针叶林和暖性阔叶林等植被类型。它们是经过长期自然演变形成的相对稳定的森林，具有森林生态系统完整、森林植被垂直分布明显和森林生物量大的特点。

1)热带山地植被垂直景观

热带山地植被垂直景观主要分布于滇东南、滇南、滇西南地区。例如，滇南勐腊贡山山地垂直带谱景观为：海拔400～800米为季雨林景观，800～1100米为山地雨林景观，1100～1500米为季风常绿阔叶林景观，1700米以上的迎风坡面和山顶为苔藓常绿阔叶林景观，1300米以上的背风坡分布大片稀疏草原。

2)亚热带山地植被垂直景观

亚热带山地植被垂直景观包括中山垂直带谱和亚高山高山两个垂直带谱景观序列。

中山垂直带谱景观序列为：海拔 1300～1800 米为季风常绿阔叶林和思茅松林景观，1800～2600 米为湿性常绿阔叶林景观，2400～2800 米为常绿阔叶混交林和云南铁杉林景观，2800～3000 米为苔藓常绿矮林景观，3000 米以上为冷杉林景观。亚热带北部的亚高山和高山地带，海拔 1800 米以下为干热河谷灌丛景观，1800～2500 米为半湿润常绿阔叶林景观，2500～2900 米为湿性常绿阔叶林景观，2900～3200 米为云南铁杉和常绿阔叶混交林景观，3100～4100 米为云杉、冷杉林景观，4000～4700 米为高山灌丛和高山草甸景观。

云南的植被景观具有植物种类丰富、生境多样、富于变化的特点，森林内空气清新、负氧离子含量高、环境优良，主要构成旅游的大环境和大尺度景观，具有重要的科研、旅游、科普、养生和水土保持等价值。

10.3　植 物 景 观

绿色植物为我们这个星球所特有，是生命之本、人类文明之源，在自然景观中占有重要地位。植物景观兼有美化环境、分离空间、烘托主景、点缀精华、清新空气、保持生态平衡的多种功能。有的景观区，植物景观是主景，其他景观为配景。

云南生物地理景观从科学的角度阐释了云南生物地理景观的类型和科学价值，而植物景观是指具有旅游观赏价值的景观植物，其分析具有更加明晰的目的性。云南素有“植物王国”的美誉，集中了从热带、亚热带至温带甚至寒带的植物品种。在全国约 3 万种高等植物中，云南已经发现 274 科 2076 属 1.7 万种，被子植物和裸子植物种属均占全国的 44%。植物景观主要是指由自然界的植物群落和植物个体所表现的形象，通过人们的感观传到大脑皮层，产生一种实在的美感和联想。云南植物景观主要有勐腊望天树景观、独树成林景观和沧源巨龙竹景观等。

1. 勐腊望天树景观

勐腊望天树景观仅分布在勐腊县的补蚌等海拔 700～1000 米的沟谷及两侧山地上。望天树属龙脑香科，常绿高大乔木，是中国典型的热带季雨林的上层优势树种。因它长得挺拔笔直，一般的高度在 40～70 米，最高的竟达 88 米，如利剑般直刺蓝天，是中国长得最高的树种，因此有“林中巨人”“林中美王子”之美誉。20 世纪 70 年代初期，正是因为中国的科技工作者在勐腊发现了望天树，才向世界证实中国确实有热带雨林的存在。直冲霄汉的望天树，树冠雄踞于 50 多米高的最上层，像在森林上空撑起的一把把大绿伞，在它的下面，从几米到 40 多米，高低错落分布着热带雨林其他树种。望天树树冠呈伞形，树干通直圆滑，胸径 60～150 厘米，最大可超过 300 厘米，普遍具有板根，并且是所分布群落的特征种和优势种(郭贤明等，2006)。在 80 年代望天树已被列为国家一级重点保护的稀有、濒危植物。由于抗虫耐腐，硬度适中，因此是优良的工业用材；它的寿命很长，育苗造林容易，木材硬度适中，纹理直，容易加工，适于建筑房屋和制造船舶、车辆和家具等，是大有发展用途的优良树种。勐腊望天树是中国的特有种，又是珍贵用材树种，因此具有极高的科研、经济、文化和观赏价值。勐腊热带雨林已建有望天树景区，其空中走廊长 2.5 千米，高 20 米，采用铁索建成，串连各高大的望天树，能轻易观察到各种鸟类、附生植物等(图 10.3)。

图 10.3 望天树景观示意图

2. 独树成林景观

1)瑞丽独树成林景观

瑞丽独树成林景观位于瑞丽市 320 国道旁的勐卯镇芒令村，远看是一片绿油油的树林，实际上只是一棵榕树，它的树干会不断生长出气根，由上而下扎进泥土，衍生出新的枝干，新的枝干又生发出无数的气根，扎入地中，根生干，干生根，就这样，生生不息，天长日久就成为“独树成林”。此榕树长在路旁好像是专门站在那里等候远方的来客，瑞丽人因此称它为迎客榕。它树形奇特，左右前后姿势多变，因此为众多影视专家所青睐，《边寨烽火》《孔雀公主》《西游记》等十多部影视片都在这里拍摄过外景，是一道独特的风景线。

2)打洛独树成林景观

打洛独树成林景观位于省级口岸勐海县打洛镇开发区内，距打洛镇政府 4 千米，距中缅边境仅 1 千米左右。这株成林独树，株高达 28 米，树龄在 200 年以上，属热带、亚热带的大叶榕。该树主干中部的众多气生根，顺树而下，相互交缠，盘于根部。左右两侧的主枝上，有 30 条大小不等的气生根垂直而下，扎入泥土，形成根部相连的丛生状支柱根，支柱根插入土中，又变成了另一棵树，形成树生树、根连根的一树多干的成林壮观景象。1992 年这里开辟为旅游景点，由于气生根形成的自然景观十分引人注目，它们像列队的战士长久地站在开发区的边缘，每天吸引着众多国内外游客前来观赏和拍照。因此，打洛独树成林的奇特景观成为游客必到之地，成为打洛镇最红火的旅游景点之一。

3)大盈江独树成林景观

大盈江独树成林景观位于盈江铜壁关老刀弄寨旁的亚热带雨林中，距离盈江县城 30

千米。树冠像一把巨伞，浓荫四布、遮天蔽日，气势雄伟。树冠占地 8 亩左右，树高约 40 米，主干满布块状根系，千沟万壑，气生根 400 多条，入土下垂长成树干的气生根 100 多条，如椽似柱，每年仍有 10 多条气生根增加。远远看去，犹如一片小树林，游客在树下穿行，犹如在原始森林中遨游，令人惊叹。此榕树树龄 300 多年，是中国目前发现最大、气生根最多的榕树(图 10.4)。

图 10.4　独树成林景观示意图

3. 沧源巨龙竹景观

巨龙竹为大型直立丛生竹景观，主要分布于滇西南和滇南海拔 650～1000 米地带，沧源巨龙竹主要分布在沧源佤族自治县班洪、班老和芒卡一带海拔 500～1300 米的坝区或热量充足的河谷地区。沧源巨龙竹具有巨大的外形、通直的秆形，竹子秆高 20～30 米，最高可达 45 米；直径 20～30 厘米，最粗可达 36 厘米；一般每株重 100～150 千克，最重可达 360 千克。巨龙竹是目前发现的竹类中最粗的竹子，高大笔直，雄壮魁伟，抬头看不见竹梢，有直插云天之感。巨龙竹是云南特有的重要经济竹种之一，竹笋可食用；秆材质优良，可作建筑用材，也可制作成引水管、竹筏、竹筷及生产生活用具等，还可制造竹胶合板、竹编胶合板、竹地板、竹壁板、竹砧板、竹包装箱等，甚至可用来制作竹雕、竹刻、竹酒筒、茶筒及食品包装盒等工艺品；此外，巨龙竹纤维含量高，可生产高档纸及优质人造丝，其根系发达，固水保水能力强，所以沧源巨龙竹具有重要的经济价值、文化价值、生态效益和景观价值，是具有世界意义的珍稀竹种(谷志佳等，2012)。

10.4　花 卉 景 观

云南是“世界花园”。云南大部分地区属亚热带半湿润气候，四季如春，冬无严寒，夏无酷暑；地形复杂，从北到南，由高而低，寒、温、热三带兼而有之，立体气候的特点十分明显，不同高度，不同地形，发育着不同的花卉种类；加之云南地处热带边缘，南北走向的河流有利于寒带植物的下移和热带植物的上迁，对植物中花卉的交流和传播也就更加有利，所以云南的花卉资源十分丰富。欧美等国(地区)的庭院、公园争相培植的杜鹃花、山茶花、报春花、龙胆花和百合花等数以千计，大部分于 20 世纪初引自云南。因此，世界园艺界普遍认为，没有云南的花，便不成花园。云南花卉按景观分有木本花、草木花、藤蔓花；依据色别，又分成四种。

白色：玉兰花、云南含笑、大叶木兰、木莲花、雪莲花、云南山梅花、云南大百合、大白花杜鹃、凝兰杜鹃、白兰花(白缅桂)、栀子花、牡丹花、绣球花、六月雪、桂花(银桂)、珍珠花、木槿花、桃花、梅花、李花、梨花、月季花、紫薇(银薇)花、樱花、木瓜、白花夹竹桃、胡枝子、山合欢、刺槐花、丁香花等。

红色：山茶花、牡丹花、垂丝海棠、樱花、桃花、李花、杏花、杜鹃花、蔷薇花、月季花、合欢花、石榴花、夹竹桃、紫薇花、胡枝子、怪柳、红子层、刺桐花、木棉花、凤凰木花等。

黄色：如棣棠花、连翘花、迎春花、桂花(金桂)、牡丹花、杜鹃花、金丝桃、蜡梅、金缕梅、瑞香、樱花、蔷薇花、月季花、黄玉兰(黄缅桂)、缅栀子(印度素馨)花、百合花、报春花，以及紫藏科的炮仗花等。

紫色：如紫藤花、杜鹃花、木兰花、玫瑰花、蔷薇花、紫薇花、瑞香花、泡桐花、楸花、梓花、紫珠花、绣球花、丁香花、羊蹄甲花和爵床科的大花啼牛花等。

云南花卉资源 2500 余种，而山茶花、杜鹃花、玉兰花、兰花、百合花、报春花、龙胆花、绿绒蒿被列为云南花卉中的八大名花。这八大名花的种类和品种非常丰富，山茶约 60 种，杜鹃近 300 种，报春花 140 余种，龙胆 120 余种，兰花 300 余种，木兰科 70～80 种，最少的绿绒蒿也有 17 种，花色各异。

云南山茶花景观：云南省的特产花木，被誉为“花中珍品”，是自然界少见的大花常绿乔木。花色有朱红、紫红、桃红、粉红、玫瑰红、白色多种，还有红白相间的两色品种，以花大色艳著称于世，故早有“云南山茶甲天下”的评价，现在是昆明市的市花。

杜鹃花景观：多为小乔木或灌木。云南有近 300 种。横断山区是其现代分布中心，千姿百态，花色多种，红、紫、黄、白、粉诸色皆有，每当春夏之交，山野之间成林成片，万紫千红，蔚为壮观。

报春花景观：多年生草木花卉。云南省有 140 多种，占全国报春花种类的一半。报春花株高在 5～50 厘米，花朵繁多，色彩丰富，自早春至盛夏均有开放。常常丛生成片，花开之时，鲜艳夺目，铺地似锦。

玉兰花景观：木兰科植物，有乔木、灌木之别，以花大、芳香而闻名。云南除栽有白玉兰、紫玉兰、朱砂玉兰和荷花玉兰、白兰、黄兰等国内外名贵种类之外，尚有云南自己的特产种类引入嫁栽，其中较为名贵的有云南高原种类的山玉兰、花白秀雅的龙玉花、芳香宜人的云南含笑。此外，还有树干笔直、叶形奇特的鹅掌楸(又名“马褂兰”)，是优良的行道树种。

百合花景观：系多年生宿根草木花卉，百合花株形苗条清秀，花大形美，有的尚有芳香，花色丰富多样，尤以绿花种类为各类名花中少见。云南有较多的珍奇种类，近年来昆明植物园成片栽培的淡黄百合花，朵长达 30 厘米，且具浓香，可谓上品。

兰花景观：是兰科植物的总称，分布广泛，兰花分地生兰(中国兰)和附生兰(热带兰)两大类。中国传统栽培的兰花为兰属植物的地生兰，全国 20 余种，云南应有尽有。“中国兰”取悦于人，主要是它那种特有的令人愉快的幽香，古有“王者兰”“天下第一香”之美誉。云南滇西一带的素馨兰，滇南一带的剑兰、墨兰都是深受人们喜爱的种类。“热带兰”主产滇南，尤以西双版纳为富，这一类尚有兜兰、万带兰、蝶兰、凤兰、卡特兰、石槲等上百种的观赏兰花。其特点是花多、花大、色彩丰富，不少种类可谓真正的“奇花异草”。

龙胆花景观：为高山花卉。龙胆花系多年生或一两年生小草木，常成片生长。花冠似钟状，花色多蓝色，亦有紫色、黄色、白色，有的种类茎部极短，一旦开放，远远望去，一朵朵龙胆花整齐并列，十分别致。每当秋季盛开之时，龙胆花和其他同时开放的一些五彩缤纷的草花交织在一起，形成高山所特有的“五花草甸”。

绿绒蒿景观：华丽多姿，为一年生或多年生草木。绿绒蒿花开在夏末，其花形就像庭园栽培的罂粟花、虞美人，花大色艳，华丽多姿，色彩十分丰富，紫、红、粉、黄、白、天蓝诸色俱备，是一种很有名的高山花卉。

10.5　人工植物群落景观

人工种植植物群落作为植物景观的载体和表现形式，是国土绿地系统的基础，也是衡量农业林业发展水平的重要标志。人工植物景观的构建，是建立在植物配植基础上的艺术创造，完美的人工植物景观应该具备科学性、艺术性及实用性等方面的高度统一。既要向植物分类、植物生态、植物地理、植物学等学科学习和借鉴，提高植物造景的科学性，满足植物与环境在生态适应性上的统一，又要通过艺术构图原理，体现出植物个体及群体的形式美及人们在欣赏时所产生的意境美，充分发挥植物本身形体、线条、色彩等自然美，配植成一幅幅美丽动人的画面，供人观赏(赵黎芳和丛日晨，2005)。植物景观资源的合理配植必须遵循自然群落的发展规律，并从丰富多彩的自然群落组成、结构中借鉴，才能在科学性、艺术性上获得成功。人工植物资源景观以其所包含的绿色植物、人类、益虫害虫、土壤微生物等生物成分与水、气、土、光、热、路面、建筑等非生物成分以能量流动和物质循环为纽带构成了相互依存、相互作用的功能单元。在这一功能单元中，植物群落是基础，它具有自我调节的能力，这种自我调节能力产生于植物种间的内稳定机制，内稳定机制对环境因子的干扰可以通过自身调节，使之达到新的稳定与平衡。但是建设人工植物群落景观不能忽视再造环境中某些非生物因子对植物生长的影响，如污染、挖埋修建、交通等均能造成人工植物生长不良，甚至死亡(任力之，2009)。人工植物景观的设计主要根据自然性特点进行，即以自然性为基础，以本地树种为主要基调，通过运用对比、变化统一规律，采用群植、从植、孤植手法，进行自然式配植，从而使人工景观达到“源于自然，高于自然”的效果，与其他景观和谐相配。在构建人工植物群落时，要运用生态学理论、风景园林理论、系统工程方法等人为手段，以改善和维护良好的生态环境为目标，合理规划布局绿地系统，通过绿地点、线、面、垂、嵌、环相结合，建立生态绿色网络(鲁敏等，2002)。以乡土树种为主、外来树种为辅，以乔木树种为主、乔灌花草藤相结合，建立复层结构的各种类型(观赏型、环保型、保健型、科普知识型、生产型、文化环境型)的稳定植物群落(鲁敏等，2012)。云南省常见的人工植物景观主要有植物园、竹园、花园等园林造景景观，以及人造纯林景观和大量的古树名木景观。

10.5.1　植物园

云南是世界上栽培植物的起源中心之一，在造园艺术上也有悠久的历史，云南的植物园最著名的是昆明植物园、西双版纳热带植物园和昆明树木园。

1. 昆明植物园

昆明植物园在昆明市北郊黑龙潭，位于东经102°41′，北纬25°01′，海拔1930米，面积334公顷，1954年在原云南农林植物研究所的原址上建园，汇集了各种热带、亚热带植物。现栽培植物354000余种，已建成的展览区有：百草园、单子叶植物区、裸子植物区、山茶杜鹃区和温室等，该园以园林观赏植物为主，配合植物资源研究，开展云南亚热带和亚高山地区植物的引种驯化工作，着重进行园林植物、药用植物、乔灌木及珍稀植物等研究工作。昆明植物园融科研、科普、旅游和教学实习为一体，是具有云南特色的多功能综合性植物园，1997年被云南省人民政府命名为“云南省科普教育基地”。蔡希陶、吴征镒、冯国楣等老一辈著名植物学家曾为昆明植物园的建立和发展做出了巨大贡献，他们全面系统地介绍了植物的起源、进化、植物与环境及人类的关系等多方面植物学基础知识(中华人民共和国国家旅游局，2007)。

2. 西双版纳热带植物园

西双版纳热带植物园是中国科学院主持兴建的中国第一个热带植物园，坐落在勐腊县勐仑风景优美的“罗梭江如带绕，围成葫芦形半岛”的葫芦岛上，因此又称勐仑热带植物园。植物园位于东经105°25′，北纬21°41′，海拔570米，距离景洪市区96千米。有着“植物王国的缩影”“绿宝石的心脏”的美誉。植物园由著名植物学家蔡希陶于1959年带领一批年轻的植物科学工作者逐渐建立起来。园区占地面积1125公顷，保留有大片原始森林，是科学实验和研究的一块宝地，经过多年的发展，在这里各种植物分类集中，组成错落有致的38个植物专业区，是我国面积最大、收集物种最丰富、植物专类园区最多的植物园，也是世界上户外保存植物种类数和向公众展示的植物类群数最多的植物园。兰花园小巧别致，荟萃了热带、亚热带地生兰和附生兰优良品种；水生植物区，睡莲、王莲争妍比美；在棕榈林中，有120多种棕榈科植物；百竹园中生长着200多种巨细不等的秀竹；龙脑香林内有许多珍贵树种，如羯布罗香、版纳青梅、婆罗双等；在药用芳香林中生长着檀香、丁香、龙脑香等香料植物；苏铁、鸡毛松、肉托竹柏等稀有植物在裸子植物林区茁壮生长；珍稀濒危植物林区，可见到板根大王四数木、林中巨人望天树、巨叶植物海芋、能够灼人的火麻及老茎生花、树缠树等奇观；热带果木林中，有酸甜可口的当地名柚曼赛龙和勐仑枣。林木中还有稀奇的神秘果、跳舞草和猪油瓜。植物园内荟萃了众多的热带植物品种，是“绿色明珠”的巧妙缩影。在各类植物竞相比美的园林内，建有科研大楼、植物标本馆、展览馆、蔡希陶纪念馆和民族度假村等人文景观及接待游客的各种服务设施。这片佳木竞秀、繁花似锦的热土是集科学研究、植物种质资源保存和开发利用、科学普及为一体的生态旅游区。在这里不仅能学到植物科学知识，更能使人体会到独特的热带雨林风光。勐仑热带植物园于 1996 年被云南省人民政府评为“爱国主义和科普教育基地”。

3. 昆明树木园

昆明树木园位于昆明市北郊黑龙潭公园旁，地理位置为东经 102°45′，北纬 25°08′，占地 785.4 亩，于 1959 年建园。昆明树木园多年来有计划、有目的地收集云南省及我国亚热带地区主要的野生珍稀濒危树种及经济、用材树种的种质资源，并积极引进适于云南省发展的国内外优良树种和品种。开展了云南省濒危植物的收集拯救、珍稀树种的发掘及其基因资源保护利用等生物多样性领域的研究，以及珍稀濒危物种迁地保护技术、林木遗传改良和引种驯化工作。经过科技人员 50 余年的努力，昆明树木园现已建成珍稀濒危树种迁地保存区、木兰科树种栽培区、经济林木栽培区、森林植物种质资源区、桉树种子园区、竹类栽培区和良种繁育区及温室区多个功能区。园区现已引种栽培树木 1000 余种，其中珍稀濒危树种 170 余种，国家级保护植物 72 种，优良经济林品种 84 种，园林绿化和造林树种 200 余种。昆明树木园还营建有云南松优良种质资源区和优良桉树种子园，云南松优良种质资源区内栽培有 57 个云南松优良种源。桉树种子园内有蓝桉优良家系 106 个，直干桉优良家系 77 个。

昆明树木园现已初步成为云南省温带、亚热带主要经济树种的良种基因资源库，同时也是云南省研究、保护和发展生物多样性的资源中心之一。

1997 年昆明树木园被云南省人民政府命名为“云南省科普教育基地”，2005 年被中国林学会命名为“全国科普教育基地”，每年接待大中专院校和中小学学生数千人次开展树种及生物多样性的科学普及工作。昆明树木园也向公众开放，不仅增加了民众的林学和生态知识，而且增强了民众对待环境的保护意识。

10.5.2 古树名木景观

《中国农业百科全书》定义古树名木为：树龄在百年以上的大树，具有历史、文化、科学或社会意义的木本植物。随着城市的不断进步，古树名木作为一种不可再生的生物景观资源，也逐渐受到社会的关注和重视。古树名木，属于独特的自然景观，是自然与人类历史文化的遗产，见证了中华民族历史的发展，具有较高的景观、人文、研究价值。在云南，无论是自然空间还是公园内，都分布着许多古树名木。中国的榕树有 120 余种，其中云南记载的有 67 种，是名副其实的“榕树王国”。榕树不仅能够“独树成林”，并且文化内涵丰富。昆明北郊的黑龙潭公园分布有唐梅、宋柏、元杉、清玉兰等著名的古树名木，极具观赏价值。圆通山三月赏花、大观楼十月菊展、西华园兰圃、金殿的山茶及武定狮山的万株牡丹等花境，均构成各具特色的植物景观，比较有代表性的古树名木有数十种。

银杏景观：高大的落叶乔木，树干端直，分枝繁茂，叶为单叶扇形，秋季树叶发黄，非常美观。云南的银杏多古树名木，腾冲是云南省内银杏分布的西界。腾冲银杏村是云南最著名的古树名木村落景区。

莎椤景观：又称树蕨，是国家一级保护植物，生长在云南低海拔沟谷地带。莎椤虽是蕨类，但是在当地的热带雨林气候条件下，长得很高大，有的高达数米，羽翼招展，非常茂盛，惹游人注目。

水杉景观：落叶乔木，树干笔直，整个树冠呈塔形，树姿优美，枝叶繁茂。树叶春天嫩绿，夏天青翠，入秋淡黄。

秃杉景观：高大乔木，枝叶繁茂，活像一只凌空展翅的秃鹰，是世界少有的珍贵树种。

蓑衣油杉(蓑衣龙树)景观：松科油料植物的一种变形，常绿乔木，因枝条全部下垂，树形奇特秀丽，被人们视为神树。

香木莲景观：木兰科常绿乔木，开的花香气袭人，是国家二级保护植物。

山红树景观：红树科常绿乔木，中国仅此一种，为云南特产，是国家三级保护植物。

云南少肋撅景观：椴树科植物，优良用材树种和园林观赏植物。

四数木景观：落叶大乔木，其有独特的板根现象，中国仅此一属一种。

大青树(榕树)景观：桑科常绿大乔木，干粗叶茂，支柱根、气生根发育。常形成独特的独树成林景观，也是紫胶虫的寄主树。

树菠萝景观：桑科常绿乔木，是一种奇异的花和果着生在粗大树干上的茎花植物。

光叶大蒜果树景观：楝科植物，全株有强烈的大蒜味，皮呈鳞片倒卡状，又名“倒皮椿”。

箭毒木景观：桑科植物，箭毒木又叫见血封喉树，是一种奇特的落叶高大乔木。其树高可达40余米，主干树冠开展，并具有大板根。最为奇特的是，它的树皮及其他部分都具有乳液，含剧毒。

珙桐景观：落叶乔木，叶片卵回形，基部心形，枝条有长短枝之分。珙桐的花是由许多小雄花簇拥着一朵大雄花，组成为球形头状花团，好似鸽子头、身，两片苞片一大一小，初为淡绿色，后又转变乳白色。每当春来夏初之际，山风吹拂，摇荡飞舞，犹如白鸽振翅，跃跃欲飞，因而，珙桐又有“鸽子树”之称。

望天树景观：龙脑香科植物，树干笔直，直插蓝天，高50～70米，从树冠到地面，几十米内竟然没有枝杈，恰如一个望天的巨人，由此而得名，望天树是云南的“树中之王”。

云南古树名木非常之多，这里只是介绍了其中的一部分，古树名木既能独立成景，也能配景。随着生态旅游的发展，古树名木景观在旅游活动中的价值和地位将会得到提升。

10.6　动 物 景 观

动物景观是灵动的生物景观。云南动物种类数为全国之冠，素有“动物王国”之称。哺乳动物约有 304 种，占中国哺乳动物种数的 49.6％。已记载云南脊椎动物共 1836 种，约占中国总数 3317 种的 55.35％。其中，鸟类 810 种，占中国鸟类总数的 65.1％；鱼类(淡水)有 432 种，占中国淡水鱼总数的 54.0％；两栖类 120 种，占中国两栖动物总数的 42.3％；爬行类 170 种，占中国爬行动物总数的 45.2％；兽类 274 种，占中国兽类总数的 53.3％。除脊椎动物外，无脊椎动物也十分丰富，包括原生动物到节肢动物共 10 个门，已记载昆虫有 13000 多种，占中国种类的 28.7％。软体动物 48 种，占中国 211 种的 22.7％。这些动物中许多是云南特有或国内仅分布于云南(杨宇明等，2008)。云南省境内共有一类保护动物 30 种，如滇金丝猴、白眉长臂猿、印度野牛、亚洲象、白尾梢虹雉、黑颈鹤等；二类保护动物 34 种，如灰叶猴、小灵猫、雪豹、绿孔雀等；三类保护动物 68 种，如青羊、血雉、灰鹤等。云南优越的地理环境中生活着许多特殊的动物群落，形成独特的动物景观。

由于动物景观具有在形态、生态、习性、繁殖和迁移、活动等方面的奇异表现，游人通过观赏可获得奇特、怪异等美感。动物是活的有机体，能够跑动、迁移，还能做出种种有趣的“表演”，对游人的吸引力大大超过植物，如无脊椎动物中以姿色取胜的蝴蝶；脊椎动物中千姿百态的观赏鱼、龟、鸟、兽类等。其中，鸟类、兽类是最重要的观赏动物，它们既可观形、观色、观奇、观动作，还可听其鸣叫声，获得从视觉到听觉的多种美学效果。风景动物吸引人还在于其珍稀性，云南有许多动物是世界特有、稀有的，甚至是濒临绝灭的，如滇金丝猴、黑颈鹤、白尾梢虹雉、亚洲象等，这些动物由于具有“珍稀”这一特性，成为人们关注的中心。

动物不仅有自身的生态习性，而且在人工饲养、驯化条件下，能模拟人类动作或在人的指挥下做出某些粗犷而可笑的“表演”动作等。在云南省的一些少数民族地区，特别注重动物表演娱乐活动，如斗鸡、耍猴、玩蛇、养鸟、斗牛等。同时，动物还具有造园功能，给社会提供参观场所。主要表现形式有动物园、水族馆、标本馆等。近年来随着特种旅游的发展，观鸟旅游、野生动物观赏游等相关旅游产业得到了蓬勃发展。

云南目前旅游开发较好的动物景观主要有亚洲象(西双版纳)、滇金丝猴(白马雪山)、红嘴鸥(昆明滇池、翠湖)、黑颈鹤(昭通大山包、会泽草海)、蝴蝶(大理蝴蝶泉、金平蝴蝶谷)、犀鸟(盈江)等，这些动物景观及其栖息地往往成为具有唯一性的旅游吸引物。动物景观是一类品质高、市场吸引力强但又特别敏感的生态旅游资源，目前的利用是有限的，而今后的开发利用，需要在系统的科学研究基础上，进行谨慎地保护性开发和利用。

10.6.1　鸟类景观

中国鸟类资源最为丰富的省份是云南，其次是四川。云南省地处我国的西南边疆，位于热带和南亚热带的低纬度地带，境内的海拔悬殊，地理环境的高度多样性使云南的鸟类多样性异常丰富(李文华，2013)。目前，云南省共记录到鸟类 21 目 88 科 903 种，种类超过了我国鸟类的 2/3；在 903 种鸟类中，国家重点保护鸟类有 160 种，占全省鸟类种数的 17.7%，占全国重点保护物种的 77.3%；被《濒危野生动植物种国际贸易公约》(CITES)附录收录的种类 108 种，中国特有鸟类 39 种(廖俊涛等，2012)。同时，云南也是北方候鸟越冬的栖息地和过境地。每年有 200 多个品种、数百万只冬候鸟赴云南或经云南到东南亚等地越冬，候鸟比例约占云南省已知鸟类的 1/3，其中湿地鸟类比例特别高。在云南省 134 种湿地鸟类中，候鸟和旅鸟达 91 种，占湿地鸟类种数的 67.9%(杨宇明等，2008)。著名的鸟类珍稀保护种有绿孔雀、孔雀雉、赤颈鹤、黑颈鹤、犀鸟、藏马鸡等 124 种。

1. 湿地鸟类景观

湿地被称为全球的三大生态系统之一，在维持生态平衡方面具有重要的作用。湿地不仅具有涵养水源、调节气候、降解环境污染、农业灌溉、水力发电等多种功能，还是众多野生动物的栖息地和生物多样性的摇篮。湿地鸟类密切依赖于湿地，其生活史的全部或大部分必须依靠湿地环境才能生存和繁衍的鸟类，不仅包含传统的水禽，也包括了那些主要在湿地环境中栖息和觅食活动的种类(杨晓君和杨岚，2006)。

通常在湿地中能够见到的鸟类主要可以分为 4 种类型：①栖息和觅食完全依赖于湿地，其活动范围仅限在湿地及其周边邻近地区的种类；②主要依赖湿地，但也到非湿地生境中活动的种类，这两种类型的鸟类中，除水禽外，也包括其他一些鸟类；③主要在非湿地生境中生活，但湿地存在时也可以利用在其中生存的种类；④偶尔到湿地中活动的种类。因此，湿地鸟类是指上述第 1、2 类型中的所有种类，第 3 种类型中的鸟类中如鹨属、鹡鸰科、沼泽大尾莺、蝗莺、苇莺等常见于湿地中，有些学者在进行湿地调查中也将其归为湿地鸟类，从广义上讲，也可以包括这些种类。

根据以上湿地鸟类的定义，云南目前共记录有湿地鸟类 11 目 26 科 159 种(杨晓君和杨岚，2006)。旅游价值最高的湿地鸟类主要为黑颈鹤。

黑颈鹤是中国的三大国宝之一，是人类发现最晚且世界上唯一在高原地带生活的珍稀鹤禽，属国家一级重点保护动物。全世界有 8000 多只黑颈鹤，每年 10 月下旬至次年 4 月初，在云南滇西北到云南会泽草海、昭通大山包一带的高原湿地上广泛分布着到此越冬的黑颈鹤，其中到会泽草海和昭通大山包越冬的黑颈鹤种群最多，达到 1200 余只，且有逐年增多的趋势。黑颈鹤体态舞姿极其优美，但非常警觉，难得一见，所以，观黑颈鹤被认为是观鸟旅游中较高品位的活动，因此，昭通大山包和会泽草海是观鸟旅游等特种旅游爱好者的首选旅游目的地(图 10.5)。

2. 森林鸟类景观

森林是地球上最大的陆地生态系统，森林鸟类是森林生态系统中的重要成员，其在森林生态系统中发挥着重要的作用。《中国农业百科全书》将森林鸟类定义为：在森林里(包括灌丛、林间空地、森林草原、林中水域等)栖息、觅食、繁殖的鸟类，包括鸣禽(雀形目、雨燕目)、攀禽(鹦鹉、杜鹃、夜鹰、咬鹃、佛法僧和啄木鸟)、猛禽(鹰隼类和鸮类)、陆禽(鸡类和鸠鸽类)及涉禽和游禽的某些种类等。云南省森林鸟类种类繁多，不同的森林观鸟路线，营造了不同的鸟类景观(韩联宪，2004)。

图 10.5　黑颈鹤

1)观鸟北线

观鸟北线：大理苍山—黑龙潭和玉龙雪山—香格里拉虎跳峡—香格里拉附近—德钦白马雪山—德钦飞来寺周围。其中，香格里拉附近，即由市区东北方沿香格里拉到四川乡城公路约 20 千米的次生林，以及纳帕海自然保护区，主要鸟类有斑尾榛鸡、血雉、白马鸡、大噪鹛、橙翅噪鹛、灰雀、金翅雀、灰眉岩鹀、黑冠山雀、褐冠山雀、高山树莺、滇䴓等。德钦飞来寺周围，位于德钦县城北边十余千米，为次生林和灌丛，有多种朱雀、柳莺、高山雀鹛、白眉雀鹛、凤鹛、钩嘴鹛、宝兴歌鸫等鸟类。

2)观鸟西线

观鸟西线：高黎贡山百花岭—腾冲大蒿坪—腾冲来凤山公园—盈江坝子—盈江铜壁关国家级自然保护区—陇川户撒东山—瑞丽南京里、勐秀—瑞丽南宛河自然保护区——扎多河瀑布风景区。其中，腾冲大蒿坪，位于高黎贡山西坡，海拔 2400～3000 米，植被主要为中山湿性常绿阔叶林，主要鸟类有灰雀、各种鹛类、红透咬鹃、白鹇、绣眼鸟、鸦雀、白顶溪鸲、红尾水鸲等。铜壁关国家级自然保护区南部红崩河海拔很低，森林鸟类主要为热带种类，保护区北部昔马海拔较高，鸟类有黑鹇、孔雀雉、叶鹎、各种啄木鸟、冕雀、燕尾、多种鹛类，如噪鹛、奇鹛、穗鹛、贝鹛等。瑞丽南京里、勐秀，位于瑞丽市西边十余千米，植被为热带森林，有多种鹛类、鹟类、鸠鸽类、啄木鸟和拟啄木鸟等。瑞丽南宛河自然保护区，位于瑞丽市西南，植被为热带森林和竹丛，鸟类有山椒鸟、旋木雀、鹎类、多种鹛类、拟啄木鸟、鹟类等。

3)观鸟南线

观鸟南线：思茅—景洪三岔河—勐腊勐仑—景洪纳板河。其中，思茅地区为热带和亚热带过渡地区，森林覆盖率高，已记录到250多种鸟类。莱阳河省级自然保护区，有普洱保护得最好的森林，有各类山椒鸟、鹎、太阳鸟、啄花鸟、蛇雕、白鹇、原鸡、雀鹛、贝鹛、长尾阔嘴鸟、银胸丝冠鸟、绿嘴地鹃、蓝须蜂虎等。景洪三岔河是西双版纳国家级自然保护区勐养片区的一部分，森林里有建在空中的树上旅馆，有上百种鸟，有绿鸠、皇鸠、山鹧鸪、卷尾类、杜鹃、蓝绿鹊、多种鹛类、太阳鸟、灰树鹊、蓝绿鹊、啄木鸟、拟啄木鸟、和平鸟、叶鹎等。勐腊县勐仑镇附近的热带石灰岩山地森林，为西双版纳自然保护区勐仑片区的一部分，主要有白腰鹊鸲、灰岩鹪鹛、白冠噪鹛、黑喉噪鹛、拟啄木鸟、朱鹂、鹎类、红原鸡等。

3. 候鸟鸟类景观

候鸟一般是指有迁徙习性、随季节变化有规律地来往于越冬地和繁殖地之间的鸟类，群体大，来去的时间、地点都很有规律，有固定的越冬场所、繁殖地和迁徙地点。总的来说，候鸟分为冬候鸟和夏候鸟。中国的迁徙候鸟种数约565种，有200多种迁徙路径经过或抵达云南。候鸟的主要特征是在春秋两季沿着比较稳定的路线迁徙。中国候鸟有西部路线、中部路线和东部沿海地区三大迁徙路线。其中，西部路线是指在干旱草原地带，包括内蒙古、甘肃、青海等省份的候鸟，主要沿青藏高原向南迁徙到达四川及更南部的云贵高原。中国西藏地区的候鸟有一部分飞到印度去越冬(王京，2004)。

候鸟不仅是维系生态平衡不可或缺的组成部分，而且具有重要的生态价值、科研价值和观赏价值。云南地处中国鸟类迁徙的西部通道，地理位置十分重要。根据中国鸟类环志近20年的研究表明，中国至少存在3条候鸟迁徙通道，即东部通道、西部通道和西北部通道。东部通道主要自俄罗斯西伯利亚地区进入中国东北，经京、津、唐和渤海湾地区并顺东部沿海地区南下：一支经台湾到菲律宾及南洋群岛等地区；另一支继续沿东南沿海地区到达北部湾和中南半岛等地越冬。西北部通道主要自俄罗斯中部地区和蒙古国西部进入中国新疆中部，并经西藏西北部再进入印度西北部后到达南亚次大陆及印度洋岛屿越冬。西部通道自俄罗斯中西部、蒙古国大部地区进入中国内蒙古、甘肃、青海等地，以后分为三个分支，即西部、中部和东部分支，其中西部分支途径阿尼玛卿、巴颜喀拉、青藏高原喜马拉雅地区进入印度、孟加拉国等地，主要抵达南亚次大陆及孟加拉湾地区越冬；中部分支由青藏高原东南部向南沿横断山脉进入云南西北部，并继续沿横断山脉向南和东南方向南下；东部分支经四川邛崃山脉和云贵高原进入云南东北部乌蒙山区，并经滇东高原南下。西部通道的中部和东部分支是中国西部候鸟迁徙的主要路径，均从云南南部和东南部出境后抵达中南半岛和北部湾地区越冬，部分候鸟还继续向南或东南迁徙，到达印度尼西亚或澳大利亚等太平洋赤道地区。

西部通道是途经中国的国际冬候鸟和国内夏候鸟向南迁徙的最大通道，迁徙候鸟的种类数量都较东部和西北部通道为多，并且有大量珍稀濒危鸟类。中国西部大通道中的两个主要通道都经过云南，使云南成为中国境内候鸟迁徙的重要通道(表10.2)。

表 10.2　云南主要鸟类迁徙通道

迁徙通道	特征	迁徙线路	特征
滇西横断山脉通道	中国境内迁徙候鸟西部通道的中部主支。 北起云南最西北角的横断山脉纵谷地带，沿“三江地区”形成三条迁徙路线。 云南境内候鸟种类最多、种群数量最大、迁徙路径最长的候鸟迁徙通道	高黎贡山与怒江迁徙路线	北起贡山并沿高黎贡山山脉与怒江谷地，向南经过福贡—泸水—腾冲—梁河—龙陵—潞西—瑞丽等地。 一部分北方来的冬候鸟在抵达高黎贡山南部腾冲、德宏等地的中低山宽谷盆地后即留于该地区越冬。而大部分候鸟还将由云南西南进入缅甸继续向南迁徙，直抵中南半岛或南亚次大陆等地越冬。 候鸟集结点是姚家坪和打鹰山
		梅里雪山—怒山—碧罗雪山与澜沧江流域迁徙路线	从梅里雪山沿怒山—碧罗雪山南下，经过六库—保山—昌宁—永德—耿马—双江—景谷—澜沧等澜沧江流域地区，并抵达西双版纳。 西双版纳位于北回归线以南的低纬度湿热地区，海拔低，森林覆盖率高，河流水系发达，生物种类十分丰富，因而吸引了大部分北方来的冬候鸟在这里越冬，少部分继续南下经过缅甸、老挝、泰国等地进入中南半岛。 候鸟集结点两个：宁洱莫夺山和景洪勐养
		云岭、罗坪山、点苍山、无量山、哀牢山与红河路线	云南境内候鸟种类最多、种群数量最大、迁徙距离最长的路线。从地势最高的滇西北到地势最低的滇东南，是目前已知迁徙路径中最明晰的迁徙线路。 北起甲午雪山，沿白马雪山、云岭山脉南下，一路经过香格里拉—维西—丽江—剑川—洱源—漾濞—大理—巍山—南涧，并自无量山、哀牢山与红河源头礼社江起，沿哀牢山脉与红河河谷走向转为东南方向，经过景东—新平—元江—墨江—红河到达滇东南的元阳、绿春、金平、屏边和河口一带。 滇东南是云南省地势海拔最低、受北部湾暖温气流影响最深的湿热地区，热带山地植被的垂直分布系列发育完整，物种资源十分丰富，并且河流、湖泊较发育，是许多候鸟理想的越冬地。因此，有不少北方候鸟在到达滇东南后就以此为其越冬栖息地，但该路径的大部分候鸟仍继续沿红河河谷进入越南北部并向东南方向迁徙至北部湾等地或继续南迁。 该路径的一部分迁徙候鸟在由云岭山脉到达无量山后并不转向哀牢山向东南迁徙，而其仍然沿无量山向南迁飞，并经景东、镇沅、景谷、普洱、思茅等地进入西双版纳，但这是一条不明晰的模糊通路。 大理附近主要有四个集结点：巍山鸟道雄关、南涧凤凰山、洱源鸟吊山和南华的大中山；红河东岸有峨山、石屏、建水等集结点；西岸有绿春大风垭口和金平等集结点

续表

迁徙通道	特征	迁徙线路	特征
滇东—滇中高原通道	西部通道的东分支通道。由四川邛崃山脉南下经云贵高原进入滇东北乌蒙山区，并沿滇东高原一路南下至滇东南红河流域然后出境，形成了一条明晰的滇东高原通道。另有两条不明晰的模糊通道：一条由四川西昌地区的锦屏山和鲁南山进入滇中以北的金沙江河谷地区，再继续南下；另一条由贵州西部进入云南东部和东北部后再转向滇东南与桂西交界地带然后南下	滇东北—滇中—滇东南明晰通道	该通道是云南境内仅次于云岭—哀牢山脉迁徙路线的第二大明晰通道。北起云南最东北角的水富、绥江进入滇东北乌蒙山区，经盐津、威信、永善—大关—鲁甸—巧家—会泽—东川后到达滇中高原，并通过寻甸—嵩明—宜良、昆明、呈贡—澄江—华宁后，继续南下至开远、建水、石屏、个旧、蒙自，最后抵达红河流域的屏边、金平、河口等滇东南低热地区，并与由云岭—哀牢山南下至此的通道汇合。除部分冬候鸟选择此地作为越冬地而停留外，多数迁徙鸟或旅鸟还将继续沿红河南下至越南北部的北部湾或更南的地区。候鸟集结点和越冬湖泊湿地主要有：昭通大山包、会泽草海、巧家、东川、寻甸、滇池及四周林地、晋宁、澄江(抚仙湖)、江川(星云湖)、通海(杞麓湖)、石屏(异龙湖)、个旧(大屯海)等
		金沙江河谷—滇中高原模糊通道	该通道北起金沙江云南与四川交界地段，可分为东西两线；东线经永仁、元谋及其东部的三台山、拱王山至禄劝、武定、富民、昆明、晋宁、峨山、新平等地；西线经牟定、南华、楚雄、双柏等地。东西两线都抵达元江流域与哀牢山明晰通道合并。 候鸟集结点：南华大中山和新平磨盘山
		滇东北—滇东岩溶地区模糊通道	该通道大致由贵州西部或四川东南部进入云南东北部地区，经过宣威、曲靖、富源、陆良、师宗、罗平、广南等地南下，到达云南最东部的富宁，一部分可能由富宁直接进入越南北部；另一部分则转向西南方向经西畴、麻栗坡、文山、马关后抵达河口红河流域。 候鸟集结点：富宁的鸟王山

资料来源：杨宇明等，2008

候鸟不仅是维系生态平衡不可或缺的组成部分，而且具有重要的生态价值、科研价值和观赏价值。昆明红嘴鸥景观是著名的“春城赏鸥”景观。滇池水禽冬候鸟所占比例大，绝大多数为北方远距离迁徙种类，最典型的代表为红嘴鸥。1985 年冬，大批红嘴鸥首次进入昆明市区的翠湖、盘龙江、东风广场等繁华闹区，全城一片轰动，市民围观争看，主动投食招引，以示友好。红嘴鸥不惧围观人群，纷纷向人群俯冲争食，鸥群落停于街道中央，交警则指挥车辆主动避让，形成了人鸥和谐共处的氛围。自此以后每年初冬大批红嘴鸥迁飞昆明，栖息滇池草海浅水湖区及周围湿地或树林中。早晨 8 点左右大批红嘴鸥成群结队飞临昆明市区，主要集中在翠湖公园、盘龙江沿岸、震庄宾馆湖区及南太桥、德胜桥等繁华地段向围观人群觅食，一直到下午 4∶30～5∶00 后陆续飞回滇池周围栖息过夜。由于昆明市政府、爱鸟协会等有关政府部门或社团专门组织投食，群众争先购食饵喂鸥，食源十分充足，并无人伤害鸥群，人鸥关系的和谐程度不断加深，因此，红嘴鸥每年从北方迁来的时间逐年提早，而返回的时间则逐年渐晚，最近几年最早的先头鸥群在 9 月中下旬就抵达昆明，十一国庆已有少数进入市区，元旦至春节期间为高潮，最晚离去的延迟到 3 月上旬至中旬，红嘴鸥在昆明地区的平均停留时间由 20 世纪 80 年代的 80～90 天，增加到现在的 120～140 天，鸥群数量也明显增加，最多时在昆明市区可达 2.5 万只，成为全国罕见的特大群体的候鸟进入闹市，形成人鸟和谐共处的靓丽风景线。

自 1985 年冬红嘴鸥首次进入昆明市区后，云南大学、中国科学院昆明动物研究所、昆明生态研究所和云南省环境科学研究所等单位和部门对红嘴鸥越冬生态开展了研究。1986 年，云南大学首次对入城红嘴鸥进行环志；1987 年 1 月 14 日在红嘴鸥环志中回捕到一只载有莫斯科鸟环的红嘴鸥成体，环志地为苏联贝加尔湖的红嘴鸥(M-68348 号)。同年，在昆明滇池被环志的 MOO-2930 号红嘴鸥于 1994 年 8 月 1 日在澳大利亚新南威尔士州的贝尔阿姆海滨被回捕，证实其自昆明滇池的迁飞距离达 8333 千米，此鸟为中国环志鸟迁飞大洋洲的首例记录，由此大体得知昆明红嘴鸥的来源和去向(杨宇明等，2008)。

云南典型的候鸟景观主要有巍山“鸟道雄关”景观、洱源“鸟吊山”景观、富宁“鸟王山”景观和南涧凤凰山景观。

1)巍山“鸟道雄关”景观

巍山“鸟道雄关”位于巍山彝族回族自治县东北部与弥渡县交界处的打雀山至隆庆关一带，地理位置为东经 100°19′～100°22′，北纬 25°17′25°20′，总面积 729 平方千米。打雀山最高海拔 2851 米，最低于河谷处 2125 米，属横断山脉的南延，哀牢山脉的北端，是一个地处分水岭地形非常奇特的关隘和垭口，史称“八郡咽喉”，历史上是南方古丝绸之路通往南亚和东南亚各国的人马驿道，也同是千百年来候鸟聚集迁徙的咽喉通道，也是历史上当地群众“打雾露雀”的地方。每年中秋时节，成千上万的候鸟从北方向南方迁徙，通过隆庆关飞往南亚和东南亚等地越冬，使这里成了国际候鸟的中转站。这里至今还保存着一块明朝万历年间留下的刻有“鸟道雄关”四个苍劲大字的勒石刻碑，据中外有关专家考证，这是迄今为止人类历史上发现有关候鸟迁徙通道的最早记载，距今有 500 余年历史。

在隆庆关的上段是终年积雪的玉龙雪山和点苍山，下段是高大的无量山、哀牢山，隆庆关恰好就在横断山的下段和哀牢山的上段，海拔降至 2700 米左右，形成了奇特的关隘、狭口地形，加之周围森林茂密，生境多样，适于迁徙候鸟过境或停歇休息，候鸟沿横断山东侧飞来，到这里适当抬升，翻过垭口关隘可进入澜沧江谷地，顺江谷可达西双版纳低山盆地；沿山脊东侧面飞行顺东南而下则进入红河谷地。这里不仅是古代西南丝绸之路人马驿道的重要关隘，也是自远古以来许多国际候鸟迁徙必经的主要通道、停歇地和分流站，由此而闻名于世。1998 年 10 月，国际鸟类环志培训在巍山“鸟道雄关”举行，世界各国鸟类权威专家确认隆庆关“鸟道雄关”为国际候鸟中转站。

每到中秋，迁徙候鸟从高纬度地区向低纬度地区飞来，成千上万只鸟结队而行，它们白天以太阳为航标，夜晚凭星月作指引，按既定的路线，飞往缅甸等东南亚地区。此时巍山的“鸟道雄关”浓雾缭绕，遮住了作为导航的日月星辰，使得此时飞临此地的候鸟迷失方向，不得不停下来或降低高度，聚集在通道底部，常常会撞击行人或道旁篝火，发出凄切的鸣叫，形成著名的“鸟吊山”奇观，即当地人所说的“百鸟吊凤”。

2)洱源“鸟吊山”景观

洱源"鸟吊山"位于洱源县境内点苍山北段，属滇西横断山云岭—哀牢山脉通道上第一个重要的候鸟集结点。每年的中秋节前后，成千上万的鸟儿从四面八方飞来这里，各种各样的鸟儿，颜色五彩缤纷，灿如朝霞，白族乡亲把这种现象叫"百鸟朝凤"。关于"百鸟朝凤"的记述，在郦道元所著的《水经注》中就有记述："叶榆县西北八十里有鸟吊山。俗言凤凰死于此山，故众鸟来吊"。(杨义龙，2005)明代地理学家徐霞客在1639年赴滇西考察时，记叙了洱源鸟吊山："凤羽，一名鸟吊山，每岁九月，鸟千万为群，来集坪间，皆此地所无者。土人举火，鸟辄投之。"徐霞客十分认真地指出鸟群并非本地种类，观察之细致已十分难得。农历七八月，正是候鸟从东北、中原一带迁往云南西双版纳及中南半岛一带越冬的季节，而"鸟吊山"是必经之地。鸟儿夜晚以月光、星光为导航，秋季是洱源的雨季，"鸟吊山"地区更是多雨、多雾，夜晚星月光被遮挡，鸟儿飞行视线不清，容易迷航，这样，只要在"鸟吊山"顶东坡点燃篝火，鸟儿就按趋光的本能，沿鸟吊山喇叭状山谷逆风向山顶火光飞来，盘旋于火光上空。不时跌撞于山岩草丛中，有的扑进熊熊的火堆，这样就形成了百鸟赴汤蹈火"祭奠鸟王凤凰"的鸟会奇观。20世纪70～80年代人们利用候鸟集结点的有利地势，燃火举灯、捕杀候鸟的情况曾十分严重，近年来在加强保护候鸟的宣传工作后已大为改观。每年这里都吸引着许多学者、鸟类爱好者前来参观。

3)富宁"鸟王山"景观

富宁鸟王山地处云南最东部的文山壮族苗族自治州富宁县西北50余千米，位于东经105°25′，北纬23°45′，北回归线附近。富宁"鸟王山"也被人们称为百鸟山、凤凰山、鸟吊山、老王山、百鸟朝王山等。清乾隆年间的《广南府志》记载："凤凰山位于普厅河南70里，传言凤凰曾上此山，每年7月20日，百鸟翔集，入夜村人焚火山畔，获鸟数十，多不知其名。"富宁鸟王山是云南东部地区最具代表性的滇东候鸟迁徙通道和停歇地。虽然此处目前仍属于一个较模糊的候鸟迁徙通道，但从古至今每年迁徙途经或集结停歇鸟王山的过境候鸟种类繁多，并因种群数量巨大而被冠名。每年的8月下旬就有过境候鸟开始来到鸟王山，9～10月为高峰期，大批的各种候鸟从滇东北方向迁飞而来，在鸟王山一带集结或作短暂停歇休整之后又继续飞往不同的方向，至11月中旬结束。目前所知去向一是由富宁鸟王山直接南下进入越南北部；二是经富宁鸟王山作短暂停歇后转向西南方向至河口红河出境口一带，与云岭、哀牢山等南下的候鸟汇合后出境，进入越南北部。虽然目前富宁鸟王山过境候鸟中转去向仍不十分明晰，但无论如何，富宁鸟王山是目前所知云南南部地区过境候鸟集结数量最大、停歇时间最长，且具有很强代表性的集结点和中转分流站。

富宁鸟王山过境候鸟的种类和区系成分接近中国东部地区和广西的迁徙候鸟，而不同于滇西横断山脉通道的过境鸟类，这更提高了鸟王山过境候鸟研究和保护的重要意义。

鸟王山的过境候鸟优势代表种有环颈雉、灰胸竹鸡、红头长尾山雀、大杜鹃、三宝鸟等，与滇西的过境候鸟有别，其种类在100种以上，其中有国家一级保护鸟类白颈长尾雉、国家二级保护鸟类黄嘴白鹭、猫头鹰和省级保护鸟类棕头鸥、鸬鹚等(云南省林业厅，2007)。

4)南涧凤凰山景观

位于南涧彝族自治县西北部的凤凰山，紧靠巍山鸟道雄关的南面，海拔 2340 米，山脉为东西走向，东北面稍平缓，西南面较陡峻，属横断山脉下段，无量山脉西北端，与巍山鸟道雄关南北相距不到 100 千米，同属云岭—无量山、哀牢山脉迁徙路线。只是到凤凰山后鸟群稍微分散，种类也略不相同。《续汉书·郡国志》注引《广志》记载："吊鸟山，县西北八十里，在阜山，众鸟千百群共会，鸣呼啁哳，每岁七、八月晦望至，集六日则止，岁凡六至。雉雀来吊，特悲……俗言凤凰死于此山，故众鸟来吊。"文中详细记录了候鸟集结、停歇或通过的地点、时间、气候和扑火习性。候鸟在迁徙途中遇到浓雾或阴雨不易辨别方向和飞行路线，历史上附近居民常利用浓雾等对候鸟迁飞的不利因素，燃起篝火，诱惑过境候鸟冲向火堆，并挥舞竹竿进行捕杀。在一个大的候鸟集结点，最多时一个晚上可捕到 10000 只过境候鸟(杨宇明等，2008)。

南涧凤凰山候鸟集结点的过境候鸟在 100 种以上，留鸟 22 种，其中，夜间迁飞的主要种类有红胸田鸡、棕背田鸡、池鹭、横脚三趾鹑、树鹨、红尾伯劳、栗巫、蓝歌鸲、紫啸鸫、棕腹仙鹟、红喉姬鹟、厚嘴苇莺、黄眉柳莺、火斑鸠、中杜鹃、小杜鹃、鹰鹃和灰头鹦鹉等。

10.6.2　鱼类景观

至 2013 年，云南省共记录鱼类 13 目 42 科 198 属 620 种(陈小勇，2013)。云南鱼类区系的主要鱼类是鲤形目和鲇形目，占中国淡水鱼类种数(1583 种)的 39.17%，居全国各省之首。其中，土著种 586 种，外来种 34 种，云南特有种 255 种，在中国仅分布于云南的共 6 科 66 属 152 种。云南六大水系按鱼类物种数排列依次为：珠江水系 202 种，澜沧江水系 183 种，金沙江水系 142 种，红河水系 120 种，伊洛瓦底江水系 84 种及怒江水系 77 种。

近年来，由于水质变差，外来种入侵致使竞争力减弱，人类滥捕，大量水利设施建设等因素，致使云南鱼类在减少。根据《中国濒危动物红皮书·鱼类》《中国物种红色名录·第一卷》及《IUCN 红色名录》所列鱼类物种统计，云南省境内分布有各类珍稀濒危鱼类 99 种。其中保护鱼类 23 种：被列入国家Ⅰ级重点保护动物的有中华鲟、达氏鲟；国家Ⅱ级重点保护动物有胭脂鱼、大头鲤、滇池金线鲃及大理裂腹鱼；列入云南省珍稀保护动物名录的有 17 种；列入《中国濒危动物红皮书·鱼类》的有 43 种；列入《中国物种红色名录·第一卷》的有 73 种；列入《IUCN 红色名录》各类濒危等级的有 50 种；列入《CITES 附录Ⅱ》的有 2 种(陈小勇，2013)。

云南几乎每个湖泊中都有特有种，如滇池的小鲤、多鳞白鱼、银白鱼、昆明鲇及球鳔鳅属等；程海的程海鲌、大眼圆吻鲴、程海蛇鮈及程海鱼；泸沽湖的厚唇裂腹鱼、小口裂腹鱼及宁蒗裂腹鱼。而鳙鱼良白鱼、大鳞白鱼、长须盘鮈、鳞胸裂腹鱼、异龙鲤、大头鲤、纺锤云南鳅、抚仙高原鳅及抚仙鲇等为抚仙湖、星云湖、阳宗海、杞麓湖及异龙湖等南盘江附属湖泊所特有。

下面重点介绍云南"四大名鱼"景观。

1. 弓鱼景观

弓鱼，素有“鱼魁”之称，产于大理洱海中，中国特有种，1988 年被列为国家二级保护动物。弓鱼体形不大，头小，吻略尖，身体侧扁或略侧扁，背缘隆起，腹部滚圆，外形较特殊，在胸、腹下面有一条裸露的皮肤，因而又称为大理裂腹鱼。每年夏末秋初，天高气爽时节，弓鱼就成群结队地来到洱海北部的弥茨河。弥茨河水流湍急，有的地方落差较大，犹如瀑布，然而弓鱼却逆浪而上来到这条河的上游，进行交配产卵，繁殖后代。由于弓鱼能跃出水面，形状如弓，因而得名。弓鱼喜欢逆水上游，而且还绝不回头，游不上去时就弓着腰把自己射向前面，以至于能沿着苍山十八溪游上苍山顶。弓鱼在静水中觅食，食物以浮游生物为主，其肉质嫩软而细腻可口，且籽多刺少苦胆小，味道特别鲜美，可谓鲜、香、甜俱全，具有重要的经济价值。由于近年来洱海引入外来种与大理弓鱼之间的竞争激烈，同时山溪小河筑堰引水，大部分产卵场遭到破坏，致使其数量锐减，已濒临灭绝，成为濒危物种，需加强保护并积极驯养繁殖以恢复其数量(图 10.6)。

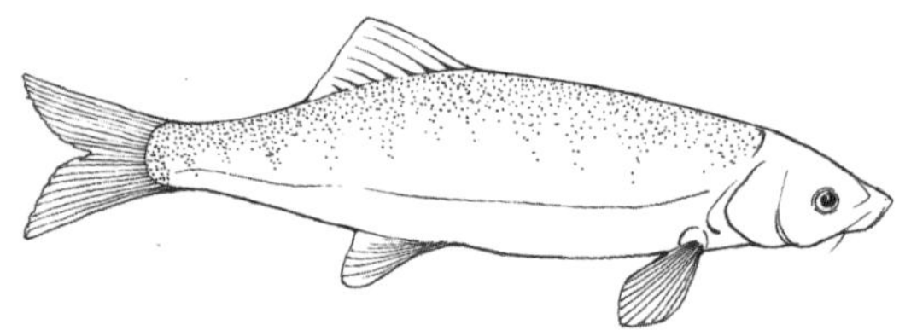

图 10.6　大理弓鱼

2. 金线鱼景观

金线鱼，产于云南滇池、抚仙湖和阳宗海，全身呈金黄颜色，特别是身体左右两面各长着一条金光灿烂的金线，宛如鳞片上镶着金丝，因而得名。由于金线鱼身体带“金”，天生丽质，逢年过节，人们认为能吃到它是吉祥如意的象征。滇池金线鲃，俗称金线鱼，是仅产于滇池流域的国家二级保护动物，金线鱼体长 210 毫米，重约 250 克，鳞圆形，侧线鳞较上下鳞大，游动时，在阳光下，熠熠闪光，金线鱼的名称由此而来。金线鱼散居于湖泊深水处，喜清泉流水，营半穴居生活，通常夜间到洞外觅食，主食浮游动物、小鱼、小虾和水生昆虫等，兼爱少量丝状藻和高等植物碎屑，其肉质细嫩，肉味鲜美，是广大群众喜爱食用的鱼种之一。金线鱼肉可入药，有滋阴调元，暖肾填精的功效。20 世纪 80 年代以来，由于外来种入侵、水体污染、生境丧失、过度捕捞等，金线鱼在滇池中已逐渐消失，仅少量存在于滇池周边未受污染的溪流、龙潭中(图 10.7)。

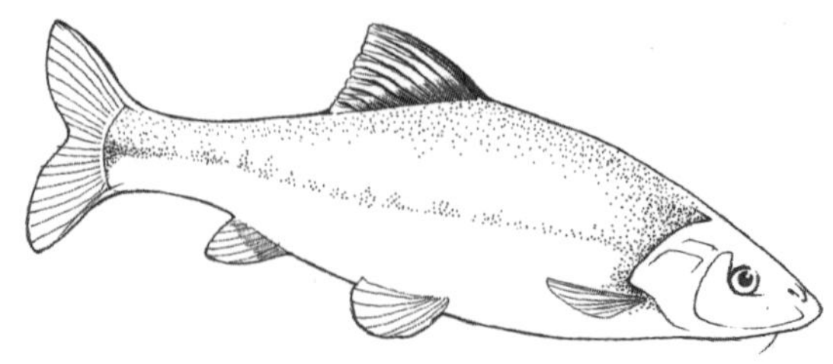

图 10.7　金线鱼

3. 杜鹃醉鱼景观

杜鹃醉鱼景观主要是由重唇鱼食用杜鹃花中毒导致的“醉酒”状态构成的。香格里拉碧塔海重唇鱼景观是珍稀的鱼类景观，“碧塔重唇鱼”因有三层嘴唇，故而得名。生物学家命其学名为“中甸高山裸鲤鱼”，并考证它是第四纪冰川时期遗留下来的物种，距今已有 250 万年的历史，具有很高的科学价值。碧塔海重唇鱼鱼身圆直，有花纹，无鳞似泥鳅，它们常因吞食了飘落在湖面而含有微毒的杜鹃花瓣(杜鹃花含有麻醉木毒素)，便同喝醉了一般，翻转肚皮，似人仰泳，漂浮在水面上，随波漂流到湖边草甸浅水湾。“醉鱼”不常有，只是在每年 6～7 月，香格里拉山花烂漫，碧塔海湖畔各色杜鹃竞相开放时，重唇鱼争相抢食飘落湖面的杜鹃花瓣，才会出现“杜鹃醉鱼”的奇观。同时，在湖周森林中冬眠过后的老熊，身体虚弱，出洞后大量觅食湖中漂浮之鱼，构成了“老熊捞鱼”景观。当然，不是所有重唇鱼都有机会抢到杜鹃花吃，而成为“醉鱼”，所以，“醉鱼”景观十分罕见。过去，重唇鱼曾被当地藏民视为“神鱼”，长期不敢触犯，近年来，人们发现其肉质细嫩，味道鲜美，是鱼类菜馐中的珍品。目前，重唇鱼的人工抚育已相当成功，因此，人们在领略到“醉鱼”奇观的同时，还可享用美食，为当地旅游景观又增添了一道风景。

4. 车水捕鱼景观

抗浪鱼，云南抚仙湖的特产。在抚仙湖广阔的水域里，生活着 24 种土著鱼类，但最为奇特也最负盛名的要数抗浪鱼。抗浪鱼属鲤形目，鳊鲌亚科，白鱼属，形如短梭，长仅 10 厘米左右，体小而细，体长三四寸[①]，形状如箭，呈银白色。和其他鱼类比较起来，抗浪鱼就像一位苗条美丽的少女，是一个永远长不大的“白雪公主”。抗浪鱼的生活习性很奇怪，长年蛰居于水下 40 多米的深水区，习惯在深水鱼洞中栖息，除了每年产卵期浮出水面外，平时根本见不到它的踪影。抗浪鱼汛期始于立春，终于立秋，每一轮产卵三天，间隔七天，渔民按这一规律捕鱼。此时，抗浪鱼从深水区浮出水面，成群结队地游来，在水沟里逐浪而行；有时，聚集到湖岸边的礁石、浅滩和树根附近，追逐嬉戏，蔚为奇观。每逢捕捞抗浪鱼的时节，渔民惊喜地称：“发鱼啦!”发鱼就是鱼的产卵期，也是鱼汛期，其中的“车水捕鱼”法，渔民形象地称其为“请君入瓮”。每年 3～9 月，渔民把竹笼置入渔洞前的水沟里，然后在竹笼两旁置两架木质水车，用水车把泉水抽出，经过沟道流入湖内，泉水与湖水的温差和流速恰好适合抗浪鱼的特性，鱼儿便群集而上，钻入沟道里的竹笼。这种独特的车水捕鱼法世代沿袭，现存的捕鱼水车主要供游人参观。抗浪鱼生活在洁净的抚仙湖中，仅吃水中的微生物，肚肠都很干净，所以吃抗浪鱼根本用不着剖腹去肠，其肉细、刺软、味香，为美食家所称道。多年来，当地群众创造出多种吃法，且每种吃法都有其独特的风味。抗浪鱼是抚仙湖特有的经济鱼类，由于过度捕捞、水域生态环境变迁等，一度为抚仙湖盛产的抗浪鱼在 20 世纪 90 年代却到了濒临灭绝的状态，2003 年被列入《云南省水生野生动植物保护名录》(图 10.8)。

---

① 1 寸≈3.33 厘米。

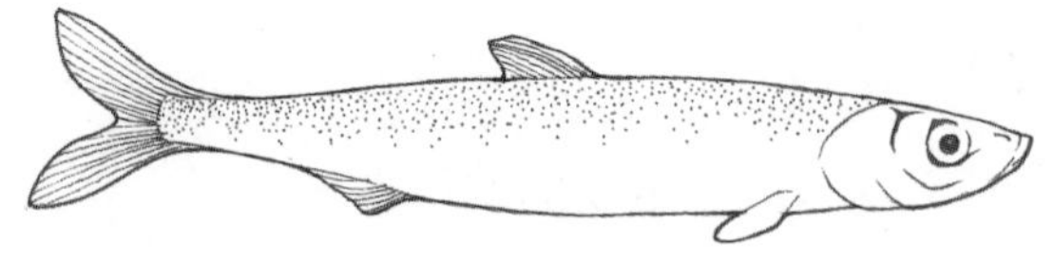

图 10.8　抗浪鱼

5. 其他观赏鱼类景观

除了以上四种鱼类景观，云南还有许多具有非常高的观赏价值的鱼类，主要有鲤科、鳅科、塘鳢科、虾虎鱼科和南鲈科共 21 种鱼类。例如，金沙江分布有世界最大的鳅类长薄鳅和平鲫鳅科的犁头鳅；分布各地的红尾副鳅；产自怒江的突吻沙鳅；产自保山和临沧的保山四须鲃；分布于南盘江水系的犀角金线鲃、透明金线鲃、盲眼金线鲃等金线鱼；产自独龙江、怒江、澜沧江等水系的一些鮡科的鱼类，如穴形纹胸鮡、扎那纹胸鮡，以及一些鱼晏鮡鱼类；产自西双版纳的斑腰单孔鲀和叉尾斗鱼、线足鲈，还有鲤科中的(鱼丹)亚科、鳑亚科，以及鰕虎鱼科等科中的一些小巧玲珑、色彩斑斓的鱼类，这些都具有很好的观赏价值(邱家荣和杜建标，2008)。云南丰富的观赏鱼资源，有待于进一步研究开发与利用。

10.6.3　大型动物景观

大型动物的生息活动也是景观之一，是生物景观的重要组成部分，具有娱乐、观赏、狩猎、科学考察等多种旅游功能。云南典型的大型动物景观主要有滇金丝猴、亚洲象、黑颈长臂猿等。

1. 滇金丝猴景观

云南的滇金丝猴主要分布于白马雪山和丽江老君山。有关滇金丝猴的信息过去虽名不见经传，但一个多世纪以来都与这神秘的区域相联系(胡莹，2012)。滇金丝猴是中国特有的珍稀濒危国家一级保护动物，头顶有黑冠毛，臀部有一块明显的大白斑，因为全身毛色主要是黑色，所以人们也称其为黑金丝猴。滇金丝猴是一种喜欢喧嚣、结群活动的半树栖猴类，它们终年生活在海拔 3300~4100 米的高山针叶林里，仅在冬天偶尔会到海拔 2700 米以下的针阔叶混交林中活动。它们白天多在数十米高的云杉、冷杉和高山松树上散步、觅食、嬉戏、休息，夜晚则香甜地睡在树上，只有在饮水、采摘地面上的竹笋或者迁徙途经无林区时才下地行走，是典型的高山树栖动物，也是亚洲灵长类动物中最珍贵的种群之一。白马雪山国家级自然保护区中共生活着 1000 多只滇金丝猴。经过 10 多年的人工干预，通过圈养保护的方式，其中的一个种群，有 60 余只可在自然生态环境中供游人观赏。到萨马阁观赏滇金丝猴已成为云南一个具有品牌价值的生态旅游项目(图 10.9)。

图 10.9　金丝猴

2. 亚洲象景观

在云南南部的西双版纳、普洱和沧源的热带丛林里，生活着多个种群的亚洲象。亚洲象最高的肩达 3.182 米，重量超过 5 吨，一般的公象肩高 2.7 米，雌象肩高约 2.5 米，重 3~4 吨，是陆地上最大的动物，主要以野芭蕉、刺竹尖、嫩树枝叶、竹叶为食(周国宝，2010)。亚洲象是中国一级野生保护动物，被列入《国际濒危物种贸易公约》濒危物种，现分布于北纬 24.6°以南地区(褚新洛，1989)。云南的亚洲象分布最为集中的是西双版纳的野象谷。野象谷内亚洲象喜食多种植物，加上人工投放食盐的招引，目前已发现亚洲象达 50 多群，近 300 头。亚洲象有时成群结队地穿行在深山密林中，有时三五成群地来到河边饮水，有时一头母象带着一头小象单独觅食。观看亚洲象的最佳时间是傍晚和清晨，还可以通过红外线夜视镜在晚上观察象群出没。由于野象谷特有的热带原始森林和亚洲象景观的独特性，2006 年荣获“中国最值得外国人去的 50 个地方”金奖(图 10.10)。

图 10.10　西双版纳亚洲象

参考文献

陈宝昆，杨宇明，张国学，等. 2007. 云南东南部天然沙罗竹林分结构规律的研究. 竹子研究汇刊，26(2)：11-17.

陈小勇. 2013. 云南鱼类名录. 动物学研究，4：281-325.

陈永森. 1998. 云南省志·地理志. 昆明：云南人民出版社：372.

褚新洛. 1989. 云南省·动物志. 昆明：云南人民出版社：152.

丁晖，秦卫华. 2009. 生物多样性评估指标及其案例研究. 北京：中国环境科学出版社：254.

杜宝汉. 1996. 点苍山自然保护区生物多样性保护及利用. 环境科学研究，9(4)：37-40.

杜小红，辉朝茂，薛嘉榕，等. 1999. 高黎贡山国家自然保护区竹类植物及其保护发展对策. 竹子研究汇刊，18(2)：67-73.

高顺飞. 2011-06-01. 唯美大自然的家园——访会泽大海草甸. 云南经济日报，第10版.

谷志佳，杨汉奇，孙茂盛，等. 2012. 巨龙竹资源分布特点及其开花结实现象. 林业科学研究，25(1)：1-5.

郭贤明，宋军平，赵建伟，等. 2006. 西双版纳自然保护区望天树现状及保护对策. 林业调查规划，31(2)：32-35.

韩联宪. 2004. 云南观鸟旅游路线. 人与自然，02：117-118.

李文华. 2013. 中国当代生态学研究 生物多样性保育卷. 北京：科学出版社：118.

廖俊涛，陈自明，陈明勇. 2012. 动物学野外实习指导. 北京：高等教育出版社：11.

刘鲁明，董锋，和荣华，等. 2010. 云南省玉龙雪山自然保护区鸟类资源调查. 四川动物，29(2)：232-239.

刘思慧，杨宇明. 2006. 热带雨林景观空间异质性分析——铜壁关自然保护区森林景观范例. 西南林学院学报，26(4)：27-31.

鲁敏，张月华，胡彦成，等. 2002. 城市生态学与城市生态环境研究进展. 沈阳农业大学学报，21(1)：76-81.

鲁敏，李科科，杨盼盼. 2012. 生态园林绿地系统人工植物群落构建技术. 山东建筑大学学 报,27(4)：397-401.

马长乐，李靖，刘迪滇. 2009. 东轿子山自然保护区杜鹃花资源开发探讨. 安徽农业科学，37(27)：13058-13059.

邱家荣，杜建标. 2008. 云南渔业. 昆明：云南人民出版社：71.

任力之. 2009. 文化建筑的内涵与表达. 建筑技艺，(4)：76-78.

石翠玉，杜凡，王娟，等. 2007. 高黎贡山生物多样性研究-Ⅰ中山湿性常绿阔叶林最小取样面积研究. 西南林学院学报，27(1)：11-14，44.

田静. 2008. 西双版纳热带雨林生态景观及保护. 重庆工商大学学报(自然科学版)，25(1)：95-98.

王海雁. 2009. 轿子山自然保护区杜鹃属植物资源的生态旅游开发. 林业调查规划，34(2)：139-141.

王京. 2004-12-17. 什么是候鸟. 人民日报2004年12月17日.

王娟，马钦彦，杜凡，等. 2005. 云南大围山种子植物区系海拔梯度格局分析. 植物生态学报，29(6)：894-900.

王慷林. 2004. 观赏竹类. 北京：中国建筑工业出版社：1.

王战强，熊云翔. 2006. 西双版纳国家级自然保护区. 昆明：云南教育出版社：586.

卫凡. 2011. 铜壁关自然保护区盈江片区生物多样性评价. 林业调查规划，36(3)：43-53.

吴征镒. 1987. 云南植被. 北京：科学出版社：97-143.

西南林学院，等. 1995. 高黎贡山国家自然保护区. 北京：中国林业出版社：1-395.

西双版纳国家级自然保护区管理局. 2006. 西双版纳国家级自然保护区. 昆明：云南教育出版社：395-403.

杨岚. 1995. 云南鸟类志·上卷(非雀形目). 昆明：云南科技出版社：673-721.

杨荣，王紫江，赵正军，等. 2004. 云南巍山鸟道雄关2003年度鸟类环志研究简报. 四川动物，2：120-122.

杨晓君，杨岚. 2006. 云南湿地鸟类//王月冲. 人鸟和谐国际论坛论文集. 昆明：云南科技出版社：131-135.

杨一光. 1990. 云南省综合自然区划. 北京：高等教育出版社：82-87.

杨义龙. 2005. 夜宿鸟吊山. 时代风采，6：29.

杨宇明，王娟，王建皓，等. 2008. 云南生物多样性及其保护研究. 北京：科学出版社：32-134.

云南省林业调查规划院. 1989. 云南自然保护区. 北京：中国林业出版社：2.

云南省林业厅. 2007-10-09. 云南富宁“鸟王山”155只野生动物得到保护. 人民政协报，绿色家园.

云南省林业厅，等. 2003. 白马雪山国家级自然保护区. 昆明：云南民族出版社：1－366.
赵黎芳，丛日晨. 2005. 模拟自然植物群落恢复地带性植被. 北京园林，3：15-18.
郑光美. 2006. 世界鸟类分类与分布名录. 北京：科学出版社：1-400.
中华人民共和国国家旅游局. 2007. 中国旅游景区景点大辞典. 北京：中国旅游出版社：1799.
周国宝. 2010. 不可不知的 100 处自然奇观. 北京：化学工业出版社：57.

第 11 章　生态农业景观

生态景观包括自然生态景观、农业生态景观和文化生态景观。“生态农业是指主要或完全依靠生物生产的有机物来提高作物产量的耕作制度，源于传统的有机农业”(林超，2004)。

云南是全国植物物种类别最多的省份，长期传统的农业文化造就了富有文化内涵的生态农业景观资源。例如，元江哈尼族的梯田，边疆部分民族的刀耕火种、锄耕，怒江独龙族的采集，傣族、白族、壮族的捕鱼，景颇族、布朗族、哈尼族等民族的植物毒鱼，怒族、傈僳族、佤族、拉祜族等民族的狩猎，以及各地不同的劳动工具、风俗、餐饮等都具有浓郁的地方特色。农村的风土人情与乡风民俗无疑为生态农业景观锦上添花。在现代条件下，传统的农业与现代科技相结合所构筑出的新型农业生产内容，如呈贡的花卉基地、红河哈尼族彝族自治州弥勒市的葡萄园、大理白族自治州弥渡县的田园农业等，这些更是为云南发展生态农业提供了较好的条件(杨玉莉等，2001)。农耕文化的当代价值在于对个人修养和品德的培养，对勤俭至上的推崇；云南农耕文化在传承云南丰富多样的民族文化过程中，发挥着重要的基础作用，秩序与和谐仍然是当今社会所需要的思想智慧，云南农耕文明给我们的启示在于：科学和技术的发展能够在人与自然的斗争中使人类获得更多的利益，但资源和自然规律的约束在任何时候都是人类活动时无法忽视的(张海翔，2010)。本书所阐释的生态农业景观，既包括现代科技支撑下的高效生态农业，也包括具有丰富文化内涵的传统生态农业。

任何一种文化类型的产生，都离不开特定的自然条件和社会历史条件。云南省具有立体性的自然环境，受自然环境的影响，云南农业具有典型的山地农业和立体农业的特征，滇中和滇西的湖盆地区、滇东盆坝地区、滇南宽谷盆地地区是以灌溉农业为主的农业发达地带，河谷盆地面积仅为 3.6%；半山区、山区农业以旱作、林牧业为主，生产发展相对落后，但面积占 96%以上(何永彬等，2002)。本章主要从地理空间的角度，按云南坝区、山区及干热河谷区等生态农业地理景观空间，并结合云南主要的花卉产业和茶产业来阐述云南的生态农业景观。

11.1　坝区生态农业景观

云南大多数坝子位于亚热带、热带地区，主要分布在东部的云南高原、西南部及南部的河谷区域。占全省土地面积 6%的坝区，集中了 2/3 的人口和 1/3 的耕地。由于土地肥美，气候宜人，云南坝子很早就是人类的栖息地和早期农业耕作区，特别是稻作农业的开发地，丰富的野生稻在西双版纳、普洱、临沧、德宏、保山、红河、元江等热带、亚热带坝子和河谷的发现，同样证明云南坝区是世界稻作文明的起源地之一。云南得天独厚的自然条件和数千年来人们的辛勤劳作，使坝子成为云南稻作农业和经济最发达的地区。云南大多数坝子都被冠以“粮仓”的美称(杨超，2011)。坝区既是大多数城镇的所在地，同时也是全省优质耕地的集中区域，为云南的主要农业区。坝子在云南省分布较为普遍，各坝区水光热资源条件和自然植被都不相同，适合生长的作物也不一样。但坝区的主要作物是水稻，水稻田在不同的季节所展现的景观特征是不同的，它是一种周而复始的季相大地平面景观艺术系统，在云南南部和西南部傣族地区表现尤其突出，它与分布于云南河谷阶地的立体稻田景观特征是不同的。坝区的典型景观还有罗平油菜花景观、蒙自石榴园景观等。

1. 永宁坝水稻田景观

永宁坝位于宁蒗彝族自治县境北部，地理坐标为东经 100°46′，北纬 27°41′，坝子平均海拔为 2640 米，面积为 56.50 平方千米。永宁坝气候属低纬高原暖温带山地季风气候，季风气候特征明显，日照充足，辐射量高，垂直气候差异较大，海拔较高，光能资源丰富。坝区水系属雅砻江水系，水资源较为丰富，坝区盛产水稻，素有“水稻屋脊”之称(童绍玉和陈永森，2007)。永宁坝区的水稻田景观是目前种植水稻的区域中海拔最高的区域，水稻田分布的上限已达到 2660 米(江爱良，1982)，被誉为“世界水稻种植最高地区”。该地区种植的永宁红稻，能够适应该地区的高海拔，且具有多样化的遗传基因，营养物质丰富而且特殊，具有较高的食用价值和存在价值，深受摩梭人喜爱。同时，游客对这种传统特色食品也具有浓厚的兴趣(董仁才等，2008)。永宁坝生态农业景观的开发将有利于促进泸沽湖旅游度假区的健康发展。

2. 罗平油菜花景观

油菜花在云南的坝区、高原面上、坡地上都可种植，是一种遍在性的农业生态景观。由于种植的海拔和纬度不同，其花期存在巨大的差异，从初春的一月下旬到盛夏的八月，在云南不同的海拔和气候区都可观赏到油菜花景观。位于滇、黔、桂三省(区)交界处的罗平油菜花是其杰出代表。罗平县是“全国休闲农业与乡村旅游示范县”，不仅是云南的油菜生产基地，也是蜜蜂春繁和蜂产品的加工基地，其油菜花景观已成为滇东北高原上的独特风景。罗平坝子的基底为喀斯特景观，有河流穿过，坝子上广泛分布着低矮的峰丛和溶丘，80 万亩油菜花就种植于其间。罗平油菜花景观的最佳游览时间为每年 2 月下旬至 4 月上旬，黄金时段为 3 月中旬。登临金鸡峰，放眼望去，一座座低矮的峰峦下随风起伏的黄色花浪摇曳，构成一幅大地景观艺术画卷。罗平油菜花景区是云南省第一个不收门票的重要旅游目的地。

“中国·云南·罗平国际油菜花文化旅游节”，是集农业生态旅游观光、喀斯特地貌观赏、景区景点推介、布依风情展示、招商引资洽谈为一体的大型节庆活动。活动每年举办一次，每届历时两个半月，每年农历腊月二十开幕。自 1999 年春至 2013 年，云南罗平国际油菜花文化旅游节已连续举办了十五届。罗平是云南省重点旅游景区，这里民族风情古朴浓郁，自然风光秀丽迷人。罗平素有“鸡鸣三省”的美誉，得山川湖泊之灵气，明代大旅行家徐霞客曾写下“罗平著名迤东”的诗句，是理想的旅游目的地(杨天沛等，2012)。

3. 蒙自万亩石榴园景观

石榴是云南重要的水果之一，种植范围十分广泛，但把其作为旅游产品来开发的只有蒙自石榴园。蒙自万亩石榴园，位于云南省蒙自市新安所镇辖区内，地处昆河经济带上，距今已有700多年的种植历史。蒙自石榴原产自波斯(今伊朗)一带，约在公元前2世纪时传入中国，其名分别有丹若、沃丹、金罂、安石榴等。据说汉代张骞出使西域，从涂林安石国得种归来种植栽培，故唐代元稹有“何年安石国，万里贡榴花，迢递河源道，因依汉使槎”之诗句，因此，石榴也叫安石榴。云南蒙自目前有70多个石榴品种，分为观赏和食用两大类。石榴的营养特别丰富，含有多种人体所需的营养成分，果实中含有维生素C及B族维生素，有机酸、糖类、蛋白质、脂肪，以及钙、磷、钾等矿物质。据分析，石榴果实中含碳水化合物17%，水分79%，糖13%～17%，其中维生素C的含量比苹果高1～2倍，而脂肪、蛋白质的含量较少，果实以鲜食为主，也可制成上等饮料。蒙自万亩石榴园1996年被列为云南省第一个农业生态旅游项目，2001年被农业部列为“全国南亚热带作物名优基地”，已建设成集观光、体验、旅游产品销售为一体的生态农业旅游景区。石榴生态农业旅游发展造就了蒙自特色的石榴文化，吸引了不少国内外的专家、学者和游客。

11.2　山地生态农业景观

山地生态农业，是从山地特有的区位和地貌出发，利用人类、生物及环境之间能量转化和生物之间及生物与环境之间存在的共生关系，合理地利用农业自然资源，以期建立综合发展、多级转化、良性循环的高效无废料的农业体系(谢代银和范大路，1999)。云南山区具有丰富的生态农业资源和劳动力，同时山区远离城市，受污染的程度低，工业化水平相对较低，加之受交通、信息、耕地投入能力低的限制，施用化肥、农药较少；山林覆盖面广，生态环境较坝区好，有利于发展生态农业，开发地方名、特、优、新、稀产品。在云南山区发展生态农业，既有利于控制水土流失，促进山区生态环境的保护和恢复，又能改善山区农业资源配置。目前，云南山区茶叶、橡胶、核桃、板栗、反季蔬菜、药材、咖啡、八角、果品、野生食用菌、木材等特色农产品占山区的产业比重较大，这些产业不仅适宜山区种植，而且效益比较高，对农民增收贡献大。特别是山区具有优越的气候条件和种质资源，使得一些产品特色十分突出，商品性十分独特，明显优于坝区，成为当地政府扶持和农业生产的重点产业。因此，云南省农业的主导产业和特色产品的发展空间、开发潜力主要集中在山区。云南山区也是旱作农业中较为典型和突出的地区，陆稻是低纬度山区种植的主要粮食作物(罗雁等，2010)。山区生态农业景观是农业生态旅游及乡村生态旅游的重要载体和依托。

1. 元阳哈尼梯田景观

云南省南部和东部地区的哈尼族、壮族等少数民族，世世代代利用河谷的高阶地开发建设了大量用于种植水稻的梯田，这些梯田往往形成由梯田、森林、云海、谷地、村落五素共同构成的自然与文化相互交融的景观系统，元阳哈尼梯田是其杰出的代表。“哈尼族民歌这样唱道：‘山和山离得虽远，云海把它们连成一片。天和地离得虽远，雨水把它们紧相连。’在哀牢山云海中世代居住的哈尼族山民，他们在独特的生态系统中创造发明了别具特色的梯田文化”（许治，2015）。元阳哈尼梯田位于云南省元阳县的哀牢山南部，是哈尼族人世世代代留下的杰作。元阳哈尼族开垦的梯田随山势地形变化，因地制宜，坡缓地大则开垦大田，坡陡地小则开垦小田，甚至沟边坎下的石隙也开田，因而梯田大者有数亩，小者仅有簸箕大，往往一坡就有成千上万亩。元阳哈尼梯田规模宏大，气势磅礴，绵延整个红河南岸的红河、元阳、绿春及金平等县，仅元阳县境内就有 17 万亩梯田，是红河哈尼梯田的核心区。2013 年 6 月 22 日在第 37 届世界遗产大会上哈尼梯田被成功列入世界遗产名录，为中国第 45 处世界遗产，使中国超越西班牙，成为仅次于意大利的第二大世界遗产国。元阳梯田有四绝：面积大，形状各异的梯田连绵成片，每片面积多达上千亩；地势陡，从 15°的缓坡到 75°的峭壁上，都能看见梯田；级数多，最多的时候能在一面坡上开出 3000 多级梯田；海拔高，梯田由河谷一直延伸到海拔 2000 多米的山上，可以到达水稻生长的最高极限。哈尼人的这种耕作制度及稻作习俗存在了千百年，仍然可以持续发展，让人们感受到了云南农耕文化亘古不衰的历史气息，其价值和意义远远超过了农业本身。哈尼族人尊重自然、顺应自然、利用自然，协调人与自然和谐发展的行为，以及这种行为蕴涵的文化，反映了云南先民的独特智慧。元阳哈尼梯田已成为云南最重要的农业生态景观旅游区(图 11.1)。

图 11.1　元阳哈尼梯田示意图

2. 漾濞核桃林景观

云南人历史上就有在房前屋后种植核桃的习惯，同时还利用荒山荒坡种植了大面积的核桃林。位于大理苍山西麓的漾濞彝族自治县，素以“核桃之乡”闻名国内外。漾濞彝族自治县栽种核桃已有千年以上的历史，在漾濞石门关一带，历史上种植了大片的核桃林。清代檀萃在《滇海虞衡志》中说：“核桃以漾濞为上，壳薄可掐而破之”。漾濞核桃一般分为泡核桃、夹绵核桃、铁核桃三种类型，通常说的核桃多指泡核桃。漾濞核桃具有桃果大、壳薄仁饱满、色白、出仁率高、味香、营养丰富、出油率高等特点。漾濞核桃，树大枝密，或形如巨掌，横空出世；或扭曲蛇形，蜿蜒多姿。远远望去，如亭亭华盖，屹立山头。核桃树浑身是宝，为人们提供油、果、木材等资源，也是点缀山河的风景树。漾濞彝族自治县平坡镇有一棵核桃树，树皮已经碎裂，浑身布满青苔，主干已空心，这一参天古树，至今仍果实累累，年年丰收；太平乡菁口，还有一“隐居之士”，树根露出地面，如奔马平卧，主干粗壮，四人不能合抱；瓦房村还有一棵泡核桃树，如绿色巨伞，树荫覆盖面积一亩有余，年产核桃一万余个(大理州文化局等，1986)。每年农历七八月是核桃成熟的时节，团团串串的核桃似珍珠、玛瑙，一个紧挨一个缀满枝头，把核桃树粗实的枝干都压弯了。核桃是人们喜爱的滋补食品，生熟都能食用。在漾濞，好客的主人常常用核桃、蜂蜜招待客人，据说，核桃蘸蜂蜜可以滋补身体，延年益寿(薛琳，1999)。落叶后的核桃林，展现出一种萧瑟之美。

3. 西双版纳橡胶园景观

橡胶树，原产于巴西亚马孙河流域马拉岳西部地区，中国植胶区主要分布在海南、广东、广西、福建、云南和台湾等地，云南省主要分布于南部和西南部地区的西双版纳、河口、临沧、德宏等地。橡胶树属热带雨林植物，多年生高大乔木，其生长发育、胶乳的形成，与生态环境中的气候、土壤、地貌等条件关系密切，表现出喜高温、高湿、静风、沃土等特点。其在日平均气温 18℃以上才开始生长，最适宜生长温度为 26～27℃。橡胶树对水分的要求较高，并要求较静风的环境，而微风则利于光合作用和排胶，没有良好的防护林就不能正常生长。海南岛海拔 400 米以下、云南西双版纳海拔 800 米以下的地区，是我国种植橡胶最好的地区。西双版纳海拔 800 米以下的地区，年平均气温在 20℃以上，大于 10℃积温 7500℃以上，年降水量 1250～1535 毫米。西双版纳植胶区多雾，年平均相对湿度 80%以上，在一定程度上可弥补冬春雨水较少的缺陷。常年平均风速 1.2 米/秒，属静风区，没有台风危害，土层深厚，土壤肥沃，自然生态条件与东南亚植胶国类似。尤其勐腊、景洪等县(市)，条件好，单产高，是县发展重点(李元，2000)。西双版纳是仅次于海南岛的中国第二个天然橡胶基地，形成了具有热带风情的纯林景观。但大量橡胶种植所导致的热带雨林的片段化、孤岛化等环境问题也不容忽视。

11.3　干热河谷生态农业景观

“干热河谷”是指地处湿润气候区内，以热带或亚热带为基带的高温、低湿河谷地带，“干”“热”是其基本环境特征，其在金沙江、怒江、澜沧江、南北盘江内都有分布。干热河谷地区具有光热与土地等自然资源优势条件，适宜发展特色热作农业和反季节农业。抵临干热河谷，热浪袭来，汗如雨下，裸露之地，土壤泛着红色。充足的光热资源，在水源与管理措施保证的情况下水稻粮食单产能超过 1000 千克，其他的经济林果如咖啡、胡椒具有上市早、品质优良的特点。云南最具代表性的干热河谷主要有元江干热河谷、元谋干热河谷、潞江坝干热河谷。与周边截然不同的自然小环境，形成了独树一帜的热带风光自然景观。由于各干热河谷种植的优势作物不同，所以在其上叠加了不同的生态农业景观。

1. 元江干热河谷生态农业景观

元江干热河谷位于东经 101°39′～102°22′，北纬 23°18′～23°55′的红河谷中，为半干燥暖冬高原季风气候区和典型的干热河谷地带，是全国炎热持续天数最长的区域(222 天/年)，农作物为“一年三熟”，喜温作物在这里具有生长快、品质好的特点(殷荐芳等，2012)。元江干热河谷中最具代表性的是元江坝，元江坝位于云南高原和西部横断山区之间，由元江沿红河大断裂发育而形成的一个典型的断裂河谷坝，地理坐标为东经 101°48′～102°09′，北纬 23°30′～23°41′。元江坝由元江两岸的河漫滩和三级阶地组成，地势北高南低。在干热条件下，坝内土壤除河岸两侧的冲积土外，发育有典型的燥红土，适合喜热耐旱的植物生长。坝区及其周围地区以种植业为主，尤以热带经济作物甘蔗、热带水果、特种花卉的种植为主(童绍玉和陈永森，2007)，形成了特殊的生态农业景观系统。元江芒果种植历史悠久，种植面积大，产量多，品质优良。元江县芒果品种共有 134 种，其中三年芒、台农一号、金凤凰、水英达等为推广良种。目前芒果种植以三年芒为主，其外形美观，颜色鲜艳，果肉黄色，果汁多，香甜柔滑，是芒果家族中的佼佼者。元江县百种水果一条街，集中展销以元江芒果为主的各种热带、亚热带水果，形成了一道独特的风景。其中一年一度的“金芒果文化旅游节”一般为每年 6 月中旬在此举行。游客可以“吃满一肚子，装满一箱子(车的后备厢)”。

2. 元谋干热河谷生态农业景观

元谋干热河谷地处金沙江一级支流龙川江的中下游地区，位于东经 101°35′～102°06′，北纬 25°23′2～26°06′。元谋干热河谷具有独特的日照气温条件，使作物终年得以生存在临界温度以上，故有“天然温室”之称。元谋干热河谷气候干燥炎热，光热资源充足，土地资源丰富，是种植热带、亚热带作物的最佳地段之一。其作物具有早、稀、优、高等特点，是中国有名的反季蔬菜种植基地，成为著名的“菜园子”景观区。元谋反季蔬菜的生产开始于 1978 年，并于 1983 年被商务部列为冬早蔬菜生产基地，2001 年被农业部核定为国家级无公害蔬菜水果种植示范基地，生产无公害农产品优质果蔬，被誉为金沙江畔的大菜园。元谋冬早蔬菜远销国内外，特色蔬菜的种植不仅增加了农民的经济收入，而且带动了县域的经济发展。元谋干热河谷农作物复种指数为 158.7%，盛产水稻、玉米、小麦、花生、蚕豆、薯类等作物，特别是冬春早熟蔬菜，可种植品种丰富，全国独有。元谋现有热带亚热带经济作物香蕉 20000 多亩，龙眼 10000 多亩，甘蔗、芒果、西瓜、荔枝、枣类、咖啡、核桃、酸角等 19000 余亩，且种植面积每年都在增加。反季花卉以生长周期短、花期长、生产成本低的优势占有市场，主要有非洲菊、康乃馨、玫瑰、情人草、满天星及芦荟、仙人掌等 9 类 152 个品种，产品销往广州、上海、成都、西安等大中城市(何永彬等，2002)。

3. 潞江坝干热河谷生态农业景观

潞江坝位于东经 98°49′～98°57′，北纬 24°45′～25°10′，是由横断山脉纵谷(怒江大峡谷)中的低海拔台地构成，属低坝、原下坝，坝内发育有河漫滩、冲积扇、三级河流阶地、两级断层阶地，还有少数残丘。坝内气候受焚风效应影响，干热少雨，为干热河谷气候。潞江坝热量条件优越，适宜种植热带作物，坝内农作物以甘蔗、热带水果、咖啡、水稻为主(童绍玉和陈永森，2007)。最有名气的是咖啡，素有“潞江咖啡甲天下”之誉。潞江坝是云南咖啡种植最适宜的区域，咖啡引种开始于 1952 年，有悠久的咖啡种植历史。潞江镇新寨村咖啡种植历史最为长远，技术最为成熟，全村以种植咖啡为生，村中近 1000 户农户共种植咖啡 12000 亩，被称为“中国咖啡第一村”。保山小粒咖啡经过 60 多年的发展，咖啡产业已成规模，成为年产值近 5 亿元的特色产业。在 1980 年的全国咖啡会议上，潞江小粒咖啡被誉为“全国咖啡之冠”；1992 年，在中国首届农业博览会上，潞江小粒咖啡被评为银质奖；1993 年，在比利时 42 届布鲁塞尔尤里卡博览会上荣获尤里卡金奖等。

11.4 花卉生态农业景观

气候的多样性、地理环境的特殊性和植物物种资源的丰富性，使云南省成为世界上最适宜种植花卉的基地之一。云南植物物种资源非常丰富，具有花卉分布面广、花卉种类繁多、南北交汇、东西兼备的独特特点，高原地区紫外光充足，有利于花卉品质的提高。云南花卉类植物有 2500 种以上，很多还是世界特产植物和全球珍稀种类，被人们誉为“世界花园之母”和人类观赏植物“基因宝库”。云南花卉产业始于 20 世纪 80 年代，起步早，至今已具有一定的生产和经营规模，是由市场经济孕育和培养成长起来的新兴产业，也是富民兴滇的特色产业。云南省花卉目前已基本形成以昆明、玉溪、曲靖为主的温带切花产区；以西双版纳、红河、普洱为主的热带切花切叶主产区；以保山、大理为主的盆花产区；以香格里拉、丽江为主的球根类种球繁育基地。昆明、大理和玉溪是盆花和鲜切花的主产区(牛晓帆，2012)。昆明市呈贡花卉基地是云南省最大的花卉生产和交易基地，大理白族自治州是云南省特色花卉的产业基地，玉溪花卉产业则享有“中国花卉在云南，云南花卉在玉溪”的美誉，培育出 15 个自主知识产权品种。

昆明呈贡花卉基地是中国最大的鲜花交易市场，呈贡花卉基地是依托斗南村的花卉产业发展而逐渐建立的。呈贡斗南村位于滇池东岸，享有“金斗南”之称。这里地理环境优越，全年平均温度 15.1℃，年降雨量 886.9 毫米，农业条件十分优越，是云南最早进行花卉生产种植的地方。云南省 80%以上的鲜切花和周边省份及周边国家的花卉都入呈贡斗南花卉市场进行交易。在全国 80 多个大中城市中占据 70%的市场份额，出口 46 个国家和地区，有“全国 10 枝鲜切花 7 枝产自云南”之说。多年来借助“斗南”花卉这一中国驰名商标的品牌效应和市场优势，斗南已成为中国花卉市场的“风向标”和花卉价格的“晴雨表”。

11.5　茶生态农业景观

中国人饮茶的历史悠远，在中国的第一部诗歌总集《诗经》中就有七首诗写到茶，历史文献中有关茶的描述和诗歌非常丰富。云南是中国茶的原生故地，也是世界茶文化的发源地。据记载，人类最早的种茶民族，是云南的濮人。云南保留了古老清新的制茶用茶方式、自然质朴的茶礼、丰富多彩的茶风俗等独特的茶文化。我国茶叶商品生产始于汉末，“西蕃之用普茶已自唐时”，唐樊卓的蛮书说“茶出银生城界诸山”，清代达到鼎盛，茶为“滇之所产以资利赖者也”，其中，“茶马古道”是一个有特殊含义的历史遗址，是唐宋至民国时期汉、藏之间进行茶马交换而形成的一条交通要道，包括滇藏道、川藏道和青藏道三条主线(白竹，2013)。茶马古道石板上留下的深深的马蹄印，历经几百年的风风雨雨，默默地在诉说着普洱茶所历经的沧桑。

全世界茶科植物总共有 23 属 380 余种，其中有 15 属 260 种分布在云南，素有“云南茶树甲天下”之称。云南最有特色的是分布于天然林中的野生古茶树及其群落，半驯化的人工栽培型野生茶树和人工栽培的百年以上的古茶园中的茶树景观。古茶树主要分布在滇南、滇西茶区，即西双版纳、思茅、临沧、保山、德宏、红河、文山等地的 40 多个县，其他地区亦有少量分布。古茶树多半生长在海拔千米以上的高山林地中，有的形成群落，有的单株散生(沈雪梅等，2011)。由于古茶树没有外界的侵扰和污染，所以多是根深叶茂，形态秀丽。通常，古茶山区域自然生态环境良好，植被较丰富，留存多种原始物种，常见的有水冬瓜树、红毛树、花皮树等，由于未受第四纪冰川的侵袭，加之云南独特的地理和生态环境，孕育和保存了古茶树，使云南的古茶树资源十分丰富，是我国古茶树发现最早、分布最多的地区。野生大茶树是国家二级保护树种。

古茶树包括野生型和栽培型两大类，云南目前已知具有一定规模的(0.667 平方千米以上)、连片的古茶园共有 14 片，达 141.1 平方千米，保存的从野生型、过渡型到栽培型各类型的千年以上古茶树 32 棵，占全国的 43%。这在中国和世界具有唯一性，具有重大的科学价值、文化价值和经济价值。云南普洱茶以甘、滑、醇、厚的品质特征称著于茶界。研究表明，要形成普洱茶的品质特征，茶树的品种极为关键，其传播发展，与普洱茶区域内丰富的古茶树有着密切的关系。近年来，中外专家学者研究发现，云南的少数民族将茶作为饮料已有2000多年的历史，并确认了云南是世界茶树的原产地，澜沧江流域的普洱、西双版纳等地是茶树起源的中心地带。拉祜族、佤族、布朗族、傣族等少数民族自古以来就有饮茶的习惯，以及掌握了悠久的栽培茶树技术和饮茶历史，普洱茶文化成为一个特殊社会现象。

由于各民族的生活环境、信仰、习俗不同，他们对饮茶的托情寓意、哲理、伦理千差万别，茶与民族文化相结合，形成了各具特色的民族茶礼、茶艺、饮茶习俗。例如，布朗族的青竹茶；白族的三道茶、烤茶；基诺族的凉拌茶、煮茶；景颇族的鲜竹筒茶；拉祜族的烤茶、竹筒香茶、糟茶；傈僳族的油盐茶、雷响茶；佤族的苦茶、擂茶、铁板烧茶；彝族的陈茶；纳西族的龙虎斗茶、糖茶；独龙族的竹筒打油茶、独龙茶；水族的罐罐茶；傣族的竹筒香茶；哈尼族的煨酽茶、煎茶、土锅茶、竹筒茶等，充分展示了茶饮的民族特色。云南是中国的茶叶大省，茶园面积居全国第一位，茶种资源无论是野生的、过渡的，还是栽培的，已发掘利用的有约200个品种，除了有“滇红”“普洱”老牌名茶；更有一大批茶叶新秀，如“女儿环”“绿海雪松”“绿海白梅”“绿牡丹”“金针”“银针”“墨针”“绿珠”“玉蝶”“早春绿”等(宋惠平，2007)。而近些年又形成了更多的普洱茶品牌。

云南普洱茶以其独有的风格和品质享誉我国港澳台地区、日本及东南亚市场，并逐渐打入西欧及美国市场，出口量在逐年增加。云南的红茶品质优良，出口量约占中国的1/4；沱茶一直畅销美国、加拿大及西欧市场；云南大叶种炒青茶深受当地消费者的喜爱，已打开中亚市场，进入波兰、德国、俄罗斯市场等。云南悠久的茶文化历史，形成的不仅是单纯的自然茶文化景观，同时也形成了意义深远的茶文化景观。

1. 西双版纳六大古茶山景观

西双版纳六大古茶山是普洱茶的发祥地，同时也是滇藏茶马古道的源头和清朝普洱贡茶的采制中心。古茶山地处南亚热带，阳光充足，气候温暖，雨量丰沛，绝大多数茶树都在数百年以上(陈介，2000)。“普茶名重于天下，此滇之所以为产而资利赖者也，出普洱所属六茶山，一曰攸乐，二曰革登，三曰倚邦，四曰莽枝，五曰曼砖，六曰曼撒”，《滇海虞衡志》标明了中国历史名茶云南普洱茶出自“六茶山”。

西双版纳六大古茶山景观分别如下。

攸乐古茶山景观：意为“基诺族的世居地”，基诺族过去称为“攸乐人”。传说基诺人是蜀汉时期诸葛亮军队的后裔，种茶历史非常悠久。攸乐古茶山位于景洪市基诺乡，东西长75千米，南北宽50千米，是六大古茶山中存留面积最大的古树茶区，海拔575～1691米，平均气温18～20℃，年降水量1400毫米。古茶树分布于龙帕、司土老寨、么卓、巴飘等地，主要分布于海拔1200～1500米，面积约300亩，几百年的古茶树存留很多。攸乐茶苦涩略重，回甘较好，山韵明显，水质略薄。历史上位居“六大茶山”之首，是云南大叶茶的中心产地，最高产量达100吨以上，主要供易武、倚邦等地加工。

曼撒(易武)古茶山景观：意为“美女蛇居住之地”，包括易武正山、曼撒茶山、曼腊茶山等。年平均气温17.2℃，年平均降水量1500～1900毫米。此地目前保留有少量无矮化的分散古茶树和大量矮化的古茶树园，这些茶园环境较好，保障了茶的山场气韵。古树主要分布于易武、曼撒、麻黑、落水洞、刮风寨、老丁家寨、曼秀、大漆树等地。易武早在千年之前就有古濮人种植茶树，明末之后，随着六大古茶山名声鹊起，大量外地人来此经营茶叶生意。早期曼撒地区茶叶交易量很大，慢慢地交易中心转移到了易武。清末时期出现了鸿庆号、同庆号、同兴号、安乐号、乾利贞号等著名茶庄。这里是普洱茶最早的集散地，唐代时被称为“利润城”，是滇藏茶马古道之源头。易武茶汤水柔和顺滑，口感清甜，苦涩感较弱，回甘较好，有“茶中皇后”的美誉。曼撒(易武)古茶山是六大古茶山中产量最大的茶山。

曼砖(曼庄)古茶山景观：意为“大寨子”，位于勐腊县象明乡南部，东部与易武茶区接壤，面积约 300 平方千米，海拔 1100 米左右，主要产地有曼庄、曼林、曼迁、八总寨等，茶林不规则地散布在原始密林中，是“古六大茶山”现今保存得较好的一座古茶山，基本没有经过矮化。曼砖茶汤质饱满厚滑，山野气韵较强，杯底留香特久，回甘快而持久，苦涩较轻，喉韵深沉。

革登古茶山景观：“革登”意为“很高的山地”。革登古茶山位于勐腊县象明乡安乐村，莽枝与倚邦茶区之间，海拔 1300 米左右，主要产地为值蚌、新发，在六大茶山中面积虽最小，但因离孔明山最近，而有其特殊的地位。古茶园已遭破坏，少部分存留在密林之中，为大小叶种混生。革登茶山韵明显，苦涩较弱，回甘较好，汤质顺滑。

倚邦古茶山景观：意为“有茶树、水井之地”。位于勐腊县最北部，属象明乡管辖，涵盖 19 个自然村，面积 360 平方千米，海拔跨度较大，在 600～1900 米皆有分布，至今仍保留有一定数量的 500 年以上的古树。古茶树主要分布在倚邦、曼松、嶍崆、架布、曼拱、麻栗树等地，其独特之处在于大叶种和小野种茶树混生。另外，在曼拱、倚邦、麻栗树等地还保留有小规模的古茶园，其中不乏小叶种古树。名声较大的曼松茶区(海拔 1340 米)，古树存量很少，这也是曼松古树茶难求的原因。清代曼松茶为贡茶，令倚邦察名远播，有“吃曼松，看倚邦”之说，至今仍有许多追捧者。倚邦古树茶因为中小叶种的原因，苦味很淡，涩比苦略显，回甘较快，香气独特，微有蜜韵。其中曼松茶苦涩不显，汤质甜滑饱满，杯底留香悠长。

莽枝古茶山景观：意为“(诸葛亮)埋铜(莽)之地”。莽枝古茶山位于革登茶山西南，与革登同属勐腊县象明乡安乐村，海拔 1400 米左右。古茶树主要分布于秧林、红土坡、曼丫、江西湾、口夺等地。莽枝茶口感与革登茶类似，茶气稍逊，苦涩较若，回甘较快，杯底留香较好。清康熙初年，茶山所在的牛滚塘已是六大茶山北部重要的茶叶集散地。茶山上立于乾隆十一年的石碑记录了六大古茶山的盛事。

随着普洱茶的热销，六大古茶山的名字也被越来越多的人熟知。人们可以去找寻自己心仪的古茶山，感受云雾缭绕的茶山胜境，也可以亲手采摘、炒制签上名后加工成普洱茶饼留作纪念。景洪市把茶叶作为“富民兴边”的支柱产业，不断加大扶持力度，“六大古茶山”逐渐恢复生机。西双版纳普洱茶传统加工技艺被列入中国非物质文化遗产名录。六大古茶山目前主要是作为普洱茶的原料地在进行保护和利用，其生态旅游开发程度还很低。

西双版纳后起的新六大古茶山，均位于澜沧江以西，为勐宋、南糯山、帕沙、贺开、布朗山和巴达。

2. 景谷千年古茶树景观

景谷千年古茶树景观分散分布于景谷傣族彝族自治县境内，东经 100°02′10～101°07′，北纬 22°49′～23°52′。距今 3540 万年的古茶树化石就出土于景谷盆地。景谷大水缸有面积 2000 亩的野生大茶林，其间有许多数百年的大茶树。景谷困庄大地有一株树龄 1000 多年，树高 20 米，基部干径 0.88 米，树幅 16.5 米的大茶树。凤山顺南光山、小景谷文山村大黑龙潭各有野生茶林 1000 亩。景谷乡大中山、益智大绿山各有野生茶林 500 亩。

3. 澜沧景迈古茶园景观

景迈古茶园位于澜沧拉祜族自治县东南的惠民乡景迈、芒景两村辖区内，景迈古茶园核心区处于东经 100°00′，北纬 22°09′。景迈古茶园种植于傣历五七年(公元 696 年)，距今已有 1300 多年的历史，是种茶历史久远的物证，也是目前世界上发现的面积最大的配植型古茶园，分布面积达 1870 平方千米。景迈古茶园内现存古茶树属于云南大叶茶，这里的古茶树为栽培型千年古茶树，树高大多在 3～4 米，干径多在 15 厘米，最大的高达 6 米，干径在 40 厘米以上，古茶树由于栽培年代久远，加之生长环境特殊，现存古茶树上多长满种类繁多的蕨类、苔藓、地衣及藤蔓等寄生植物(王凌云，2007)。因此古茶园独特的自然景观是具有研究价值的生物群落，从审美的角度也具有很高品位。

4. 双江勐库古茶树林景观

双江是云南主要产茶县之一，全县茶园面积 4533 平方千米，年产茶 2210 吨，该县北部的勐库镇是国家茶树品种勐库大叶茶的原产地。勐库镇西北方 10 多千米处的勐库大雪山，位于东经 99°46′～99°49′，北纬 23°40′～23°42′，古茶树分布面积达 800 多平方千米，海拔为 2200～2750 米，群落所处植被类型属于南亚热带山地季雨林，野生古茶树为二级乔木层优势树种，其生长密度平均为一个样方 62 平方米内 19 株，达到构成植物自然群落的密度要求，由此被誉为“天下茶仓”。勐库古茶树的茶叶被业界誉为“茶叶中的味精”，因其优良的品质而享誉国内外。勐库古茶树群落属原生自然植被，且保存完好，自然更新力强，生物多样性极为丰富，具有极为重要的科学和保存价值，是珍贵的自然遗产。同时，勐库古茶树由于所处海拔高，具有较强的抗逆性，尤其是抗寒性较强，是抗性育种和分子生物学研究的宝贵资源。目前已有少量的探险旅游者进入该茶区。

云南勐库古树具有茶持嫩性强，芽叶肥壮重实的特点，一芽四叶都很柔嫩，不像某些良种茶一芽二叶就显老相。勐库大叶种茶中的皇冠是冰岛茶，冰岛村是云南勐库茶种的主要发源地，该地产茶的历史悠久，有文字记载的时间为明朝(公元 1485 年左右)，而无文字记载的传说则更加悠远。冰岛茶叶长而大、呈墨绿色，叶质肥厚柔软、茶香浓郁，非常独特，它是云南勐库茶的极品，也是云南普洱茶的极品。

5. 临翔昔归古茶园景观

昔归忙麓山位于临沧市临翔区邦东村民委员会辖区，位于澜沧江畔，年平均气温

21℃，年降水量 1200 毫米。昔归古茶树多分布在海拔 900～1000 米的山坡上，混生于森林中，树龄 200 余年，树高多在 150～200 厘米，较大的茶树基围在 60～110 厘米。当地位于澜沧江阳坡的古茶林，每天清晨都受到冉冉升起的阳光和澜沧江面薄雾的滋润，茶品质特别优良。清末民初《缅宁县志》记载："种茶人户全县约六七千户，邦东乡则蛮鹿(忙麓)、锡规(昔归)尤特著，蛮鹿茶色味之佳，超过其他产茶区"。该茶园作为普洱茶中较为特别的古茶园，不仅因为它有"临沧的老班章"之称，也是成规模的古茶园中海拔最低的古茶园之一，还因其是临沧市范围内古茶树保存最多，生态环境最好的古茶园之一。整个古茶园的面积有 300 多亩，古茶树 2 万多株。属邦东大叶种的昔归茶，因当地每年只采春茶和秋茶，所以茶树保护得比较好，茶质比其他村寨要好得多。昔归古茶园采用传统采摘自然生长的经营模式，保留了经百年自然物化与人工造作生成的茶树，其造型嶙峋古怪，似卧龙、似飞禽展翅，既易攀援采摘，同时又有观赏性，郁郁葱葱，自然景观优美。昔归古茶树群落属原生自然植被，且保存完好，自然更新力强，生物多样性极为丰富，具有极为重要的科学和保存价值，以及生态旅游开发价值，是珍贵的自然与文化遗产。

6. 普洱万亩茶园景观

普洱万亩茶园位于普洱市的营盘山万亩观光茶园，位于东经 101°12′，北纬 23°54′，共 2.4 万余亩，为人工种植的台地茶。2003 年通过生态茶园的改造，构建了全方位、多层次的生物多样性保护体系，"绿色茶园"建设迈出了一大步，增强了茶产业与旅游产业的相互融合，是云南大力发展的普洱茶种植基地。观看茶园的最佳地点是问茶楼，轻薄的雾气与远方的连绵青山相拥，层层叠叠的茶梯田延至云海如梦如幻。景区还开发了普洱茶主题公园——"中华普洱茶博园"，集中地展示了普洱茶加工制作的整个过程。景区在每两年的 4 月 28～30 日举办"中国普洱茶节"，举行祭茶祖仪式、茶车巡游、普洱茶嘉年华会、茶艺茶道表演等活动，吸引着众多国内外游客，提升了"世界茶源、天下普洱、中国茶城"的地位。

7. 景洪大渡岗茶园景观

大渡岗茶园位于景洪市的大渡岗乡和景讷乡，茶园北邻普文镇，东与勐旺乡接壤，南连副养镇，西为景讷乡，总面积达 25730 亩，已开垦 24406 亩，气候属南亚热带山地气候类型，平均日照 6～8 小时，年日照时数达 2033.2 小时，平均气温 17～18℃，年降雨量为 1400～1800 毫米，海拔 1390 米，土壤为高山草地红壤土。大渡岗茶场的 1.52 万亩连片茶园被誉为"绿海茗珠"，是世界上面积最大的连片茶园之一，素有"万亩茶园"之称。大渡岗茶园冬无严寒，夏无酷暑，气候温和，云雾、雨露交叉覆盖，周围是数万公顷原始森林自然保护区，近百千米范围内无任何污染源，生态环境十分洁净(刘胚明，2010)。大渡岗乡还居住有许多少数民族，如傣族、彝族、布朗族等。因此，游客到此不仅能感受到清新的茶园风光，还可以体验丰富多彩的民族文化，有着较高的旅游开发价值。

11.6 高山牧场景观

本书中高山牧场指的是位于云南西北部或滇东北山原区，海拔 3000 米以上的夷平面、河谷盆地或断陷盆地，这些地方地形比较和缓，气候寒冷湿润，降水多，草类生长较好，是很好的天然牧场。

1. 弥里塘高山牧场景观

位于香格里拉普达措国家公园内，属都湖与碧塔海之间，海拔为 3700 米，属亚高山草甸，面积约 2.4 平方千米。“弥里塘”，又称“尼仁唐”，藏语意思为佛眼状的草甸，因其像一只细长的佛眼而得名。传说中，弥里塘是佛祖的世间眼，可以看透世事，消除智障。弥里塘牧场是当地藏族夏季最棒的牧场，周围高山上生长着云杉、冷杉及大果红杉等多种乔木，林间分布艳丽的亮叶杜鹃。牧场上牧草生长不高，但有两种特殊的草，一种叫祖母亚沙(音)；另一种叫德贵德多(音)，草中富含蛋白质和脂肪，有一点儿像军人食用的压缩饼干，牛羊吃后膘肥体壮，产奶量大，并且含酥油和奶酪比例高。因此，弥里塘牧场是香格里拉远近闻名的重要牧场，也是香格里拉普达措国家公园内的重要景观。弥里塘牧场草场广阔，水草丰茂，每年春夏之际，成群的牛羊游弋于湖畔，牧棚星星点点置身湖畔，背靠青山，面临绿水，让人深切感受到高原人自在悠游的生活情趣(《CCTV 远方的家》栏目，2012；藏羚羊旅行指南编辑部，2012)。

2. 小中甸高山牧场景观

小中甸高山牧场位于香格里拉市南小中甸坝，G214 国道旁，海拔 3200 米，是香格里拉面积最大的高山牧场。远处的雪峰是小中甸高山牧场终极视觉景观，近观一马平川，天高云淡，牛羊成群，藏族民居点缀其间，一派世外桃源的景象，草场上遍布狼毒，春季一片金黄，秋日满目艳红，令人心旷神怡，只是由于过度放牧，草场有所退化。

3. 南宝高山牧场景观

南宝高山牧场位于香格里拉市尼汝村北部高原区，海拔 4300 米左右，面积约 500 公顷，是香格里拉市最优良的牧场之一。南宝牧场面积广阔，溪流、丘陵遍布其间，地形复杂多变，牧场背景更是变化多样，一面是茂密的原始森林和雪山，一面是壮观的高原流石滩，草场中散布着一些冰川运动的遗迹，景观类型丰富。南宝高山牧场附近有七个大小不一的冰蚀湖，其中最大的两个是南宝黄湖与南宝黑湖。南宝黄湖，藏语叫纳波措学，意为“天边黄色的湖”；南宝黑湖，藏语叫纳波措娜，意为“天边黑色的湖”，湖面海拔约 4000 米。由于湖底泥炭藓、藻类和地衣等植物繁生，使湖面呈现黑色，尼汝人称为“错那”，两湖近在咫尺，一黄一黑，交相辉映。

4. 红山高山牧场景观

红山高山牧场位于香格里拉市格咱乡红山高原面上，海拔 4500 米以上。草场与高原流石滩相连分布，常绿针叶林带状散布其间，像一道道屏风，形成独特的风景线。绿绒蒿、龙胆等高原珍稀花卉争奇斗艳，给苍凉的高原荒漠增加了些许生机。

5. 大羊场牧场景观

大羊场牧场位于兰坪白族普米族自治县河西乡境内，离县城 130 多千米，牧场海拔 3600 米，主要由高山草甸组成。大羊场牧场东连金丝厂，南接罗锅箐，人称“七彩牧场”。大羊场牧场属高山森林草原景观，兼有雪域风貌。牧场林木繁茂，水草丰盛，地势平坦开阔，好像已离开崇山峻岭，到了平原牧场。大羊场高山牧场东可观玉龙雪山、哈巴雪山的皑皑白雪；西可尽览碧罗雪山那绵延千里的磅礴气势；北可遥望白茫雪山、梅里雪山的英姿；南面穿过原始森林则可到罗古箐情人坝。在草地与雪山的过渡带上有宽约 200 米、长达 10 余千米的杜鹃花海。大羊场地处兰坪、维西、玉龙 3 县的交界处，也是金沙江和澜沧江水系的分水岭。每当春夏时节，这时就汇集了转场放牧的八方来客。不同地方、语言、年龄的人，在这四周青草纤丽、脚下花草惊人的美丽草原上相融共处，构成了一幅清新和谐的画卷。

6. 丽江云杉坪景观

丽江云杉坪又名“锦绣谷”“玉龙第三国”，位于玉龙雪山主峰扇子陡半山腰的一个高山草甸，约 0.5 平方千米，海拔 3200 米左右，是玉龙雪山上极具代表性的景观，也是一个隐藏在原始山林中的小牧场。春天的云杉坪，郁郁葱葱，繁华缤纷绚烂；冬天的云杉坪被白雪所簇拥，晶莹剔透。每年春暖花开，百草萌发，附近山涧的牧民便会在此放牧，牦牛、黄牛、山羊等漫步林中草场，或隐或现，呈现一派高原牧场风光的景象。杉树林中伫立着一株株笔立如箭的参天大树，枯枝倒挂，枝上飘挂的树胡子，好比耄耋老翁夸耀自己的胡子，林间随处横呈的腐木，枯枝败叶，长满青苔，显示着一种亘古的宁静。人工修建的栈道，曲折蜿蜒，引向草甸深处。碧绿如茵的草地上盛装的纳西族、彝族等少数民族少女婀娜多姿的舞姿，尽显高原的柔美，更是为这片草甸牧场风光增添光彩；剽悍的藏族小伙驾骏马驰骋于林间草坪，尽显高原的洒脱与刚劲。邻近的甘海子，海拔 2900 米，同样位于玉龙雪山东面，全长约 4 千米，宽约 1.5 千米，是一个开阔的天然草甸牧场，为游人欣赏玉龙雪山提供了绝佳场地。从甘海子草甸到海拔 4500 米的雪线，可以看到各种各样的花草树木，兰花、野生牡丹、雪莲等；乔木有云南松、雪松、冷杉、刺栗等。

7. 会泽大海梁子景观

大海梁子位于会泽县内，为乌蒙山脉主峰，南北绵延 40 余千米，逶迤磅礴，盘旋于大海、金钟等地，面积约 360 平方千米，西与东川相连，傍峙小江，南高北低呈阶梯状下降，故与“大海”有不解之缘。“大海”是彝语“达七摆”的谐音，即台阶之上的意思。台阶的最顶端就是最高峰大牯牛寨，海拔 4017.3 米，下至小江边，海拔仅 1100 余米，相对高差近 3000 米，导致其气候具有“一山有四季”的景观特点。大海梁子东坡地势平缓，广阔坦荡，属高山亚高山草场，草地面积28万亩，适宜放牧，系云南省羊种改良基地之一。万亩草山之上，牧人常披一白色毡条，手执木棍，赶着绵羊群在茫茫草山上慢慢移动，形成一道独特的景观。在大海雪山草原上，生长着丰富的牧草，品种达200有余。丰美的水草，使得大海草山牛壮羊肥。信步在绵软如毯的草地之上，恍然如临内蒙古大草原。春夏季节，山花竞相开放，五颜六色，犹如美丽的画卷。置身绿草、山花、溪流和牛羊之间，忘却城市的喧嚣，尘世的烦扰，心灵得到净化。深秋时节，大海草山雨雾迷蒙，白雪飘飘，尽染远近山尖，天地间浑然一色，令人心驰神往。若碰巧，则可以在这茫茫草甸上目睹变幻无常的海市蜃楼奇景，影影绰绰，若有若无，人如临仙境。大海梁子为滇东著名的自然景观(杨朝俊和龚金才，1999)。

参考文献

《CCTV远方的家》栏目. 2012. 边疆行 云南-西藏. 上海：上海科学技术文献出版社：147.
《西双版纳傣族自治州概况》编写组. 2008. 西双版纳傣族自治州概况(修订本). 北京：民族出版社：172.
白竹. 2013. 中国文化知识精华一本全. 北京：北京联合出版社：308-309.
陈介. 2000. 云南省志卷五(植物志). 昆明：云南人民出版社：227.
大理州文化局，大理州文联，大理报社. 1986. 大理风物志. 昆明：云南教育出版社：217.
董仁才，余丽军，邓红兵，等. 2008. 泸沽湖流域生物多样性特点与保护对策分析. 中国生态学会青年工作委员会. 第五届中国青年生态学工作者学术研讨会论文集：265-270.
高民谊，朱慧贤. 2008. 云南生物地理. 云南：云南科技出版社：7.
何永彬，朱彤，卢培泽. 2002. 云南干热河谷特色农业开发. 山地学报，20(4)：445-449.
江爱良. 1982. 论我国水稻的种植上限. 地理科学，2(4)：291-301.
李元. 2000. 中国土地资源. 北京：中国大地出版社：195-197.
林超. 2004. 中国大百科全书·地理卷. 北京：中国大百科全书出版社：379.
刘胚明. 2010. 万亩茶园的“绿色”传奇. 中国农垦，01：76-77.
罗雁，陈良正，张思竹. 2010. 云南山区生态农业发展思路与对策研究. 西南农业学报，23(6)：2137-2142.
牛晓帆. 2012. 西部地区特色优势产业自主创新模式研究. 昆明：云南大学出版社：47.
汝百乐，徐友. 2001. 云南茶文化旅游开发初探. 云南师范大学学报(哲学社会科学版)，04：61-65.
沈雪梅，杨丕琼，许文徽. 2011. 云南地方历史名茶“十里香”古茶树资源保护的探索. 蚕桑茶叶通讯，156：31-34.
宋惠平. 2007. 云南茶文化旅游开发浅论. 民族论坛，02：48-49.
童绍玉，陈永森. 2007. 云南坝子研究. 昆明：云南大学出版社：23-59.
童绍玉. 2011. 云南山区与坝区农业利用划分方法探析. 贵州农业科学，39(11)：89-91.
王凌云. 2007. 浅析澜沧景迈古茶园现状及保护对策. 云南农业，9：36-37.
谢代银，范大路. 1999. 山地生态农业研究. 地域研究与开发，18(3)：49-53.
许冶. 2015. 远去的田野. 北京：光明日报出版社：28.
薛琳. 1999. 新编大理风物志. 昆明：云南人民出版社：341-342.
杨超. 2011. 云南“坝子农业”与资源环境的协调发展. 安徽农业科学，39(30)：18833-18834.
杨朝俊，龚金才. 1999. 新编曲靖风物志. 昆明：云南人民出版社：38-39.
杨天沛，吴进明，李茂萱. 2012. 罗平县油菜观光农业游发展探析. 当代经济，2：84-85.
杨玉莉，赵敏敏，雷昀. 2001. 对开发云南生态农业旅游的思考. 经济问题探索，(1)：119-121.
殷荐芳，胡庆红，何华. 2012. 元江县坝区夏粮冬花种植模式的比较分析. 现代农业科技，(19)：75-76.
藏羚羊旅行指南编辑部. 2012. 云南摄影之旅. 北京：人民邮电出版社：98-99.
张海翔. 2010. 云南农耕文化的当代价值. 云南农业大学学报，4(5)：1-3.

第 12 章　自然景观空间结构与开发潜力

云南具有地理环境复杂、生物多样性丰富、文化多元性典型、生态环境脆弱、老少边穷集一体的特点。自然景观“移步换景”的空间组合与分异结构特质，在多元的民族文化映衬下，景观价值更加凸显，具有很大的开发潜力。

12.1　自然景观空间组合与分异特征

云南的自然地理环境具有显著的区域特性，省内的自然景观空间组合与分异是以总的区域特性为背景的。云南的自然景观区域组合与分异特征取决于陆地上大尺度的地域分异所决定的三个因素：一是由热力条件的纬度差异而形成的纬度地带性；二是由于海陆分布和海陆对比关系的差异而形成的经度地带性；三是由大地构造和相对应的地表起伏及其组合所引起的大地构造—地貌分异(杨一光，1990)。了解云南自然地域空间组合与分异特有的区域性背景不仅是认识云南省内自然地域组合与分异规律的一个关键，也是认识其区域性特征，从而进行云南自然景观区划的基础。

云南的自然景观组合与分异受到各种地理因素的制约，但其主导地理因素是地貌结构和气候特征。不同学科对云南自然景观的空间组合与分异研究的表述，大多都是以空间区划的方式来表达。基于地理要素的特征及控制，不同学科的学者对云南自然环境的空间组合与分异认知不同，做了不同的空间区划。较早涉及云南自然区划的是任美锷、杨纫章(任美锷和杨纫章，1961)。1990 年由杨一光编著出版的《云南省综合自然区划》是第一本基于自然地理要素，系统研究云南自然综合区划的著作(杨一光，1990)；1998 年由陈永森等编著出版的《云南省志・地理志》中的“地貌区划”，第一次以地貌为主要因子做了云南自然景观分区(陈永森，1998)；2008 年由杨宇明等主编出版的《云南生物多样性及其保护研究》一书中的“云南生物地理分区”，是以地貌景观和气候条件为主导因子进行的生物地理区划(杨宇明等，2008)。这些研究成果为云南自然景观地理区划奠定了基础。

12.1.1　《云南省综合自然区划》方案

杨一光对云南省综合自然区划的方案，采用的等级单位共为三级：自然地带、自然地区和自然区。这三级单位在基本含义上可以与国内已有的一些自然区划所采用的单位相类比。由于云南自然地域分异很复杂，所以各级单位包含的内容也比较复杂，但是仍然显现出大、中尺度的自然地域分异的一般规律(表 12.1)。

表 12.1　云南省综合自然区划的分区系统表

<table>
<tr><th>自然地带</th><th>自然地区</th><th>自然区</th></tr>
<tr><td rowspan="3">Ⅰ热带北缘地带(云南南部热带北缘季节雨林、半常绿季雨林砖红壤地带)</td><td rowspan="2">ⅠA 滇西、滇西南山间盆地地区</td><td>ⅠA1 西双版纳低中山盆谷区</td></tr>
<tr><td>ⅠA2 德宏、孟定中山宽谷区</td></tr>
<tr><td>ⅠB 滇东南中山河谷地区</td><td>ⅠB1 河口中山低谷区</td></tr>
<tr><td rowspan="4">Ⅱ亚热带南部地区(云南高原亚热带南部季风常绿阔叶林砖红壤性红壤地带)</td><td rowspan="2">ⅡA 滇西南中山山原地区</td><td>ⅡA1 思茅中山山原盆谷区</td></tr>
<tr><td>ⅡA2 临沧中山山原区</td></tr>
<tr><td rowspan="2">ⅡB 滇东南岩溶高原山原地区</td><td>ⅡA3 梁河、龙陵中山山原区</td></tr>
<tr><td>ⅡB1 蒙自、元江高原盆地峡谷区</td></tr>
<tr><td rowspan="8">Ⅲ亚热带北部地带(云南高原亚热带北部半湿润常绿阔叶林红壤地带)</td><td>ⅢA 滇西横断山脉地区</td><td>ⅡB2 文山岩溶山原区</td></tr>
<tr><td rowspan="7">ⅢB 滇东高原地区</td><td>ⅢB1 昆明、玉溪湖盆高原区</td></tr>
<tr><td>ⅢB2 楚雄红岩高原区</td></tr>
<tr><td>ⅢB3 曲靖岩溶高原区</td></tr>
<tr><td>ⅢB4 昭通、宣威山地高原区</td></tr>
<tr><td>ⅢB5 丘北、广南岩溶山原区</td></tr>
<tr><td>ⅢB6 大理、丽江盆地中高山区</td></tr>
<tr><td>ⅢB7 金沙江河谷区</td></tr>
</table>

资料来源：杨一光，1990

1. 第一级区划单位——自然地带

自然地带是在纬度、大气环流特点及大地势结构影响之下形成的。作为一个自然地带应具有一定的热量、气温和水分组合特点，具有表征地带特征的土壤类型和植被类型，以及具有较大范围的地域。其内部有相似的垂直带结构，土地利用的特点和方向也大体一致。

自然地带即为生物气候带，与地带性的土壤类型和植被类型相对应的热量、气温和水分组合，构成这个地带的热量、气温和水分的数量指标体系，它反映了地带性土壤类型发育的热量气温和水分条件，以及地带性植被类型的气候生态幅度。地带所占据的空间范围，反映该地带的土壤和植被组合在大气候的热量、气温和水分空间场中所占据的位置，所以是它们之间生态联系的空间表现。

2. 第二级区划单位——自然地区

自然地区是自然地带内由于地理位置和地形条件不同所分异的地域单位，自然地区之间有生物气候特点或其组合上的明显差异。在云南，自然地带系列在空间分布上保持了大致为南北向依次更替的格局，构成了一个区域性的自然地带系列。各个自然地带之内，又存在着较明显的东西向温度和水分条件的差异，形成“省性”分异，这是自然地带之内“自然地区”分异的重要基础。

3. 第三级区划单位——自然区

这是由于地貌格局的不同，包括地表切割程度、山脉和河谷的走势、岩性对地貌发育的影响等的不同，引起的自然地区内的分异。一个自然区内，由地貌引起的气温和水分条件配置的特点，土壤和植被组合的特点，岩性对地貌、水文和土壤、植被的影响及土地类型和土地资源组合的特点，都比较一致。云南自然条件复杂，自然区的内部结构，也通常要复杂一些。在自然区内，自然地域分异主要应为土地类型的分异。

12.1.2　《云南省志·地理志》地貌区划方案

根据《云南省志·地理志》的划分，以地貌特点和空间分异为指标，将云南省地貌划分为 3 个区和 14 个亚区(表 12.2)。

表 12.2　云南地貌区划

区	亚区
滇东盆地山原区(Ⅰ)	滇西北中山山原亚区(Ⅰ1)
	滇东北中山山原亚区(Ⅰ2)
	滇中红色(层)高原亚区(Ⅰ3)
	滇中湖盆喀斯特高原亚区(Ⅰ4)
	滇东喀斯特高原亚区(Ⅰ5)
	滇东南喀斯特盆地高原亚区(Ⅰ6)
	富宁喀斯特低山峡谷亚区(Ⅰ7)
横断山北段高山峡谷区(Ⅱ)	怒山高黎贡山高山峡谷亚区(Ⅱ1)
	云岭高山山原亚区(Ⅱ2)
横断山南段中山峡谷区(Ⅲ)	滇西中低山宽谷盆地亚区(Ⅲ1)
	腾冲火山地貌亚区(Ⅲ2)
	滇西南中山宽谷盆地亚区(Ⅲ3)
	无量山中山山原亚区(Ⅲ4)
	哀牢山中山峡谷亚区(Ⅲ5)

资料来源：陈永森，1998

1. 滇东盆地山原区(Ⅰ)

位于元江河谷和大理坝－玉龙雪山一线以东。根据山地、高原和坝子所占比重，分为滇西北中山山原亚区(Ⅰ1)、滇东北中山山原亚区(Ⅰ2)、滇中红色(层)高原亚区(Ⅰ3)、滇中湖盆喀斯特高原亚区(Ⅰ4)、滇东喀斯特高原亚区(Ⅰ5)、滇东南喀斯特盆地高原亚区(Ⅰ6)、富宁喀斯特低山峡谷亚区(Ⅰ7)七个亚区。

2. 横断山北段高山峡谷区(Ⅱ)

本区由高山峡谷组成。根据山地、河流的分布，分为怒山高黎贡山高山峡谷亚区(Ⅱ1)、云岭高山山原亚区(Ⅱ2)两个亚区。

3. 横断山南段中山峡谷区(Ⅲ)

本区属横断山余脉区。西部山地走向以北东—南西向为主，东部山地以西北—东南向为主，向南水系间距逐渐增大，具有帚状水系特征，将山地切割成梁状和箱状。有较多的坝子分布。根据山地、盆地的分布情况，分为滇西中低山宽谷盆地亚区(Ⅲ1)、腾冲火山地貌亚区(Ⅲ2)、滇西南中山宽谷盆地亚区(Ⅲ3)、无量山中山山原亚区(Ⅲ4)、哀牢山中山峡谷亚区(Ⅲ5)5个亚区。

12.1.3 生物地理分区方案

生物地理区划一般以动植物区系与植被为依据，植被图可认为是为整个生物界绘制的，其生境类型是生物地理分区的依据。杨宇明等在20世纪80年代参与编写《云南省志·地理志》时，首次提出了全省动物地理区划方案，把全省归属于古北界的西藏高原与喜马拉雅区、西南区、华中区和印度—马来亚界的华南区四个一级区；又再划分为西藏高原、喜马拉雅山地、四川—云南高原、中国亚热带森林、华南雨林、泰国季雨林六个二级区；并进一步区划了10个三级小区。这一分区方案现在用于云南生物地理分区(杨宇明等，2008)(表12.3，图12.1)。

表12.3 云南生物地理区划与中国生物地理分区关系表

界(0级)	区(一级)		单元(二级)	亚单元(亚二级)	云南生物地理区域(三级)
古北界A	西藏高原与喜马拉雅区	Ⅳ	西藏高原(23)	西藏高原东南(23a)	①中甸德钦高山峡谷区域
			喜马拉雅山地(38)	雅鲁藏布江流域(38e)	②独龙江高黎贡山区域
	西南区	Ⅴ	四川—云南高原(39)	云南高原(39a)	③滇中高原亚热带区域
				四川西南山地(39b)	④滇西北横断山脉区域
				怒江—澜沧江峡谷(39f)	⑤滇西横断山脉区域
	华中区	Ⅵ	中国亚热带森林(01)	贵州高原(01a)	⑥滇东北中山切割亚热带区域
印度—马来亚界B	华南区	Ⅶ	华南雨林(06)	华南沿海(06a)	⑦滇东南喀斯特山原南亚热带区域
			泰国季雨林(云南热带)(10)	滇南山地(10a)	⑧滇西南中低山南亚热带区域
				滇南边缘山地(10b)	⑨滇南边缘热带低山河谷区域
				滇西南边缘山地(10c)	⑩滇西南边缘热带低山河谷区域

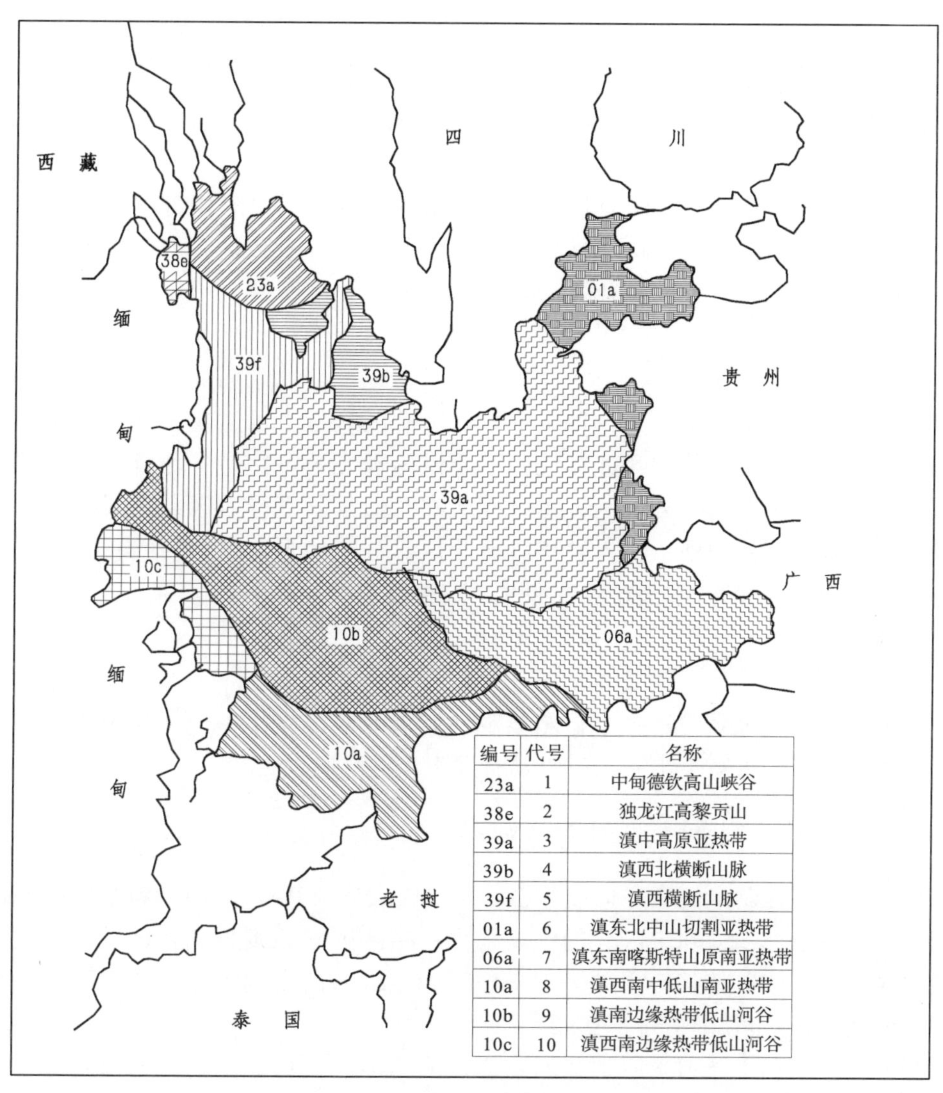

编号	代号	名称
23a	1	中甸德钦高山峡谷
38e	2	独龙江高黎贡山
39a	3	滇中高原亚热带
39b	4	滇西北横断山脉
39f	5	滇西横断山脉
01a	6	滇东北中山切割亚热带
06a	7	滇东南喀斯特山原南亚热带
10a	8	滇西南中低山南亚热带
10b	9	滇南边缘热带低山河谷
10c	10	滇西南边缘热带低山河谷

图 12.1　云南省生物地理区划示意图

资料来源：杨宇明等，2008

12.2　自然景观地理分区原则

云南自然景观地理分区原则是在吸纳前人研究成果的基础上，根据云南的自然景观特点而划分的。

1. 风景区间差异性和区内相对一致性原则

在任何两个同级风景区域之间，自然资源的组合特征，不只是个别特征具有差异性，同一区内具有相对一致性。风景地理区和其他自然区一样，存在着一个复杂的等级单位系统。资源区都是某个高级区的组成部分，同时本身又可以分化出若干低级区。因此，其自然资源组合特征的一致性必然具有相对性质，而不是绝对的。相对一致性并不局限于资源种类、数量和分布等方面，还应包含开发利用条件、现状等。保持区内相对一致性，即意味着把表现出差异性的地方划入另外一个区(中国自然资源丛书编撰委员会，1995)。

区内特征相对一致性需要注意使所划分出来的地域个体具有内部的相对一致性，这种相对一致性并不是指内部的均质性，而是指内部结构的一致性，内部的地域分异与组合的一致性，在自然成景条件复杂的云南更是这样。

2. 区域空间连续性原则

区域的划分不同于类型划分。每一个自然资源区既是不可重复出现，又是不可分离的个体。每个区都必须保持空间连续性，不允许出现飞地，这是各种自然区划都必须遵循的基本原则，也是区划与分类的根本区别所在。但是，受行政区划界限控制而出现的分离现象，应作为一种例外。因为被某级行政区界分割的自然区(包括自然资源区)，在该行政区外仍将是连续的(中国自然资源丛书编撰委员会，1995)。

3. 发生统一性原则

发生统一性即所区分的每一个自然景观地域单元，都应是一个发生统一体。也就是说分区中所划分出的每一个单元，应当具有发生上的统一性。

4. 综合分析原则和主导因素原则

综合分析原则强调全面考虑构成环境的各组成成分及其本身综合特征的相似和差别，挑选相互联系的指标作为确定区界的主要根据；主导因素原则强调在区域分异中起主导作用的主导因素，选取其某一主导标志来作为确定区界的主要根据，并且按统一指标进行某一级分区(陈传康和黎勇奇，1992)。

综合分析原则和主导因素原则并不矛盾，采用综合分析原则，挑选出具有分区意义的、相互联系的标志后，还可以再从中挑选出具有决定性意义的主导标志。但是运用主导标志确定区界时，若不参考其他环境条件包括气候条件和地貌、水文、土壤、植被等进行订正，划出来的界线必然存在片面性。某一主导标志与区域分异的关系不可能是严格的函数关系，而只能是相互关系，因此必须进行相关分析。用单一指标确定区界不一定能保证划分的各个区符合相关性和区域内部结构的相对一致性(陈传康和黎勇奇，1992)。

综合分析原则与主导因素原则的内容各有侧重，但互相又有密切的联系。在工作中，从全面综合分析云南自然景观地域分异入手，在此基础上，从实际出发确定主导因素及标志，而不是机械地搬用其他地区已有的指标。

5. 景观为主，充分考虑行政区划原则

划分一个地域单位以自然景观为主，人文景观为辅，同时充分考虑行政区划，尤其是景观亚区的划分。考虑与国际接轨，由国家到省自上而下，注意等级与系统的归属和衔接。

12.3　自然景观地理分区

云南自然景观依照分区原则，共分为五级。即景观大区、景观区、景观亚区、景区和景点(图 12.2，表 12.4)。

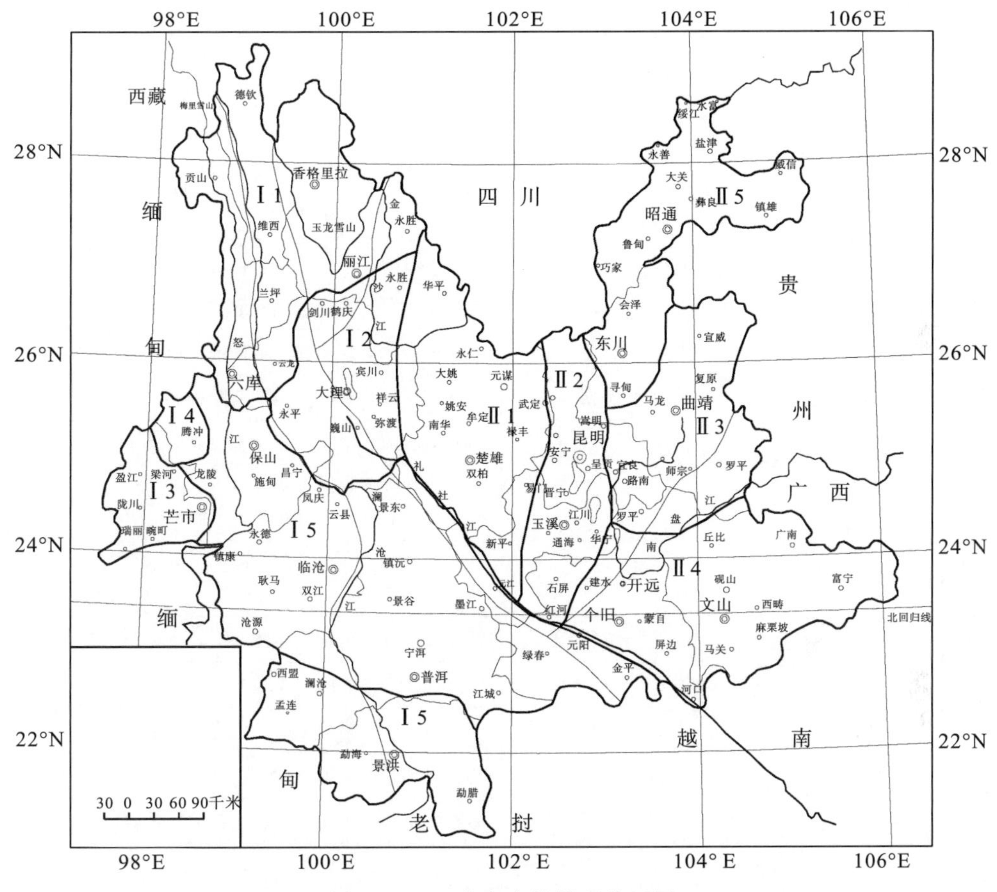

图 12.2　云南省自然景观分区图

景观大区为一级区。地域分异的主要因素是大地构造特征和区域宏观地貌。全省共分为两个大区。

景观区为二级区。地域分异的主导因素一为热力条件的差异而形成的地域气候分异；二为大地构造及其相对应的地标起伏，以及其组合所引起的大地构造—地貌分异。全省共分 10 个景观区。

景观亚区为三级区。它是由一个或几个县，或由一个自然景观系统组成的地域系统，在风景景观资源开发及旅游组织方面占有非常重要的地位，其主要划分依据是行政区域及地域统一性。全省共分 27 个景观亚区。

景区为四级区，它是以某一类型主体景观为核心，其划分的主导因素是风景景观内容的典型性及规模。全省共分 92 个景区。

景点是最低一级分区单位，由一个或一组观赏客体组成，划分景点的主导因素是可游性及科学性。

景区和景点只列出了一些主要的，随着旅游业的发展，更多的旅游景区景点将会被开发出来。

表 12.4　云南自然景观分区表

<table>
<tr><th>景观大区</th><th>景观区</th><th>景观亚区</th><th>景区</th><th>景点主体景观</th></tr>
<tr><td rowspan="28">滇西横断山纵谷大区（Ⅰ）</td><td rowspan="11">滇西北高山峡谷景观区（Ⅰ1）</td><td rowspan="4">怒江—独龙江（Ⅰ11）</td><td>独龙江</td><td>①雪峰冰川、峡谷瀑布、生物垂直带谱</td></tr>
<tr><td>泸水</td><td>②峡谷瀑布、生物垂直带谱</td></tr>
<tr><td>福贡</td><td>③生物垂直带谱、石月亮、峡谷激流</td></tr>
<tr><td>贡山</td><td>④雪峰、峡谷激流、生物垂直带谱</td></tr>
<tr><td rowspan="4">澜沧江（Ⅰ12）</td><td>云龙</td><td>⑤曲流、天池、生物</td></tr>
<tr><td>兰坪</td><td>⑥高山丹霞、五花草甸、高山牧场</td></tr>
<tr><td>维西</td><td>⑦滇金丝猴、生物垂直带谱</td></tr>
<tr><td>德钦</td><td>⑧雪峰、冰川、峡谷、生物垂直带谱</td></tr>
<tr><td rowspan="3">金沙江（Ⅰ13）</td><td>香格里拉</td><td>⑨五花草甸、湖泊湿地、高原牧场、湿地鸟类</td></tr>
<tr><td>泸沽湖</td><td>⑩湖泊湿地、生物多样性、农业生态</td></tr>
<tr><td>丽江</td><td>⑪雪峰、湖泊湿地、峡谷
⑫生物垂直带谱、五花草甸、湿地鸟类</td></tr>
<tr><td rowspan="7">滇西大理—程海断陷湖泊景观区（Ⅰ2）</td><td rowspan="6">大理（Ⅰ21）</td><td>苍山—洱海</td><td>⑬湖泊湿地、冰川遗迹、山峦、生物垂直带谱、五花草甸、森林鸟类</td></tr>
<tr><td>石宝山</td><td>⑭高山丹霞、生物多样性</td></tr>
<tr><td>巍宝山</td><td>⑮生物多样性、曲流晚霞</td></tr>
<tr><td>鸡足山</td><td>⑯日出日落、溪流瀑布、生物垂直带谱</td></tr>
<tr><td>洱源</td><td>⑰温泉、湖泊湿地、候鸟</td></tr>
<tr><td>漾濞石门关</td><td>⑱断崖峡谷、溪流瀑布、生物垂直带谱、农业生态</td></tr>
<tr><td>永胜（Ⅰ22）</td><td>程海</td><td>⑲湖泊湿地、螺旋藻</td></tr>
<tr><td rowspan="9">滇西腾冲德宏火山地热景观区（Ⅰ3）</td><td rowspan="6">腾冲（Ⅰ31）</td><td>腾冲火山群</td><td>⑳火山群、地热温泉、瀑布节理、湖泊湿地</td></tr>
<tr><td>热海热田</td><td>㉑地热温泉、峡谷溪流</td></tr>
<tr><td>曲石</td><td>㉒毒泉温泉、溪流瀑布、农业生态</td></tr>
<tr><td>高黎贡山</td><td>㉓生物垂直带谱、瀑布溪流</td></tr>
<tr><td>云峰山</td><td>㉔生物垂直带谱、日出日落、悬崖峭壁</td></tr>
<tr><td>银杏村</td><td>㉕银杏、农业生态</td></tr>
<tr><td rowspan="3">德宏（Ⅰ32）</td><td>瑞丽</td><td>㉖河流瀑布、热泉、农业生态、生物多样性</td></tr>
<tr><td>芒市</td><td>㉗温泉、生物多样性、农业生态、溶洞</td></tr>
<tr><td>盈江</td><td>㉘河流、湖泊湿地、农业生态、生物多样性</td></tr>
</table>

续表

景观大区	景观区	景观亚区	景区	景点主体景观
滇西横断山纵谷大区(Ⅰ)	滇西南中山峡谷景观区（Ⅰ4）	普洱（Ⅰ41）	普洱翠云洞	㉙溶洞、中山峡谷
			蔡阳河国家公园	㉚森林鸟类及动物、生物多样性、云海
			景迈山	㉛古茶园
			万亩茶园	㉜台地茶园
			景东哀牢山	㉝生物垂直带谱、云海、梯田
		保山—临沧（Ⅰ42）	临沧大雪山	㉞河流瀑布、生物多样性、古茶树
			永德大雪山	㉟河流瀑布、生物、古茶树
			冰岛—南美	㊱古茶园、草山、生物多样性
			百里长湖	㊲河流、森林
			孟定—沧源	㊳云海、天坑溶洞、生物多样性、农业生态
			怒江—高黎贡山	㊴峡谷瀑布、生物垂直带谱、干热河谷、温泉
	滇南北热带—南亚热带景观区（Ⅰ5）	景洪（Ⅰ51）	野象谷	㊵亚洲象、生物多样性
			森林公园	㊶动物、生物多样性
		勐海（Ⅰ52）		㊷河流、茶园、生物多样性、独树成林
		勐腊（Ⅰ53）	望天树	㊸望天树、生物多样性、
			植物园	㊹作物、生物多样性
		孟连（Ⅰ54）	大黑山	㊺生物多样性、河流瀑布
滇东高原大区（Ⅱ）	滇中红色高原景观区（Ⅱ1）	楚雄（Ⅱ11）	元谋	㊻土林、第四系剖面、干热河谷、元谋人
			禄丰	㊼恐龙化石、红层
			武定狮山	㊽生物多样性、瀑布溪流
			楚雄紫溪山	㊾生物多样性
			永仁方山	㊿方山、森林
			牟定化佛山	51森林、瀑布溪流
	滇中断陷湖泊景观区（Ⅱ2）	滇池（Ⅱ21）	西山—滇池	52湖泊湿地、断层崖、日出、森林、红嘴鸥
			筇竹寺—郊野公园	53森林、地层剖面
			黑龙潭—松花坝—金殿	54森林、植物园、水库湿地、冷泉
			梁王山	55森林、草地
			安宁温泉	56温泉、河流、森林
		富民—禄劝（Ⅱ22）	河上洞	57溶洞
			宝石洞	58溶洞、地下河
			轿子雪山	59生物多样性、断层崖、云海
		玉溪（Ⅱ23）	红河谷	60河流、干热河谷、农业生态
			哀牢山	61溪流瀑布、生物多样性
			抚仙湖—星云湖	62断陷湖泊、鱼类、温泉、农业生态
			盘溪大龙潭	63喀斯特、冷泉、农业生态
			秀山—杞麓湖	64断陷湖泊、森林、农业生态

续表

景观大区	景观区	景观亚区	景区	景点主体景观
滇东高源大区（Ⅱ）	滇东喀斯特高原景观区（Ⅱ3）	石林（Ⅱ31）	大小—乃古石林	⑮高石芽、溶洞、溶蚀湖、地下河
			黑豆石林—长湖	⑯高石芽、峰丛洼地、湖泊湿地
			月湖	⑰湖泊湿地、石芽
			台创园	⑱农业生态
			大叠水	⑲瀑布、峡谷
		宜良（Ⅱ32）	九乡溶洞群	⑳溶洞、峡谷、生物多样性
			阳宗海	㉑湖泊湿地
		曲靖（Ⅱ33）	花山溶洞	㉒溶洞
			罗平多依河	㉓河流瀑布、生物
			罗平九龙河	㉔瀑布、农业生态
			鲁布革三峡	㉕湖泊湿地、峡谷瀑布
			彩色沙林	㉖沙林、森林
		泸西—弥勒（Ⅱ34）	弥勒白龙洞	㉗溶洞、地下河
			泸西阿庐古洞	㉘溶洞、地下河、佛光
	滇东南溶蚀山原景观区（Ⅱ4）	红河（Ⅱ41）	建水燕子洞	㉙溶洞、地下河、燕子
			开远南洞	㉚溶洞、地下河
			屏边大围山	㉛生物多样性、火山锥
			河口—南溪河	㉜河流瀑布、生物多样性、热带农业
		文山（Ⅱ42）	富宁驮娘江	㉝湖泊瀑布、森林
			丘北普者黑	㉞湖泊湿地、喀斯特
			广南八宝河	㉟峰林峰丛、河流瀑布
			坝美	㊱喀斯特、湖泊湿地、农业生态
	滇东北中山峡谷景观区（Ⅱ5）	昭通—大关（Ⅱ51）	西部温泉大峡谷	㊲温泉、峡谷、森林
			大山包	㊳湖泊湿地、黑颈鹤、峡谷
			牛栏江	㊴峡谷、激流险滩
			大关黄连河	㊵瀑布、森林
		威信（Ⅱ52）	天台山溶洞	㊶溶洞、森林
			扎西河	㊷河流
		巧家（Ⅱ53）	药山	㊸冰川遗迹、生物垂直带谱
		东川（Ⅱ54）	小江泥石流	㊹泥石流

12.4　自然风景资源的开发潜力评价

自然风景资源包括地文(地质、地貌)景观资源、气象气候景观资源、水景观资源、生物与土壤景观资源等，它们是云南旅游支柱产业建设的基础。作为自然界客体物质的自然风景资源，均有其三重属性，即内在的科学价值、外在的景观美学价值和综合的社会经济价值(开发利用价值)。这些不同层面的价值特征，决定了云南的观光(感知)旅游、体验(认知)旅游和旅居(驻客)旅游产品开发的方向和品质。这些风景资源能独立成景(如独树成林、断层崖等)，但更多的是通过空间上的组合，形成内涵丰富的景观系统，为不同类型的旅游产品开发和旅游环境建构提供了基础保障。本书所描述的景观只是云南丰富的景观体系中目前已知的比较突出的景观，还有许多景观有待我们去发现和认知。

云南地处中国西南边陲，是一个“九分山和原，一分坝和田”的山区省份，地形复杂，高低悬殊，少数民族众多，形成边疆、民族与山区三位一体的地理环境特征，历史上构成了较封闭的、较稳定的自然区域，即便是如今，有的地段可进入性依然很差，社会经济发展较缓慢，是一个资源浅层次开发的资源大省，开发利用和挖掘的潜力还很大。

12.4.1　地文景观开发潜力评价

云南省地处板块交接处，地壳运动强烈，地质构造复杂，褶皱和断裂相当发育，岩石地层丰富多彩，外力作用类型多样，形成了种类丰富、造型各异的地文景观。地质作用是形成云南地文景观的主要动力来源，云南山川纵横、高原绵延、生物多样、文化多元的资源禀赋特征都有赖于漫长的地质演化形成的基底。许多景观的禀赋具有全球意义，其中最为著名的是滇西北地区的三江并流区域。从生态系统的角度出发，多期的地质构造运动使云南的地貌经历了多期的海陆变迁，特别是受到青藏高原隆升及新构造运动的影响(李忠东和卢志明，2002)，云南省形成了滇东、滇中、滇南、滇西北不同特色的复杂地貌格局。这种复杂的地貌组合格局，使得区内具有特色的生态系统和极为丰富的生物多样性，成就了云南绚丽多彩的自然风景。

云南山地景观在云南旅游开发中占有举足轻重的地位，多姿多彩的地质和山地景观具有良好的科研价值和审美价值。云南的许多山地，相对高差大，形成了大量的雪峰峻岭，以及坝子周边的一些山地，成为审美的终点景物。不少山地还是宗教名山，如梅里雪山、玉龙雪山、鸡足山、通海秀山、弥勒锦屏山、昆明西山睡美人等，拥有丰富的文化审美内涵。山地中的冰川遗迹、构造遗迹、深切峡谷、地质剖面等重要地质遗迹和显著的地质地貌多样性，展示了岩石圈—气候圈—生物圈耦合演化、陆内构造形变、第四纪冰川地质、新生代重大地质事件、垂直生态地质景观等极具地域特色且重要的多元复合地质遗迹模式，具有科学的内在美和外在的景观美价值。

地文条件是云南变幻莫测的气象气候景观、丰富多彩的土壤类型、特有种属的植物区系、众多种子植物模式、生物垂直带谱等自然分带模本形成的基础，这些特征同样展示着科学的内在美和外在的景观美价值。

地文景观的独特性为多元人文景观的产生奠定了基础。独特的地质地貌条件所形成的自然地理环境为云南不同地区的独特民族文化的产生和发展提供了条件，正是由于这特有的自然环境才形成不同民族特色的生活习俗，从而对旅游者构成吸引(李忠东和卢志明，2002)。

云南的25个少数民族，大部分是山地民族，还有不少是直过民族，这些民族保留着多姿多彩的生活风情、文化习俗和天人合一的自然观，他们创造的独特的文化是人类共同的珍贵遗产(方精云，2004)。

云南地文自然景观与少数民族文化景观和宗教文化景观的有机结合，形成了异于中原地区名山的特点，极大地提高了山地的旅游功能。目前，云南地文景观资源的开发方式主要以观光旅游和宗教旅游为主，开发地区主要集中在玉龙雪山、梅里雪山、宾川鸡足山、昆明西山、轿子雪山等少量山地。目前对地文景观资源，尤其是对高品质的地质景观资源，并没有充分开发利用，同时旅游开发方式也比较单一，因此，在今后的开发利用中应该融入科学考察、探险和生态旅游等中高端的旅游项目，以便更好地发挥出云南地文景观资源的魅力和优势，进一步挖掘出云南地文资源的潜力。

12.4.2 气象气候景观开发潜力评价

云南年平均气温约为15℃，大多月份平均气温在8～22℃，大于等于10℃的积温日数多，强度小。云南有很多地区可全年旅游。从卫生学方面来说，一般气温在18～21℃(国际最佳疗养温度：18.7～20.6℃)，对大多数人都是比较适宜的(丁文魁，1993)。云南的气候可用“四时之气”常如初春，寒止于凉，暑止于温来形容，因此，云南省可以说处处是春城，以昆明为例，年平均气温15℃，年平均最高气温20.8℃，年平均最低气温10.3℃，全年温差仅10.5℃，非常适合人类居住、生活和游玩。夏季，由于云南海拔高，些时又是雨季，云量大，蒸发强，因此地面温度不易升高；冬季，由于南下的冷空气受北面山地的阻挡或削弱，大部分地区受西风南支干暖气流的控制，多晴天，日照强，所以较为温暖。这种夏无酷暑，冬无严寒，春秋相连的气候，在全国是罕见的，它为游客四季出游提供了最佳的气候。

因纬度变化同北高南低的地势结合，扩大了气候幅，形成了包括有北热带北缘到寒温带的全部气候带谱。这种气候谱，加上云南东、西两大地形烙印，再叠加起山地的垂直变化，使各地气候类型多样。巨大的地形高差，为旅游者提供了在同一个地理空间，体验不同气候风光的条件。

云南年平均日照时数相比全国绝大部分省份都要长，并且干湿季分明，干季全天候游，雨季连阴雨少、紫外线强，是中国为数不多的可以全天候旅游的省份。

云南的景观资源是一种多层次的资源，各种各样的景观资源与气候相关，动植物王国同大气候幅相连。温和的气候是元谋人立足和东巴文化、南诏文化产生的基础。气象气候景观资源不仅是构景、造景、育景的重要元素，也是旅游活动的重要客观条件。因其本身所具有的独特观赏性与体验性使得审美价值和体验价值大增。在评价生态休闲环境条件时，由气温和湿度来表征的舒适度指数是重要的指标之一。因此，气象气候资源是一个地区旅游业发展的基本因子，积极有效地研究和科学开发利用气候景观，对旅游部门进行旅游资源开发和旅游爱好者选择旅游时间、地点都有十分重要的意义。云南气象气候的旅游开发非常有限，主要以鸡足山、轿子山观日出，观赏苍山玉带云、望夫云，以及观赏山区变化莫测的云雾景观为主，开发潜力巨大。

12.4.3　水文景观开发潜力评价

云南的水景观是全国最丰富的。一是类型齐全，激流险滩风景河段、婀娜舒缓的曲流风景河段、“高山流水”溪流风景、“疑是银河落九天”的瀑布景观、成因复杂的泉水景观、喀斯特伏流景观、高山冰川景观、星罗棋布的湖泊景观，几乎涵盖了除海洋以外的所有水景观类型；二是水景观体量巨大，云南拥有的所有水景观类型都有很大的体量，目前所开发利用的只是很小的一部分。

云南的水景观绝大部分不仅自身有很好的景观效果，而且与其他景观组合良好。例如，激流险滩与高山峡谷的组合、雪山冰川与宗教文化的组合、风景曲流与田园风光的组合、冰蚀湖群与五花草甸的组合、温泉与生态环境的组合、龙潭与民间传说的组合等。这些景观的良好的组合，提升了水景的综合价值。

虽然云南已开发了不少基于水景观的旅游和休闲度假产品，但总的来看，云南水景观的开发还处于小体量、低层次的开发阶段，开发前景广阔。

12.4.4　生物与土壤景观开发潜力评价

云南也是中国土壤类型最为丰富的省份之一。目前开发的土壤景观十分有限，比较有代表性的就是东川红土地。土壤景观就其特质来说，很难单独成景，但可以作为一个景区的配套景观来开发。土壤的颜色往往能表征其成土母质的岩性、区域气候环境等，而土壤剖面结构特征既能反映土壤的演化，其厚度往往也能客观地反映其环境的水热条件等，同时，土壤还是植物立地的基础。因此，土壤景观是生态旅游、科考和科普旅游潜在的资源赋存。

云南的生物景观从旅游开发的视角来评价，主要包括植物景观、动物景观和农业生态景观。生物多样性丰富是云南生物景观资源最突出的优势，也是云南旅游资源开发的基础。但是，云南拥有的是一个十分典型的高脆弱性、低承载力的山地生态系统。因此，云南是一个具有丰富的生物景观资源与脆弱的生态系统并存的特殊区域。

目前，云南的植物景观开发主要集中在三个方面：一是热带雨林、亚热带常绿阔叶林、高山垂直带谱、五花草甸等大尺度景观的观光产品开发；二是利用良好的自然生态环境开发了少量的户外运动和生态休闲产品；三是利用丰富的生态农业景观开发了一些乡村旅游产品。野生动物景观开发十分有限，主要集中在一些大型动物(亚洲象、滇金丝猴等)和鸟类(红嘴鸥、黑颈鹤等)的观光旅游开发。在云南由大众观光旅游向生态旅游、体验旅游、旅居旅游转型的大背景下，生物景观的开发潜力巨大、任重道远。

参 考 文 献

陈传康，黎勇奇．1992．地球科学．北京：高等教育出版社：205-218.

陈永森．1998．云南省志·地理志．昆明：云南人民出版社：244-248.

方精云，沈泽昊，崔海亭．2004．试论山地的生态特征及山地生态学的研究内容．生物多样性，12(1)：10-19.

李忠东，卢志明．2002．甘孜州地区旅游资源特征与区划．四川地质学报，22(1)：46-49.

任美锷，杨纫章．1961．中国自然区划问题．地理学报，27(12)：66-74.

杨一光．1990．云南省综合自然区划．北京：高等教育出版社：101-112.

杨宇明，王娟，王建皓，等．2008．云南生物多样性及保护研究．北京：科学出版社：32-134.

中国自然资源丛书编撰委员会．1995．中国自然资源丛书甘肃卷(第38卷)．北京：中国环境科学出版社：35-37.

第 13 章　风景资源的管理

全球的风景资源绝大部分是通过保护强度和保护目标不同的保护地进行管理的。2008 年，世界自然保护联盟的成员在共同讨论之后提出保护地的定义："保护地是一个清晰界定的地理区域，通过法律和其他有效方式进行识别、认证和管理，以此达到长期保护自然、生态服务和文化价值的目标"。"保护地"的概念是从"国家公园"的概念演化而来的。1872 年美国国会立法建立了"黄石国家公园"，这一事件被普遍认为是世界性"国家公园和保护地"运动的起源。今天"保护地"不仅是人类社会可持续发展的重要指标，也是我们这一代人从祖先手中继承下来的财富，而且还要真实完整地传承给子孙后代，是不可替代的人类遗产(杨锐，2003)。

世界各国在长期的保护地管理过程中，形成了各具特色的管理制度。总体来说，国外自然保护地的管理模式大致可以分为三种：①由专门的部门统一管理。英国在 1949 年就设立了专门从事自然保护地管理的机构——自然管理委员会；新西兰环境部在自然保护方面主要负责生物多样性保护工作，而自然资源和保护区管理工作则由自然保护部承担。②由环境保护部门主管。世界上许多国家都是采用这种管理体制，如澳大利亚，其联邦保护区是由澳大利亚环境部下设的澳大利亚公园局承担的，海洋公园和海洋保护区也是由澳大利亚公园局委托给同为环境部下属的海洋和水务局进行管理的。③多部门分散管理模式。最典型的就是美国，在美国，保护地主要由联邦内政部负责，其规范的管理体制对北美洲、南美洲及大洋洲影响较大，一直被学术界和业界所推崇，作为理想模式来研究。本章将详细介绍典型国家通过保护地进行的风景资源管理模式。

13.1　IUCN 风景资源管理模式

世界自然保护联盟(International Union for Conservation Nature，ILICN)，是一个由政府、地方和各种非政府机构联合组成的独特的世界性组织，专职从事世界自然环境保护。世界自然保护联盟于 1948 年在瑞士格兰德成立，一共包括了 1000 多个成员，160 多个国家。在过去的近 70 年里，世界自然保护联盟一直致力于保护地国际分类系统的研究和应用。从世界自然保护联盟建立保护地国际分类系统的宗旨来看，其目的主要是在全球水平上对各国保护地数据资料进行比较，促进世界保护地管理者之间的信息和经验交流。1987 年，世界自然保护联盟下设的国家公园和保护区委员会出版了一份《保护区类型、目的和标准》报告，该报告根据保护地的主要管理目标将保护区分为 10 个类型

(CNPPA/IUCN，1984，1978)，并将该分类标准向全世界推广应用。然而，实践表明这个分类系统并不完善。例如，在该分类系统中，部分保护地类型之间的差异不太显著，在实际操作中容易混淆；范围过广，几乎包括整个乡村地区；生物圈保护区和世界自然遗产保护地不是独立的管理类型，仅仅表示某些保护地的国际地位，实际上与其他类型保护地存在交叉等。

针对这些问题，世界自然保护联盟几次审议和修订了这个分类系统，并在1994年出版了一份新的《保护地管理类型指南》，该指南按照保护地内人类利用程度的递升顺序排列，将保护地管理类别划分为以下六类(表13.1)，其中第一类又划分成两个小类(CNPPA/IUCN，1994；杨锐，2003)。目前，这个新的世界自然保护联盟保护区分类系统正在逐渐被世界各国普遍使用，一些国家还将此分类系统纳入国家的法规之中。此外，联合国国家公园和保护区名录也将此分类系统作为统计世界各国保护地数据的标准结构(UNEP et al.，1994；WCMC，1998)。

表13.1 IUCN国家公园与保护区管理类别体系(2008年)

编号		类型	主要管理目标	入选标准	组织责任	
					所有权	管理权
Ⅰ类	Ia	严格的自然保护区	保护区域、国家、全球范围内突出的生态系统，物种(发生率或聚集度)和(或)地理多样性特征：这些因素大多或全部都是非人力作用的结果，当遭受所有但非常轻微的人类影响时，就会失去原有的品质或被破坏	保护生态系统完整性、保护地面积大小符合保护对象要求、没有明显人类影响的痕迹	中央政府、地方政府	中央政府、地方政府、地方委员会、大学或科研机构、非营利机构、私人基金、其他
	Ib	原野保护地	保护自然区域的长期生态完整性，使其不受显著人类活动的干扰；保护地内没有现代基础设施，自然力量和过程在其中发挥主导作用，保证当代和后代子孙有机会体验这些区。Ib类保护地通常是大部分没有被改变或只被轻微改变的区域，保持着其自然特征和作用，没有被永久性的或重要的人居占用，为保存其自然条件而被保护和管理	保护地面积大小符合保护对象要求、没有明显人类影响的痕迹、包含重要价值特征、能够提供愉悦机会	中央政府、地方政府	中央政府、地方政府、地方委员会、大学或科研机构、非营利机构、私人基金、其他
Ⅱ类		国家公园	保护自然生物多样性及其所包含的生态结构和支撑性环境进程，提供教育和康乐服务	保护地面积大小符合保护对象要求、能够提供愉悦机会、包含高质量景观	中央政府、地方委员会	
Ⅲ类		自然纪念地或特征	保护特殊的、典型的自然特征及与之相关的生物多样性和栖息地	保护地面积大小符合保护对象要求、人为积极干预、保护单一或多个重要性自然特征	中央政府	
Ⅳ类		栖息地/物种管理区	维护、保护和恢复物种及其栖息地	保护地面积大小符合保护对象要求、人为积极干预、保护重要物种及其栖息地	中央政府	

续表

编号	类型	主要管理目标	入选标准	组织责任	
				所有权	管理权
V类	保护性陆景/海景	保护和持续那些在传统管理操作过程中因与人发生交互关系而形成的重要陆景或海景及与之相关的自然保育和相关价值	能够提供愉悦机会、包含高质量景观、展示传统生活方式和经济活动	公私混合团体	
Ⅵ类	自然资源可持续利用型保护区自然资源	在保护与可持续利用相得益彰的前提下保护自然生态系统和可持续利用自然资源	可持续资源利用	中央政府、地方政府、地方委员会、非营利机构、私人基金、其他	

IUCN 类别体系是一种理论上的体系，就各国保护地管理体制来看，各国均根据本国国情对 IUCN 的保护地管理标准进行了部分调整，形成了具有本国自身特点的保护地管理体系。国家公园管理体制在全球的自然风景保护地管理模式中具有一定的代表性。

13.2　国际上具有代表性的国家公园管理经营模式

13.2.1　以美国为代表的中央集权型管理模式

美国国家公园的管理方式实行自上而下的垂直管理，由隶属于内政部的国家公园管理局负责国家公园系统的统一管理，不受所在地行政权力的干涉，是一套国家所有、部门负责、单一管理、顺畅高效、职能有机统一的管理模式。

美国国家公园管理局代表国家管理国家公园系统的行政、规划建设、业务技术、旅游经营、人事任免等事宜，在管理权归属上具有唯一性和排他性，联邦、州、地方、部落等各相关机构是其合作对象和伙伴。美国国家公园管理局的任务是为了当代和后代的娱乐、教育和灵感激励，其目的是完好地保护国家公园系统内的自然和文化资源及其价值，与全国乃至全球的伙伴合作，共同开拓自然和文化资源保护及户外游憩的价值。

美国国家公园管理局是不以营利为目的的机构，其不直接参与公园的商业经营活动。1965 年美国国会通过了《特许经营法》，在国家公园内实行特许经营制度，商业经营项目通过特许经营的办法委托经营，即国家公园的餐饮、住宿等旅游服务设施向社会公开招标，经营者在经营规模、经营质量、价格水平等方面必须接受国家公园管理局的监管。特许经营收入除上缴国家公园管理局外，全部费用用于公园的管理及特许经营制度的实施。特许经营制度的实施，促进了管理者和经营者角色的分离，实现了管理与经营的分离，消除了重经济效益、轻资源保护的弊端，并有利于筹集管理经费，提高服务效率和服务水平。美国国家公园内很少有社区，其土地都是国家所有，管理相对容易和简单。

13.2.2 以英国、日本为代表的综合型管理模式

1. 英国国家公园管理模式

从联合王国层面来看，国家公园由英国环境、食品和乡村事务部(DEFRA)在宏观上进行管理。从国家公园层面来看，每个国家公园都有自己的国家公园管理局(National Park Authorities，NPA)，独立于政府的国家公园管理局是国家公园的直接管理者。国家公园管理局的人员主要由成员、职工及志愿者三部分组成。从成员国层面来看，威尔士乡村委员会(Countryside Council of Wales)、英格兰自然署(Natural England)及苏格兰自然遗产部(Scottish Natural Heritage)负责本国国土范围内国家公园的划定和监管，并协助国家公园管理局来制定具体实施规划。此外，地方议会、社团及社区居民依法参与国家公园的规划及实施。英国国家公园管理局没有很高的行政地位，因此实施规划管制和规划申请的许可审批服务，以及在旅游开发过程中进行积极的利益协调并达成一致目标十分重要。英国国家公园管理十分注重社区和公众参与，这种利益协调机制有利于管理决策的民主化。

虽然英国国家公园内的土地大部分归属私人所有，国家公园管理局仅拥有少许土地，但国家公园内一般都有较大规模的居住村落和乡村景观，国家公园管理局承担着重要的景观保护责任，如何在管理上实施对景观的保护工作，需要通过规划管治手段对国家公园进行保护和开发管理。

国家公园管理局的主要任务是制定地方层次的公园管理规划，英国国家公园发展规划可以分为两种：一是结构规划，确定战略政策及局部规划框架；二是局部/地方规划，详细规定土地开发利用的框架和计划。局部规划必须符合结构规划。为土地拥有者提供管理框架，并提供规划审批服务，将管理公众进入国家公园开放地区的权益，包括与土地所有者签订土地管理手续和公众进入协议；小规模地进行适合当地需要的工业、商业和旅游开发；建立停车场、野餐区和简易饭店、建立游客中心及出版当地导游小册子，向游客提供封闭或限制地区的信息，举办自然科普培训班等。

英国的国家公园基本上是开放式的空间，包括了乡村、各类自然景观甚至中小城市的广大地域范围，国家公园都是免费进入、开放式管理，区域内的居民可直接参与旅游开发。英国的国家公园鼓励进行多种经济开发，游憩和旅游只作为公园开发的一部分，除了旅游业，国家公园还要维持原有人工生态林业、农牧业和有限制的发展房地产业等。但国家公园内进行的一切经济活动，如修建工厂、建造房屋、土地经营等都必须经过国家公园委员会批准。英国国家公园管理局强调环境保育和对环境负责任的开发，并且对自然旅游的开发控制较严。在资金投入方面，以政府投入为主，当地居民在国家公园的保护上也有所支出。

2. 日本国家公园管理模式

鉴于土地所有形式和分区体系的原因，日本国家公园由国家环境厅主管，自然保护

委员会协管，同时国家环境厅要与都道府县政府及国家公园内各类土地所有者密切合作；准国家公园由日本政府指定设置，但委由各地方的都道府县政府进行管理；都道府县立公园则由都道府县政府管理。

但在商业经营的管理模式上，日本和英国是不同的。日本国家公园充分发挥地方政府、特许承租人、当地群众的积极性，推行多渠道经营。其一，国家公园的公共设施，如风景点、自然小路、露营点、游客中心、卫生间和其他服务设施，由国家环境厅和在国家环境厅帮助下的地方共同提供，经费比例为 1∶2 或 1∶3。其二，为了促进对国家公园的充分利用，能够收费的设施如客房和交通设施则由私人投资建设，允许地方公共团体和个人按照国家公园的使用规划提供服务设施。其三，按照《日本地方自然公园法》，个人在取得国家环境厅国家公园的经营执照后，可以经营酒店、旅馆、滑雪场和其他食宿设施。执照的发放严格按照每个国家公园的游客接待计划、服务质量标准及服务管理资格进行，发照计划由地方经济发展状况和就业数量决定，许多国家公园也向市政府发放经营执照。其四，在国家公园内，可在自然环境优美的地方建立以游憩为目的的国家度假村，度假村中的部分公共设施，如景点、小路、露营点等是非营利的，它们由国家环境厅和相关的公共团体管理；国家度假村中的营利性设施，如酒店、旅馆、滑雪缆车等由国家度假村协会管理。

13.2.3　以德国、澳大利亚为代表的地方自治型管理模式

在德国中央政府只负责政策发布、立法等宏观上的工作，而具体管理事务则交由地方政府负责。在德国，国家公园管理处是其国家公园的政府管理部门，隶属于所在地的县议会，而州或地方政府是德国拥有自然保护权的最高权威部门，国家公园和大部分面积较大的自然保护区都归地区和州政府所有，一些面积较小的自然保护区的土地权归社区或私人所有。国家公园的建立是由州政府建立而非联邦政府建立，由于德国联邦政府不拥有土地，因此它的作用只限于制定自然保护法规。国家公园必要的管理经费由州政府根据规定下拨到各县。

在澳大利亚，各州政府对其范围内的保护区管理起主要作用。除西澳大利亚州外，其他各州都有一个国家公园管理处和野生动植物管理处。在西澳大利亚州，虽然国家公园和野生动植物的管理是由土地管理保护部的不同部门来负责，但国家公园授权由国家公园自然保护管理处管理，由其负责制定管理计划及对整体政策提出建议。

以上这些国家都建立了完善的国家公园监督机制，监督机制主要由三个方面构成：一是以法律法规为标准进行约束，国家公园的建立和管理大部分是基于法律之下而设立的；二是以国家公园主管部门为监督进行约束，对国家公园内的开发建设实施监管；三是以公众监督进行约束，即国家号召公民和社会参与国家公园管理，支持国家公园的建设。这使主管部门的决策不得不考虑多数人的利益最大化而非部门利益的最大化，也使管理机构本身几乎没有以权谋私的空间。

13.3 我国风景资源管理模式

1956 年经国务院批准，中国大陆建立了第一个自然保护区——鼎湖山自然保护区，从此拉开了中国风景资源保护的序幕。时至今日，中国的现代自然保护已走过 60 年的历史，已建立起从中央到地方、涵盖自然与文化、有形与无形的相对完备的资源保护体系。

13.3.1 中国风景资源管理体系类型

中国的自然风景资源保护地主要有风景名胜区、自然保护区、森林公园、地质公园、矿山公园、湿地公园、城市湿地公园、水利风景区、A 级景区等多种类型。

从中国各类自然风景资源保护地设立的目的看，可以分为三大类，即严格保护类、保护利用类和利用类。严格保护类目前主要是指自然保护区，利用类主要是 A 级景区，其他自然风景资源保护地均为保护利用类。依据自然风景资源保护地的资源特征不同，各类自然风景资源保护地保护的对象与要求也各不相同。依据自然风景资源保护地的生态敏感性、价值大小、可再生性，自然保护区的保护要求最严格，不提倡开发利用；风景名胜区保护与利用并重，在资源保护的基础上强调对开发利用的严格管理；森林公园、地质公园、湿地公园、水利风景区、城市湿地公园的保护约束相对较弱；A 级景区建立的目的就是开发利用风景资源。

13.3.2 中国风景资源管理模式

中国现行的自然风景资源保护地管理体系，既有依据部门国家法规条例建立的，也有依据部门规章建立的不同类别的自然风景资源保护地管理体系。

1. 依国家法规而设的保护地体系

我国依法设立和管理的自然保护地主要有自然保护区和风景名胜区。

自然保护区体系对应的法规条例是《中华人民共和国自然保护区条例》(1994 年)，2016 年 2 月国务院发布《国务院关于第二批取消 152 项中央指定地方实施行政审批事项的决定》(国发〔2016〕9 号)中，取消了外国人进入国家级海洋自然保护区的行政审批事项。

自然保护区是指对有代表性的自然生态系统、珍稀濒危野生动植物物种的天然集中分布区、有特殊意义的自然遗迹等保护对象所在的陆地、陆地水体或者海域，依法划出一定面积予以特殊保护和管理的区域。自然保护区管理部门涉及多个部门，其中国家林业局主管的约占总体数量的 73.89%，环境保护部主管的约占 8.58%、农业部主管的约占 4.42%、国家海洋局主管的约占 3.78%、水利部主管的约占 1.35%、住房和城乡建设部主管的约占 0.49%、国土资源部主管的约占 2.62%，其他占 4.87%(图 13.1)。

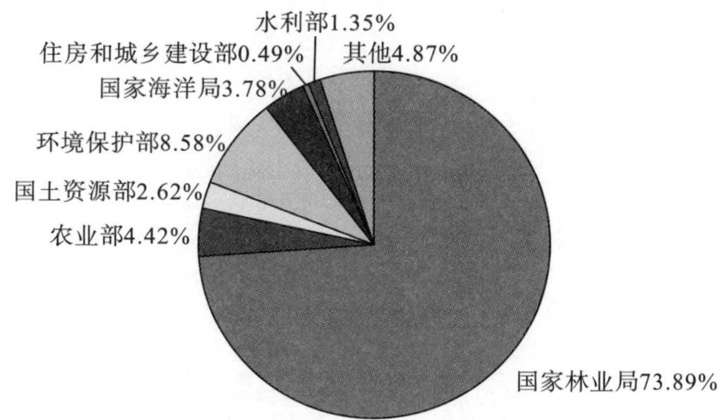

图 13.1　各部门负责自然保护区数量百分比图

资料来源：中华人民共和国环境保护部，2013

风景名胜区是中国唯一把自然景观和人文景观放在同等重要的位置进行保护和合理利用的保护地类型。1994 年，建设部发布的《中国风景名胜区形势与展望》绿皮书，书中明确指出："中国风景名胜区与国际上的国家公园相对应，同时又有自己的特点。"根据国务院 2006 年 12 月 1 日起施行的《中华人民共和国风景名胜区条例》，风景名胜区是指具有观赏、文化或者科学价值，自然景观、人文景观比较集中，环境优美，可供人们游览或者进行科学、文化活动的区域。中国的风景名胜区可分为 14 类，包括历史圣地、山岳、岩洞、江河、湖泊、海滨海岛、特殊地貌、城市风景、生物景观、壁画石窟、纪念地、陵寝、民俗风情及其他，几乎涵盖了所有景观类型，体现了中国自身的历史文化特色，是世界上风景资源类型最丰富的国家之一。根据《中华人民共和国风景名胜区条例》，国务院建设主管部门负责全国风景名胜区的监督管理工作，国务院其他有关部门按照国务院规定的职责分工，负责风景名胜区的有关监督管理工作(表 13.2)。

表 13.2　依国家法规而设的以自然保护为主的保护地体系表

保护地类型	主管部门	管理目标	管理强度	数量(2014 年)
自然保护区	国家林业局等七个部门	保护有代表性的自然生态系统和珍稀濒危动植物的天然集中分布区	最强	428
风景名胜区	住房和城乡建设部	保护生态、生物多样性和自然环境，永续利用风景名胜资源	强	225

2. 依部门规章而设的保护地体系

由部门拟定规章而建立和管理的风景资源保护地主要有森林公园、湿地公园、水利风景区、城市湿地公园、地质公园、A 级景区(表 13.3)。

表 13.3　依部门规章而设的以自然保护为主的保护地体系表

保护地类型	主管部门	管理目标	管理强度	数量(2015 年)
森林公园	国家林业局	保护公园内的森林生态系统，即保护野生动植物赖以生存和繁衍的生境	中等	826

续表

保护地类型	主管部门	管理目标	管理强度	数量(2015 年)
湿地公园	国家林业局	对湿地资源进行合理的、可持续的利用和生态保护	强	476
水利风景区	水利部	科学合理地开发利用和保护水利风景资源	弱	658(截至 2014 年)
城市湿地公园	住房和城乡建设部	保护城市水资源和动植物的城市栖息地	弱	49
地质公园	国土资源部	保护地质遗迹资源	中等	240
A 级景区	国家旅游局	促进我国景区服务质量和管理质量的全面升级	强	2568

注：还有一些以部门规章而建立的保护地，由于资料所限，没有列出

13.3.3　中国风景资源经营模式

中国风景资源管理的经营模式按其管理权和经营权是否分离，可分为两种类型：管经分离和管经统一。

1. 管理权与经营权分离的管理经营模式

这种模式的特点是政府管理资源，企业进行商业经营，风景资源由政府管理，而经营主体是企业。例如，黄山国家级风景名胜区、峨眉山国家级自然保护区、西双版纳国家级自然保护区等保护地都是采取这样的管理模式。这一模式中，风景资源的所有权与经营权、资源开发权与保护权完全分离。地方政府设立风景资源管理机构，作为政府的派出机构，负责统一管理。景区管理委员会通过交缴景区专营权费的方式将经营权直接委托给企业，管理机构负责资源保护，公司负责资源开发利用。

2. 管理权与经营权统一的治理模式

政府管理经营模式：风景资源管理机构既是管理主体又是经营主体。风景资源的所有权与经营权、开发权与保护权相对统一，既负责资源开发，又负责资源与环境保护，其代表是长春净月潭景区、江西龙虎山景区和泰山等。企业管理经营模式：风景资源由企业管理经营，其经营主体是民营企业或民营资本占绝对主导的股份制企业。其代表是四川碧峰峡景区、重庆芙蓉洞景区、天生三桥景区、金刀峡景区及桂林阳朔世外桃源景区等。在这一模式中，所有权与经营权统一，开发权与保护权统一。风景资源的所有权代表是当地政府，民营企业以整体租赁的形式获得景区 30～50 年的独家经营权。风景资源经营企业在其租赁经营期内，既负责景区资源的开发和管理，又对景区资源与环境的保护负有绝对责任。

13.3.4　中国风景资源管理存在的问题及对策

在我国，1978 年以前，整个国家“以阶级斗争为纲”，这之后，整个社会将重心转

移到经济建设中，过去那种“静态的、封闭的、画地为牢的”保护理念和模式已不再适应社会经济的发展需要。由于体制机制，尤其是认知上的误区和部门利益驱使，导致多年来中国的自然保护矛盾重重，主管部门与保护地政府、企业，当地政府与保护地管理机构、企业、社区矛盾重重。对于自然保护隶属住房和城乡建设部管理的风景名胜区管理在部分理念上类似于国家公园(目前，风景名胜区对外宣传的英文名称就是“National Park”)。在这个层面上，四川九寨沟等景区普遍被学术界和政府部门视为中国的国家公园。然而，这些并非是严格意义上的国家公园。我国大陆为什么没有国家公园？单之蔷在他的《我们为什么没有国家公园》一文中有过精彩的论道(单之蔷，2005)：

“我们中国没有国家公园，只有国家级风景名胜区和自然保护区。但是它们显然都不是为了培养国家意识而设立的，其中一个强调的是游览，一个强调的是保护；一个是传统的皇家宫苑、士大夫园林、文人山水的思想延续，无非是将其中的皇族、士大夫、文人换成了市民；另一个的思想源头在苏联，是他们最先建立起自然保护区。

“国家级风景名胜区，无论是从管理体制还是从思想理念上来看，都已经不适合新的时代。拿一张国家级的风景名胜区的分布图，你会看到它们几乎都分布在东部发达地区，这可以看出国家级风景名胜区的思想理念中难以包含‘荒野’这个现代人极为珍视的概念，它也无法容纳边疆这样的概念，它更无法理解那些登山、攀岩、漂流、远足等追求刺激、寻求孤寂、挑战自我的种种体验对现代人的意义，更谈不上培养国家意识。

“自然保护区的主旨——把保护自然和国民的休闲游览对立起来。其实国民有权利欣赏自己国家任何美丽独特的自然景观，无论它是多么珍稀。并非国民的休闲和观赏就会损坏珍稀的自然，这在加拿大等国家公园一百多年的实践中已经得到证明。

“一方面保护自然使其永世长存，一方面让国民欣赏壮丽的河山并在其中休闲娱乐，这两个目标完全可以统一起来，那就是建立国家公园。中国政府应该组建国家公园管理局。

“遗憾的是我们中国人的国家意识并不强，省、市和县的意识倒是很强烈，一些地方政府为了历史遗址的归属争夺得不可开交，许多地方的自然景观无不壮丽，但是‘世界级的景观’，却是‘乡镇级的管理’，许多世界级的景观成了地方政府的摇钱树，被糟蹋得一塌糊涂。

“其实我们应该用国家公园这种形式宣布：这些自然和历史留给我们的珍贵财富，并不属于哪一个地方，而是属于全国人民。”

云南正是在这样的大背景下，于 2005 年在迪庆藏族自治州，开始了艰难的国家公园建设的探索。由于云南国家公园建设探索的成功，使得中国共产党第十届中央委员会第三次全体会议决议中明确提出“要建立国家公园体制”。

1. 存在的主要问题

1)管理思想的落伍

中国的自然保护管理长期以来以静态的、封闭的、画地为牢的价值取向为核心，片面地强调保护为主，殊不知保护不仅仅只是那几个从事保护的管理部门的事，保护是全人类的事，新西兰“为了更好地保护，我们向公众开放”的保护理念才是一个真正的闪耀着生态文明智慧之光的价值取向。作为客体的自然资源，具有内在的科学价值、外在的景观美学价值和综合的社会经济价值，长期以来，我国的保护部门只强调其内在的科学价值，淡化了其他两方面的本质价值，这是造成各种矛盾的根源。

2)条块分割、各自为政

保护地管理部门把部门利益作为国家利益，用小集团利益代替国家利益。各部门为了占据更多的资源，一是盲目建设保护地，二是大量的不同类型的保护地在空间上相互重叠，经常出现风景名胜区、自然保护区、国家地质公园、国家森林公园等相互交叉。各个部门制定的各类保护地的管理目标和管理制度大同小异，致使中国的保护地设置和管理混乱，不成体系。全国大部分的保护地边界都是不清晰的。

3)投入严重不足，管理松散

世界上发达国家保护地的资金主要来自于政府拨款，社会捐助和商业经营作为补充，我们国家除了国家级自然保护区、国家级风景名胜区有相对稳定但严重不足的资金来源外，其他的保护地类型一般都没有稳定的资金来源，尤其是省级、市县一级的保护资金更是困难重重，这导致许多保护地管理十分松散，建设和保护难以为继。

4)保护地社区大量返贫

保护地所在区域绝大部分都是老少边穷地区，但保护地的划定，非常“任性”，保护地范围一旦划定，区域内的社区居民(大量是原住民)原有的生产、生活方式大部分都受到限制，而国家和地方政府相应的补偿是非常有限的，致使大量的社区居民由于建设保护地而返贫，从而导致大量的盗砍盗伐事件发生。

2. 对策

1)改变管理思想

所有的自然资源都是全人类共有的，任何人都有保护的义务和监督管理的权利，也有欣赏大自然美景、陶冶情操的权利。只有少量的孑遗生物及其栖息地和已经遭到破坏的生态系统是需要画地为牢保护的，其他绝大部分的自然资源应用保护与利用并重的思想来进行科学管理。建立完善的社会监督机制，保护地的管理目标应该包括三个范畴：一是保护自然资源和原住民社会生态系统；二是保护地是自然教育的课堂；三是保护地是满足国民休闲娱乐的主要资源支撑。

2)构建理想的管理模式

“建立国家公园体制”的目的，并不是要全部推翻原有的保护地体系，而是应该通过国家公园的体制建设，从根本上解决保护地管理各自为政、“九龙治水”的现状，构建既要有中国特色，又能与世界对比的保护地管理体系。

成立国土资源安全部，使其统管所有自然资源，包括地表的水体、土地、生物，以及地下的矿藏、地下水等；环境保护部门负责监控、监督和评估自然资源的保护、开发和利用等；开发利用通过委托经营、特许经营等方式来进行，形成分工明确、监督机制健全、保护与利用合理的自然资源保护地管理架构。

世界自然保护联盟所设计的保护地管理体系，对全球的保护地建设与科学管理起到了指导作用，但这主要还是一个指导性的理论架构。中国作为一个大国，可以与世界自然保护联盟合作，通过修改完善目前的六类保护地体系(主要是要增加对文化遗产景观的保护，进一步明晰各种保护地类型的功能)架构，在中国建设具有全球推广价值的保护地体系。

3)建立稳定的资金渠道

国家要加大对保护事业的投入，尤其要建立完善的保护地社区居民补偿机制，做好社区居民的能力建设和新兴产业发展的制度安排。

4)强化保护地设置的科学性

目前的保护地设置带有很大的随意性，所有的保护地设置，只有少量的类别，如国家级自然保护区、国家湿地公园会以综合科学考察做基础，其他的保护地类别的科学考察和研究的基础很薄弱，有的甚至根本不做科学调查就做规划。即便是非常重视综合科学考察的国家级自然保护区，在功能分区、分区管理模式、社区发展、物种和栖息地的保护等方面依然存在很多的科学问题。因此，强化保护地设置的科学研究是十分必要的。

参考文献

单之蔷. 2005. 我们为什么没有国家公园. 中国国家地理，52(12)：22.

杨锐. 2003. 土地资源保护——国家公园运动的缘起与发展. 水土保持研究，10(3)：145-153.

中华人民共和国环境保护部. 2013. 2012 年全国自然保护区名录. http：//sts. mep. gov. cn/zrbhq/zrbhq/ [2013-09-27].

CNPPA/IUCN，WCMC. 1994. Guidelines for protected area management categories. IUCN，Gland，Switzerland and Cambridge，UK：IUCN Publications Services Unit.

CNPPA/IUCN. 1978. Categories，objective and criteria for protected areas. Morges：IUCN.

CNPPA/IUCN. 1984. Categories，objective and criteria for protected areas. Morges：IUCN.

UNEP，WCMC，IUCN. 1994. 1993 United Nations list of national parks and protected areas. Gland：IUCN.

WCMC. 1998. 1997 United Nations list of protected areas. Gland：IUCN.

第 14 章　自然风景的审美

风景，源于自然，是人对自然客体的一种心理内化过程，不能引起人的心理“内化”活动的自然物，就不是风景。因此，不是自然界的所有景物都是风景。“山”和“水”构成了中国人风景审美最重要的两个基本元素。“山是硬的，水是软的，这就构成了基本的阴阳……于是一山一水只消无穷分形，便大致可代表中国人的天地，在传统文化中又叫作‘造化’。”在道家看来，自然山水是“道”的最佳表现形式，深谙自然山水之趣的南朝宋画家宗炳说：“山水以形媚道。”自然山水始终保持着最本真的存在，它们是真正自由的，不受秩序规范的约束，远离世俗社会的污染，它们生长、繁荣和老死，是自然界本然的规律，遵循着宇宙固定的秩序，它们是宇宙秩序最好的拥护者。山水代表自然的精华，好的山水可洗涤人在尘世里沾染的世俗和杂质，而且人在山水中是自然、空灵、安静和富于创造的。早先，中国人对自然景观的重视在诗歌总集《诗经》中得以体现，而自然景观作为独立的审美对象，则大约始于魏晋南北朝时期，而作为自然景观审美文化的承载体和传承物主要是山水诗和山水画。中国山水诗宗师谢灵运在《石壁精舍还湖中作》诗说：“昏旦变气候，山水含清晖”，当中的山水指的就是具有审美价值的优美的自然景观。春夏秋冬，月转星移，潮起潮落，花开花谢，大自然的节律与盛会形成圆满的循环，充满生命的活力。人们在大自然面前，往往在享受自然景观的同时也有精神的震撼与感悟，所以自然审美也是人与大自然的心灵沟通，不仅仅是对狭义的山和水，也包括了生物、天象气候等自然要素，是面对客观实在的自然景观产生的主观感受。西方对自然山水理解的核心是“荒野”，罗尔斯顿在其《哲学走向荒野》一书中指出荒野作为生命共同体，有着其自身内在的价值。他认为市场价值、生命支撑价值、消遣价值、科学价值、遗传多样性价值、审美价值、文化象征价值、历史价值、性格塑造价值、治疗价值、宗教价值及内在的自然价值，都是荒野的价值。其实，在他所列的荒野价值体系中，其本质还是自然的审美价值。哲学家康德说“天上有星光闪耀，地上有心灵跳动”，这种对天地自然的敬畏与心心相印，东西方都是相通的。

“什么是美?”美学家认为：美学意义上的美，指的就是人与世界、与天地自然交相融合的原初境界，这是一个情景交融、主客统一的意象世界，也是人生在世的本然境界。所以审美并不是对事物进行孰美孰丑的判断和评价，而是用最纯粹的眼光来看待万事万物。因为自然在根本上是我们人类及其他万事万物的根源，所以自然是美的，人类意识觉醒之前与自然融为一体的本来状态是美的。人类在认识自然之前，早已与自然融合在一起，这是一种纯粹被给予的存在样态，不是通过人类的认识达成的。相反，人类一旦开始认识自然，自然就成为与人类分离的客体，我们所说的自然只是从我们的观念出发而绘制的自然图景，或者说是人类文化视野中的自然变形，与此同时，人类成为自然之美的最大破坏者”（王慧，2006）。因此，自然山水属于每一个人内心的风景，它不局限于一个物理存在的实体，可能更接近于一个精神世界。

中国多山，丘陵、山地及高原占据全国大部分面积，同时，中国是一个农业大国，各种土地类型与风景相互交替、穿插，形成田园风景和自然景观交相辉映的特色。陶渊明退隐乡野，“采菊东篱下，悠然见南山”的感慨将田园风景、自然景观与风雅之心融为一体。这种情景交融在中国的山水诗、山水画中屡屡可见，并形成颇有特色的人文审美传统。自然风景是由自然因素持续作用于景物而形成的，经过长期作用，景物与周围各种环境条件的关系达到和谐，因而形成某一特定风景性质和特性。

秃石奇峰、深谷幽洞、流川飞瀑、惊涛拍岸、黄沙卧雪、清波载舟无一不显示出美的魅力、美的诱惑，自然景观是大自然鬼斧神工所创造出来的绝伦无比的画卷。罗丹说：“自然总是美的，能了解自然向我们所指出的，这就够了。”如何“能了解”呢？我们须从审美欣赏的高度观赏自然风景，才能获得旅游的最大乐趣，只有在游山玩水时，与时俯仰，应物变化，不凝滞于物，方可得之美的享受。正如列子所言：“游之乐所玩无故。人之游也，观其所见，我之游也，观其所变。”日本诗人芭蕉写过许多游记，如果读过他的《奥之细道》，就更能感觉到他与旅行已是合二为一。芭蕉吟咏：“何等尊贵/青叶嫩叶/在日光下。”阳光下微不足道的青叶嫩叶一旦与“何等尊贵”联系起来，便具有相当的宇宙性，诗人刹那间感悟生命，这是表现春天的最美好绝唱。胸中真有风雅，万物也皆变得富有韵致和意味。从于造化，归于造化，这才是人与自然天籁的交相融合。

14.1　自然风景审美的历史沿革

14.1.1　自然风景审美的萌芽阶段

人类的早期，人与自然是一种朴素的天人合一关系。人类依山为命，辗转山林，群居穴处，自然不能算作是旅游，但这却是人类认识自然、欣赏自然、进行自然景观审美的开始。人类在其生产生活过程中，自然产生了一种乐山乐水的趣向。同时，面对无法解释和征服的高山大川，人类遂产生了某种神秘感，逐渐形成了“万物有灵”的自然崇拜。“山林川谷丘陵能出云，为风雨，见怪物，皆为神。”一些自然山水皆被当作神山圣水来祭祀，从而在对自然山水的依赖、崇拜、敬畏中促进了对自然风景审美的萌芽。云南沧源崖画就是对这一时期自然和文化审美的忠实记录。

据《史记》和《山海经》的记载，中华民族的始祖黄帝就是一个一生好游名山大川的人物，“东至于海，登丸山，及岱宗。西至于空桐，登鸡头。南至于江，登熊、湘。北逐荤粥，合符釜山……迁徙往来无常处”，乐山乐物，寻异探珍，并将旅游所见所闻绘雕于金鼎之上。此后的虞舜、后羿和大禹等也是行万里路、登万座山、渡万条水的传奇人物。舜“入于山林川泽”，四处探险；后羿则穷于科学考察，追云逐日，成为科学考察旅游的鼻祖；大禹则披星戴月，手足胼胝，凿山导水，将远古中国的千山万水踏遍……原始人类在与自然山水朝夕相处中，逐步认识到自然景观的宏观布局和美，如“天圆地方”“地倾东南”“五藏四海”……这些认识，也成为人们旅游和欣赏自然风景的导游蓝图。记载“五藏四海”的《山海经》，既是一部地理著作，也是第一部记叙自然景观的著作。

进入夏商周时代，自然景观审美也已渐入民间。到了春秋战国时代，孔子说：“智者乐水，仁者乐山。智者动，仁者静。”后人称为“君子比德”之说，认为游览自然山水之所以能给仁人君子以美感享受，主要是因为自然山水具有类似于仁人君子的品德特征，大水的深不可测象征智者的学识渊博，大山的养育万物象征仁者的秉公无私。仁人君子游山观水不但能反省自身，陶冶情操，而且能萌发对自然景观的审美之情。“比德”说对后来的自然景观审美产生了很大的影响。在秦之前，各部落王国均有各自崇拜的神山圣水，但被公认并得到开发者却寥寥无几。

秦始皇统一六国后，确认了十二座需祭祀的名山，如太室、恒山、泰山、会稽、湘山、华山、薄山、岐山、吴岳、鸿冢、渎山，责成地方看管和养护，使自然风景环境大为改善。汉武帝登山临河，祭山祀水，更为考究，中国著名的“五岳”制度即在此时开始形成。秦汉时期，依仿自然山水的园林大肆兴起，得益于自然山水、状景体物的汉赋得到繁荣并独具特色，比起春秋时的“比德”说又进了一步。

14.1.2 自然风景审美的大发展阶段

有目的的自然风景审美真正的形成是在魏晋南北朝。魏晋时期，社会昌盛，文化繁荣，文人士大夫开始傲娇，骚情暗涌，大规模寻求山野之志，一个个以放逸林泉、游历山川为风尚，出现大量的崇尚无为的游士、游道、游僧等，适意自然，返璞归真，亲身体验风景之美盛行。此时的风景审美是“以形媚道”“澄怀味象”。前者首先确认自然界存在着天造地设的自然景观的形式美，同时认为有形的自然景观美生于无形的“自然之道”，且包含和体现“自然之道”。此时对风景的审美摆脱了“比德”说的羁绊，有了一个新的飞跃。后者力图解决审美主体和客体的关系，解决游览者和自然景观美的关系。而相携而生的“澄怀”即畅神，澄清怀抱，畅通神思，要求审视和欣赏自然景观应清虚淡泊。“味象”则为审美的手段，即观察形象、感受形象、鉴赏形象，洞察自然景观之“形”，洞察“形”之面貌、特征和本质，进而洞察“形”外之“形”、“象”外之“象”，达到“静观玄览”、物我合一的审美极致。从色彩、音响、造型等形式要素和比例、对称、曲折等形式规律及气韵、动静、变化等形式内在属性着眼，开掘自然景观的形象美。因此，“以形媚道”“澄怀味象”深入探讨了自然景观美的来源、本质、审美特征、审美方法、审美尺度，探讨了“心”与“形”、“我”与“物”、主观与客观的审美关系，构成了一个比较完整的自然景观美学理论和审美理论体系，标志着自然风景审美的形成。

与此同时，人们在尽情尽兴地欣赏自然山水景物的美时，又尽心尽力地师法自然之美为源泉创造艺术美。于是山水诗、山水赋、山水文、山水画等应运而生。“结庐在人境，而无车马喧。问君何能尔？心远地自偏。采菊东篱下，悠然见南山。山气日夕佳，飞鸟相与还。此中有真意，欲辩已忘言”（陶渊明诗）。此时的山水诗文已逐渐摆脱自然崇拜而达到人与自然和谐、融洽的境界。自然景观不再是自然崇拜的对象，而是可游、可居和审美欣赏的对象。文人墨客往往寥寥几笔就为普通的山山水水罩上一层迷人面纱，造就一种神秘气氛。他们诗中有画，画中有诗，对大自然的热爱构成了他们生命的诗篇，这种热爱又从他们充盈的心灵流露到艺术中。“终日昏昏醉梦间，忽闻春尽强登山。因过竹院逢僧话，又得浮生半日闲。”这便是中国传统文人的理想生活和祈祷。

魏晋南北朝时期，道佛两教兴盛，仙游释游发达，正所谓“南朝四百八十寺，多少楼台烟雨中”。道佛两教的观寺开始大量修筑于名山之中，开始进入“天下名山僧多占”的时代。此时开发的道教名山有青城山、罗浮山、茅山、龙虎山、阁皂山等，开发的佛教名山有五台山、峨眉山等，其他尚有衡山、庐山等，佛门石窟也被雕凿于悬崖峭壁之上，最著名的莫过于莫高窟、云冈石窟、龙门石窟三大佛教石窟艺术。道佛两教之中有不少精通诗文、书画者，如道安、慧远、法显、戴逵等，他们热衷于讴歌和描绘自然风景。这一时期，比较有代表性的是魏正始年间(公元 240～249 年)的“竹林七贤”，七人是当时玄学的代表人物，在行为上反对礼教。嵇康、阮籍、刘伶、阮咸始终主张老庄之学，“越名教而任自然”，山涛、王戎则好老庄而杂以儒术，向秀则主张名教与自然合一，他们的思想对陶渊明、谢灵运产生了影响，使之在田园诗和山水诗上开创了历史的先河，对后世产生了深刻的影响。谢灵运对山水之美的追寻，达到了疯狂的程度：“寻山涉岭，必造幽峻，岩嶂千重，莫不备尽。登蹑常着木屐，上山则去前齿，下山则去后齿。尝自始宁南山伐木开径，直至临海，从者数百人。”以至于“临海太守王琇惊骇，谓为山贼，徐知是灵运乃安。”

通过诗书琴画，我们可以看到古代中国人是多么富有情趣，泛舟江湖，攀登名山，拜谒美人墓冢，把玩奇石幽兰……他们深谙天人合一的生活艺术，并且融入精神生活中。最著名的例子是被誉为“天下第一行书”的王羲之的《兰亭集序》，它让人感叹王羲之登峰造极的书法技艺的同时，也对如梦如仙境的“兰亭”痴心向往。晋穆帝永和九年(公元 353 年)农历三月初三，“初渡浙江便有终焉之志”的著名书法家王羲之，在会稽山阴的兰亭(今绍兴城外的兰渚山下)，与名流高士谢安、孙绰等 41 人举行风雅集会。与会者临流赋诗，各抒怀抱，抄录成集，大家公推王羲之写一序文，记录这次雅集，即《兰亭集序》。王羲之序文抒怀：“此地有崇山峻岭，茂林修竹，又有清流激湍，映带左右。引以为流觞曲水，列坐其次。虽无丝竹管弦之盛，一觞一咏，亦足以畅叙幽情。”让小小兰亭名垂千古。“曲水流觞”的意境目前依然是现代旅游环境设计趋之若鹜的境界。但在顾恺之等的画作里，山水还只停留在只是人物的背景这一层面上。

14.1.3　自然风景审美的成熟阶段

唐宋时期经济繁荣，社会安定，国家统一，文化发达，宗教隆盛，为自然风景审美提供了物质和文化条件。特别是入宋以后，理学大昌，理性、克制之美理念盛行，是中国自然景观审美的大发展时期和成熟期。《历代山水诗选》中精选的咏山诗 185 首、咏水诗 118 首，90%以上来源于唐宋元明清，尤以唐宋为魁。唐人建设的既有幽深的永州山水、奇妙的桂林山水景观及泉水涌来春暖的华清池等，又有依托于山水把花木、陵墓、楼台、道观、佛寺、佛塔石窟、名人祠堂等人文景观点缀其中，形成自然景观和人文景观的有机结合。由于唐宋以来，游览自然景观蔚然成风，尤其是文人墨客“触景生情，借题发挥，记为诗文，以激千古”，于是山水诗文、山水画卷、山水园林、山水盆景等也蓬勃发展起来。自然景观的开拓、审美和欣赏，无论在深度和广度方面都取得了极高的成就。“一生好入名山游”的李白，以对自然风景特有的美感、丰富的想象力和浪漫情怀，留下了“飞流直下三千尺，疑是银河落九天。”“朝辞白帝彩云间，千里江陵一日还。两岸猿声啼不住，轻舟已过万重山。”“举杯邀明月，对影成三人。”的绝句，对自然景观的审美和欣赏达到了前无古人的高度。宋人柳宗元在《始得西山宴游记》中对自然景观审美的记述也颇具特色：“其隟也，则施施而行，漫漫而游。日与其徒，上高山，入深林，穷回溪，幽泉怪石，无远不到。到则披草而坐，倾壶而醉。醉则更相枕而卧，卧而梦，意有所极，梦亦同趣。觉而起，起而归”。柳宗元耐心细致地观赏山水、捕捉美感，以自然风景之美陶冶心情，不仅给人以静静的小山小水的景观美，而且提出了一系列有价值的自然景观欣赏的理论。视、听、神游、心游，从而达到“与天和者，谓之天乐”(庄子语)的境界。“入峡喜巉岩，出峡爱平旷，吾心谈无累，遇境即安畅”的苏东坡，不仅对自然景观的审美颇有心得：“水光潋滟晴方好，山色空蒙雨亦奇，欲把西湖比西子，淡妆浓抹总相宜。”而且还带领人们营造山水景观，如对杭州西湖、颍州西湖、惠州西湖、湖北鄂州西山、黄州赤壁等都进行过建设，更有价值的是，他还为考察研究自然景观成因迈出了一步，其《石钟山记》便是一例。充满浪漫主义情怀的唐宋文人墨客，使自然景观的审美达到了前所未有的高度。而对自然景观特征的观察、分析和审美理论的总结尤以山水画家为甚。例如，宋代郭熙总结出观赏山岳的方法：“山近看如此，远数里看又如此，远数十里看又如此；每远每异，所谓山形步步移也……山春夏看如此，秋冬看又如此，所谓四季之景不同也。山朝看如此，暮看又如此，阴看又如此，所谓朝暮之变态不同也。如此是一山而兼数十百山之意态，可得不究乎！”他还进一步指出：“真山水之川谷，远看之以取其势，近看之以取其质”，他的“春山烟云连绵，人欣欣，夏山嘉木繁阴，人坦坦，秋山明净摇落，人肃肃，冬山昏霾翳塞，人寂寂”，则指出了人与物之间的感应认知关系。

隋朝展子虔的《游春图》，吴道子和大、小李将军的作品中，山水是青绿色的。山水画能够成为一个独立的画种，全盛时期是在宋代。北宋范宽的《溪山行旅图》描绘得非常震撼和雄伟，充分诠释了宋人清旷壮美的文人山水情怀。该山水画主体是一座大山，人只是走在大山大水里的一个小小存在，这是很了不起的天人合一的观点。宋朝人知道，人不能自大到认为征服宇宙，我们只是宇宙的过客，所以用“行旅”，不是“旅行”。人要尊敬自然，要留下谦卑。范宽的大山中峰耸立，是稳定的、不动的，诠释了静态美。而郭熙画早春，其《早春图》代表变化、解冻，线条是流动空灵的，构图出现“S”形，抓住刹那间光的变化，在云烟濛濛、有与无之间的美。到李唐的《万壑松风》，山却像毛笔、手指一样细。那山峰像梦境，是非写实的山水，他从范宽的写实主义，转成浪漫主义，也是北宋跨越南宋的重要桥梁，他带动南宋画的留白、文人诗意。《万壑松风》是他总结北宋的一幅画。至今宋朝的书法山水画仍是世界公认品格和风格最高的，美学影响力从没消失。宋朝歌颂梅花、枯木，他们含蓄内敛包容，尊重每个生命存在的意义和价值，把缺陷变美，花很美，枯木也很美，裂纹也可构成美，鹧鸪斑、兔毫、窑变都是缺陷之美，美无所不在，就看你们怎么去发现。这一时期的自然审美，既注重空间审美，也强调情调之美。唐宋为什么会出那么多的文人雅士，因为他们心中有山水，有一片属于自己的山水，他们很自信，他们知道自己的生命中有比权利和财富更高的价值所在。

唐宋以来，大量的道观寺庙修建于风水良好的山林中，深山荒野成为修行人的好去处，因此，也推动了民间的游山玩水及山水景观建设的发展。一些书院书馆、别墅、隐宅也纷纷出现在风景秀美的山中，成为融于自然景观中的重要人文景观。例如，唐代的衡山邺侯书院、宋代的岳麓书院、嵩阳书院及睢阳书院等。白居易在庐山香炉峰下筑草堂，“仰观山，俯听泉，旁睨竹树云石。自辰及酉，应接不暇”，自得其乐。

元朝由于民族关系紧张，朝政腐朽，魏晋之风又起，文人士大夫纷纷隐逸山野，“元四家”更是无一例外。倪瓒散财浪迹江湖；黄公望、吴镇当了道士，分别匿于富阳和嘉兴；王蒙在余杭的山里一住就是几十年。如此深入荒野，终日望云卧青山，致使黄公望的《富春山居图》集文人画之大成、倪瓒的《鱼庄秋霁图》攀野遗禅境之巅峰，中国的山水画审美达到了新的高峰。高峰以后，以“明四家”为代表的吴门派与董其昌为代表的华亭派一时争雄，清初“清四王”“二石”等文人墨客，延续了通过山水画、山水诗歌传承中国传统自然审美的文化精神。清代著名文学家、小说家和篆刻家张潮在《幽梦影》中的《论山水》中说道：“山之光，水之声，月之色，花之香，文人之韵致，美人之姿态，皆无可名状，无可执著，真足以摄招魂梦，颠倒情思。因雪想高士，因花想美人，因酒想侠客，因月想好友，因山水想得意诗文。有地上之山水，有画上之山水，有梦中之山水，有胸中之山水……游历之山水，不必过求其妙，若因之卜居，则不可不求奇妙。”清乾隆年间名士孙髯翁登上滇池北岸的大观楼，写下著名长联：

五百里滇池，奔来眼底，披襟岸帻，喜茫茫空阔无边。看东骧神骏，西翥灵仪，北走蜿蜒，南翔缟素。高人韵士何妨选胜登临。趁蟹屿螺洲，梳裹就风鬟雾鬓；更蘋天苇地，点缀些翠羽丹霞，莫辜负四周香稻，万顷晴沙，九夏芙蓉，三春杨柳。

数千年往事，注到心头，把酒凌虚，叹滚滚英雄谁在？想：汉习楼船，唐标铁柱，宋挥玉斧，元跨革囊。伟烈丰功费尽移山心力。尽珠帘画栋，卷不及暮雨朝云：便断碣残碑，都付与苍烟落照，只赢得：几杵疏钟，半江渔火，两行秋雁，一枕清霜。

这些文人名士，将山水景观审美与人文精神的结合达到了很高的境界。

14.1.4　自然风景审美的交融阶段

清末至今，现当代的黄宾虹、李可染、傅抱石、陆俨少、张大千等山水画家，秉承了中国传统的山水审美文化精神，也吸纳了西方文化的精髓，自然审美情趣有了全新的提升，更多的文人墨客以散文、小说、诗歌等文学形式来表达对自然景物的审美和赞叹。郁达夫在其《山水及自然景物的欣赏》中写道：“自从亚里士多德的文学模仿论创定以来，以为诗的起源是根据于模仿本能的学说，到现在还没有绝迹；论客的富有独断行者，甚至于说出‘所有的艺术，都是自然的’。虽则说得太独断，太笼统；但反过来说，自然景物以及山水，对于人生，对于艺术，都有绝大的影响，绝大的威力，却是一件千真万确的事情；所以欣赏山水以及自然景物的心情，就是欣赏艺术与人生的心情……自然景物所包含的方面，原是极博大、极广阔的；像上面所说的天地岁时、社会人事，静而观之，无一不是自然，无一不可以资欣赏，但这却非要悠闲自得，像朱夫子那样的道学先生才办得到；至于我们这种庸人，要想得到些自然的美感，还是要上山水佳处去寻生活较为直截了当。大抵山水佳处，总是自然景物的美点发挥得最完美，最深刻的地方。孔夫子到了川上，就觉悟到了他的栖栖一代，猎官求仕之非；太史公游览了名山大川，然后才死心塌地地去发奋而著书。可知我们平时所感受不到的自然的威力，到了山高水长的风景聚处，就会得同电光火石一样，闪耀到我的性灵上来”（苏静，2015）。郁达夫不仅学贯中西，而且具有虔诚和高洁审美情怀。张大千说：“作画要多做旅行，漫游名山大川，博览奇花异木，详观飞禽走兽，既是绘画资料之源泉。至于创作时的布局，不外乎两个方面：一是师古人，从古画中吸取艺术修养；二是师造化，就是要游历，从实景中观察。各地的名山大川景色不同，如峨眉山与黄山就各有特点。通过游历来增长见识，充实绘画材料。只有熟悉了各种山山水水，胸有丘壑，布局自然有所依据，并从窥探宇宙万物的全貌来养成广阔的心胸”（苏静，2015）。这一番描述，诠释了山水画绘画的真谛。

著名作家冰心写于重庆歌乐山的诗“你看天空多么清灵，这滴滴皎洁的春星，新月眉儿似的秀莹，你头上有的是快乐，光明。你看灯彩多么美妙，纱窗内透出橘色的温柔；这还不给你一些儿温暖？纵使你有海洋的深愁。”把空灵的环境掀起的内心的涟漪之美，表达得淋漓尽致。

一说到大理，人们就会想到“风花雪月”四景，这是古已有之的。在清代陈鼎写的《滇游记》里，就有这样的描述：“大理有着风、花、雪、月四景，上关花，下关风，苍山雪，洱海月，今花渐伐无种，风则处处有之，下关稍甚耳……”民间把大理“风花雪月”四景编成了四句打油诗：“虫入凤凰飞出鸟(风)，七人头上长青草(花)，大雨落在横山上(雪)，半个朋友不见了(月)。”1962 年 1 月，中国著名作家曹靖华来到大理，把“风花雪月”四景变成一首广为流传的小诗“下关风，上关花，下关风吹上关花，苍山雪，洱海月，洱海月照苍山雪”（周兴俊，1996）。“风花雪月”是对大理自然景观高度凝练的结果，充满了诗情画意。徐冶在他的著作《远去的田野》代序《山外有山》中是这样描述“山”的：“山是有灵性的，人们生活其中，给山活力朝气，而山中生长的万物充满奇迹，除动物、矿物之外，森林中的茶叶如普洱、药草如虫草、花卉如杜鹃和食粮如土豆等诸多植物，无不源源不断供给人类以营养，人的性格中注入了山的基因，山与人相融。山人一面，看的是山，实则是人，走完一座山，还望一群人，生活由此光鲜长亮，文化的生态滋养着一代又一代的山里人。由此，一座山有一座山的景致，一架山有一架山的调子。看山多了，山与山之间有了可圈可比的地方，但对山的认识则是整体的，既有举镜远摄离天三尺三之感，皴法点染入画显肌理之亲”（徐冶，2015）。即便是身居大山的少数民族山民，也通过他们的歌喉，唯美地诠释了自然要素之间的关系。例如，哈尼族民歌这样唱道：“山和山离得虽然远，云海把它们连成一片；天和地离得虽然远，雨水把它们紧相连。”

中国人的哲学思想是追求天人合一的境界，山水既是陪伴，也是一种理想，因此，采用自然山水审美来描绘内心是再自然不过的事了。因此，中国近现代文化人的自然审美，依然延续了传统的审美方式和积淀的审美心理。

由于受原苏联、西方自然科学和审美学说的影响，尤其是自然保护地的建立，中国人的审美情趣中增添了更多的保护意识，大量的自然风景得到了有效的保护。随着自然保护区、风景名胜区、森林公园、湿地公园、地质公园、水利风景区等保护地的建立和管理水平的提高，自然风景的保护呈现了多层次、多目标、强度不同的保护结构体系，特别是国家将“国家公园”建设纳入国家战略，这将使我国自然风景的保护和利用国际化、全球化。这些保护地保护下来的名山胜水，不仅要满足保护生物多样性、自然风景的需要，也要满足人们的审美需要，更要以潜移默化的方式促使人们与自然万物和谐相处，从大自然中汲取一种达观和境界，成为滋养人类心灵的乐园。

历史上，随着自然风景游览欣赏的广泛开展与审美活动的深化，自然美学与自然景观科学日益结合起来，在这当中贡献最突出者当数宋代的沈括、明代的徐霞客、清末的魏源。沈括足迹遍及大江南北，“所至之处，莫不询究”，对雁荡山“皆峭拔险怪，上耸千尺，穹崖巨石”的奇特山景做了成景解释：“当初谷中大水冲激，沙土尽去，惟有巨石岿然挺立耳，如大小龙湫、水帘、初月谷之类，皆为水凿之穴”，其流水成景作用的认识较之欧洲早 600 年，《梦溪笔谈》至今仍有科学价值。徐霞客不仅深入研究自然景观的特征，描述了众多自然景观的秀美，而且探求山水景观的成景原因，他的《徐霞客游记》被誉为“天下第一奇书”，不仅描绘了大量美景，而且对许多自然景观的成因做了研究和解释，尤其是对喀斯特景观的描述和解释更为后世所推崇，被认为是世界上最早的喀斯特景观研究文献。魏源的《游山学》不仅对山岳诸景观因素的作用变化做了精湛剖析，而且分析了人与自然景观之间的感应关系，“人知游山乐，不知游山学”“奇从险极生，快自艰余获”“好奇好险信幽癖，此中况趣谁知之。不深不幽不奥旷，若极斯乐险斯夷”，这样对比审美，才能“一游胜读十年书”。他们把欣赏自然景观之美与探讨其成景过程结合起来，既享受自然之美、艺术之美，又能领悟自然之道。正如英国作家爱德华·托马斯(Edward Thomas，1878～1917 年)所说的“大地不属于人类，但是，人类却属于大地”。这正是现今游览自然景观要提倡的方向。自 20 世纪下半叶以来，大洋彼岸的美国文坛兴起了一种新的文学流派——美国自然文学(American nature writing)。这一流派的作家像梭罗、爱默生、约翰·巴勒斯等重述了一个在现代人心目中渐渐淡漠的荒野、大地、飞鸟、山林的故事，以探索人与自然的关系为内容，展现自然与心灵的风景。他们倡导在浮躁不安的现代工业社会中，向自然界找回沉静的定力，在破碎的世界寻求美(表 14.1)。

表 14.1　中国自然审美的演进具有代表性的阶段表

朝代	审美情趣特征	诠释
商 公元前 1600～ 公元前 1046 年	山水成为大自然的代表，形成了中国山水文化第一阶段——自然崇拜时期	通过甲骨文和最早的文字记载可知，日、月、天、地、山、川作为凭借，寄托人们的精神和心理诉求。《山海经》记载了 400 余座山。诞生了自然神话

续表

朝代	审美情趣特征	诠释
西周 公元前 1046～ 公元前 771 年	山水从纯自然的山川，过渡到民间文化	讴歌自然景观的诗句开始出现。诞生了山水传说
春秋战国 公元前 770～ 公元前 221 年	由自然崇拜逐渐转为崇尚、效仿和欣赏。自然美意识初萌	人们对人与自然的关系有了新的诠释。例如，老子的“人法地，地法天，天法道，道法自然”，庄子的“天地与我并生，而万物与我为一”，孔子的“仁者乐山，智者乐水”。在《诗经》和屈原的《九歌》中已有基于自然观念的理性色彩萌发
秦汉三国 公元前 221～ 公元 280 年	自然而然、山水胜景成为超凡脱俗的代名词，倡导如实地认识自然、感受自然。宗教名山开始出现，“五岳”制度建立	秦统一六国后，中国产生道教。宗教在人们生活中开始发挥作用。道教认为“名山是神仙之居所，故上山修炼，以求成仙得道”。西汉时佛教开始传入，“改变世俗欲望，应通过苦修以求解脱”。据史书记载，秦汉时期便有了山水画，可惜至今未见实物。出现了早期的山水诗，如曹操的《观沧海》
晋南北朝 公元 266～ 589 年	中国山水文化第二阶段的序幕拉开了——宗教与审美时期，开辟了中国山水审美文化的新纪元	王羲之的《兰亭集序》是山水审美与玄理的结合，谢灵运开创了山水诗派。文人士大夫纵情山水、抒怀情谊、吟诗作画、参禅悟道，促进了中国名山大川的发掘和发展。产生了山水诗和山水画派，诞生了许多名篇名画
隋唐五代宋 公元 581～ 1279 年	自然景观审美进入成熟期，名山大川不仅是文人雅士的审美对象，也是一般百姓进香游览的主要去处，山水审美文化被推到了最高峰，影响到了社会生活的方方面面	隋唐山水画开始独立，隋朝展子虔的《游春图》是现存最早的独立山水画。唐代山水画和山水诗审美进入成熟阶段。山水画形成了以李思训、李昭道父子为代表的青山绿水派和以文人士大夫王维为代表的水墨山水派。北宋时山水画空前兴盛，出现了以李成、范宽为代表的中原画派和以郭熙为代表的院体画派等自然景观审美流派，以及山水审美艺术大师苏轼等。南宋四大家(李唐、刘松年、马远、夏圭)代表了院体山水画风新的高峰，流传千古的朱熹的山水理趣诗、杨万里的山水灵魂诗、范成大的田园山水诗，以及陈与义、陆游的时代与江山诗等把中国山水审美艺术提高到一个新的高度。 　　唐宋时期，群众性的朝山进香和游览胜地异常盛行，促进了名山胜水的开发。我国现今支撑风景名胜区建设的名山大川、文化遗产大多是在这一时期形成了雏形
元 公元 1271～ 1368 年	自然景观审美的主要特征是由山水画审美转向文人画兴盛，出现了以乐府诗写山水的风格	元代大部分汉族文人士大夫因在政治上难以施展抱负，转而寄情山水，完成了由山水画审美向文人画的转折。钱选、赵孟頫，以及黄公望、吴镇、倪瓒、王蒙“元四家”一起确定了文人山水画审美的典型风格
明清 公元 1368～ 1912 年	明代的造园审美艺术达到了很高的水平，至今仍是世界园林景观营造艺术中的一大体系。山水画审美风格流派众多。清代末期进入了山水审美的第三个阶段——科学与审美时期	明代的自然和人造风景区的营造理论和实践都达到了很高的水平，趋于成熟。山水画到了明代画风更迭，画派丛生，早期盛行以宫庭院画和戴进、吴伟为代表的浙派；中期以文徵明、唐寅、仇英伟代表的吴门画派在苏州崛起，成为画坛主流；明后期画坛的中心人物是董其昌，其主张“南北宗”论影响深远。清代山水画的审美，有两种形态，一是注重自我表达，以“四僧”为代表，另一种重视摹古守旧，以“四王”为代表。清末期，社会动荡，风景审美文化趋于衰微。但此时从西方传入的现代自然科学，给中国传统山水文化注入了新的活力。科学家、探险家从科学的视角探索自然景观的审美
民国和中华人民共和国 1911 年至今	西方的现代自然科学技术和审美理论与中国传统审美文化交融。突出了科学利用和保护的理念	近代的黄宾虹、张大千、傅抱石、林风眠等在山水画审美上的造诣都具有集成和创新的特点。 　　现代地理学、地质学、生态学、环境学、社会学等现代科学专业知识，强力地支撑了中国自然景观的保护、管理和开发利用。基于自然解说的自然景观审美得到了一定的发展

14.2　自然风景的美学特征

莱布尼茨提出“预定和谐”理论，认为最高阶的和谐才是一切美的根源或美的真正、最后的本质(赵鑫珊，2011)。车尔尼雪夫斯基说：“人一般都是用所有者的眼光看自然，他觉得大地上美的东西总是与人生的幸福和欢乐相连的。”基于这点认识，车尔尼雪夫斯基认为：自然“只是因为当作人和人的生活中美的一种暗示，这才是在人们看来是美的”(成远镜和朱晶，2007)。陈建勤(2008)认为无论是山水的物象比拟，还是内在意蕴，是自然形象，更是人们对山水的文化理解。因此，自然景观美，在很大程度上来源于人们的主观认识。美的解释是多样化的，美是什么或什么是美，一直以来都是一个争论的问题。自然景观美是自然景观被人的感官感知并作用于人的心理所产生的形象效果，其反映了人与自然的一种关系(张柏君，2009)。艾米丽·布雷迪将审美特征归纳为九种类型，分别是：知觉特征、情感特征、想象特征、表现特征、格式塔特征、反映将征、属性特征、象征性特征和历史相关性特征(陈望衡，2015)。虽然对美的解释是多样化的，但总结起来，自然风景的美学特征主要包括形象美、色彩美、动态美、朦胧美、听觉美、味觉美和融入自然景观中的文化艺术美等方面。

14.2.1　自然风景的形象美

形象美是自然风景最为直观和显著的美的表现形式，也是自然风景美的核心和基础。自然风景形象美的具体表现形式如梅里雪山十三峰所展示的壮观、崇高的雄伟壮美；撼人心魄的虎跳峡所体现的险峻之美；凤尾竹林中婀娜多姿的瑞丽江所体现的柔和、秀丽的阴柔之美；变幻莫测的山区云海所体现的神奇之美；戈壁大漠所体现的荒野之美；世外桃源坝美所体现的幽静之美。因此，自然风景的形象美主要由雄伟、秀丽、神奇、险峻、幽静等美学要素来表征。

14.2.2　自然风景的色彩美

自然界是一个五彩缤纷的景观世界。自然风景的色彩，是人们最为敏感的审美要素。自然风景中既有海天一色、黄沙戈壁、冰封雪原、绿色森林等构成的单一色彩美，但更多的是多姿多彩的五花草甸、彩色丹霞、山林野花、彩虹云霞等景观。这些景观的色彩往往会随着四季的变化、物候的交替、阴晴圆缺、日出日落、空间的变换而不断地发生变化。自然风景色彩美的特征最能使人们产生“移步换景”“移空换景”“移时换景”“移季换景”的审美心理体验。

14.2.3　自然风景的动态美

对于自然风景中的动态美最直观的感受是波涛、飞瀑、溪泉、烟岚、云雾的飘动等。由于气压差的存在，形成了无形的风，但它却是形成自然风景动态美的动力之一，云是风之貌，“轻而为烟，重而为雾，浮而为霭，聚而为气。其有山岚之气，烟之轻者，云卷而霞舒”。由于动能和势能的作用，动态的水流形成激流、瀑布、溪泉、缓流等不同形式的动态美，常使人们感叹造物主的神奇。四季变化、物候变幻、空间位移等所产生的心理动态美是人类重要的审美能力。

14.2.4　自然风景的朦胧美

朦胧是相对于清晰而言的。在云南众多的山地中，云雾中的山水若隐若现、模模糊糊、虚虚实实、捉摸不定，使人产生幽邃、神秘、玄妙之感，引起人们无限遐想，这就是朦胧美。朦胧美是人类一种特殊的美的心理感受，它能掩山映水，弥补山水之不足，显示神奇的景观，正所谓“山在虚无缥缈间”“水光潋滟晴方好，山色空蒙雨亦奇”“看山是山，看山不是山，看山还是山”，在迷蒙、缥缈之中显现出美的意境。

14.2.5　自然风景的人文美

西方发达国家历史上形成的宗教文化传统和人类中心主义的价值维度与中国“天人合一”的思想有着本质的区别。例如，历史上西方的宗教建筑，主要建在两类地理空间中，一是在山顶或悬崖峭壁上高高的哥特式建筑，目的是尽量地接近上帝，与上帝进行交流；二是建在一个社区中人们最容易聚集的地方，往往是建在社区广场边，目的是方便聚集在一起通过牧师的布道，聆听上帝的福音。所有宗教建筑的选址和建设都是考虑人与上帝的关系，而不是考虑人与自然的关系。因此，表现在空间上，自然景观与宗教建筑景观没有内在的联系。更由于近代工业文明给西方世界带来强大的改造自然和控制自然的能力，造成其在价值取向上严重的人地对立。所以，在西方世界的自然风景中文化的植入是很薄弱的。而中国“天人合一”的生态伦理观，却是将自然与文化有机的融合在一起。中国人的“天人合一”认知，基本是沿着两个层面展开的：一个是以古代帝王制度为主体的上层路线，帝王把“天”视为绝对权威，故自封天子，以取得统摄万民的权利，但封禅和祭拜“三山五岳”的历史传统，客观上植入了大量的文化元素，引导了大量的文人墨客游览和刻碑题字，形成中国特有的名山体系。另一个是民间以风水说为主要内容的下层路线，普通民众在生产生活中根据经验揣摩，逐渐形成一门风水把脉、选位布址的独特技术，这门技术的核心其实就是地理空间组织学，它特别注重构筑物与自然环境的融合与协调。因此，风水学的精髓是为了选择出最适合的人居环境，“山环水抱”“藏风聚气”是风水学最重要的定律，通过这以达到人与自然的和谐统一，这是形成“天下名山僧多占”基本格局的主要原因（图 14.1）。另外，在中国许多少数民族地区，多有设立神山圣水的历史传统，如彝族的密枝林、傣族的龙山、藏族的神山等，这些行为把文化的元素深深地植入到了自然之中，相得益彰，使自然风景展现出丰厚的文化遗产之美。这也就是为什么中国的生态旅游不仅要重视自然旅游，更要重视文化景观的开发与利用的本质原因之一。

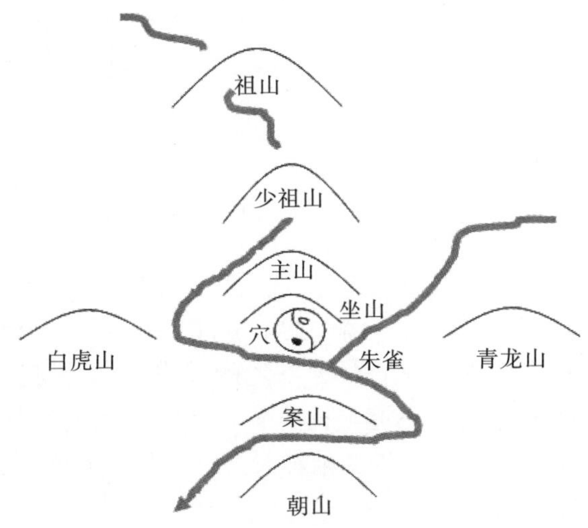

图 14.1　中国风水宝地的环境模式

资料来源：叶文和薛熙明，2013

14.3　自然风景的美学价值

自然资源都有三重属性，一是内在的科学属性，展现的是科学美；二是外在的景观属性，展现的是艺术美；三是科学属性和景观属性综合而成的社会经济属性，展现的是人文美。

1. 科学美价值

自然风景的形成一般都经历了漫长的演化过程，沧海桑田、崇山峻岭、滔滔江河、森林土壤等的形成和特质，都蕴含了丰富的内在科学价值，这些价值吸引人们不断地去研究、探寻，构成了自然风景的内在美。

2. 艺术美价值

自然风景的艺术美价值是通过其外在的表现来展示的，崇山峻岭、茫茫原始森林、深邃峡谷是通过其规模和大尺度的时空变换展现其审美艺术价值；悬崖峭壁、石林峰丛是通过其造型展现其审美艺术价值；云霞彩虹、秋叶红花是通过其色彩和结构展现其审美艺术价值的；云海轻雾、日出日落是通过其变化展现其审美艺术价值的……景观的审美艺术价值是人们比较容易感受和理解的。

3. 人文美价值

人们通过研究和挖掘自然风景的科学美和艺术美，将其开发成满足人们审美和获取财富需要的旅游产品，从而产生社会经济价值。同时，人们在“消费”自然景观的过程中，可以了解自然、学习自然，从而增强尊重自然、保护自然的意识，使自然风景展示出它的教育功能，闪耀着人文美的光芒。所以，自然风景往往成为人们情感寄托的所在，既是精神享受，也是生命体验与智慧的开启。

14.4 自然风景审美

烟云变幻的哀牢山、慵懒的洱海、旖旎的瑞丽江、巍峨的卡瓦格博峰、俊秀的石林、神秘的鸡足山佛光、婀娜多姿的凤尾竹林、绚烂的垂直带谱、飞瀑磅礴的九龙河……这些名山胜水，以及蕴含的丰富文化积淀，构成了自然景观美的特征和结构，提高了旅游审美的文化价值，它们不仅是一个民族的精神遗产，也是民间文化的底蕴。

1. 自然风景审美的客观性

自然风景是在内外营力的作用下，地质、地貌、天象气候、水文、土壤、动植物等自然要素，相互作用，协同演化的结果，具有客观美的特征。人们可以感知和欣赏自然风景，但不能创造，这是自然风景美的根本特征和物质基础，也是区别于其他人工景观的特征。自然风景以内在的生机和外在的形态显示着自身的美，又以各自的生机相互影响着，“山无云不灵，山无石不奇，山无树不秀，山无水不活”，自然要素的有机结合，构成了自然风景的客观总体美和局部美的差异。自然风景客观美的特征既不能人为复制，也不能迁移，因此，任何人为的改造都是苍白的。人对自然风景的审美的本质是居于客观景观的实在而开展的。

2. 自然风景审美的无限性

作为客体的自然风景，其构成要素包括了所有自然要素，无边无际的宇宙、结构复杂的景观结构，体现了自然风景的空间和类型的无限性。面对五彩缤纷、移步换景的自然风景，人的视域和活动空间是有局限的，这是人们不断猎奇、不断旅游的原动力。但可悲的是，即使你穷其一生不断的旅行，也难以观赏到所有的自然风景。因此，对于主体而言，自然风景具有其审美视域的局限性，但其反衬了自然风景审美的空间无限性。由于不同个体的兴趣爱好、审美情趣和审美能力不同，面对结构、类型和层次无比复杂的自然风景，常常感到无力，大自然的美时常难以用言语来表达，从这个视角来看，也反衬了自然风景审美的心理无限性。

3. 自然风景审美的层次性

审美活动都要经历“由物及我”“由我及物”“物我为一”三个阶段，这三个阶段的存在体现了自然风景审美的心理感应变化层次性。在自然界中，自然景观由无穷的景物层次所构成，由近及远，由低至高，由浅到深，层出不穷，景象不断变化。“横看成岭侧成峰，远近高低各不同”是对自然风景审美层次性最佳的诠释，使其虽然有“区”但却无审美的边界。自然风景层次性的自然属性主要表现在规模的层次性、自然风景禀赋的层次性方面；而从审美的视角来看，自然风景的审美层次性主要取决于个体的审美能力和审美情趣，个体的审美能力和审美情趣很大程度上由先天的审美素质及后天的受教育程度、知识结构和文化传统等所决定。若能达到任自己的心灵随宇宙自然的运行律动而动，山川溪色，无不具有灵性，达到这一境界，眼前所见，便无不是花。

4. 自然风景审美的综合性

自然风景虽然也有一些是由单一的自然风景构成，如“独树成林”景观，但绝大多数都是由众多美的自然风景构成的地域综合体，如风景河段、名山景观、喀斯特景观、生物垂直带谱景观等，无一例外都是由多种自然要素有机组合而成的自然风景综合体，它们相互衬映，相得益彰。滇西北的雪山冰川、大西北大漠戈壁、江南的青山秀水、海滨的阳光沙滩、西南的喀斯特山水都是由多个风景要素组成的自然风景综合体。一般来说，人们在开展审美活动过程中，不会有意识地把纷繁复杂的综合自然风景拆分来审美，往往是以整体的方式进行审美和欣赏。自然风景结构的综合性特征，决定了人对自然风景的审美和欣赏具有综合性的本质属性。

14.5 自然风景的美育

审美教育又称“美感教育”，简称“美育”。审美教育是指有意识、有计划地培养和提高人们的审美趣味和审美观念，并在生活实践和艺术实践中鉴别、创造美的能力的一种教育活动(戚廷贵，2006)。审美作为人类生活中的一种能力，是人类精神创造与心灵丰富性的展现，有更高审美能力的人，其生活品质更精致、更丰富多彩。自然风景的美育，是众多美育领域中的一方面，通过美育，可提高人们对自然风景的认识及其存在的美的感悟，发现更多的自然风景美，丰富和充实人们的生活。

14.5.1 自然风景美育的认识

“人人都有感情，而并非都有伟大而高尚的行为，这是由于感情推动力的薄弱。要转弱而为强，转薄而为厚，有待于陶养。陶养的工具，为美的对象；陶养的作用，叫做美育”(蔡元培，1979)。古希腊哲学家柏拉图宣称：“美，节奏好、和谐，都是由于心灵的智慧和善良。”他强调审美教育应该从小做好，从小就使青少年们置于美的熏陶之中，培养高尚的情操，铸造美好的灵魂(柏拉图，1983)。俄罗斯教育家乌申斯基曾说：“美丽的城郭，馥郁的山谷，凹凸起伏的原野，蔷薇色的春天和金黄色的秋天，难道不是我们的教师吗?”美是人们对客观地理环境和人类自身美好方面的心理感受，美育是指通过美的感受、体验、欣赏、判断等心理过程，激发审美情趣、形成审美观念、培养审美能力的教育实践。同时，美育是培养人们感受美、鉴赏美和表达美的兴趣和能力的手段(雷捷，2005)。而人，总是在特定的时空条件下生活，环境时刻影响和制约着人类的发展，而自然景观、人文景观、城市景观作为自然环境和社会环境的主要构成因素在其中起着十分明显的作用。罗丹曾说：“美无处不在，只是缺少发现美的眼睛。”风景的美是潜在的，风景的美育价值不可能直接呈现出来。再者，风景美育是一种以审美为手段的教育活动，在开展这种活动时，必须遵守审美活动的一般规律，让人们在获得审美快感的同时获得一定的知识和情操的陶冶，促使审美能力的提高。因此，风景美育，是引导个体在美育活动中以审美的态度而不是以科学的态度来对待自然景观和人文景观，使之在这种审美实践活动中大力拓展自己的精神世界，从而进入一种物我同一的审美境界。这种活动的反复开展，自然会使学生在精神气质、道德情操、风貌举止、兴趣爱好、审美修养等方面得到提高，成为一个走向全面发展的人(杜卫，1997)。

美育不同于德育、智育和体育。德育重在扬善，智育重在求真，体育重在健力，而美育重在陶情。蔡元培说：“美育者，应用美学之理论于教育，以陶养感情为目的者也。”概括说美育特点表现在以下几个方面(戚廷贵，2006)：

第一，形象化的教育。美育，通过美的事物具体可感的形象来感染人，触动人的情感以达到教育的目的。美育的这一特点是由美和美感的特点决定的(唐孝祥，2006)。车尔尼雪夫斯基说过：“形象在美的领域中占着统治地位，美是在个别的、活生生的事物，而不在抽象的思维。”各种不同类型的美，都是以具体的可感的形象方式表现出来的，离开了具体的形象美就无所附丽。高山、流水等自然风景，正是以其雄、秀、奇、险、幽等形象美，吸引并感染人们。苏轼在《饮湖上初晴后雨》中说道：“水光潋滟晴方好，山色空蒙雨亦奇。欲把西湖比西子，淡妆浓抹总相宜。”诗中前两句具体、形象的描绘，把西湖秀丽景色呈现给众人，湖光山色，在风和日丽之日显得清新宜人，且在烟雨迷茫之时也具有一种朦胧的美，给人以身临其境的感觉，使人领略到大自然的风光，受到自然美和艺术美的陶冶。

第二，情感性的教育。情感是审美教育的核心，在美育中占有极其重要的地位。美育的情感性是以美的事物激发人的情感，使受教育者通过亲身的情感体验，产生对客观事物的肯定或否定的审美态度，进而在心理上产生感受，在情感上产生共鸣，在性情上得到熏陶(戚廷贵，2006)。美与情感联系在一起，美与不美在于能不能调动人们的情感。“好雨知时节，当春乃发生。随风潜入夜，润物细无声。”杜甫描写春风化雨，点滴滋润。只有当人们用心去体验时，才能感知风景中蕴含的意境和教育意义。

第三，自由方式的教育。美育活动不是强制性的思想灌输，是靠美的事物本身所具有的魅力打动人，使受教育者产生兴趣和获得满足，这种活动是自觉自愿，自由主动的。席勒说：“通过自由去给予自由”；黑格尔说：“审美带有令人解放的性质”，他们都揭示了美育的这一特点。虽然审美是人与生俱来的一种能力，但由于人们的气质、性格、经历、爱好、文化修养等方面的不同，表现在审美趣味上也迥然不同(戚廷贵，2006)。因此，美育的方式应该是多样化的。

14.5.2　自然风景美育意识的培养

18 世纪 50 年代，德国哲学家鲍姆加登创立了“美学”学科体系。几十年之后，另一位德国哲学家、诗人席勒提出了“美育”，并进行了系统论述。因此，虽然“美育”的概念是近代社会的产物，但美育的意识和实践却是古已有之。审美能力是存在个体差异的，包括形式的感知能力、联想与想象能力、感情体验能力、理性领悟能力等方面，这些差异的形成，后天的教育起着至关重要的作用。而一个人的审美情趣和能力，往往决定了一个人的修养和品格。因此，美育是人类从野蛮走向文明并不断地进行自我完善的重要形式，也是一个民族文明程度的重要标志(王向峰，1988)。

自然风景，存在于人们生活环境之中，而自然风景的构成包含自然景观和人文景观，其审美是知识和文化的综合体。因此，自然风景美育的价值不仅体现在促进人们的审美发展，而且还具有环境教育、文化教育等多方面的价值。赫伯特·里德认为：“我们的教育中，我们务必把形形色色的审美活动提到首位，因为在创造美的事物的过程中，情感的结晶会凝结为不同的模式，也就是不同的美的模式”(腾守尧，2006)。意大利美学家克罗齐说：“美不是物理的事实，它不属于事物，而属于人的活动，属于心灵的力量”(克罗齐，1983)。它是一种向真、向善、向美、向上的、不知不觉的效应，美育促进人的思维、想象和创造力的发展(傅小英，2009)。正如前文所述，自然风景是由不同的元素构成的具有美感的景物，而这些景物会因气候、时节、时相、欣赏角度等不同而呈现不同的景观效果。由此，自然风景的信息是客观存在的，而欣赏者在掌握一定景观欣赏艺术与方法的基础上，所能获取的景观信息和审美感受，会因欣赏者自身的年龄、兴趣、知识结构及自身审美能力、审美素养的高低等而有所不同。日本诗僧良宽曾有一首和歌：“春日眺望，群鸟嬉游，心最乐”。良宽似乎已经将自己和小鸟一起融汇到明媚春光中了，我们轻吟这首和歌，也仿佛和诗人一样感受到春天在鸟儿嬉闹中来临的喜悦。但也有可能，有人面对这样的景色、这样的诗完全无动于衷，他们缺乏感受自然之美的能力。可见，美育的培养对于人们认识美、感受美、欣赏美的风景具有重要的实际意义。同时，从培养未来公民的意义上讲，美育不仅能够培养自然景观和人文景观的欣赏者，而且，更有意义的是还可以培养热爱自然、保护生态环境、进行审美设计的建设者等。

宋代画家郭熙在《山水训》说：“真山水之云气四时不同：春融怡，夏蓊郁，秋疏薄，冬黯淡……真山水之烟岚四时不同；春山淡冶而如笑，夏山苍翠而如滴，秋山明净而如妆，冬山澹澹而如睡……山近看如此，远数里看又如此，远数十里看又如此。每远每异，所谓‘山形步步移’也。山正面如此，侧面又如此，背面又如此，所谓‘山形面面看’也。如此是一山而兼数十百山之形状，可得不悉乎！山春夏看如此，秋冬看又如此，所谓‘四时之景不同’也。山朝看如此，暮看又如此，阴晴看又如此，所谓‘朝暮变态之不同’也。如此是一山而兼数十百山之意态，可得不究乎！春山烟云连绵人欣欣，夏山嘉木繁殖人坦坦，秋山明净摇落人萧萧，冬山昏霾翳塞人寂寂……”

对于客观存在的自然风景，不同的人感受到的景观信息是不相同的。自然界万物营造了各种美，而美的发现、感受需要我们有发现美、认识美、感受美的意识和能力。因此，培养大众的审美意识，对人们认识自然景观和人文景观，感受其中美的存在与内涵，具有重要的意义。

审美意识，是指审美主体反映美的各种意识形态，包括审美感受及在审美感受基础上形成的审美趣味、审美体验、审美理想、审美观念等共同组成的意识系统。

参 考 文 献

柏拉图. 1983. 文艺对话集. 北京：人民文学出版社：62.
蔡元培. 1979. 美育人生//蔡元培. 蔡元培先生全集. 台北：商务印书馆：640.
陈建勤. 2008. 明清旅游活动研究：以长江三角洲为中心. 北京：中国社会科学出版社：253.
陈望衡. 2015. 环境美学前沿(第三辑). 武汉：武汉大学出版社：1-442.
陈文新，王三峡. 1989. 历代山水诗选. 昆明：云南人民出版社：1-2.
成远镜，朱晶. 2007. 生活美学. 长沙：湖南大学出版社：213.
杜卫. 1997. 美学概论. 北京：高等教育出版社：191.
傅小英. 2009. 艺术概论. 北京：北京师范大学出版社：54.
克罗齐. 1983. 美学原理. 朱光潜译. 北京：外国文学出版社：117-118.
雷捷. 2005. 地理教学中的探索. 呼和浩特：远方出版社：47.
戚廷贵. 2006. 美学原理. 长春：东北师范大学出版社：419-428.
苏静. 2015. 知中·山水特辑. 北京：中心出版集团有限公司：序言，11-12.
唐孝祥. 2006. 美学基础. 广州：华南理工大学出版社：279.
腾守尧. 2006. 美国艺术教育新台阶. 成都：四川人民出版社：106.
王慧. 2006. 论荒野的审美价值. 江苏大学学报(社会科学版)，8(4)：21-22.
王向峰. 1988. 青年审美手册. 沈阳：辽宁人民出版社：81.
徐治. 2015. 家乡的名山. 北京：光明日报出版社：序言，1.
叶文，薛熙明. 2013. 生态文明：民族社区生态文化与生态旅游. 北京：中国社会科学出版社：17.
张柏君. 2009. 旅游美学. 北京：中国科学技术出版社：44-45.
赵鑫珊. 2011. 伟大的巴洛克文明群落——从建筑和绘画到哲学和数理化. 上海：文汇出版社：195.
周兴俊. 1996. 中国名胜古迹大全. 北京：国际文化出版公司：811

后　记

20 世纪 80 年代末，作为懵懂年轻教师的我，一直“游来为乐”[①]，将大量时间和精力耗费在球场、朋友聚会、野外游历上，但幸运的是，受时任云南师范大学地理系主任陈永森教授的垂青，参加了《云南省志·地理志》的编撰工作。我主笔编写了“地貌（包括奇特景观）”“地热资源”“滑坡、崩塌和泥石流”部分，因此学会了编书的基本方法。在长年的教学生涯中，逐渐萌发了编写一部云南自然景观类乡土教材，以满足教学需要的想法，这一想法得到了陈永森教授的鼓励。为此，我邀请了明庆忠、杨志耘两位年轻教师一同编撰。1997 年年初，我们三人共同编撰的《云南山水景观论》一书由云南科技出版社出版，这是我主编的第一本书。为该书作序的是我 20 世纪 90 年代中期在北京大学做访问学者的导师陈传康教授，他在序中写道：“云南是中国山水景观荟萃之地，其丰度和类型在中国首屈一指，但因地处僻疆，实地调查十分艰苦，长期以来没有一本系统介绍云南山水景观的专著，《云南山水景观论》一书的问世，无疑填补了空白”“山水景观学作为交叉学科和综合性学科，涉及面甚广，该书从区域旅游开发角度对云南山水景观做了交叉综合研究，其出版将有助于推动山水景观学的深入研究”。陈永森先生的鼓励和陈传康先生的评价一直在激励着我。该书自出版以来，一直是旅游专业、地理专业、风景园林专业学生的教材或参考书。

30 多年来，我一直与云南的山水相依，挨过饿、摔过跤、翻过车、溜过溜索，风餐露宿是我工作的“常态”。探洞摔伤致使我被抬上手术台，至今腰上还存有钛合金属，这也许就是“爱（山水）”的代价。穿行在崇山峻岭之中，那首励志的歌“山当书案月当灯，盖着蓝天铺着地……巡逻踏遍千里雪，练武只恨高山低，山涧当作障碍跳，风雪当作战马骑……”依然回响在耳边。在云南这片多情的土地上，不知品尝了多少“隔山味不同，异水味更浓”的山间美食，曾无数次“举杯邀明月，对影成三人”；也聆听并学会了不少山民心底流淌的天籁仙曲，从彝族的“不喝也要喝”的酒歌、傈僳族的多声部无伴奏合唱，到佤族的“月亮升起来，山寨静悄悄……”和拉祜族的“我实在舍不得”等。“山”是胸襟，“水”是情怀，正像哈尼族民歌唱的：“山和山离得虽远，云海把它们连成一片。天和地离得虽远，雨水把它们紧相连。”山水已把我和山民相连，他们就是我的精神皈依，我多年的教学、旅游规划设计多得益于长年的山水游历积累和灵魂洗涤，而《云南风景地理学》中的内容，已在我心中有了精神和情怀方面的升华。

---

① 汉代瓦当句。

明代政治家、文学家刘伯温写下的“江南千条水，云贵万重山，五百年后看，云贵胜江南”的诗句，随着城市快速发展造成的严重雾霾和山地旅游的发展，其预言已初现端倪。山是阳，水是阴，“山水相依”在中国传统文化中代表了自然，而在人的精神世界里，“山水”无异于“家乡”“乡愁”；在我的灵魂里，“山水”不仅仅只是科学关怀，更多的是用音符和画面的表达。因此，在已近耳顺之年，我想在《云南山水景观论》的基础上，编撰一本基于科学理性的“逍遥于天地之间而心意自得”“山有生命，美在流淌”的地理韵味十足的《云南风景地理学》。经过几年的努力，在我的老友杨宇明教授和我的学生的共同辛劳下，特别是在周汝良教授、高峻教授、林宋瑜高级编辑、过竹副研究员、杨君杰规划师等智者高屋建瓴的指导和帮助下，终于成书。本书能够按时编撰完成，也要感谢学校在我已 57 岁之时，同意免去我一年的院长一职，满足我到北京大学拜崔之久教授为师的夙愿，也使得我有充裕的时间来完成本书的雕琢和修订。更要感谢崔之久教授在 82 岁高龄之时，依然同意将我列入门墙，并对全书进行了仔细的审定，提出了许多宝贵的修改意见。本书作为本次访问学者的成果之一，既是对长期给予我关怀和指导的恩师陈永森先生、陈传康先生和崔之久先生的恩情表达，也是一个寄情于山水的学者对云南旅游与地理研究的终极关怀。

书中的引用文献已悉数注明，若有注释不清之处，请与编者联系。

叶　文

2016 年 4 月于昆明世纪龙苑